Verena Koch

Interaktionsarbeit bei produktbegleitenden Dienstleistungen

GABLER RESEARCH

Focus Dienstleistungsmarketing

Der Wandel von der Industrie- zur Dienstleistungsgesellschaft ist de facto längst vollzogen, er stellt jedoch mehr denn je eine Herausforderung für Theorie und Praxis, speziell im Marketing, dar. Die Schriftenreihe will ein Forum bieten für wissenschaftliche Beiträge zu dem bedeutenden und immer wichtiger werdenden Bereich des Dienstleistungsmarketing. In ihr werden aktuelle Ergebnisse der betriebswirtschaftlichen Forschung in diesem Bereich des Marketing präsentiert und zur Diskussion gestellt.

Verena Koch

Interaktionsarbeit bei produktbegleitenden Dienstleistungen

Am Beispiel des technischen Services im Maschinenbau

Mit einem Geleitwort von Prof. Dr. Fritz Böhle

GABLER

RESEARCH

Bibliografische Information der Deutschen Nationalbibliothek
Die Deutsche Nationalbibliothek verzeichnet diese Publikation in der Deutschen Nationalbibliografie; detaillierte bibliografische Daten sind im Internet über <http://dnb.d-nb.de> abrufbar.

Dissertation Universität Augsburg, 2009

1. Auflage 2010

Lektorat: Ute Wrasmann | Sabine Schöller

Gabler Verlag ist eine Marke von Springer Fachmedien.
Springer Fachmedien ist Teil der Fachverlagsgruppe Springer Science+Business Media.
www.gabler.de

Umschlaggestaltung: KünkelLopka Medienentwicklung, Heidelberg
Gedruckt auf säurefreiem und chlorfrei gebleichtem Papier
Printed in Germany

ISBN 978-3-8349-2421-6

Geleitwort

Produktbegleitende Dienstleistungen zählen nach herkömmlichen Klassifikationen zu sachbezogenen Dienstleistungen, bei denen im Unterschied zu den personenbezogenen Dienstleistungen, wie Gesundheitsversorgung oder Beratung, keine Interaktion und Kommunikation mit Kunden und Klienten stattfindet. Speziell der technische Service gilt dabei nach herkömmlicher Sicht als eine primär sachbezogene Dienstleistung, da hier die Instandhaltung von Maschinen und technischen Anlagen im Vordergrund steht. Verena Koch vertritt demgegenüber die These, dass gerade auch produktbegleitende Dienstleistungen Merkmale personenbezogener Dienstleistungen aufweisen. Die Untersuchung schließt sich damit einer Definition personenbezogener Dienstleistungen an, bei der diese sich nicht auf eine spezielle Sparte, wie Pflege oder Beratung beziehen, sondern auf die „frontline work" als ein Teil jeder Dienstleistung. Auch bei produktbegleitenden Dienstleistungen findet somit eine Interaktion zwischen Dienstleister und Kunde statt, die neben der fachlichen Qualifikation besondere Kompetenzen erfordert. Ihre genauere Erforschung steht im Mittelpunkt der Untersuchungen von Verena Koch.

Wie die Untersuchung zeigt, beschränkt sich die Tätigkeit der Servicetechniker keineswegs nur auf die offiziell definierten Arbeitsaufgaben. Es wird vielmehr eine weit reichende Palette von Funktionen aufgedeckt, vom Bindeglied zwischen Kunde und Unternehmen sowie Repräsentant des Unternehmens, bis hin zum Prellbock und Detektiv. Dabei tritt er sowohl als Experte wie auch Auftragnehmer auf und der Kunde ist ein notwendiger Kooperationspartner bei der Bewältigung der technischen Aufgaben. Die detaillierte Untersuchung der Arbeit von Servicetechnikern gibt einen anschaulichen und über weite Strecken überraschenden Einblick in die, neben offiziellen Stellenbeschreibungen faktisch stattfindende, Interaktionsarbeit mit Mitarbeitern des Kunden. Dabei ist es notwendig, die eigenen Emotionen zu kontrollieren, die Gefühle des Gegenübers zu beeinflussen und Unwägbarkeiten zu bewältigen. Die technisch-instrumentelle Arbeit mit Maschinen und Anlagen muss daher durch „Emotionsarbeit", „Gefühlsarbeit" und ein „subjektivierendes Arbeitshandeln" bei Interaktionen mit Kunden ergänzt werden. Die Interaktionsarbeit wird bisher jedoch weder in Stellenanzeigen noch der Ausbildung beachtet. Bestenfalls erscheint sie allgemein als Kommunikationsfähigkeit. Wie die Untersuchung von Verena Koch aber eindrucksvoll zeigt, werden jedoch damit die vielfältigen Anforderungen, die sich im Kontakt mit dem Kunden ergeben, kaum erfasst.

Verena Koch gelingt es mit ihrer Untersuchung überzeugend, die Bedeutung personenbezogener Dienstleistungen in Verbindung mit der Sachgüterherstellung, aufzuzeigen. Die Untersuchung greift neuere Forschungsansätze zur Dienstleistungsarbeit auf und wendet sie innovativ auf den Bereich produktbegleitender Dienstleistungen an. Das Werk ist damit von hoher theoretischer und praktischer Bedeutung. Die Ergebnisse der Untersuchung liefern neue wissenschaftliche Erkenntnisse zur Dienstleistungsarbeit und geben neue Anstöße für die Praxis der beruflichen Bildung.

Prof. Dr. Fritz Böhle

Vorwort

Diese Arbeit ist interdisziplinär angelegt, so dass sie sowohl arbeitspsychologische, arbeitssoziologische als auch wirtschaftswissenschaftliche Theorien zur Arbeit zwischen Kunde und Servicemitarbeiter integriert. Für mich hat sich damit die Möglichkeit ergeben, völlig neue, spannende Erkenntnisse aus der Wissenschaft zu erlangen. Dies habe ich als große Bereicherung empfunden.

Danken möchte ich Herrn Prof. Dr. Fritz Böhle für die Betreuung während des Entstehungsprozesses dieser Arbeit. Ebenso danke ich Herrn Prof. Dr. Martin Stengel für die Übernahme des Zweitgutachtens und Herrn Prof. Dr. Peter Schettgen für die Übernahme des Prüfungsvorsitzes. Frau Prof. Dr. Kerstin Wüstner danke ich für ihre Bereitschaft zur Diskussion und die Möglichkeit, an ihrem Forschungsseminar teilzunehmen. Dies hat mir wichtige Impulse gegeben und neue Perspektiven erschlossen, auf die ich nicht verzichten möchte.

Vielen Dank sagen möchte ich meinem Vater, Konrad Koch, der eine große Hilfe bei der Korrektur dieser Arbeit war und hier viel Zeit und Mühe investiert hat. Danken möchte ich auch meiner Familie für ihre Unterstützung und meinen Freunden für ihre wichtigen und nützlichen Anregungen, die in diese Arbeit eingeflossen sind.

Mein Dank gilt außerdem den Unternehmensvertretern, die im Folgenden zu Wort kommen. Sie haben durch Ihre Teilnahme an den Interviews einen Grundstein für diese Arbeit gelegt.

Verena Koch

Inhaltsverzeichnis

Abkürzungsverzeichnis

ABAKABA	Analytische Bewertung von Arbeitstätigkeiten nach Katz und Baitsch
bzw.	beziehungsweise
ca.	circa
CNC-WZM	computerized numerically controlled (mit Computern numerisch gesteuerte) Werkzeugmaschine
d.h.	das heisst
Diss.	Dissertation
ebd.	ebenda
et al.	et alii (und andere)
etc.	et cetera
f.	folgende
ff.	fortfolgende
Fraunhofer ISI	Fraunhofer Institut für System- und Innovationsforschung
Hrsg.	Herausgeber
I.	Interviewer
IG Metall	Industriegewerkschaft Metall
IHK	Industrie- und Handelskammer
IT	Informationstechnologie
IuK	Internet- und Kommunikation
Jg.	Jahrgang
Kap.	Kapitel
Mio.	Millionen
Mrd.	Milliarden
S.	Seite
u.Ä.	und Ähnliches
usw.	und so weiter
VDI	Verein Deutscher Ingenieure e.V.
VDMA	Verband Deutscher Maschinen- und Anlagenbau e.V.
vgl.	vergleiche
vs.	versus
z.B.	zum Beispiel
ZVEI	Zentralverband Elektrotechnik- und Elektroindustrie e.V.

Abbildungsverzeichnis

Tabellenverzeichnis

1 Einführung und Begriffsklärungen

1.1 Problemstellung

Dienstleistungen haben einen hohen wirtschaftlichen und gesellschaftlichen Stellenwert. 72 % der Arbeitnehmer sind in Deutschland im Dienstleistungssektor beschäftigt (Statistisches Bundesamt 2008, S. 154 f., eigene Berechnung). Dabei bleiben sogar noch die Arbeitnehmer unberücksichtigt, die in der Industrie Dienstleistungen erbringen. Bei den in der Industrie erbrachten Dienstleistungen handelt es sich unter anderem um produktbegleitende Dienstleistungen. Sie werden von Sachgutherstellern zusätzlich zu und mit den angebotenen Sachgütern erbracht. Produktbegleitende Dienstleistungen sind keine Neuerscheinung, sie gewinnen jedoch fortwährend an Bedeutung für die Industrie. Sie ermöglichen den Gebrauch und unterstützen den Absatz von Sachgütern (Engelhardt & Paul 1998, S. 1324 f.; ZVEI 2002, S. 3). Im Großanlagenbau sind z.B. Personalschulungen durch den Anlagenbauer notwendig, um nach der Fertigstellung der Anlage den komplexen Betrieb eines Kraftwerks zu gewährleisten. Darüber hinaus werden produktbegleitende Dienstleistungen als Wettbewerbsfaktor, Differenzierungsmerkmal oder auch als Mittel zur Kostensenkung des Anbieters eingestuft (Engelhardt & Paul 1998, S. 1326).

Bei der Erweiterung des Angebots um produktbegleitende Dienstleistungen, kommen strategische und organisatorische Anpassungen auf Sachguthersteller zu. Genauso stellen sie aber auch deren Mitarbeiter vor neue Herausforderungen. Dies sind Aufgaben an denen viele Sachguthersteller scheitern (Homburg, Günther & Faßnacht 2000, S. 74). Neben dem Kerngeschäft zusätzlich Dienstleistungen anzubieten stellt sich als komplexe Aufgabe dar. Beispielsweise müssen sich die Mitarbeiter, im Gegensatz zur Sachgutherstellung, mit dem Kunden auseinandersetzen, sie treten in Interaktion mit ihm (vgl. Spöttl, Hecker, Holm & Windelband 2003, S. 120 ff.). Dies lässt vermuten, dass es nicht ausreicht, „nur“ fachliche Kompetenzen aufzuweisen, sondern genauso notwendig ist in der Interaktion mit dem Kunden kompetent aufzutreten. Hierzu gibt es bisher wenige Untersuchungen.

In personenbezogenen Dienstleistungstätigkeiten, wie der Pflege, bestehen Erkenntnisse in diesem Bereich (z.B. Giesenbauer & Glaser 2006; Paseka 1991; Weishaupt 2006). Personenbezogene Dienstleistungen sind durch den Kontakt zwischen Dienstleister und Kunde gekennzeichnet. Es findet eine soziale Interaktion statt, um die Dienstleistung zu erbringen. Die Besonderheit der personenbezogenen Dienstleistungsarbeit wird erst seit einigen Jahren intensiver erforscht. Lange Zeit war diese Besonderheit aus der arbeitswissenschaftlichen Diskussion ausgeschlossen. Personenbezogene Dienstleistungen wurden anhand der Konzepte der industriellen Produktion und Verwaltung analysiert (vgl. Böhle & Glaser 2006, S. 13; Dunkel & Weihrich 2006, S. 67). Trotz zunehmender Beachtung herrscht immer noch ein „Spannungsverhältnis zwischen einer allgemein konstatierten hohen gesellschaftlichen

Bedeutung von Dienstleistungsarbeit auf der einen und der im Vergleich hierzu defizitären sozialwissenschaftlichen Konzeptualisierung dieses Bereiches von Arbeit auf der anderen Seite“ (Dunkel, Szymenderski & Voß 2004, S. 13).

Bei personenbezogenen Dienstleistungen ist die soziale Interaktion zwischen Dienstleister und Kunde fester Bestandteil der Arbeit, deshalb wird in diesem Zusammenhang auch von Interaktionsarbeit gesprochen. Im Kontext der Interaktionsarbeit werden drei Konzepte diskutiert, die diese Arbeit charakterisieren: Emotionsarbeit, Gefühlsarbeit und subjektivierendes Arbeitshandeln (vgl. Böhle, Glaser & Büssing 2006). Bisher wurden die Konzepte vor allem in Dienstleistungen aus dem Bildungs- und Gesundheitsbereich untersucht. Wenig Kenntnis herrscht darüber, in welcher Weise dies auch bei vorwiegend technisch ausgerichteten Dienstleistungen, wie z.B. produktbegleitenden Dienstleistungen, der Fall ist und wie entsprechende „Dienstleistungskompetenzen“[1] aussehen könnten. Hieran knüpft die vorliegende Arbeit an.

1.2 Ziel und Struktur der vorliegenden Arbeit

Ziel dieser Arbeit ist es, die Interaktion zwischen Dienstleister und Kunde bei produktbegleitenden Dienstleistungen zu untersuchen. Daraus soll deutlich werden, welche Kompetenzen im Umgang mit dem Kunden notwendig sind. Am Beispiel des technischen Services im Maschinenbau wird folgenden Fragestellungen nachgegangen:

- Was beinhaltet Servicetätigkeit?
- Wie gestaltet sich die Interaktion zwischen Servicetechniker und Kunde?
- Welche Strategien werden im Umgang mit dem Kunden angewendet?
- Welche Kompetenzen sind für einen erfolgreichen Umgang mit dem Kunden notwendig?

Die Thesen, die dieser Arbeit zu Grunde liegen, lauten folgendermaßen:

- Produktbegleitende Dienstleistungen finden im Umgang mit dem Kunden statt. Sie können damit den personenbezogenen Dienstleistungen zugeordnet werden.
- Neben den fachlichen Kompetenzen der Sachgutherstellung werden bei produktbegleitenden Dienstleistungen Kompetenzen im Umgang mit dem Kunden notwendig.

Die vorliegende Arbeit ist in vier Teile gegliedert: die theoretischen Grundlagen zu produktbegleitenden Dienstleistungen (Teil A), die Theorie zu personenbezogenen Dienstleistungen

[1] Die Begriffe Dienstleistungskompetenz und Servicekompetenz werden in dieser Arbeit gleichbedeutend verwendet. Sie werden in der Literatur wenig eindeutig gebraucht und dienen im Allgemeinen dazu, eine globale Kompetenz zu beschreiben, die in der Arbeit mit dem Kunden wichtig ist. Genaue Definitionen sind meistens nicht vorhanden. Sevsay-Tegethoff (2004, S. 283) beschreibt z.B. das Ineinandergreifen von sozialer und fachlicher Kompetenz als Servicekompetenz.

(Teil B), eine explorative qualitative Studie einschließlich deren Ergebnisse und Diskussion (Teil C) und Schlussfolgerungen für diese Arbeit (Teil D).

Nach der Einführung in die Arbeit und begrifflichen Klärungen (Kapitel 1), wird (in Teil A Kapitel 1) der ökonomische Wandel von der Sachgutherstellung zur Dienstleistungserstellung betrachtet: Die Gesellschaft verändert sich hin zu einer Dienstleistungsgesellschaft. Danach werden Ausprägungsformen und Bedeutung produktbegleitender Dienstleistungen beleuchtet. Außerdem wird auf die hohe Relevanz dieser Dienstleistungen im Maschinenbau eingegangen, indem quantitative Untersuchungen zur Verbreitung produktbegleitender Dienstleistungen dargestellt werden. Dieses Kapitel dient dazu, das Grundverständnis über produktbegleitende Dienstleistungen zu schaffen. Kenntnisse über diesen Bereich sind notwendig, da die Konzepte, die danach (in Teil B) eingeführt werden, bisher nicht im Bereich produktbegleitender Dienstleistungen angewendet wurden.

Des Weiteren werden der Stand der Forschung zu den Anforderungen, die Kunden an produktbegleitende Dienstleistungen stellen sowie Anforderungen durch produktbegleitende Dienstleistungen an die Organisation und die Mitarbeiter dargestellt (Teil A Kapitel 2). Da die empirische Untersuchung der vorliegenden Arbeit (Teil C) im Bereich des technischen Services erfolgt, werden in diesem Kapitel insbesondere Studien und Literatur zum technischen Service betrachtet.

Darauf aufbauend werden die aktuellen Konzepte zur personenbezogenen Dienstleistungsarbeit dargestellt (Teil B). Dieser Teil bildet die Basis für die empirische Untersuchung der Arbeit. Bei den Konzepten handelt es sich um Emotionsarbeit, Gefühlsarbeit und subjektivierendes Arbeitshandeln, die im Konzept der Interaktionsarbeit zusammengefasst werden. In diesen Konzepten wird betont, dass in der Interaktion zwischen Dienstleister und Kunde neben fachlicher Kompetenz andere Kompetenzen notwendig sind. Dies wurde vor allem bei sozialen Dienstleistungen, wie z.B. der Krankenpflege, erforscht. Inwieweit diese Konzepte auch bei produktbegleitenden Dienstleistungen Anwendung finden, wird im empirischen Teil der Arbeit (Teil C) zu überprüfen sein.

Anschließend an die theoretischen Kapitel wird die empirische Untersuchung vorgestellt, die dieser Arbeit zu Grunde liegt (Teil C). Es handelt sich hierbei um eine explorative qualitative Studie. Ziel der Studie ist es, die Interaktion zwischen Servicetechniker und Kunde zu untersuchen. Inwiefern sind die Konzepte personenbezogener Dienstleistungen im technischen Service anwendbar? Im Anschluss daran sollen Anforderungen an Servicetechniker abgeleitet werden. Hiermit soll der vage Begriff der Dienstleistungskompetenz an Deutlichkeit gewinnen, um zu verstehen, welche Kenntnisse und Kompetenzen Mitarbeiter des technischen Services, zusätzlich zu fachlichen Kompetenzen, benötigen.

Abbildung 1: Vorgehen und Struktur der vorliegenden Arbeit

In der vorliegenden Arbeit werden zwei Einschränkungen vorgenommen: Die Untersuchung begrenzt sich (1) auf die Maschinenbauindustrie als Untersuchungsfeld, da die einzelnen Branchen des verarbeitenden Gewerbes[2] sehr unterschiedlich sind. Der Maschinenbau scheint ein geeignetes Untersuchungsfeld, da hier in den letzten Jahren bedeutende Entwicklungen in Bezug auf produktbegleitende Dienstleistungen erfolgt sind. Die Arbeit fokussiert (2) auf den technischen Service. Der technische Service vereint verschiedene produktbegleitende Dienstleistungen. Er ist in relativ vielen Unternehmen des Maschinenbaus zu finden und bietet sich daher für einen Vergleich zwischen Unternehmen an.

Im Folgenden werden zunächst wichtige Begrifflichkeiten für diese Arbeit erläutert.

1.3 Begriffsklärungen

1.3.1 Dienstleistungen

> „Unfortunately, there is not yet universal agreement on the definition of services and so any discussion of services must begin with a definition of terms" (Riddle 1987, S. 85f.).

Mit der Zeit haben sich unterschiedliche Ansätze gebildet, die Dienstleistungen definieren und teilweise widersprüchlich sind. Deshalb erfolgt zunächst eine Analyse der Literatur zum Begriff Dienstleistungen, um danach eine Definition für diese Arbeit vorzustellen. Die Akteure in einer Dienstleistung sind Dienstleister und Kunde. Der Dienstleister bezeichnet denjenigen, der die Dienstleistung vor Ort erbringt, d.h. er ist das Gegenüber des Kunden. Syno-

[2] Das verarbeitende Gewerbe umfasst einen Teilbereich des Industriesektors. Dem verarbeitenden Gewerbe werden alle Unternehmen des Industriesektors, außer den Unternehmen, die im Bereich Bergbau und der Gewinnung von Steinen und Erden tätig sind, zugeordnet (vgl. Statistisches Bundesamt 2008).

nym könnte auch von Dienstleistungsgeber, Dienstleistendem oder Ähnlichem gesprochen werden. Die Organisation, der der Dienstleister angehört, wird in der vorliegenden Arbeit als Dienstleistungsunternehmen bezeichnet. Das Gegenüber des Dienstleisters, der Kunde, wird von anderen Autoren teilweise als Dienstleistungsnehmer, Bedienter oder Klient bezeichnet. Auf manche Dienstleistungen, wie z.B. die Therapie, ist der Begriff Kunde nicht zutreffend. Der Einheitlichkeit und Klarheit Willen wird hier trotz dessen ausschließlich von Dienstleister und Kunde gesprochen. Ist der Kunde nicht Endverbraucher, sondern gehört er einer Organisation an, so wird diese Organisation als Kundenunternehmen bezeichnet.

Das oben aufgeführte Zitat gibt wieder, wie schwierig es scheint, eine einheitliche Begriffsdefinition für Dienstleistungen zu finden. Einige Autoren behelfen sich damit, dass sie Dienstleistungen durch die Aufzählung von Beispielen der Wirtschaftsbereiche, in denen Dienstleistungen angeboten werden, definieren (enumerative Abgrenzung). Da Dienstleistungen viele verschiedene Bereiche umfassen, wird versucht, die Schwierigkeit zu umgehen, indem konkrete Beispiele genannt werden. Die nächste Möglichkeit liegt darin, Dienstleistungen in Abgrenzung zu Sachgütern zu definieren, d.h. eine Negativdefinition zu formulieren: Alles was nicht Sachgut ist, ist Dienstleistung. Der dritte Versuch geht dahin, Dienstleistungen über konstitutive Merkmale zu erläutern. Hierbei werden der prozessorientierte Ansatz, der ergebnisorientierte Ansatz, der potentialorientierte Ansatz sowie der tätigkeitsorientierte Ansatz (auch Make-or-Buy Ansatz genannt) unterschieden (vgl. Corsten 1997, S. 21; Pepels 2004, S. 883 f.).[3]

Beim prozessorientierten Ansatz steht der Vorgang der Leistungserbringung im Vordergrund. Man geht davon aus, dass Dienstleistungsangebot und -nachfrage simultan geschehen. Die gleichzeitige Erstellung und Nachfrage der Leistung wird auch als Uno-actu Prinzip bezeichnet (Herder-Dorneich & Kötz 1972, S. 18). Beispiele für Dienstleistungen, für die dieser Ansatz zutreffend ist, sind Theateraufführungen oder eine Massage (Corsten 1997, S. 22). In dem Moment, in dem Theater gespielt wird, erfolgt der Konsum der Dienstleistung. Pepels (2004, S. 883) betont die „raum-zeitsynchrone Interaktion“ zwischen Angebot und Nachfrage. Diese Kategorisierung ist jedoch unzutreffend für Dienstleistungen, die z.B. computergestützt sind: Erstellung und Nachfrage sind zeitlich unabhängig voneinander. Die Software wird erstellt, auf CD gespeichert und kann zu einem beliebigen Zeitpunkt konsumiert werden.

Der ergebnisorientierte Ansatz fokussiert auf das Ergebnis, d.h. die Veränderung, die durch die Leistung an einer Person oder einem Objekt ausgeführt wird (Corsten 1997, S. 22). Dieses Kriterium erscheint allein nicht ausreichend für die Definition einer Dienstleistung, wenn

[3] Im Gegensatz zu Pepels (2004) kennt Corsten (1997) nur drei Ansätze: prozessorientiert, ergebnisorientiert, potentialorientiert. Diese stellen die drei meist erwähnten Ansätze dar (vgl. Graßy 1993; Ramme 2003; Volz 1997). Meffert und Bruhn (1997) definieren zusätzlich den tätigkeitsorientierten Ansatz.

man z.B. an einen Arzt denkt. In einigen Fällen erzielt der Arzt keine Heilung und damit kein Ergebnis oder die Qualität der Heilung ist schlecht messbar. Trotz dessen leistet der Arzt eine Dienstleistung, wenn er einen Patienten untersucht (vgl. Pepels 2004, S. 884; Scheuch 1982, S. 12).

Der potentialorientierte Ansatz versteht unter einer Dienstleistung die Leistungsfähigkeit, mit der eine Veränderung erzielt wird (Corsten 1997, S. 21 f.). Meyer (1983, S. 13) spricht in diesem Zusammenhang von „immateriellen menschlichen Leistungsfähigkeiten", mit denen am Menschen oder am Objekt eine Veränderung bewirkt wird. Hieraus resultiert die Immaterialität als Eigenschaft der Dienstleistung.

Schließlich definiert der tätigkeitsorientierte Ansatz (Make-or-buy) alle Leistungen, die extern erbracht sind (buy), als Dienstleistungen. Hingegen sind alle selbst erstellten Leistungen (make) keine Dienstleistungen. Diese Definition zielt darauf ab, dass Leistungen, wie z.B. Reinigungsarbeiten, die von Dritten fremd erbracht werden, als Dienstleistung definiert werden. Sobald man diese Leistungen aber selbst erbringt, ist sie nicht mehr als Dienstleistung, sondern als Eigenleistung anzusehen (Jacobsen & Voswinkel 2003, S. 4; Pepels 2005, S. 22 f.). Maleri (1997, S. 54 f.) präzisiert dies: Eigenleistungen sind Leistungen, die für den innerbetrieblichen Bedarf hergestellt werden, im Gegensatz zu Dienstleistungen, die für den externen Bedarf und unter Einsatz externer Faktoren - also für den Kunden und unter Einbezug des Kunden - produziert werden.[4]

Die Tatsache, dass der Kunde einbezogen wird und an der Dienstleistungserstellung mitwirkt, indem er z.B. konsumiert, wird als Ko-Produktion, Ko-Prinzip oder Kundenintegration bezeichnet (Parasuraman 2002, S. 7; Weihrich & Dunkel 2003, S. 762).[5] Der Dienstleister wird dementsprechend auch als Ko-Produzent (Gouthier & Schmid 2001, S. 225; Lehmann 1998, S. 24), „partial employee", d.h. Quasi-Mitarbeiter (Baron, Harris & Davies 1996; Mills & Morris 1986; Mills, Chase & Margulies 1983; Übersetzung durch Kleemann, Voß & Rieder 2008) oder Prosumer (von *pro*ducer und con*sumer*, Toffler 1980, S. 282; Meyer, Blümelhuber & Pfeiffer 2000, S. 53) bezeichnet.

Dabei werden Front-Office und Back-Office Aktivitäten bei Dienstleistungen unterschieden. Front-Office Aktivitäten sind für den Kunden die sichtbaren Tätigkeiten, sie werden in seiner Anwesenheit vollzogen oder er wirkt hier mit. Back-Office Aktivitäten sind für den Kunden nicht sichtbar, z.B. Verwaltungsaktivitäten (vgl. Fließ 2006, S. 67).

---

[4] Abgesehen von Dienstleistung und Eigenleistung unterscheidet Maleri (1997, S. 53 f.) Arbeitsleistung. Letztere wird von privaten Haushalten erbracht und geht als Bestandteil in die Dienstleistungen und Sachgüter ein.

[5] Vgl. auch Badura (1995, S. 183) der von der Koerstellungsthese spricht: Der Kunde ist in den Erstellungsprozess miteingebunden.

Angesichts der bestehenden Definitionen schlussfolgern viele Autoren, dass die oben genannten Ansätze kombiniert werden sollten. Sie leiten eigene Definitionen über die Dienstleistungsmerkmale aus den einzelnen Ansätzen her. So werden die Immaterialität, die Simultanität (Uno-actu Prinzip), die Nichtlagerfähigkeit, die Nichttransportfähigkeit, die Kundenintegration, das Ko-Prinzip oder die Ko-Produktion als Dienstleistungsmerkmale genannt (Berekoven 1983, S. 17 f.; Korzcynski 2002, S. 5 f.; Meffert & Bruhn 1997, S. 59 f.; Riddle 1987, S. 86).[6] Gershuny (1981) definiert Dienstleistungen z.B. über folgende Merkmale:

> „Dienstleistungen dagegen, (…) sind immateriell, nicht dauerhaft, hergestellt von Menschen für Menschen …, und können nur im Augenblick der Herstellung konsumiert werden. Im Moment des Erwerbs durch den Konsumenten ist ein Gut eine Sache, während eine Dienstleistung ein Zustand oder eine Aktivität oder ein Gefühl ist" (ebd., S. 69).

Gleichzeitig werden Merkmalsbeschreibungen wieder kritisiert, weil diese nicht auf alle Dienstleistungen zutreffen (Berekoven 1983, S. 17 f.; Meffert & Bruhn 1997, S. 59 f.; Riddle 1987, S. 86). Denn es gibt beispielsweise Dienstleistungen, die vergängliche Ergebnisse erzielen, wie Saubermachen, und Leistungen, die dauerhafte Ergebnisse erzielen, wie Bildung. Die Gleichzeitigkeit der Erstellung und der Nachfrage ist bei computerunterstützten Seminaren nicht gegeben, im Gegensatz dazu aber z.B. bei Livekonzerten.

Zumindest die Immaterialität scheint für die Mehrzahl der Wissenschaftler ein unumstrittenes Merkmal zu sein, denn im Gegensatz dazu sind Sachgüter materiell und werden durch den Einsatz von Rohstoffen hergestellt (Maleri 1997, S. 38). Aber auch dieses Kriterium wird angezweifelt, weil Software z.B. auf materiellen Trägermedien wie CDs gespeichert ist (Corsten 1988, S. 19).[7] Maleri (1991) sieht dies allerdings anders. Bezogen auf das Beispiel der Software, ist er der Ansicht, die Dienstleistung bestehe in der Möglichkeit der Nutzung der Software (ausführlich dazu Maleri 1991, S. 38 f., 44 f.). Absatzobjekte bestehen oft aus mehreren Wirtschaftsgütern, aus materiellen und immateriellen Komponenten (CD plus Software) und werden als so genannte Leistungsbündel vermarktet (Engelhardt & Reckenfelderbäumer 1993, S. 268; Engelhardt, Kleinaltenkamp & Reckenfelderbäumer 1992, S. 23 f., 1993).

Die folgende Abbildung stellt eine systematische Ableitung der Dienstleistung dar. Dienstleistungen sind demnach immaterielle Realgüter.

---

[6] Für einen umfassenden Vergleich von Autoren und deren Merkmalsdefinitionen vgl. Ramme (2003, S. 4 f.).

[7] Volz (1997, S. 85) weist darauf hin, dass in der Umgangssprache zunehmend dazu übergegangen wird, Leistungen als Dienstleistungen zu bezeichnen, unabhängig davon ob sie immateriell oder materiell sind. So wird beispielsweise das Navigationsgerät im Auto als Dienstleistung angepriesen.

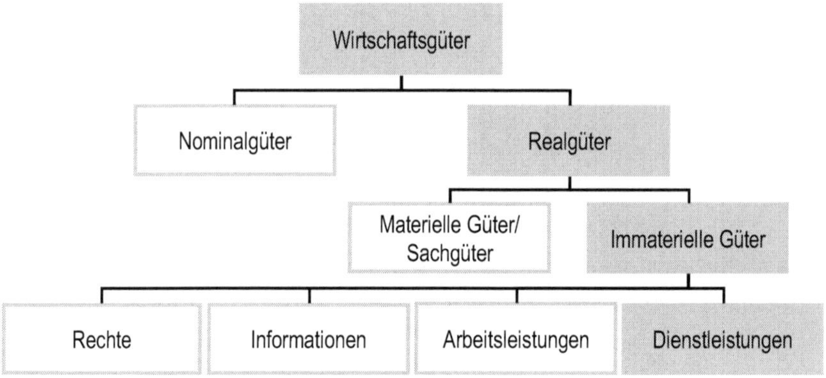

Abbildung 2: Systematik der Wirtschaftsgüter
(in Anlehnung an Meffert & Bruhn 1997, S. 28)

Die unterschiedlichen Ansätze der Definitionen wurden in ihren Grundzügen dargestellt. Die vorhergehende Analyse ist notwendig, um einen Überblick über die kontroversen Verständnisse und Schwierigkeiten zu erhalten, die mit einer Begriffsbestimmung von Dienstleistungen verbunden sind. Denn die jeweiligen Arbeiten der Autoren basieren auf diesen unterschiedlichen Auffassungen.

Viele Autoren sehen die Immaterialität als unumstrittenes Merkmal. Sie ist jedoch als ausschließliches Kriterium unzureichend (vgl. Abbildung 2). Aus der Immaterialität ergeben sich Nichtlagerbarkeit und Nichttransportfähigkeit. Es scheint daher überflüssig, diese Kriterien in eine Definition aufzunehmen. Die Simultanität scheint jedoch strittig und soll deshalb in dieser Arbeit nicht in die Definition aufgenommen werden. Wichtig scheint die Kundenintegration, denn eine Leistung, egal ob entgeltlich oder unentgeltlich, wird für einen Dritten hergestellt und dient nicht der Eigenproduktion. Daraus ergibt sich folgende Definition:

Dienstleistungen sind entgeltliche oder unentgeltliche, immaterielle Leistungen für den Kunden als externen Faktor.

1.3.2 Produktbegleitende Dienstleistungen

In der Literatur gibt es ein Vielfaches an Bezeichnungen für produktbegleitende Dienstleistungen. Es wird unter anderem von „produktbegleitenden" (Mödinger & Redling 2004, S. 1408), „sachgutergänzenden" (Volz 1997), „industriellen" (Tachsler 1996) oder „produktbezogenen" (Homburg 1993, S. 171) Dienstleistungen gesprochen. Im Folgenden wird die Bezeichnung produktbegleitende Dienstleistungen verwendet, weil diese am häufigsten in der Literatur gebraucht wird und andere Begriffe teilweise zwar gleichbedeutend verwendet werden, aber abweichende Definitionen haben.

Produktbegleitende Dienstleistungen sind Dienstleistungen, die im Zusammenhang mit Sachgütern erbracht werden. Sie werden von Unternehmen der Investitionsgüterindustrie angeboten und dienen der Ergänzung der Sachgüter (Rainfurth 2003, S 24). Engelhardt und Paul (1998, S. 1324 f.) betonen, dass produktbegleitende Dienstleistungen vom Sachguthersteller angeboten werden und dem Absatz der eigentlichen Kernleistung dienen.

Voeth, Rabe und Gawantka (2004, S. 774) erweitern diese Definition. Produktbegleitende Dienstleistungen würden nicht nur als Ergänzung zu Sachgütern angeboten, sondern auch als Ergänzung zu Dienstleistungen. Als Beispiel nennen sie einen Waschsalon, der um ein Café ergänzt ist. Das Café stellt also die produktbegleitende Dienstleistung dar. Im Folgenden wird dieser Ansatz nicht weiter verfolgt, da in dieser Arbeit ausschließlich sachgutbezogene Dienstleistungen betrachtet werden.

Bei produktbegleitenden Dienstleistungen wird nicht differenziert zwischen selbst erstellt oder fremd bezogen (Mödinger & Redling 2004, S. 1408). Es werden z.B. im Maschinenbau produktbegleitende Dienstleistungen in Form von Service- und Wartungsverträgen angeboten. Hierbei spielt es keine Rolle, ob der gemeinsam mit dem Produkt verkaufte Wartungsvertrag von der eigenen Firma erbracht wird und an einen Kunden geliefert wird oder ob eine andere Gesellschaft die Leistung erbringt.[8] Wichtig ist die Leistung an den Kunden, den externen Produktionsfaktor. Werden Leistungen für den internen Bedarf erbracht, gelten diese nicht als Dienstleistungen, sondern als Eigenleistungen (Berekoven 1983, S. 23; Maleri 1997, S. 54).[9] Voeth und Mitarbeiter (2004, S. 774) verweisen darauf, dass der externe Faktor sowohl Konsument als auch industrieller Nachfrager sein kann. Dem widersprechen unter anderem Graßy (1993, S. 22), Engelhardt und Paul (1998, S. 1324 f.), Steven und Große-Jäger (2003, S. 27) und Rainfurth (2003, S. 23), die die Nachfrage bei produktbegleitenden Dienstleistungen auf Unternehmen begrenzen (vgl. auch Günther 2001, S. 13). Cooper und Jackson (1988, S. 69) betonen ebenfalls den Unterschied zwischen Dienstleistungen, die an Konsumenten und Dienstleistungen, die an Industrieunternehmen verkauft werden, da hier völlig andere Gegebenheiten herrschen. Bei industriellen Dienstleistungen gibt es weniger Standardisierungsmöglichkeiten, außerdem spielt Technologie eine größere Rolle. Die vorliegende Arbeit betrachtet produktbegleitende Dienstleistungen, die im Business-to-Business Bereich, d.h. von Unternehmen an Unternehmen, angeboten und nachgefragt werden. Deshalb bleibt die Definition von Voeth und Mitarbeiter (2004) unberücksichtigt.

---

8 Das Statistische Bundesamt (2004, S. 7; S. 22 ff.) berücksichtigt in einer Erhebung produktbegleitender Dienstleistungen auch Leistungen, die von Dienstleistungsunternehmen angeboten werden, weil produzierende Unternehmen ihre Dienstleistungen teilweise an eigene Unternehmen ausgliedern und diese dann als Dienstleistungsunternehmen klassifiziert werden. Die vorliegende Arbeit konzentriert sich auf Dienstleistungen, die von Sachgutherstellern angeboten werden.

9 Im Gegensatz dazu nennt Graßy (1998, S. 1343) intern erbrachte Leistungen „interne Dienstleistungen".

Autoren	Bezeichung	stehen in Zusammenhang mit		Anbieter		Nachfrager	
		Sachgut	Sachgut oder Dienstleistung	Industriegüter-unternehmen	Industriegüter- und Dienstleistungs-unternehmen	Unternehmen	Unternehmen und Endkonsument
Buttler und Stegner (1990)	produktbegleitende Dienstleistung	x		x		x	
Kalmbach et al. (2003)	produktbegleitende Dienstleistung	x					
Lay (2002)	produktbegleitende Dienstleistung	x					
Mödinger und Redling (2004)	produktbegleitende Dienstleistung	x			x		
Opfermann (2004)	produktbegleitende Dienstleistung	x			x		
Spath und Demuß (2006)	produktbegleitende Dienstleistung	x		x		x	
Backhaus und Kleikamp (2001)	produktbegleitende Dienstleistung	x		x		x	
Steven und Große-Jäger (2003), Steven und Schade (2004)	industrielle Dienstleistung	x		x			
Stille (2003)	produktbegleitende Dienstleistung	x		x			
Voeth et al. (2004)	produktbegleitende Dienstleistung	nein	x	nein	x	nein	x
Homburg und Garbe (1996a)	industrielle/ produktbegleitende Dienstleistung			x		x	
Lay (1998)	produktbegleitende Dienstleistung			x			
Hornschild, Kinkel und Lay (2003)	produktbegleitende Dienstleistung			x			
Kotler und Bliemel (2001)	produktbegleitende Dienstleistung			x			
ZVEI (2002)	produktbegleitende Dienstleistung				x		

Tabelle 1: Definitionen von produktbegleitenden Dienstleistungen

Wie in der Tabelle oben deutlich wird, verwenden einige Autoren industrielle und produktbegleitende Dienstleistungen synonym. Bei der Bezeichnung industrielle Dienstleistungen handelt es sich jedoch um einen übergreifenden Begriff. Dies geht aus der unten stehenden Abbildung hervor. Dienstleistungen teilen sich in konsumtive und investive Dienstleistungen. Hier wird nach dem Nachfrager unterschieden. Investive Dienstleistungen sind Dienstleistungen für Unternehmen und gliedern sich wiederum in rein investive Dienstleistungen, die von Dienstleistungsunternehmen angeboten werden, und industrielle Dienstleistungen, die von produzierenden Unternehmen angeboten werden. Industrielle Dienstleistungen teilen sich in produktbegleitende Dienstleistungen, die von Sachgutherstellern angeboten werden und Performance Contracting, die von Dienstleistungsunternehmen erbracht werden.

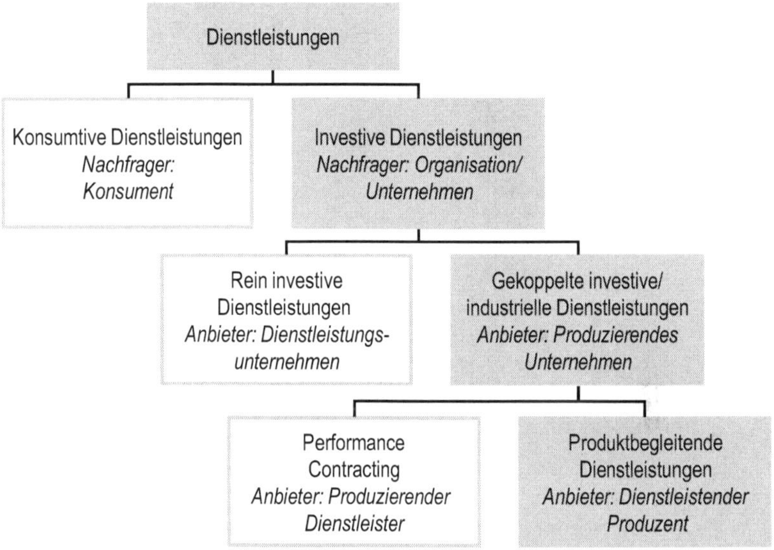

Abbildung 3: Differenzierung des Dienstleistungsbegriffs (Backhaus & Kleinkamp 2001, S. 79)[10]

Produktbegleitende Dienstleistungen sind keine Neuheit (Lay & Jung Erceg 2002, S. 5). Sie werden schon immer mit Sachgütern angeboten, deren Gebrauch und Absatz sie unterstützen (Engelhardt & Paul 1998, S. 1324 f.). Darüber hinaus kommt in den letzten Jahren produktbegleitenden Dienstleistungen Bedeutung zu, die fakultativ sind oder eigenständig angeboten werden können (ebd., S. 1326). Produktbegleitende Dienstleistungen gelten teilweise sogar als lukrativer als das eigentliche Sachgutgeschäft (Kinkel & Fath 2004, S. 385). Vor allem sollen sie aber eine Lösung für Kundenprobleme darstellen (Rainfurth 2003, S. 24).

---

[10] Der Pfad unterhalb der konsumtiven Dienstleistungen in Abbildung 3 kann ebenso fortgeführt werden wie der Pfad der investiven Dienstleistungen. Dies ist jedoch in der vorliegenden Arbeit nicht von Interesse.

> „Sie reichen von Planung und Beratung über die Erstellung kundenspezifischer Software, Dokumentation, Schulung, Montage und Inbetriebnahme, Zertifizierung und Abnahme, Wartung und Reparatur bis hin zur Entsorgung“ (Mödinger & Redling 2004, S. 1408).

Zusammenfassend können produktbegleitende Dienstleistungen als solche Dienstleistungen definiert werden, die von (überwiegend) sachgutherstellenden Unternehmen, ergänzend zum Sachgut, für andere Unternehmen bzw. Organisationen angeboten werden. Diese Definition dient als Grundlage für die vorliegende Arbeit.

1.3.3 Personenbezogene Dienstleistungen

Da Dienstleistungen sehr unterschiedlich sind (vgl. Littek 1991, S. 270; Kapitel 1.3.1) und es deshalb schwierig ist, eine übergreifende Definition für Dienstleistungen zu finden, wird versucht sie zu typologisieren. Es wird dabei nach Merkmalen wie Anbieter, Nachfrager, Objekt oder Inhalt unterschieden (vgl. Kapitel 1.3.2; für einen Überblick vgl. Corsten 1997, S. 31-53; Meffert & Bruhn 2000, S. 30-46).

Eine Möglichkeit der Typologisierung besteht darin persönliche Dienstleistungen zu automatisierten Dienstleistungen abzugrenzen. Persönliche Dienstleistungen werden hauptsächlich durch die Leistung von Menschen erbracht (Arzt, Friseur, Rechtsanwalt), wohingegen automatisierte Dienstleistungen von Maschinen (Bank-, Spiel-, Selbstbedienungsautomat) durchgeführt werden (Meffert & Bruhn 1997, S. 29).

Eine weitere Abgrenzung wird anhand des Objektes vorgenommen, an dem die Leistung erbracht wird. Hier differenziert man zwischen personenbezogen und objektbezogen. Wird eine personenbezogene Dienstleistung erbracht, so wird eine Veränderung am Menschen vollzogen, wie z.B. beim Friseur oder bei einer ärztlichen Untersuchung (Meffert & Bruhn 1997, S. 29). Man spricht synonym von subjektbezogenen Dienstleistungen (Homburg & Garbe 1995, S. 4). Bei objektbezogenen Dienstleistungen bezieht sich die Veränderung auf das Objekt, wie z.B. eine Autoreparatur (Meffert & Bruhn 1997, S. 29). Hier wird auch von sachbezogenen Dienstleistungen gesprochen (Gross 1983, S. 14).

Während die vorangegangenen Typologisierungen Ansätzen der ökonomischen Theorie entstammen, wird in der Soziologie häufig davon ausgegangen, dass bei Dienstleistungen stets „ein Bezug zum Individuum oder eine[r] Gruppe von Menschen“ (Burr & Stephan 2006, S. 26) vorhanden ist. Diesem Ansatz folgt Nerdinger (1994, S. 49 f.), der davon spricht, dass das Ergebnis einer Dienstleistung eine Erfahrung sei. Seiner Auffassung entsprechend steht die Einbeziehung des Kunden als externer Faktor im Vordergrund. Folglich werden Dienstleistungen danach unterschieden, ob die Person, die die Leistung erfährt, direkt oder indirekt involviert ist. Entsprechend differenziert Nerdinger zwischen direkten und indirekten personenbezogenen Dienstleistungen. Direkte Dienstleistungen sind z.B. Massage, Friseurleistung, Beratung. Hier sind die Ko-Produktion und das uno-actu Prinzip zentrale Merkmale, denn derjenige, der frisiert wird, ist an der Erbringung der Dienstleistung beteiligt und erfährt sie raum-zeitsynchron, Produktion und Konsum der Dienstleistung geschehen simultan (vgl. auch Gross 1983, S. 14 f.). Er muss z.B. anwesend sein, stillhalten, die Leistung wird an seinen Haaren erbracht. Indirekte personenbezogene Dienstleistungen umfassen Aufgaben, wie „bereits produzierte Leistungen/Güter zu vermitteln oder selbst Leistungen an einem Objekt zu erbringen, das den Bedienten gehört" (Nerdinger 1994, S. 50). Solche Dienstleistungen sind beispielsweise Elektriker, Schuhmacher, öffentliche Verkehrsmittel. Auch wenn der Schuhmacher nicht direkt am Kunden arbeitet, sondern an einem Gegenstand des Kunden, findet ein Kontakt, z.B. bei der Schilderung des Problems, statt. Direkte und indirekte personenbezogene Dienstleistungen haben als wesentliches Merkmal den direkten Kontakt mit dem Kunden - auch wenn der Kontakt in unterschiedlichem Ausmaß stattfindet - sowie die Aufgabe, für eine andere Person ein Problem zu lösen (ebd., S. 50 ff.).

Dienstleistungen beinhalten jedoch verschiedene Arten von Tätigkeiten. In der Pflege ist die Dienstleistung durch den Umgang am Menschen und mit dem Menschen charakterisiert. Zusätzlich besteht die Dienstleistung auch darin, an materiellen Dingen zu arbeiten, wie z.B. das Bett zu machen, und es sind auch immaterielle Dinge involviert, wie z.B. die Dokumentation in der Krankenakte (vgl. Böhle 2006, S. 327; Hacker 2006, S. 18). Bevor Verkäufer beispielsweise Beratungsdienstleistungen in einem Bekleidungsgeschäft erbringen können, gehört es zu ihren Aufgaben, die Kleidungsstücke zu drapieren und zusammenzufalten (Pettinger 2006, S. 49). Die Unterscheidung nach dem Gegenstand, Objekt oder Inhalt wird deshalb von Böhle und Glaser (2006, S. 12 f.) ersetzt durch die Unterscheidung zwischen personenbezogenen Tätigkeiten und Prozessen, die den Umgang mit Menschen einschließen, und sachbezogenen Tätigkeiten und Prozessen, die darauf konzentriert sind, materielle und immaterielle Dinge zu bearbeiten. Eine Dienstleistung, wie z.B. eine Untersuchung im Krankenhaus, kann entsprechend verschiedene Arten von Tätigkeiten einschließen. Hacker (2006, S. 18, 1998, S. 81 ff.) unterscheidet zwischen der dialogischen, z.B. Pflege, und der monologischen Arbeit, z.B. Verwaltungstätigkeit. „Personenbezogene Dienstleistungen sind demnach keine Sparte, sondern ein grundlegender Bestandteil von Dienstleistungen" (Böhle & Glaser 2006, S. 13).

Personenbezogene Dienstleistungen beschränken sich nicht auf soziale Tätigkeiten wie den Bildungs- und Gesundheitsbereich (vgl. Brucks 1998, S. 18; Büssing & Glaser 1999), sondern umfassen ebenso Tätigkeiten, die anhand von materiellen Objekten, wie z.B. Werkzeugen, erbracht werden. Charakteristisch für Tätigkeiten personenbezogener Dienstleistungen ist, im Gegensatz zu Sachgutherstellung und Verwaltung, der Kontakt zwischen Dienstleister und Kunde, die soziale Interaktion zwischen den beiden Akteuren, die zweckgerichtet und arbeitsbezogen ist (Böhle & Glaser 2006, S. 13).

Voswinkel (2005, S. 99 f.) veranschaulicht in der folgenden Abbildung, welche Tätigkeiten Dienstleistungsarbeit insgesamt umfasst.

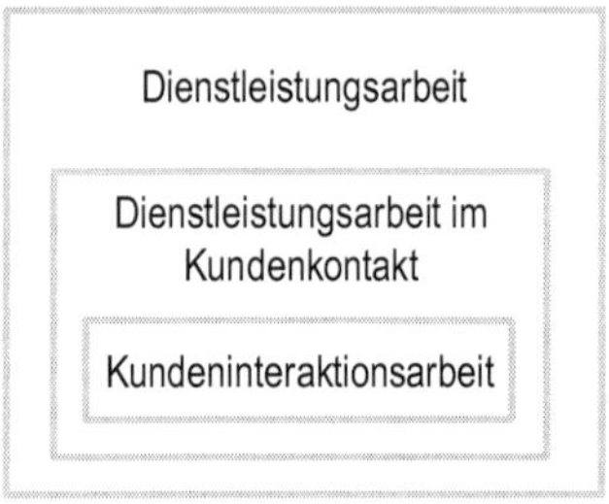

Abbildung 4: Kundeninteraktionsarbeit als Teilgruppe der Dienstleistungsarbeit (Voswinkel 2005, S. 100)

Die Dienstleistungsarbeit im Kundenkontakt ist eine Teilmenge des Überbegriffs Dienstleistungsarbeit. Hier ist der Kunde präsent, jedoch finden nicht alle Tätigkeiten in Interaktion mit dem Kunden statt. Bei der Kundeninteraktionsarbeit, die wiederum eine Teilmenge der Dienstleistungsarbeit im Kundenkontakt ist, geht es um die Tätigkeiten, die tatsächlich in Interaktion mit dem Kunden stattfindet. Genau dieser Aspekt ist in der vorliegenden Arbeit von zentraler Bedeutung.

Die vorliegende Arbeit stützt sich auf das erweiterte Verständnis von Böhle und Glaser (2006, S. 13). Der Begriff personenbezogene Dienstleistung beinhaltet demnach, dass personenbezogene Tätigkeiten und Prozesse in einer Dienstleistung stattfinden.

1.3.4 Kompetenz und andere Konstrukte

Im Zusammenhang mit produktbegleitenden Dienstleistungen wurde in der Problemstellung von Kompetenz[11] gesprochen. Dieses Konstrukt soll hier zu Qualifikation und Fähigkeit abgegrenzt werden, da sie häufig gleichbedeutend verwendet werden. Weinert (2001, S. 45) spricht beispielsweise davon, dass die Grenzen zwischen Fertigkeit, Fähigkeit und Kompetenz sehr ungenau sind. Was verbirgt sich dahinter?

Qualifikationen sind Inhalte, die über Zeugnisse und Zertifikate bestätigt werden (Kauffeld 2006, S. 28) und „in einem klar umschriebenen Curriculum erworben werden“ (Bergmann 2000, S. 139). Qualifikationen sind also normierbar und können beispielsweise durch Prüfungen erfasst werden (Erpenbeck & von Rosenstiel 2003, xi). Beispiele hierfür sind durch ein Diplom eines Studienganges oder eine Weiterbildung erworbene Qualifikationen. Von Qualifikationen werden Fähigkeiten und Fertigkeiten abgegrenzt. Fähigkeiten sind die kognitive,

[11] In dieser Arbeit wird von Kompetenz im Singular und Plural gesprochen (z.B. Selbstkompetenz, Selbstkompetenzen). Der Singular betont die Kompetenzgesamtheit, der Plural betont, dass mehrere Teilkompetenzen existieren (vgl. Erpenbeck & Heyse 2007, S. 159).

psychische und physische Basis für Tätigkeiten und Handlungen. Das Erlernen von Fertigkeiten wird durch die Fähigkeiten einer Person beeinflusst. Sie stellen das Fundament für die Bildung von Fertigkeiten dar (Becker 2005, S. 6). Nach Kauffeld (2006, S. 30) kann man zwischen allgemeinen, bereichsspezifischen und berufsspezifischen Fähigkeiten unterscheiden. Sie nennt als Beispiele für allgemeine Fähigkeiten die Abstraktionsfähigkeit, für bereichsspezifische Fähigkeit die sprachliche Fähigkeit und als berufspezifische Fähigkeiten technische und handwerkliche Fähigkeiten. Fähigkeiten und Fertigkeiten sind trainierbar (Erpenbeck & von Rosenstiel 2003, S. 523; Hacker 1998, S. 772 ff.). Unter Fertigkeiten versteht man Komponenten von Tätigkeiten, die durch Übung automatisiert werden, so dass keine bewusste Kontrolle mehr nötig ist, um sie zu steuern (Hacker 1998, S. 655). Fertigkeiten sind „das erlernbare sowie anwendungs- und funktionsbereite Können einer Person“ (Becker 2005, S. 6). Die Begriffe Fähigkeit und Fertigkeit werden oft als Beschreibung einzelner Komponenten von Kompetenz verwendet (Kauffeld 2006, S. 31).

Die Kompetenz wird von Erpenbeck und Heyse (2007, S. 22, 158 ff.) als Disposition (Fähigkeit, Anlage, Bereitschaft) eines Menschen definiert, die ihm ermöglicht, selbstorganisiert und selbstgesteuert zu handeln. Selbstorganisiert bedeutet in diesem Zusammenhang, Wissen aktiv und sinnvoll anzuwenden und durch die eigene Kreativität Probleme zu lösen bzw. etwas zu gestalten. Kompetentes Handeln basiert also auf Wissen, Werten, Willen, Erfahrungen und Fähigkeiten eines Menschen. Oder anders formuliert, Kompetenzen beinhalten nichtexplizites Wissen, z.B. Emotionen, Fähigkeiten, Erfahrungen, Werte und Normen zu Emotionen und Motivationen (Erpenbeck & von Rosenstiel 2003, XIII). Im Zusammenhang von Kompetenz wird betont, dass diese eben nicht nur, wie Qualifikationen, organisiert, sondern auch zu einem hohen Anteil auf informellem Weg (Clement 2002, S. 10) erworben wird. Der Kompetenzbegriff betont das individuelle Lernen in konkreten Situationen. Neben einer inflationären Verwendung des Kompetenzbegriffs unterscheidet man im Allgemeinen zwischen vier Kompetenzbereichen: Fach-, Methoden-, Sozial- und Selbstkompetenz (vgl. Becker 2005, S. 9; Erpenbeck & von Rosenstiel 2003; Frieling & Sonntag 1999, S. 148; Heyse & Erpenbeck 2007; Kauffeld 2006, S. 23 ff.).[12] Die Fachkompetenz bezeichnet Fähigkeiten, Fertigkeiten und Kenntnisse, die vor allem im beruflichen Kontext zur Aufgabenbewältigung angewendet werden (Frieling & Sonntag 1999, S. 148). Dies beinhaltet je nach Organisation, Prozess und Aufgabe, Probleme zu identifizieren und zu lösen (vgl. Kauffeld 2006, S. 23). Die Methodenkompetenz beinhaltet „die Fähigkeit, Methoden, Verfahrensweisen oder Strategien zur Strukturierung von Tätigkeiten, Diskussionen, Prozessen und allgemein Sachverhalten flexibel einzusetzen“ (ebd., S. 24). Unter Sozialkompetenz versteht man Fähigkeiten und Verhaltensweisen, die eingesetzt werden, um erfolgreich mit

[12] Die Selbstkompetenz bezeichnet z.B. Becker (2005, S. 9) auch als personale Kompetenz. Im Folgenden wird ausschließlich der Begriff Selbstkompetenz verwendet.

anderen Menschen zu interagieren (Frieling & Sonntag 1999, S. 148). Und die Selbstkompetenz bezeichnet einerseits bewusst über das eigene Handeln zu reflektieren und sich selbst wahrzunehmen und andererseits, offen für Veränderungen zu sein und diese aktiv mitzugestalten (Kauffeld 2006, S. 26). Die folgende Abbildung erläutert stichwortartig den Inhalt der vier genannten Kompetenzen nach Erpenbeck und Heyse (2007).

Fachkompetenzen	**Methodenkompetenzen**
Allgemeinwissen Fachwissen Organisatorische Fähigkeiten Betriebswirtschaftliche Kenntnisse EDV-Wissen Fachliche Fähigkeiten und Fertigkeiten Markt-Know-how Sprachkenntnisse Unternehmerisches Handeln und Denken	Analytisches Denken Konzeptionelle Fähigkeiten Strukturierendes Denken Zusammenhänge und Wechselwirkungen erkennen Ganzheitliches Denkvermögen Gefühl für zukünftige Entwicklungen Kreativität und Innovationsfähigkeit

Sozialkompetenzen	**Selbstkompetenzen**
Teamfähigkeit Einfühlungsvermögen Kommunikationsfähigkeit Kooperationsbereitschaft Konfliktlösungsbereitschaft Partnerzentrierte Interaktion Konsensfähigkeit Verständnisbereitschaft	Bereitschaft zur Selbstentwicklung Selbstreflexionsbereitschaft Leistungsbereitschaft Offenheit Risikobereitschaft Belastbarkeit Glaubwürdigkeit Emotionalität Flexibilität

Abbildung 5: Fach-, Methoden-, Sozial- und Selbstkompetenzen (in Anlehnung an Erpenbeck & Heyse 2007, S. 161)

Neben den aufgeführten Begriffen wird Kompetenz auch vom Begriff Intelligenz abgegrenzt. Intelligenz betont die kognitiven Leistungen eines Menschen. Die Intelligenz ist relativ stabil, im Gegensatz dazu sind Kompetenzen veränderbar (Schuler 2002, S. 138 f.).

Zusammenfassend wird zwischen Qualifikationen differenziert, die durch ein definiertes Curriculum erworben und durch Zeugnisse und Zertifikate nachgewiesen werden. Hiervon werden Fähigkeiten unterschieden. Fähigkeiten sind das Vermögen etwas zu tun, sie sind ausschlaggebend für die Fertigkeiten und damit das anwendungsbereite Können einer Person. Kompetenzen zeichnen sich dadurch aus, dass selbstorganisiert gelernt und erlernt wird, z.B. im beruflichen Kontext. Kompetenz beschreibt die Fähigkeiten und Fertigkeiten einer Person (Becker 2005, S. 8). Sie wird auf formellem und informellem Weg erworben. Und im Gegensatz zur Kompetenz, die erworben und entwickelt werden kann, ist die Intelligenz relativ stabil.

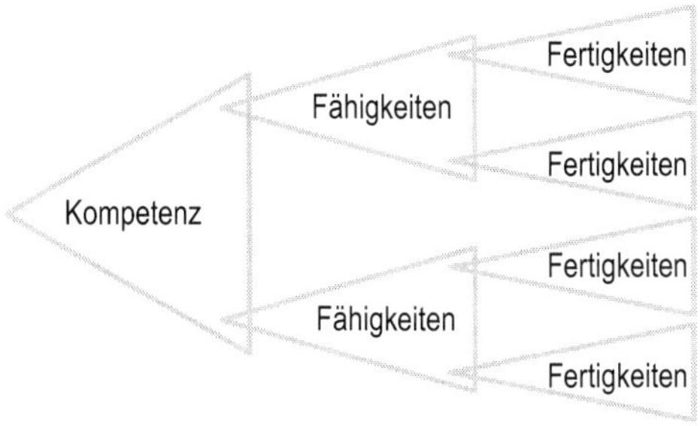

Abbildung 6: Abgrenzung zwischen Kompetenz, Fähigkeit und Fertigkeit

Teil A: Produktbegleitende Dienstleistungen

1 Grundlagen produktbegleitender Dienstleistungen

Das folgende Kapitel thematisiert die Entwicklung zur Dienstleistungsgesellschaft, um insbesondere auf die Tertiarisierung der Industrie - und damit die Bedeutung produktbegleitender Dienstleistungen - einzugehen. Produktbegleitende Dienstleistungen erfahren ein zunehmendes Wachstum und gewinnen an Wichtigkeit für das verarbeitende Gewerbe. Welche konkrete Bedeutung haben produktbegleitende Dienstleistungen für Unternehmen? Welche Ausprägungsformen und neuen Entwicklungen finden im Markt statt? Welches Ausmaß nehmen sie im Maschinenbau ein?

1.1 Dienstleistungsgesellschaft und Tertiarisierung von Industriebetrieben

Dienstleistungen sind von hoher Bedeutung in der heutigen Gesellschaft und nehmen weiterhin kontinuierlich zu. Während 1991 erst 59 % der Bevölkerung in Deutschland im Dienstleistungssektor tätig waren, hatten 2007 schon 72 % ihren Arbeitsplatz im Dienstleistungssektor (Statistisches Bundesamt 2006, S. 291, 2008, S. 154 f., eigene Berechnung). Neben der gesellschaftlichen Relevanz haben Dienstleistungen eine hohe ökonomische Relevanz: Der Beitrag des Dienstleistungssektors zur Bruttowertschöpfung betrug 1991 62 % und stieg im Jahr 2007 auf 69 % an (ebd.). Damit verändert sich die Struktur der Volkswirtschaft zunehmend. Dienstleistungen werden jedoch nicht ausschließlich im Dienstleistungssektor angeboten, sondern sie werden verstärkt im verarbeitenden Gewerbe Umsatzbestandteil. Letztere sind in der vorliegenden Arbeit von besonderem Interesse.

1.1.1 Entwicklung zur Dienstleistungsgesellschaft

Wenn vom Dienstleistungssektor gesprochen wird, geht man von einer Aufgliederung der Volkswirtschaft in Sektoren aus. Dabei wird zwischen primärem, sekundärem und tertiärem Sektor unterschieden (Corsten 1985, S. 1 f.; Fourastié 1954, S. 107). Diese Gliederungsweise ist relativ häufig anzutreffen, um die Volkswirtschaft eines Landes zu kategorisieren. Auf dieser Aufteilung basieren die oben genannten Daten des Statistischen Bundesamtes. Grob gesehen umfasst der primäre Sektor die Landwirtschaft, der sekundäre Sektor die Industrie und der tertiäre Sektor die Dienstleistungen.[13] Die Beobachtung, dass Dienstleistungen allgemein zunehmen, führte zur Drei-Sektoren-Theorie, die auf Fisher (1935; zitiert nach Clark 1957, S. 492 ff.) und Clark (1957) zurückgeht. Gemäß dieser Theorie gibt es durch das

---

[13] Der Dienstleistungssektor umfasst folgende Bereiche: „Handel und Gastgewerbe, Verkehrs- und Nachrichtenübermittlung, Kredit- und Versicherungsgewerbe, Grundstücks- und Wohnungswesen, Vermietung beweglicher Sachen, Erbringung von sonstigen wirtschaftlichen Dienstleistungen (Unternehmensdienstleister), Gebietskörperschaften und Sozialversicherung, Erziehung und Unterricht, Gesundheits-, Veterinär- und Sozialwesen sowie sonstige öffentliche und persönliche Dienstleistungen" (Statistisches Bundesamt 2006, S. 291).

Wachstum der Volkswirtschaft eine Verlagerung der Beschäftigung von der Landwirtschaft, dem primären Sektor, zur Industrie, dem sekundären Sektor, und von der Industrie zu den Dienstleistungen, dem tertiären Sektor.[14]

Fourastié (1969, S. 74 f.) bildete die Grundlage zur weiteren Verbreitung der Theorie. Er teilte die Sektoren nach ihrer Möglichkeit zu technischem Fortschritt und damit der Möglichkeit der Produktivitätssteigerung ein, wobei der primäre Sektor die Landwirtschaft, der sekundäre die Industrie und der tertiäre Handel, Verwaltung, freie Berufe, Dienstleistungen und Ähnliches umfasste. Er ging davon aus, dass sich die Gesellschaft von der Industrie- zur Dienstleistungsgesellschaft entwickeln würde (ebd., S. 252 ff.). Diese bezeichnete er auch als „tertiäre Zivilisation":

> „...die wir die *tertiäre Zivilisation* nennen, weil der tertiäre Sektor, der dem technischen Fortschritt den größten Widerstand entgegensetzt, die ganze Wirtschaft beherrschen wird" (ebd., S. 276; Hervorhebung wie im Original).

Der tertiäre Sektor wächst folglich zu Lasten des primären und sekundären Sektors. Man spricht, statt von der Entwicklung zur Dienstleistungsgesellschaft, deshalb auch von der Tertiarisierung (vgl. Berger & Offe 1984, S. 229). Die Betrachtung der oben genannten Daten zur Beschäftigungsentwicklung und Bruttowertschöpfung bestätigen diese Entwicklung.

1.1.2 Tertiarisierung von Industriebetrieben

Es gibt neben der sektoralen Betrachtung auch die Möglichkeit, Dienstleistungen funktional darzustellen. Dies hat den Vorteil, dass der Anteil der Beschäftigten in Dienstleistungstätigkeiten betrachtet werden kann. Jeder, der eine Dienstleistung ausführt, wird als Dienstleister eingestuft, derjenige, der Güter produziert oder fertigt, führt eine Fertigungstätigkeit aus. Im Gegensatz zur sektoralen Gliederungsweise, ist die funktionale Gliederung unabhängig vom Unternehmen oder Wirtschaftszweig und orientiert sich nicht an der Aufgliederung der Volkswirtschaft nach primärem, sekundärem und tertiärem Sektor (Wagner 2003, S. 33).

Die Wissenschaft hat vielfach belegt, dass der Dienstleistungssektor wächst und damit ein größeres Angebot an Dienstleistungen zur Verfügung steht. Zumeist wird dies anhand der Sektoren mittels Bruttowertschöpfung und Beschäftigung gemessen (vgl. Baethge 2000, S. 149; Klodt, Maurer & Schimmelpfennig 1997, S. 4; Tengler & Hennicke 1987, S. 1). Untersuchungen machen allerdings deutlich, dass dieses Phänomen der Dienstleistungsgesellschaft differenzierter betrachtet werden muss. Anstatt die Volkswirtschaft nur nach Sektoren zu untersuchen, ergibt sich bei einer funktionalen Betrachtungsweise eine noch stärkere Ausweitung der Dienstleistungen. Gershuny (1981) weist beispielsweise darauf hin, dass sich das

[14] Zur Einteilung der Sektoren vgl. Clark (1957, S. 490 f.). Er verweist dabei auf Fisher (1935), der die Aufgliederung der Sektoren nach deren Notwendigkeit unternommen hatte (Clark 1957, S. 492 ff.; Häußermann & Siebel 1995, S. 27 f.).

Dienstleistungsangebot zwar ausweitet, jedoch zunehmend Dienstleistungen angeboten werden, die nicht dem Endkonsum dienen, sondern der „Effizienz der Güterproduktion" (ebd., S. 103).[15] Das bedeutet, dass Beschäftigte, die im sekundären Sektor arbeiten, nicht ausschließlich Sachgüter produzieren, sondern auch Dienstleistungen erbringen. Häußermann und Siebel (1995, S. 24) bezeichnen die Erbringung von Dienstleistungen im sekundären Sektor als die „Tertiarisierung der Produktion". Zentraler Punkt ist, zu diesen Dienstleistungen gehören produktbegleitende Dienstleistungen, um die es in der vorliegenden Arbeit geht.

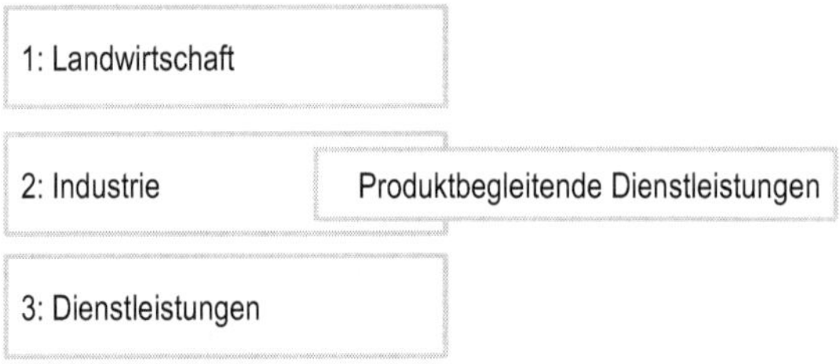

Abbildung 7: Sektorale Aufgliederung der Volkswirtschaft unter Berücksichtigung produktbegleitender Dienstleistungen

Die explizite Betrachtung produktbegleitender Dienstleistungen wird erschwert, weil diese nicht separat in offiziellen Erhebungen ausgewiesen werden (ZVEI 2002, S. 3). Eine Untersuchung zu produktbegleitenden Dienstleistungen wurde beispielsweise einmalig im Jahr 2002 durch das Statistische Bundesamt durchgeführt (Mödinger & Redling 2004, S. 1413). Hinzu kommt, dass produktbegleitende Dienstleistungen teilweise nicht eigenständig an den Kunden verrechnet werden, d.h. sie werden (1) in der Öffentlichkeit gar nicht wahrgenommen und können (2) nur schwer erfasst werden.

Auch Albachs Theorie der industriellen Dienstleistungen fundiert auf der These, dass der allgemeine Anstieg der Dienstleistungen vor allem darauf zurückzuführen ist, dass verstärkt Dienstleistungen für Unternehmen angeboten werden. Er ist der Ansicht, dass die Ausweitung des Wettbewerbsdrucks die Industrieunternehmen dazu veranlasst, ihre Sachgüter und Dienstleistungen auszuweiten. Im Sinne von Gershuny geht er davon aus, dass nicht die Dienstleistungen für die Haushalte zunehmen, sondern die Industrie für den Anstieg der Dienstleistungen verantwortlich ist (Albach 1989, S. 399 ff.).

Bei einer sektoralen Betrachtungsweise weiten sich Dienstleistungen jedoch aus, obwohl die von der Industrie erbrachten Dienstleistungen nicht erfasst werden können. Wie lässt sich die Zunahme erklären? Welsch (2000, S. 37 f.) begründet den Anstieg der Dienstleistungen durch

[15] Gershuny (1981, S. 103) belegt in einer Untersuchung, dass die Anzahl der Dienstleistungsberufe zwar steigt, der Dienstleistungskonsum jedoch nicht zunimmt. (Dies gilt nicht für Bildung und Gesundheit.) Seine These lautet: Güter ersetzen Dienstleistungen für den Endverbrauch. Bevor Autos in Massenproduktion hergestellt wurden, griffen die Menschen beispielsweise verstärkt auf öffentliche Verkehrsmittel zurück und nutzten damit Dienstleistungen (Gershuny 1981, S. 69, 1987).

die Externalisierungs- und die Innovationshypothese. Die Externalisierungshypothese bezieht sich auf Outsourcing und Lean-Management. Industrieunternehmen versuchen, sich auf ihre Kerngebiete zu konzentrieren und alle anderen Bereiche weitgehend auszulagern. Es kommt dabei dazu, dass Unternehmen ihre Dienstleistungen an eigenständige Dienstleistungsunternehmen auslagern. Die Dienstleistungen entstehen nicht neu, sondern wurden vorher von den Industrieunternehmen selbst erbracht. Erst durch die Auslagerung werden sie sichtbar (vgl. auch Albach 1989, S. 403). Die Innovationshypothese basiert auf der Annahme, dass die Hersteller durch ansteigenden Wettbewerbsdruck, eine immer differenziertere Nachfrage nach Produkten und kürzere Produktionslebenszyklen, dazu gezwungen sind, neue Produkte zu entwickeln und anzubieten. Um diese neuen Produkte anbieten zu können, sind Vorleistungen notwendig, die zu einem großen Teil aus Informationsdienstleistungen bestehen, wie z.B. Informationen sammeln, verwalten, auswerten, analysieren und weitergeben. Entsprechend nehmen diese Dienstleistungen zu (Welsch 2000, S. 37 f.).

Als Ergebnis gilt festzuhalten: Würden die Dienstleistungen im Industriesektor berücksichtigt werden, so wäre die Beschäftigtenquote im Bereich Dienstleistungen noch höher und die Bruttowertschöpfung im Bereich der Dienstleistungen würde ebenfalls einen noch höheren Wert aufweisen. Die Struktur der deutschen Volkswirtschaft hat sich folglich stärker verändert als dies durch die sektorale Betrachtung deutlich wird.

1.1.3 Tertiarisierung und Industrialisierung

Mit der Zunahme der Dienstleistungen verändert sich der Industriesektor. Abgesehen von der Tatsache, dass Dienstleistungen an Wichtigkeit gewinnen, wird gleichzeitig von einer „De-Industrialisierung der deutschen Volkswirtschaft" (Krämer 2006, S. 373) gesprochen. Begleitet wird dies von der Forderung, Dienstleistungen noch weiter auszubauen, wie beispielsweise in den USA, die nach der Betrachtung der Sektoren einen weitaus größeren Dienstleistungssektor aufweisen (Born 1999, S. 377; Reindl 2002b, S. 109; vgl. auch Baethge 2000). Einige Wissenschaftler sind der Ansicht, dass diese Sichtweise in Bezug auf die deutsche Volkswirtschaft allerdings zu kurz greift (vgl. Fingleton 2000; Meyer-Krahmer & Lay 2001, S. 396; Reindl 2002a; Schumann 2000). Es lohnt sich, einen genaueren Blick auf die deutsche Industrie zu werfen.

Eine Untersuchung der Universitäten Bremen und Hohenheim verdeutlicht die Wichtigkeit und enge Verknüpfung der Industrie in Deutschland mit dem Angebot und Absatz von Dienstleistungen. Ausgegangen wird von der Tatsache, dass Industrie- und Dienstleistungssektor voneinander abhängig sind. Denn für die Endnachfrage sind jeweils Vorleistungen in Form von Industriegütern und Dienstleistungen notwendig. Eine Dienstleistung kann also als Input für die Herstellung eines Industrieguts dienen und vice versa (Krämer 2006, S. 378).

Die Untersuchung macht deutlich, dass Dienstleistungen für Unternehmen, investive Dienstleistungen, positiv von der Industriegüternachfrage beeinflusst werden, d.h. je größer die Nachfrage nach Industriegütern, desto mehr nehmen investive Dienstleistungen zu. Umgekehrt ist dies allerdings kaum der Fall (ebd., S. 378 ff.; vgl. auch Kalmbach & Krämer 2005). Hinzu kommt, dass die Anzahl der Beschäftigten, die außerhalb der Industrie für die Endnachfrage von Industrieprodukten arbeiten, im Betrachtungszeitraum gestiegen ist. Dies erklärt sich dadurch, dass mehr Vorleistungen (vor allem investive Dienstleistungen) für industrielle Produkte geleistet und verarbeitet wurden. Als Ursache nennt Krämer (2006, S. 379) (1) Outsourcing (Industriesektor gliedert an Dienstleistungssektor aus) und (2) die zunehmende Erstellung von Dienstleistungen im verarbeitenden Gewerbe. Für die vorliegende Arbeit ist insbesondere Letzteres von Bedeutung. Damit wird deutlich, dass die Industrie ein wichtiger Motor für Beschäftigung und Wertschöpfung ist (ebd., S. 382 f.), denn sie ist Anbieter und Nachfrager von Dienstleistungen (Kalmbach & Krämer 2005, S. 38).

Dementsprechend kann man nicht in einem Atemzug von einer Tertiarisierung und De-Industrialisierung sprechen, denn dies würde den bedeutenden Anteil der Industrie an der Entwicklung der Dienstleistungen und ihren Beitrag zur Bruttowertschöpfung ignorieren. Auf Grund der Dienstleistungen, die im Industriesektor erbracht werden, wird die Industrie gestärkt. Damit verändert sich zwar die Struktur des Sektors, er behält jedoch gleichzeitig seine Wichtigkeit und schafft insbesondere Arbeitsplätze und Wert.

Nach dieser Betrachtung stellt sich die Frage, um welche konkreten Dienstleistungen es sich dabei im Maschinenbau handelt. Im Folgenden werden die verschiedenen Ausprägungsformen produktbegleitender Dienstleistungen dargestellt, um deren Umfang und Verschiedenartigkeit darzustellen.

1.2 Ausprägungsformen produktbegleitender Dienstleistungen

> „Letztendlich müssen Dienstleistungen und Sachleistungen als ein hybrides Produkt integriert, geplant, entwickelt, hergestellt und vermarktet werden. Nur so lässt sich maximaler Kundennutzen realisieren“ (Meier 2004, S. 4).

Produktbegleitende Dienstleistungen können über den gesamten Produktlebenszyklus eines Guts angeboten werden (ebd., S. 6). Vor dem Sachgutverkauf werden Engineeringleistungen, Bedarfsanalysen und Wirtschaftlichkeitsberechnungen angestellt. Während der Entwicklung und Herstellung des Sachgutes werden z.B. individuelle Änderungen eingearbeitet. Beim Verkauf der Maschine wird die Maschine in Betrieb genommen oder es finden Personaleinweisungen statt. Nach dem Produktverkauf folgen Dienstleistungen wie Wartung und Reparaturen (Reindl 2002b, S. 100). Produktbegleitende Dienstleistungen können eingesetzt bzw. dem Kunden angeboten werden, wenn dieser entweder nicht die entsprechenden Kompetenzen besitzt oder finanziell nicht in der Lage dazu ist, eine Maschine direkt zu kaufen (Hornschild et al. 2003, S. 777).

Um ein Verständnis dafür zu entwickeln, welche Leistungen produktbegleitende Dienstleistungen umfassen, werden im Folgenden einzelne produktbegleitende Dienstleistungen des Maschinenbaus beschrieben. Die hier getroffene Auswahl produktbegleitender Dienstleistungen wurde den quantitativen Umfragen des Fraunhofer ISI, VDMA und Statistischen Bundesamtes entnommen (vgl. Teil A Kapitel 1.5). In der folgenden Abbildung werden die einzelnen produktbegleitenden Dienstleistungen nach dem Zeitpunkt der Leistung gegliedert. Ein Unternehmen erbringt jedoch nicht notwendigerweise alle produktbegleitenden Dienstleistungen.

Abbildung 8: Produktbegleitende Dienstleistungen systematisiert nach Leistungszeitpunkt (in Anlehnung an Rainfurth 2003, S. 25; Rainfurth, Tegtmeyer & Lay 2005, S. 104 f.)

In der Kontaktphase erfolgt zunächst eine Bedarfsanalyse beim Kundenunternehmen. Was benötigt der Kunde in welchem Umfang zur Lösung seines Problems und wie sehen die Rahmenbedingungen beim Kunden aus? Das Engineering bezeichnet die Planung und technische Ausführung eines Projekts (Gerhardt & Schmied 1996, S. 19). Gemeint sind damit Ingenieursarbeiten, die notwendig sind, um den Produktionsprozess in Gang setzen zu können.

Die Beratung der Kunden ist während des Kaufs und der Produktnutzung sinnvoll, um den Kunden über verschiedene Produktmöglichkeiten, deren Vor- und Nachteile zu informieren, gelieferte Maschinen zu verbessern oder Nachrüstungsmöglichkeiten vorzuschlagen. Sie erstreckt sich praktisch über den gesamten Produktlebenszyklus. Während der Beratung hat der Dienstleister die Möglichkeit, Erfahrungen des Kunden mit den Produkten abzufragen, sich über Wettbewerbsprodukte zu informieren und neue Kundenwünsche kennenzulernen (Baumbach 1998, S. 154 f.).

In der Investitionsphase werden Softwareentwicklung, Probefertigung, Inbetriebnahme, Leasing, Vermietung und Finanzierungsvermittlung sowie Kundenschulungen durchgeführt. Die Softwareentwicklung ist ein Grundbaustein für den Produktionsprozess und die Steuerung der Maschinen und Geräte. Dabei wird unterschieden zwischen Standardsoftware, die bei verschiedenen Kunden eingesetzt werden kann und eine Standardlösung darstellt, und Individualsoftware, die spezifisch auf Kunde und Maschine angepasste wird. Die Probefertigung dient der Versuchsproduktion und ist damit der Vorläufer für die Serienproduktion. Beim Kunden wird probegefertigt, um beispielsweise in neue Techniken einzuführen und das Personal in diesen neuen Abläufen zu unterweisen. Unter Inbetriebnahme versteht man bei kleinen Maschinen die Montage. Die Montage ist der Aufbau von Anlagen oder das Aufstellen und Anschließen dieser Maschinen beim Kunden. Im Anlagenbau und bei großen Maschinen sind Montage und Inbetriebnahme separate Arbeitsschritte. Die Inbetriebnahme beinhaltet einen Probelauf sowie eine Erläuterung, wie die Maschine zu bedienen ist (Harms 2003, S. 143; Pierer 1993, S. 91). Bei der Finanzierungsvermittlung kann es sich um die bloße Weitergabe eines Kontakts zu Banken und Finanzinstituten handeln. Finanzierungsvermittlung kann auch die Vermietung oder das Leasing einer Maschine bedeuten. Beim Leasing überlässt der Leasinggeber dem Leasingnehmer ein Gut zur Nutzung und erhält dafür eine vereinbarte Zahlung (Engel 1997, S. 28 f.). Interessant ist dies beispielsweise für kleine Unternehmen, die nicht über das nötige Kapital verfügen, eine große Maschine zu kaufen (Lange 2002, S. 149). Die Investitionssumme kann so über monatliche Raten aufgeteilt werden. Nach Ablauf der Leasingzeit kann das Gut zurückgegeben werden und durch neue, modernere Maschinen ersetzt werden (Engel 1997, S. 36). Unter Dokumentation versteht man die Erstellung und Überlassung von Bedienungsanleitungen, Betriebsplänen, technischen Zeichnungen etc. (Statistisches Bundesamt 2004, S. 30), also alle Unterlagen, die dazu dienen, Produkte zu betreiben und Hinweise über die Bedienung der Produkte zu geben (Buttler & Stegner 1990, S. 938). Insbesondere bei komplexeren Produkten sind Schulungen der Kunden wichtig, denn hier werden die Produkte, ihre Funktionsfähigkeit und Leistungsmöglichkeiten sowie der Betrieb der Maschine vorgestellt. Je nach Kunde und Maschine werden Kunden auch z.B. in die Wartung und Montage eingewiesen (Lange 2002, S. 147 f.).

Während der Nutzungsphase werden produktbegleitende Dienstleistungen vor allem zur Aufrechterhaltung des Maschinenbetriebs angeboten. Servicehotlines (Servicesupport) bieten den Kunden Beratungsmöglichkeiten zu bestehenden oder neuen Produkten oder Hilfe bei akuten Problemen mit einer Maschine. Die Beratung erfolgt am Telefon (Harms 2003, S. 149). Servicehotlines dienen außerdem der Eingrenzung eines Problems beim Kunden und der Erfassung von Schadensfällen, um dann einen Servicetechniker zum Kunden schicken zu können. Beim Teleservice greift der Servicetechniker über den Computer bzw. das Modem auf die Maschinen- und Anlagensteuerung beim Kunden zu. So erhält der Techniker die Möglichkeit, den aktuellen Maschinenzustand zu prüfen und Daten der Maschine oder Anlage abzufragen, ohne dabei vor Ort zu sein (Kirsch 2004, S. 307; Pfeiffer 2000, S. 293). Inspektion, Wartung und Reparatur werden allgemein als Instandhaltung bezeichnet. Diese ist nach DIN 31 051 genormt. Es geht dabei um die Erhaltung der Maschine oder deren Verbesserung (Harms 2003, S. 143). Der Ersatzteilverkauf beinhaltet den Verkauf von Ersatzteilen an den Kunden. Zur Dienstleistung gehören die Identifikation des zu liefernden Ersatzteils und die Lieferung an den Kunden (Baumbach 1998, S. 103). Der Lieferant kann sich verpflichten, nach der Garantiephase weiterhin Ersatzteile an den Kunden zu liefern. Für den Lieferanten ist dies interessant, da die Ersatzteillieferung häufig sehr lukrativ ist (ebd., S. 1, 126; Harms 2003, S. 146).

In der Desinvestitionsphase werden die Dienstleistungen Rücknahme und Entsorgung angeboten. Diese bieten die Möglichkeit, kaputte, nicht mehr nutzbare oder veraltete Sachgüter durch den Hersteller recyceln oder verschrotten zu lassen (Kowalewski & Reckenfelderbäumer 1998, S. 27; Nedeß, Friedwald & Koch 2004, S. 28).

1.3 Bedeutung produktbegleitender Dienstleistungen

Kalmbach und Mitarbeiter (2003, S. 131) unterscheiden produktbegleitende Dienstleistungen nach zwei Arten. Eine Art produktbegleitender Dienstleistungen umfasst Dienstleistungen, die die Funktion haben, den Gebrauch des Sachgutes zu ermöglichen und zu erhalten. Diese ist am weitesten verbreitet. Beispiele hierfür sind Dienstleistungen, die technisches Know-how und Produktkenntnisse erfordern, wie Schulung, Wartung, und Instandhaltung. Die andere Art produktbegleitender Dienstleistungen geht über die Verwendung des eigentlichen Sachgutes hinaus und hat einen Zusatznutzen für den Kunden. Beispiel für Letzteres sind Leasing, Vermietung und Finanzierung. Produktbegleitende Dienstleistungen können also gemäß ihrer Nähe zum Sachgut klassifiziert werden.

Weiter werden sechs Funktionen von produktbegleitenden Dienstleistungen unterschieden (Kalmbach et al. 2003, S. 131; Mann 2000, S. 376): (1) Absatzunterstützungsfunktion, (2) Differenzierungsfunktion, (3) Gewinnerzielungsfunktion, (4) Individualisierungsfunktion, (5) Informationsfunktion und (6) Kundenbindungsfunktion.

Die Absatzunterstützungsfunktion wird als ursprüngliches Motiv genannt, produktbegleitende Dienstleistungen anzubieten. Durch das Angebot von zusätzlichen Dienstleistungen, wie z.B. Garantieleistungen, soll der Verkauf des Sachgutes erhöht werden (Homburg & Garbe 1996a, S. 259; Kalmbach et al. 2003, S. 130 f.).

Dies ist eng verwoben mit der Funktion, sich von Wettbewerbern zu differenzieren. In gesättigten Märkten mit starker Konkurrenz können standardisierte Sachgüter durch das Angebot von produktbegleitenden Dienstleistungen differenziert werden. So kann sich der Anbieter durch das Angebot maßgeschneiderter Kundenlösungen erfolgreich von seinen Wettbewerbern abheben (Engelhardt & Paul 1998, S. 1326; Homburg & Garbe 1995, S. 7; Kalmbach et al. 2003, S. 130; Steven & Schrade 2004, S. 544; Stille 2003, S. 336).

Kalmbach und Mitarbeiter (2003) sprechen von der Gewinnerzielungsfunktion produktbegleitender Dienstleistungen, weil die Dienstleistungen, die zu einem Sachgut angeboten werden, zunehmend zum Gewinn beitragen. In manchen Fällen rückt das Sachgut in den Hintergrund und die Dienstleistung trägt wesentlich zum Gewinn bei. Ein allgemeines Beispiel ist das Handy. Hier ist nicht das Telefon die Haupteinnahmequelle für die Anbieter, sondern der Nutzungsvertrag (ebd., S. 131).

Für viele Kunden ist es ausschlaggebend, innovative Sachgüter und Dienstleistungen zu erwerben. Customizing, die Anpassung der Sachgüter und Dienstleistungen auf individuelle Kundenwünsche oder spezielle Bedürfnisse von Kundengruppen, wird zunehmend angeboten. Dies wird als Individualisierungsfunktion bezeichnet (Harms 2003, S. 129; Kalmbach et al. 2003, S. 132). Hieraus können Cross-Selling Effekte resultieren. Eine erbrachte Dienstleistung kann eine Nachfrage nach einem Sachgut auslösen und vice versa (Homburg & Garbe 1995, S. 6; Stille 2003, S. 336).

Wichtig ist die Informationsfunktion von produktbegleitenden Dienstleistungen. Durch Kundenkontakt und aktiven Austausch mit dem Kunden können Dienstleistungen und Sachgüter verbessert und entsprechend angepasst werden. Außerdem können so wichtige Hinweise zu neuen Dienstleistungen gewonnen werden (Meffert 1987, S. 93).

Der Ausbau qualitativ hochwertiger Dienstleistungen vor, während und nach Herstellung und Lieferung des eigentlichen Sachgutes ermöglicht zudem eine stärkere Kundenbindung. Außerdem wird durch gegenseitige Anpassungsmaßnahmen die Abhängigkeit verstärkt, wodurch ein Lieferantenwechsel für den Kunden mit erheblichen Kosten verbunden ist (Homburg & Garbe 1995, S. 5 f.). Die Kundenbindung erhöht so die Chance, Folgeaufträge zu erhalten (Stille 2003, S. 336).

Die genannten Funktionen machen die Bedeutung produktbegleitender Dienstleistungen für Anbieterunternehmen deutlich und legen die Hintergründe dar, weshalb produktbegleitende Dienstleistungen angeboten und vom Kunden nachgefragt werden.

1.4 Vertragsarten und erweiterte Modelle produktbegleitender Dienstleistungen

Der Kunde fordert in stärkerem Ausmaß Pakete oder Leistungsbündel, d.h. Sachgüter und ergänzende Dienstleistungen in einem. Reindl (2002b, S. 101 ff.) begründet dies durch das Bestreben des Kunden, die Strukturen zu verschlanken, fixe Kosten zu reduzieren und Investitionen zu umgehen. Der Kunde konzentriert sich folglich auf seine Kernkompetenz.

Im Folgenden wird auf Serviceverträge, Generalunternehmerschaft und Betreibermodell näher eingegangen, da diese Vertragsarten und Modelle produktbegleitender Dienstleistungen im Maschinenbau in den letzten Jahren immer stärker an Bedeutung gewinnen. Hieran lässt sich demonstrieren, wie sich Kundenunternehmen stärker auf ihre Kernkompetenzen fokussieren und benötigte Dienstleistungen vom Lieferanten der Maschine gleich mitbeziehen. Die nachfolgenden Vertragsarten und Modelle sind sozusagen Kombinationen einzelner produktbegleitender Dienstleistungen.

1.4.1 Serviceverträge

Der technische Service im Maschinenbau, der Untersuchungsgegenstand der vorliegenden Arbeit ist, wird ebenfalls als technischer Kundendienst oder häufig nur als Service bezeichnet. Dieser umfasst die gesamten Zusatzleistungen, die in Zusammenhang mit einer Maschine erbracht werden, z.B. Instandhaltungsarbeiten wie Inspektion, Wartung, Reparatur (vgl. Harms 2003, S. 133). Im Maschinenbau werden mittlerweile vielfältige Varianten an Dienstleistungsverträgen angeboten. Serviceverträge vereinbaren dabei, welche Leistungen der technische Service bei einem Kundenunternehmen erbringt. Sie reichen vom simplen Inspektionsvertrag bis zum Full-Service-Vertrag.

Abbildung 9: Serviceverträge im technischen Service (in Anlehnung an Harms 2003, S. 147)

Die einfachste Stufe des Servicevertrages stellt der Inspektionsvertrag dar. Der Anbieter verpflichtet sich, die verkaufte Maschine in bestimmten Abständen auf ihre Funktionsfähigkeit zu überprüfen. Reparaturen, die durch eine Inspektion festgestellt werden, sind über den Vertrag nicht abgedeckt und werden dem Kunden zusätzlich in Rechnung gestellt. Die nächste Stufe bildet der Wartungsvertrag, der Inspektionen und Wartungsarbeiten an der Maschine umfasst. Reparaturen sind jedoch auch hier nicht enthalten. Der Instandhaltungsvertrag umfasst schließlich die zwei vorhergehenden Stufen einschließlich Reparaturen und Ersatzteillieferungen durch den Dienstleister. Sollte die Maschine kaputtgehen, so wird sie binnen eines vereinbarten Zeitraums repariert und falls notwendig werden Ersatzteile durch den Dienstleister eingebaut. Bei einem Full-Service-Vertrag werden zusätzlich zu den beschriebenen Leistungen Sonderleistungen vereinbart. Es kann z.B. die Mindestverfügbarkeit einer Maschine bestimmt werden oder es wird abgemacht, dass der Servicetechniker 24 Stunden am Tag verfügbar sein muss (ebd., S. 147 f.). Ginge die Maschine an Weihnachten kaputt, wäre der Dienstleister verpflichtet, sie umgehend zu reparieren.

1.4.2 Generalunternehmerschaft

Modelle, die schon seit längerer Zeit gang und gäbe im Großanlagenbau sind, werden weiterentwickelt und bei Unternehmen mit kleineren Produktportfolios, wie z.B. im Maschinenbau, eingesetzt. Hierbei handelt es sich um die Generalunternehmerschaft und das Betreibermodell (Grewer & Reindl 2003, S. 118; Reindl 2002b, S. 103; vgl. Teil A Kapitel 1.4.3).[16] Wesentlicher Unterschied zum Großanlagenbau ist, dass die Projekte einen geringeren Umfang aufweisen. Meist handelt es sich im Großanlagenbau um sehr langfristig angelegte Projekte, wie beispielsweise der Bau von Staudämmen oder Kraftwerken, die sich über Jahre erstrecken. Dementsprechend ist die Auftragsfinanzierung enorm, und da relativ wenige Anbieter im Markt vorhanden sind, werden die Projekte international ausgeschrieben. Außerdem wird jedes Projekt individuell angepasst oder gestaltet; dies ist z.B. im Maschinenbau nicht unbedingt der Fall (Stegner 1992, S. 182 f.). Unter Generalunternehmerschaft versteht man im Anlagenbau ein Unternehmen, das ein Projekt, wie z.B. den Bau eines Staudamms, leitet und führt. Der Generalunternehmer vergibt die einzelnen Teilprojekte wie Engineering, Montage usw. an diverse Subgesellschaften, die ihm unterstehen (Gabler Wirtschaftslexikon 1997, S. 1502). Diese Art der Projektdurchführung wird auch verstärkt im Maschinenbau Anwendung finden, da Komplexität und Aufwand der Projekte zunehmen und damit mehr in Kooperationen gearbeitet wird (Buhman 2005, S. 44).

1.4.3 Betreibermodell

Beim Betreibermodell, das in den 1980er Jahren relativ großen Aufschwung erfuhr (Hintze 1998, S. 3), handelt es sich um die „Verantwortungsübergabe ganzer Produktionsprozesse an Lieferanten“ (Mast 2004, S. 16). Mast (ebd.) beschreibt die Entwicklung des Betreibermodells als Steigerung des Outsourcings. Während zu Beginn ein Unternehmen kleine Prozesse auslagerte, wurden später ganze Komponenten abgegeben bis man die gesamte Verantwortung für den Produktionsprozess an ein anderes Unternehmen abtrat. Letzteres ist das klassische Betreibermodell: Ein Auftraggeber überträgt die Verantwortung für ein Projekt an einen Dritten. Dieser ist folglich verantwortlich für die Bereitstellung der Sachgüter und Dienstleistungen, die beim Projekt benötigt werden, sowie deren Finanzierung und zumindest mittelfristig für den Betrieb der Anlage (Hintze 1998, S. 38). Im Vergleich zur Generalunternehmerschaft erweitert sich die vereinbarte Leistung um Finanzierung und Betreiberschaft (Gabler Wirtschaftslexikon 1997, S. 521 f.). Das klassische Betreibermodell kann allerdings nicht direkt auf den Maschinenbau übertragen werden (Meier & Werding 2004, S. 395 ff.). Modelle, bei denen es um Produktionsanlagen und -maschinen geht, werden gemäß DIN 32 541 geregelt und als Produktions-Betreibermodelle bezeichnet. Bei Produktions-Betreibermodellen liegt der Fokus beim Betreiben, d.h. es geht im Maschinenbau hauptsächlich darum,

[16] Zum neuen Geschäftsmodell des Betreibermodells vgl. auch Hornschild, Kinkel und Lay (2004) und Lay (2003, S. 676).

den Betrieb einer Maschine oder einen ganzen Produktionsprozess an ein anderes Unternehmen auszulagern, ohne die Gesamtverantwortung abzugeben.

Im Anlagenbau unterscheidet man mittlerweile zwischen vielen verschiedenen Formen von Betreibermodellen, wobei Build Operate Transfer (BOT) und Build Operate Own (BOO)[17] die häufigsten Modelle sind. Bei BOT wird die Anlage nach einer gewissen Zeit des Betreibens an den Kunden übergeben, beim BOO betreibt der Hersteller die Anlage, sie bleibt in seinem Besitz (Hintze 1998, S. 114 f.).

Wildemann (2004, S. 338 f.) unterscheidet vier verschiedene Anwendungsfelder des Betreibermodells. Es wird bei baulichen Anlagen, Infrastrukturanlagen, maschinentechnischen Anlagen und bei IT-Hardware angewendet. Die Anwendung der zwei Letzteren ist dabei relativ neu.

Die Geschäftsmodelle produktbegleitender Dienstleistungen sind vielfältig und entsprechend kann auch das Betreibermodell an die jeweiligen Kundenwünsche angepasst werden.

> „Wichtig bleibt an dieser Stelle festzuhalten, dass es nicht *das* allgemeingültige Betreibermodell des Maschinen- und Anlagenbaus gibt. Betreibermodelle sind kundenindividuell ..." (Meier 2004, S. 8; Hervorhebung wie im Original).

Betreibermodelle sind insbesondere für Kunden interessant, die im Produktionsprozess keine Kernkompetenz mehr sehen und sich z.B. auf Vermarktung und Produktentwicklung konzentrieren (ebd., S. 7). Betreibermodelle werden vor allem von Technologie fokussierten Unternehmen angeboten und von Maschinenbauern, die sehr komplexe Anlagen fertigen (Hornschild et al. 2003, S. 778).

Durch kürzer werdende Produktlebenszyklen (Simon 1993a, S. 8) lohnt es sich für den Kunden nicht mehr, große Maschinen und Anlagen selbst zu erwerben. Außerdem werden Sachgüter technisch immer komplexer, so dass der Kunde gar keine ausreichend qualifizierten Mitarbeiter zur Verfügung hat und er seine Mitarbeiter intensiv schulen lassen müsste. Es ist folglich sinnvoller, die Produktion abzugeben und sich auf Kernkompetenzen zu konzentrieren (Bullinger, Spath, Schuster & Meiren 2004, S. 105; Stille 2003, S. 336).

Herkömmliche Betreibermodelle können folgende Nachteile mit sich bringen: Wenn der Lieferant eine Anlage erstellt und diese an den Käufer verkauft, wird der Lieferant nur ein Minimum in die Anlage investieren. Das bedeutet, dass nach der Garantiezeit teure Ersatzteillieferungen und Reparaturen für den Kunden anfallen können. Außerdem kann es durch eine vollständige Auslagerung der Produktion zum Verlust von Kernkompetenzen kommen. Ein Beispiel für ein Betreibermodell, das versucht, diese Nachteile zu umgehen, ist in der Automobilindustrie das Pay-on-Production (POP) Betreibermodell von Ford (Mast 2004,

[17] Für einen Überblick über die unterschiedlichen Modelle vgl. Behnen (2004, S. 22).

S. 16 f.).[18] Für die Produktion von Autos benötigt Ford eine Halle sowie entsprechende Anlagen und Maschinen. Bei POP liefert ein Anlagenhersteller die Halle sowie die Maschinen und verkauft diese an eine Betriebsgesellschaft. Die Betriebsgesellschaft bezahlt für die Anlagen und betreibt diese, d.h. sie produziert für Ford Automobile bzw. Automobilteile. Für Ford fallen pro produzierter Einheit Kosten an, die an die Betriebsgesellschaft geleistet werden (vgl. ebd., S. 17 ff.).

Mit dem Betreibermodell ändert sich die Beziehung zwischen Lieferant und Kunde grundlegend, da die Maschine - zumindest zunächst - nicht in das Eigentum des Kunden übergeht. Die Geschäftsmodelle lassen sich dabei variieren und weiterentwickeln (Brost & Leins 2004, S. 87; Meier 2004, S. 8 f.). Außerdem wird deutlich, dass eine Ausweitung produktbegleitender Dienstleistungsvarianten zu erwarten ist.

1.5 Quantitative Untersuchungen zu produktbegleitenden Dienstleistungen

Der Zentralverband Elektrotechnik- und Elektroindustrie (ZVEI) ist der Überzeugung, dass bei produktbegleitenden Dienstleistungen viel stärkere Wachstumspotentiale vorhanden sind als bei endverbraucherorientierten Dienstleistungen. Statistische Fakten, die dies belegen, gibt es allerdings nur in geringfügigem Umfang (ZVEI 2002, S. 6). Lay (2002, S. 3) stellt fest, dass Dienstleistungen ohne Bezug zum industriellen Produkt, wie etwa Reinigungsarbeiten, Sicherheitsdienste etc., immer mehr outgesourct werden. Im Gegensatz zu dieser Tendenz baut das verarbeitende Gewerbe produktbegleitende Dienstleistungen verstärkt aus.

Im Folgenden werden Ergebnisse quantitativer Erhebungen über das Angebot produktbegleitender Dienstleistungen vorgestellt. In dieser Arbeit wird der Fokus auf die wichtigsten Studien der letzten Jahre gelegt.[19] Dies sind die Untersuchungen des Fraunhofer Instituts für System- und Innovationsforschung (Fraunhofer ISI), des Verbandes deutscher Maschinen- und Anlagenbau e.V. (VDMA) und des Statistischen Bundesamtes.

1.5.1 Untersuchung des Fraunhofer ISI

Das Fraunhofer ISI führt im Rahmen der Umfrage „Innovation in der Produktion“ seit 1993 quantitative Erhebungen anhand eines Fragebogens im Zwei-Jahres-Rhythmus durch. In den Jahren 1997 und 1999 wurde auch das Angebot produktbegleitender Dienstleistungen abgefragt. Die Erhebung umfasste Unternehmen aus folgenden Industrien: Hersteller von Metallerzeugnissen, Maschinenbau, Hersteller von Büromaschinen, Datenverarbeitungsgeräten und

---

[18] Vgl. dazu auch die Ausführungen bei Wildemann (2003, 225 ff.).

[19] Es gibt kleinere Studien, wie z.B. die von Simon (1993a, S. 6), die 138 befragte Unternehmen umfasst oder Voeth und Gawantka (2005), die lediglich 56 Unternehmen berücksichtigt. Letztere ist zwar aktuell, aber durch die geringe Stichprobe wenig aussagekräftig. Zudem kommen Voeth und Gawantka zu keinen wesentlich neuen Schlussfolgerungen. Deshalb werden hier nur die drei größten Studien vorgestellt. Zum Zeitpunkt der Recherche (Frühjar 2008) lagen für Deutschland, nach Kenntnis der Autorin, keine aktuelleren, öffentlich zugänglichen Studien der drei Organisationen vor.

-einrichtungen, Hersteller von Geräten der Elektrizitätserzeugung, -verteilung und ähnlichem, Rundfunk-, Fernsehen- und Nachrichtentechnik, Medizin-, Mess-, Steuer- und Regelungstechnik, Optik, Hersteller von Kraftwagen und Kraftwagenteilen sowie den sonstigen Fahrzeugbau. Die Stichprobengröße betrug 9823 Betriebe, im Jahr 1999. Insgesamt konnten aus dem Rücklauf 1442 Fragebogen ausgewertet werden (Eggers, Wallmeier & Lay 2000). In der folgenden Darstellung wird ausschließlich auf die Ergebnisse im Maschinenbau eingegangen. Der Anteil der Maschinebauunternehmen, die an der Erhebung teilnahmen, betrug 38,3% (552 Betriebe).

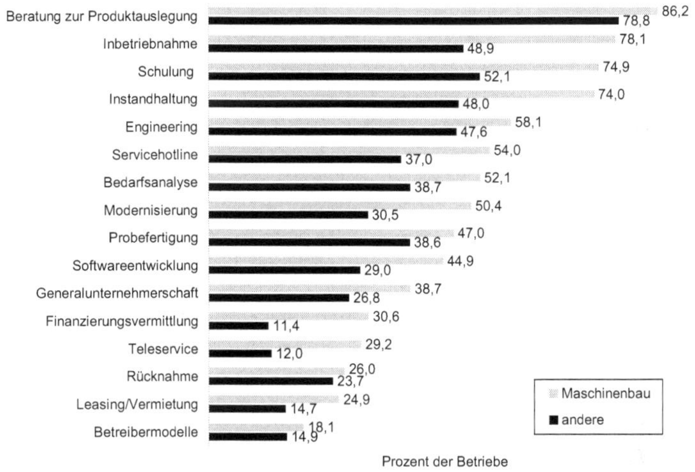

Abbildung 10: Angebot produktbegleitender Dienstleistungen im Maschinenbau und in der restlichen Metall- und Elektroindustrie im Jahr 1999 (Rainfurth 2003, S. 41)

Tendenziell werden mehr produktbegleitende Dienstleistungen im Maschinenbau angeboten als in den übrigen Industrien (vgl. Abbildung 10). In der Abbildung oben bleiben Ersatzteilleistungen unberücksichtigt. Diese wurden nicht in die Studie aufgenommen, weil hiermit ein Großteil der Umsätze erwirtschaftet wird und damit die Umsätze der anderen produktbegleitenden Dienstleistungen überlagert worden wären (Rainfurth 2003, S. 39). Es spielen vor allem die Leistungen Beratung, Inbetriebnahme, Schulung und Instandhaltung eine große Rolle. Mindestens 74% der Maschinenbauunternehmen bieten diese Dienstleistungen an. 38 % der Maschinenbauunternehmen haben zehn und mehr produktbegleitende Dienstleistungen im Angebot. Dagegen haben 24,5 % ein Angebot von vier oder weniger produktbegleitenden Dienstleistungen (ebd., S. 41 f.). Hinzu kommt, dass das Angebot an Dienstleistungen mit der Betriebsgröße und der Herstellung komplexerer Sachgüter steigt (ebd., S. 51 f.).

Im Maschinenbau war außerdem die Absicht zu verzeichnen, dass besonders Teleservice und Servicehotlines in den Betrieben eingeführt oder ausgebaut werden sollten. 17,9 % der Unternehmen wollten Teleservice und 11,9 % Servicehotlines einführen (ebd., S. 48).

Die Umsatzentwicklung der produktbegleitenden Dienstleistungen am Gesamtumsatz der Unternehmen macht die zunehmende Wichtigkeit der Leistungen deutlich. Während 1997 noch 5,9 % des Umsatzes im Maschinenbau mit produktbegleitenden Dienstleistungen erwirtschaftet wurden, waren es 1999 schon 9,7 %. In den übrigen Industrien der Metall- und Elektroindustrie stieg der Umsatz nicht ganz so stark von 5,9 % im Jahr 1997 auf 7,6 % im Jahr 1999 (ebd., S. 42 f.). Der Umsatz der einzelnen Unternehmen nimmt außerdem mit sinkender Seriengröße und stärkerer Komplexität der Sachgüter zu. Der Umsatzanteil der produktbegleitenden Dienstleistungen am Gesamtumsatz ist wahrscheinlich noch höher, da viele Unternehmen nicht über die notwendigen Controllinginstrumente verfügen, um Kosten und Umsätze verursachungsgerecht zu ermitteln, sie schätzen folglich ihre Umsätze (Stille 2003, S. 337). Bei der Betrachtung des Umsatzes ist auch zu berücksichtigen, dass Dienstleistungen teilweise als kostenlose Beigabe an den Kunden geliefert werden oder die Preise beim Kunden schwer durchsetzbar sind (Kalmbach et al. 2003, S. 146 f.; Reindl 2002b, S. 111).

Nur 2,7 % der Maschinenbauunternehmen sehen produktbegleitende Dienstleistungen als Wettbewerbsfaktor an - eine relativ geringe Anzahl. Viel stärker werden die Anpassung der Produkte an Kundenwünsche (30,3 %), Innovation und Technik (28,3 %) oder die Qualität (24,9 %) als Wettbewerbsfaktor eingeschätzt. Treibendes Motiv für das Angebot an Dienstleistungen ist insbesondere der Kunde, der die Dienstleistung verlangt (95,7 %). Produktbegleitende Dienstleistungen werden aber trotzdem von 89,8 % der Maschinenbauer als Differenzierungschance begriffen, von 70,7 % als Gewinnchance und sie werden angeboten, um mit den Wettbewerbern gleichzuziehen (68,0 %) (Rainfurth 2003, S. 44 f.).

Der Anteil der Mitarbeiter, die in den Maschinenbauunternehmen für produktbegleitende Dienstleistungen zuständig sind, stieg von 6,9 % im Jahr 1997 auf 10,1 % im Jahr 1999. Der Umsatz stieg relativ stärker als die Anzahl der Mitarbeiter (ebd., S. 43). Unklar ist, ob die Mitarbeiter hier ausschließlich mit produktbegleitenden Dienstleistungen beschäftigt waren oder auch noch andere Aufgaben wahrnahmen. In den Unternehmen, in denen die Mitarbeiter ein höheres Qualifikationsniveau hatten, wurden höhere Umsätze realisiert. Mit steigendem Umsatzanteil an produktbegleitenden Dienstleistungen waren mehr Hochschul- und Fachhochschulabsolventen, Techniker, Meister und kaufmännische Mitarbeiter in den Unternehmen vertreten und weniger An- und Ungelernte.

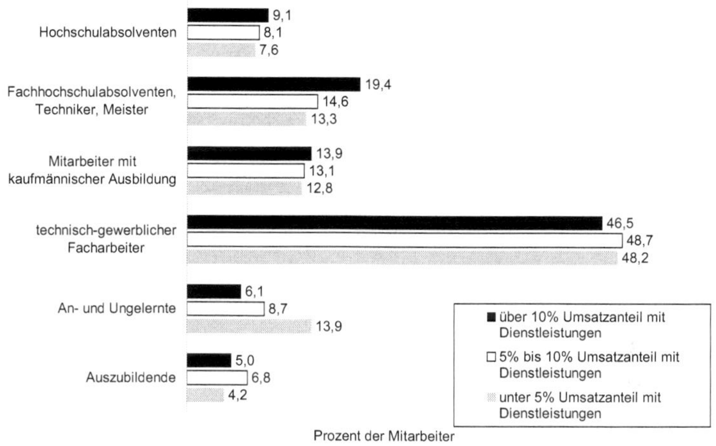

Abbildung 11: Qualifikationsstruktur der Maschinenbaubetriebe nach Umsatzanteilen produktbegleitender Dienstleistungen im Jahr 1999 (Rainfurth 2003, S. 55)

Lay (2002, S. 9) schlussfolgert für die gesamte Investitionsgüterindustrie, „dass mit steigender Dienstleistungsorientierung die Quote der Mitarbeiter mit einem Hochschul-, Fachhochschul- bzw. Technikerabschluss steigt.“ Im Maschinenbau ist diese Tendenz jedoch nur geringfügig zu beobachten. Dies liegt laut Lay daran, dass die Mitarbeiter im Maschinenbau über ein relativ hohes Qualifikationsniveau verfügen und damit den bisherigen Anforderungen bei produktbegleitenden Dienstleistungen gewachsen waren (ebd., S. 11).

In vielen Betrieben werden produktbegleitende Dienstleistungen von den Mitarbeitern nebenher erbracht (ebd., S. 7). Doch mit zunehmendem Umsatz an produktbegleitenden Dienstleistungen werden eigenständige Abteilungen oder Schwester- und Tochterfirmen beauftragt, diese zu leisten. Bei einem Umsatzanteil unter 5 % werden 62,2 % der Dienstleistungen von unterschiedlichen Abteilungen erbracht und 29,6 % durch eigenständige Dienstleistungsabteilungen sowie 2,2 % durch Tochter- und Schwesterfirmen. Bei einem Umsatzanteil von über 10 % werden schon 52,6 % der produktbegleitenden Dienstleistungen durch eigenständige Dienstleistungsabteilungen erbracht, 32,9 % durch unterschiedliche Abteilungen und 6,7 % von Tochter- und Schwesterunternehmen (Rainfurth 2003, S. 57).

1.5.2 Untersuchung des VDMA

VDMA (2002) und ZVEI (2002) führten in Kooperation Erhebungen zu produktbegleitenden Dienstleistungen durch. Hier werden die Ergebnisse der quantitativen Fragebogenerhebung des VDMA im Maschinenbau vorgestellt.[20] Der VDMA spricht dabei von der Branche des Maschinen- und Anlagenbaus, während das Statistische Bundesamt dies synonym als Maschinenbau bezeichnet (vgl. Kalmbach et al. 2003, S. 155). In der vorliegenden Arbeit wird ausschließlich von Maschinenbau gesprochen. Die Erhebung wurde erstmals 1997 durchgeführt und im Jahr 2000 wiederholt. Im Jahr 2000 wurden 2954 Mitglieder angeschrieben, wobei 359 Antworten auswertbar waren (VDMA 2002, S. 15 f.).[21]

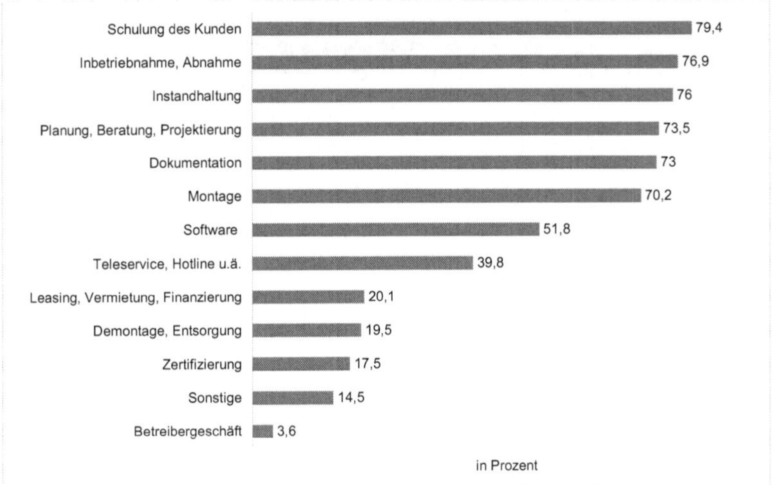

Abbildung 12: Prozentanteil der Unternehmen, die eine Dienstleistung anbieten im Jahr 2000 (VDMA 2002, S. 6, 19)

Gemäß der Umfrage im Jahr 2000 spielen Schulung, Inbetriebnahme und Abnahme, Instandhaltung, Planung, Beratung, Projektierung, Dokumentation und Montage eine sehr wichtige Rolle bei den Maschinenbauunternehmen. Mindestens 70 % der Unternehmen bieten jede dieser Leistungen an. Abbildung 12 ist allerdings nicht vergleichbar mit der Erhebung des Fraunhofer ISI, weil nicht dieselben Leistungen abgefragt wurden. Schlusslicht ist, wie in der Umfrage des Fraunhofer ISI, das Betreibergeschäft. Hier wurde ebenfalls nicht nach Ersatzteilen gefragt. Da es aber möglich war, Sonstiges (sonstige Dienstleistungen) anzukreuzen, könnten diese trotzdem in den Ergebnissen enthalten sein (ebd., S. 16).

Gesamt gesehen nehmen die produktbegleitenden Dienstleistungen im Jahr 2000 einen Anteil von 18,5 % am Gesamtumsatz ein, wobei es 1997 noch 9,6 % waren (ebd., S. 3). Dies deutet

---

[20] Soweit dies aus den Angaben des VDMA hervorging, wurden die Prozentzahlen mit einer Dezimalstelle angegeben.

[21] Der VDMA (2002, S. 15) macht keine Angaben über die auswertbaren Antwortschreiben im Jahr 1997. In beiden Jahren wurden alle Mitgliedsfirmen angeschrieben.

auf einen erheblichen Zuwachs in den letzten Jahren hin. Die Instandhaltung erzielt den höchsten Umsatz und trägt fast 25 % zum gesamten Dienstleistungsumsatz der Unternehmen bei. Dies ist nahezu unverändert im Vergleich zu 1997. Leasing, Vermietung und Finanzierung rangieren auf Rang drei und erzielen 14 % des Umsatzes (nach Planung, Beratung und Projektierung) (ebd., S. 7).

Im Gegensatz zur Erhebung des Fraunhofer ISI (vgl. Rainfurth 2003, S. 50) ergab die Umfrage des VDMA, dass der Dienstleistungsanteil bei kleinen Unternehmen verhältnismäßig hoch ist. Das Angebot an produktbegleitenden Dienstleistungen nimmt mit der Größe des Unternehmens ab. Allerdings ist bei Unternehmen mit einer Mitarbeiterzahl von mehr als 1000 Mitarbeitern wieder ein Anstieg zu verzeichnen, der dem Anteil kleiner Unternehmen mit weniger als 200 Mitarbeitern entspricht. Grund für den hohen Anteil der Dienstleistungen bei kleinen Unternehmen sind kleine, spezialisierte Betriebe, die ausschließlich Dienstleistungen anbieten (VDMA 2002, S. 3 f.). Die widersprüchlichen Ergebnisse in Bezug auf kleine Unternehmen könnten daraus resultieren, dass die Studie des Fraunhofer ISI keine Dienstleistungsunternehmen berücksichtigt. Im Gegensatz dazu berücksichtigen VDMA und ZVEI Dienstleistungsunternehmen, die Leistungen für Sachguthersteller anbieten. Unter Umständen handelt es sich gerade bei den kleinen Unternehmen um reine Dienstleistungsunternehmen.

Die Anzahl der Mitarbeiter, die mit der Erbringung von produktbegleitenden Dienstleistungen beschäftigt sind, wurde in der Umfrage von 1997 nicht berücksichtigt. Im Jahr 2000 waren es 15 %, wobei bei kleinen Betrieben (< 200 Mitarbeiter) 20 % der Beschäftigten mit der Erbringung produktbegleitender Dienstleistungen beschäftigt waren und bei großen Betrieben (> 1000 Mitarbeiter) 13 % der Beschäftigten (ebd., S. 4).

In Zukunft wird erwartet, dass sich das Angebot produktbegleitender Dienstleistungen weiter ausweitet. Besonders große Unternehmen (95 %) planen ihren Dienstleistungsanteil auszubauen (ebd., S. 4). Außerdem wird vermutet, dass sich besonders Teleservice und Servicehotline sowie Software überdurchschnittlich entwickeln werden. Es wird davon ausgegangen, dass Betreibergeschäft, Montage, Demontage und Entsorgung eine unterdurchschnittliche Entwicklung erfahren. Betrachtet man jedoch ausschließlich die Einschätzung der Unternehmen, die die jeweiligen Dienstleistungen auch anbieten, so ergibt sich ein ganz anderes Bild beim Betreibermodell. Anbieter von Betreibermodellen erwarten eine überdurchschnittliche Entwicklung dieser Dienstleistung (ebd., S. 8, 21).

Nur 45 % der angebotenen Dienstleistungen werden laut Umfrage separat in Rechnung gestellt. 55 % werden dementsprechend über die Sachgüter abgerechnet, d.h. beim Kauf einer Anlage bezahlt der Kunde die Maschine und die Montage ist im Preis enthalten. Dienstleistungen, die dies besonders betrifft, sind Planung, Beratung, Projektierung - sie werden nur zu 25 % getrennt in Rechnung gestellt - wie auch Dokumentation und Schulung. Im Gegensatz dazu werden besonders das Betreibermodell, Instandhaltung und Teleservice getrennt verrechnet. Die Umfrage bestätigt, dass die Maschinenbauer verstärkt versuchen wollen, produktbegleitende Dienstleistungen getrennt zu verrechnen (ebd., S. 9 f., 22).

Im Wesentlichen werden produktbegleitende Dienstleistungen selbst erbracht. Werden produktbegleitende Dienstleistungen fremd bezogen, sind sie hauptsächlich von nicht verbundenen Unternehmen zugekauft. Insbesondere die Dienstleistung Schulung wird von den Maschinenbauunternehmen zu 97 % selbst erbracht. Im Gegenzug ist Leasing, Vermietung und Finanzierung die Dienstleistung, die am häufigsten fremd bezogen wird (knapp 60 %). Die Unternehmen wurden außerdem zu Ausgliederungsabsichten der Dienstleistungen befragt. Wohingegen 1997 noch eine stärkere Tendenz zur Ausgliederung zu erkennen war (29 % hatten Dienstleistungen in den vergangenen fünf Jahren ausgegliedert und 22 % planten auszugliedern), hat sich dies in der Umfrage im Jahr 2000 reduziert: 15 % der Unternehmen hatten in den letzten fünf Jahren ausgegliedert und 15 % planten auszugliedern. In den meisten Fällen wollen Unternehmen die Montage und Software ausgliedern (ebd., S. 10 f.).

1.5.3 Untersuchung des Statistischen Bundesamtes

Da die amtliche Statistik bisher keine produktbegleitenden Dienstleistungen erfasste, wurde im Jahr 2003 erstmals eine freiwillige Erhebung durchgeführt. Es wurden Unternehmen des verarbeitenden Gewerbes sowie Unternehmen aus dem Dienstleistungsbereich befragt. Grund für die Befragung war, dass nicht alle Dienstleistungen, die das verarbeitende Gewerbe erstellt, in der Statistik erfasst wurden und damit keine Daten zur Zunahme der Tertiarisierung des Industriesektors berücksichtigt werden konnten (Opfermann 2004, S. 269 ff.).[22]

In der Erhebung wurden auch Dienstleistungsunternehmen, die investive Dienstleistungen anbieten, befragt. Diese wurden eingeschlossen, weil Unternehmen produktbegleitende Dienstleistungen an verbundene und externe Unternehmen auslagern, die reine Dienstleistungsunternehmen sind (ebd., S. 273).

Das Statistische Bundesamt sowie die Statistischen Landesämter Baden-Württemberg und Niedersachsen wählten 10000 Unternehmen aus, um sie im Jahr 2003 zu produktbegleitenden Dienstleistungen des Berichtsjahres 2002 zu befragen. Damit sollte eine objektive Sicht und repräsentative Erhebung über das Angebot an produktbegleitenden Dienstleistungen im verarbeitenden Gewerbe erzielt werden. Außerdem sollte herausgefunden werden, inwiefern sich Dienstleistungen aus dem verarbeitenden Gewerbe in den Dienstleistungssektor verlagern (Mödinger & Redling 2004, S. 1408). Im verarbeitenden Gewerbe wurden 5000 Unternehmen angeschrieben, wovon 4424 Unternehmen antworteten und in die Erhebung aufgenommen werden konnten. Bei den Dienstleistungsunternehmen wurden 4900 Unternehmen angeschrieben, davon waren 1500 Fragebogen zurückgesendet worden und auswertbar (Statisti-

---

[22] Teilweise werden produktbegleitende Dienstleistungen in der Produktionsstatistik berücksichtigt, z.B. Reparaturen und Montagen (Opfermann 2004, S. 271).

sches Bundesamt 2004, S. 22 ff.). Im Folgenden wird ausschließlich die Untersuchung des verarbeitenden Gewerbes berücksichtigt. Gesonderte Daten über den Maschinenbau waren nur in geringem Umfang erhältlich. Bei der Erhebung des Statistischen Bundesamtes wurde nicht explizit nach Ersatzteilen gefragt bzw. diese wurden nicht explizit ausgeschlossen, deshalb könnten sie unter Umständen unter Sonstige Dienstleistungen aufgeführt worden sein.

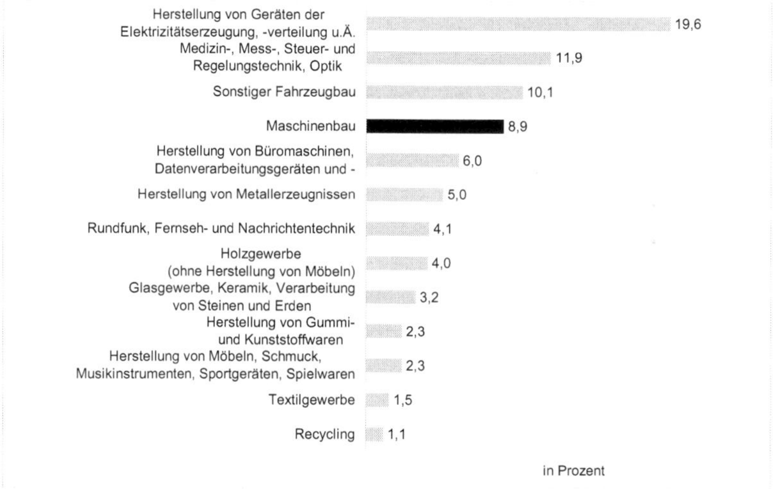

Abbildung 13: Anteil produktbegleitender Dienstleistungen am Gesamtumsatz der jeweiligen Branche im verarbeitenden Gewerbe 2002[23]
(Mödinger & Redling 2004, S. 1410)

38,0 % der Unternehmen des verarbeitenden Gewerbes boten ihren Kunden im Jahr 2002 produktbegleitende Dienstleistungen an (ebd., S. 8). Die Unternehmen des verarbeitenden Gewerbes erzielten 3,8 % des Gesamtumsatzes mit produktbegleitenden Dienstleistungen, dies entspricht einem Umsatz von 52,6 Mrd. Euro (ebd., S. 48). Die Elektroindustrie und der Maschinenbau trugen hierzu am meisten bei. Die Elektroindustrie steuerte einen Anteil von 32,1 % bei, der Maschinenbau einen Anteil von 27,5 % (Mödinger & Redling 2004, S. 1409 f.).

In Abbildung 13 wird der Anteil der produktbegleitenden Dienstleistungen am Umsatz der jeweiligen Branche dargestellt. Bei dieser Analyse wird deutlich, dass produktbegleitende Dienstleistungen vor allem in der Elektroindustrie (19,6 %), in der Medizin-, Mess-, Steuer- und Regelungstechnik, Optik (11,9 %) sowie im Sonstigen Fahrzeugbau (10,1 %) und Maschinenbau (8,9 %) von Bedeutung sind.

---

[23] In der Abbildung sind die übrigen Wirtschaftszweige nicht enthalten, da ihr Anteil jeweils unter 1 % lag (Mödinger & Redling 2004, S. 1410.)

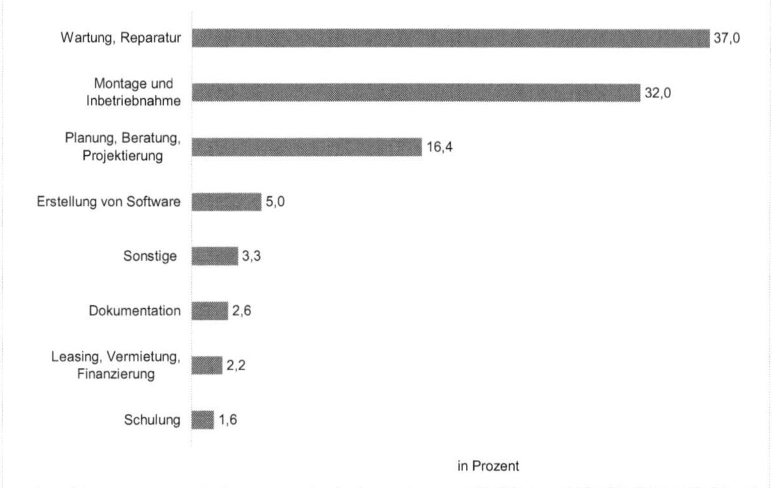

Abbildung 14: Umsatz produktbegleitender Dienstleistungen im Maschinenbau nach Dienstleistungsarten[24]

Bei der Umfrage des Statistischen Bundesamtes (2004, S. 51) rangieren im Maschinenbau Wartung, Reparatur (37,0 %) sowie Montage und Inbetriebnahme (32,0 %) und Planung, Beratung, Projektierung (16,4 %) umsatzmäßig ganz oben.

Insgesamt wurden 10 % der produktbegleitenden Dienstleistungen im verarbeitenden Gewerbe fremd bezogen und 90 % selbst erstellt. In den vergangenen Jahren hatten 7 % der Unternehmen produktbegleitende Dienstleistungen ausgegliedert. Dies betraf vor allem Wartung und Reparatur und Montage und Inbetriebnahme (Mödinger & Redling 2004, S. 1411).

1.5.4 Zusammenfassung der Tendenzen im Maschinenbau

Die Bedeutung produktbegleitender Dienstleistungen im verarbeitenden Gewerbe nimmt zu. Im Vergleich zu den anderen Wirtschaftszweigen des verarbeitenden Gewerbes, ist der Maschinenbau eine der Branchen, die einen relativ hohen Anteil mit produktbegleitenden Dienstleistungen erwirtschaftet. Dieser Umsatzanteil hat sich in den letzten Jahren tendenziell erhöht (vgl. Teil A Kapitel 1.5.1, 1.5.2). Das bedeutet, die Wichtigkeit produktbegleitender Dienstleistungen hat über die letzten Jahre zugenommen. Dies wird auch durch die Aufstockung der Mitarbeiter, die sich um produktbegleitende Dienstleistungen kümmern, offensichtlich. Die Anzahl der Mitarbeiter stieg deutlich während des Zeitraums der Befragung (vgl. Teil A Kapitel 1.5.1, 1.5.2). Gleichzeitig nehmen die Qualifikationsanforderungen mit

[24] Diese Darstellung basiert auf Zahlen des Statistischen Bundesamtes (2004, S. 51).

einem steigenden Umsatzanteil an produktbegleitenden Dienstleistungen zu (vgl. Teil A Kapitel 1.5.1).

Bei den vier Dienstleistungen, die hauptsächlich angeboten werden, handelt es sich um Schulung, Beratung, Inbetriebnahme und Instandhaltung (vgl. Teil A Kapitel 1.5.1, 1.5.2). Den höchsten Umsatz scheinen Maschinenbauunternehmen allerdings mit den Dienstleistungen Wartung, Reparatur, Montage, Inbetriebnahme, Planung, Beratung und Projektierung zu erwirtschaften (abgesehen von der Ersatzteillieferung) (vgl. Teil A Kapitel 1.5.2, 1.5.3). Schulungen scheinen nur einen geringen Anteil zum Umsatz beizutragen (vgl. Teil A Kapitel 1.5.3). Dies könnte daran liegen, dass Schulungen dem Kunden nicht separat in Rechnung gestellt werden, sondern im Preis inbegriffen sind. Schulung, Beratung, Inbetriebnahme und Instandhaltung scheinen jedenfalls fest etabliert zu sein, haben gleichzeitig aber auch den höchsten Sättigungsgrad, d.h. wenige Unternehmen planen einen weiteren Ausbau dieser Dienstleistungen (Rainfurth 2003, S. 48). Starke Ausbaumöglichkeiten bieten dagegen Teleservice und Servicehotline (Teil A Kapitel 1.5.1, 1.5.2). Erst in den letzten Jahren wird auch dem Betreibermodell vermehrt Beachtung geschenkt. Während in der Umfrage des Fraunhofer ISI 8,1% der Unternehmen einen Ausbau dieser Dienstleistung planen (Rainfurth 2003, S. 48), wird die Dienstleistung in der Umfrage des VDMA eher verhalten beurteilt. Interessant ist jedoch, dass Unternehmen, die diese Dienstleistung schon anbieten, eine überdurchschnittliche Entwicklung erwarten (vgl. Teil A Kapitel 1.5.2). Das Betreibermodell kann unter Umständen Möglichkeiten bieten, die viele Unternehmen noch unterschätzen.

Unternehmen, die spezialisiert sind und komplexere Sachgüter anbieten, also eher im Sondermaschinenbau tätig sind, verzeichnen einen tendenziell höheren Umsatz mit produktbegleitenden Dienstleistungen als Unternehmen, die weniger spezialisiert sind (vgl. Teil A Kapitel 1.5.1). Während die Umfragen widersprüchliche Ergebnisse bezüglich des Angebots von produktbegleitenden Dienstleistungen bei kleinen Unternehmen (< 200 Mitarbeiter) erzielen, bestätigen die Umfragen des Fraunhofer ISI und des VDMA, dass große Unternehmen (> 1000 Mitarbeiter) ein breiteres Spektrum an produktbegleitenden Dienstleistungen anbieten (vgl. Teil A Kapitel 1.5.1, 1.5.2).

2 Anforderungen bei produktbegleitenden Dienstleistungen

Die wachsende Anzahl produktbegleitender Dienstleistungen bringt neue Herausforderungen für Sachguthersteller mit sich. Im Gegensatz zum Sachgut sind Dienstleistungen immateriell (vgl. Kapitel 1.3.1). Sie stellen Leistungsversprechen dar, die durch einen Dienstleister erbracht werden. Treffen Dienstleister und Kunde bei der Dienstleistungserbringung aufeinander, sind beide in die Erbringung der Dienstleistung involviert. Sie treten in Interaktion miteinander. Neben der Immaterialität und der Interaktion zwischen Dienstleister und Kunde besteht im Vergleich zu Dienstleistungen aus dem Bildungs- und Gesundheitsbereich ein wesentlicher Bezug zum Sachgut, denn bei produktbegleitenden Dienstleistungen wird die Dienstleistung in Ergänzung zum Sachgut erbracht. Aus diesen drei Merkmalen, (1) Immaterialität, (2) Interaktion zwischen Dienstleister und Kunde, (3) Abhängigkeit der Dienstleistung zum Sachgut, entstehen spezifische Anforderungen an Sachguthersteller. Im Folgenden werden diese Anforderungen aus Sicht des Kunden (Teil A Kapitel 2.1) dargestellt und es wird auf spezifische Anforderungen an die Organisation (Teil A Kapitel 2.2) sowie an Mitarbeiter, die produktbegleitende Dienstleistungen erbringen (Teil A Kapitel 2.3), eingegangen.

2.1 Kundeninduzierte Anforderungen

> "...Kunden [erwarten] von ihren Lieferanten eine konkrete, zuverlässige und schnelle Unterstützung bei Einsatz und Anwendung des Produktes" (Simon 1993a, S. 13).

Im Gegensatz zu Sachgütern liegt die Besonderheit bei produktbegleitenden Dienstleistungen in der Immaterialität. Deshalb ist es besonders schwierig, im Vergleich zum Sachgut, die Qualität der Dienstleistung zu messen (Homburg & Garbe 1996b, S. 74). Bei einer Maschine kann z.B. die Produktivität beurteilt werden. Wie viel Teile können pro Stunde gestanzt werden? Wie viel Teile stanzt eine vergleichbare Maschine des Wettbewerbers? Dienstleistungen sind jedoch für die Kunden „abstrakte Leistungsversprechen" (Schmitz 2000, S. 200). Je nachdem, ob die subjektiven Anforderungen, die der Kunde an die Dienstleistung stellt, erfüllt werden oder nicht, ist der Kunde mit der Leistung zufrieden oder unzufrieden und wird die Leistung entsprechend ein weiteres Mal in Anspruch nehmen oder nicht. Auf Grund der Immaterialität ist es schwierig, die Dienstleistungsqualität objektiv zu beurteilen. Objektive Verfahren könnten z.B. die Messung des Umsatzes oder der Umsatzrendite sein. Diese lassen jedoch nur bedingt direkte Rückschlüsse darauf zu, ob die Kunden zufrieden sind oder nicht. Denn Kundenunzufriedenheit wird sich unter Umständen erst langfristig auf den Umsatz eines Unternehmens auswirken. Außerdem kann es schwierig sein, bei einem Umsatzrückgang auszumachen, welche spezifische Dienstleistung für den Umsatzrückgang verantwortlich war, denn Größen wie Umsatz und Umsatzrendite werden ebenso maßgeblich von anderen Faktoren beeinflusst. Durch scheinbar objektive Verfahren ist zudem nicht ersichtlich, aus welchen Gründen der Kunde zufrieden oder unzufrieden ist (Schmitz 1999, S. 239). Daher muss die Beurteilung subjektiv erfolgen und ist vom Kunden abhängig (Bruhn & Murmann 1999; Homburg & Garbe 1996b, S. 74; Stauss 1999, S. 12; Zeithaml, Parasuraman & Berry 1990, S. 16).

Das bedeutet für den Anbieter produktbegleitender Dienstleistungen, dass er die für den Kunden wichtigen Eigenschaften einer Dienstleistung identifizieren und umsetzen muss (Schmitz 2000, S. 196). Wenn beispielsweise eine ganze Fertigungsstraße durch ein defektes Gerät ausfällt, ist die Reaktionszeit des Reparaturdiensts eine der entscheidensten Anforderungen. Im Vergleich dazu ist der Ausfall eines Gerätes mit einer nebensächlichen Funktion nicht so zeitkritisch (ebd., S. 199). Je nach Art der Dienstleistung werden unterschiedliche Anforderungen an das Dienstleistungsunternehmen gestellt. Grundlegendes Ziel ist es, eine individuelle Problemlösung für den Kunden zu finden und entsprechend an dessen Bedürfnisse anzupassen.

Bei produktbegleitenden Dienstleistungen hat der Anbieter die Möglichkeit, auf den Kunden anhand von Sachgut und entsprechender Dienstleistung zu reagieren. Diese Verbindungen werden auch als Leistungsbündel (Homburg & Garbe 1996b, S. 69) oder compacks - complex packages - bezeichnet (Kalmbach & Krämer 2006, S. 57). Denn die Bereitstellung qualitativ hochwertiger Sachgüter und Dienstleistungen kann zufriedene und loyale Kunden schaffen und dadurch langfristige Kundenbindungen ermöglichen. Dies wirkt sich letztlich positiv auf das Ergebnis und Image des anbietenden Unternehmens aus (Nippa 2005, S. 6; Stegner 1992, S. 182).

Um diese Ausrichtung auf den Kunden zu erlangen ist es notwendig, die Anforderungen und Bedürfnisse der Kunden zu kennen. Dies kann nur erreicht werden, wenn Kunden frühzeitig und intensiv eingebunden werden (Reckenfelderbäumer & Busse 2006, S. 161). Hinrichsen, Heßeler & Luczak (2002, S. 1118) betonen die regelmäßige Befragung der Kunden, um deren Wünsche und Bedürfnisse in Erfahrung bringen und evaluieren zu können. Pepels (2003, S. 70) schränkt ein, Befragungen würden keine neuen Leistungsideen zu Tage fördern, man könne damit höchstens neue Leistungsmerkmale bewerten lassen. Da viele Unternehmen über eigene Customer Relationship Management Systeme verfügen, bietet es sich an, alle vorhandenen Kundendaten zu sammeln und aktiv zur Gestaltung des Dienstleistungsangebots zu nutzen (Lay & Schneider 2005, S. 27 f.).

In diesem Zusammenhang wird auch das Service Engineering erwähnt. Es umfasst die systematische Planung, Konzeption und Entwicklung von Dienstleistungen (Bullinger & Scheer 2006, S. 8; Luczak, Liestmann, Winkelmann & Gill 2006, S. 450; vgl. auch Luczak & Liestmann 2004). Dabei können individuell „Bündelungen und Kombinationen von systematisch zusammengehörigen Sach- bzw. Dienstleistungen" (Scheer, Grieble & Klein 2006, S. 27) entworfen werden. So kann das Dienstleistungsangebot sinnvoll ausgeweitet werden. Man spricht hier von der vertikalen Ausweitung, wenn Dienstleistungen im Angebot aufgenommen werden, die vorher vom Kunden selbst ausgeführt wurden. Und von der horizontalen Ausweitung, wenn das Dienstleistungsangebot in sich verbreitert wird und mehr Varianten einer Dienstleistung angeboten werden (Stegner 1992, S. 52 f.). Letztendlich geht es darum, einen Mehrwert für den Kunden zu schaffen. Denn nur wenn dieser ersichtlich ist und Dienstleistung und Sachgut zusammen einen höheren Nutzen bringen als das Sachgut allein, gibt es für den Kunden einen Anreiz, das Leistungsbündel zu erwerben (Fath & Schmitz 2005, S. 175; Lay & Schneider 2005, S. 27; Riedel & Seinschedt 2004, S. 352; Spath & Demuß 2006, S. 494 f.). Entsprechendes belegt auch folgendes Zitat:

> „Rückblickend lässt sich jedoch feststellen, dass einige Hersteller von Investitionsgütern ihre Marktanteile trotz asiatischer Konkurrenz halten oder sogar ausbauen konnten und dass sich zahlreiche Zulieferunternehmen gegen osteuropäische Wettbewerber durchgesetzt haben. Häufig war das Erfolgsgeheimnis die Qualität von Serviceleistungen, die rund um das Produkt angeboten werden und für die Kaufentscheidung des Kunden ausschlaggebend sind" (Nedeß et al. 2004, S. 27).

Anders als bei der Sachgutherstellung agieren Kunde und Mitarbeiter eines Unternehmens bei produktbegleitenden Dienstleistungen miteinander. Sie treten in Interaktion (Stegner 1992, S. 169 ff.). Deshalb gehört zur Anforderung der Kunden an die Dienstleister nicht nur die Lösung ihres Problems und die Schaffung eines Mehrwerts, sondern auch insbesondere die Art und Weise, wie das Problem gelöst oder der Mehrwert erbracht wird. Das betrifft zum einen das Auftreten der Mitarbeiter gegenüber dem Kunden. Zum anderen werden die Fähigkeiten und Kompetenzen der Mitarbeiter, die eine Dienstleistung erbringen, angesprochen (Fischer & Kallenberg 1999, S. 2). Nicht umsonst wird der Kundenkontakt oft als „Augenblick der Wahrheit" bezeichnet (Meyer & Westerbarkey 1995, S. 83; Stauss 1995a). Hier entscheidet sich, ob die Dienstleistung positiv oder negativ erlebt wird. Dies lässt sich an einem Restaurantbesuch veranschaulichen: nicht nur die Qualität des Essens, die als gut oder schlecht bewertet werden kann, spielt eine Rolle, sondern auch das Verhalten des Kellners kann die Dienstleistungserfahrung wesentlich prägen. Trotz gutem Essen wird der Besuch beispielsweise negativ bewertet, wenn der Kellner unfreundlich und unaufmerksam war. Schlesinger und Heskett (1992, S. 109) verweisen auf Untersuchungen, in denen festgestellt wurde, dass zwei Drittel der Kunden den Dienstleistungsanbieter wechselten, weil sie unzufrieden mit dem Verhalten der Anbieter waren und sie als wenig aufmerksam und hilfsbereit einschätzten. Wenn das Verhalten der Dienstleister von den Erwartungen der Kunden abweicht, ziehen die Kunden oft keine Rückschlüsse auf ihr eigenes Verhalten, sondern schreiben dies allein dem Verhalten des Dienstleisters zu. Sie können damit zur Quelle ihrer eigenen Unzufriedenheit werden (Bitner, Booms & Mohr 1994, S. 101; Bitner, Booms & Tetreault 1990, S. 80). Umgekehrt ist dies genauso der Fall: der Dienstleister sucht den Fehler beim Kunden (Tax, Colgate & Bowen 2006, S. 34).

Durch die Beteiligung des Kunden am Dienstleistungsprozess sind die Produktivität des Dienstleistungsprozesses, das Ergebnis und die Qualität der Dienstleistung, auch vom Kunden abhängig. Beispielsweise sind Informationen des Kunden - der Input für die Dienstleistungserstellung - entscheidend für den weiteren Verlauf des Dienstleistungsprozesses (Mills, Chase & Margulies 1983, S. 302 ff.; Tax et al. 2006). Bei einer Taxifahrt liefert der Kunde beispielsweise die Zieladresse als Input für die Dienstleistung.

Der Kunde muss Kompetenzen aufweisen, um effizient an der Erstellung der Dienstleistung mitzuwirken (Mills & Morris 1986, S. 729; Möller 2004, S. 97). Kennt der Kunde den

Dienstleistungsprozess und weiß darüber Bescheid, was er beisteuern muss, so läuft der Dienstleistungsprozess reibungsloser ab. Weiß der Kunde einer Bank beim Telefonbanking nicht, dass er aufgefordert wird, dem Bankangestellten ein Passwort zu nennen, verzögert sich die Dienstleistung, weil der Kunde dieses erst suchen muss. Dadurch erlebt der Kunde das Telefonbanking unter Umständen als äußerst aufwendige und umständliche Dienstleistung. Die Qualität wird von ihm gering eingeschätzt. Genauso erlebt der Bankangestellte die Qualität negativ, weil der Kunde nicht vorbereitet ist und er ihm erst alles erklären muss. Voswinkel (2006, S. 246) definiert „Dienstleistungsqualität als ein kommunikativ zwischen Dienstleister und Kunden respektive Klienten herzustellendes Leistungsergebnis.“ Aus diesem Grund sind die Dienstleistung und ihre Qualität abhängig von der jeweiligen Einstellung und vom Verhalten von Dienstleister und Kunde.

> „Since both customer and provider vary in mood, temperament, and energy in general and from day to day, the result is that the service product varies. It is never quite the same" (Czepiel 1990, S. 71).

Die Interaktion zwischen Dienstleister und Kunde hat nicht nur Einfluss auf die Qualität der Dienstleistung, sondern auch auf die Arbeitsbedingungen und damit die Qualität der Arbeit der Dienstleister (Glaser 2004, S. 250; Krell 2001, S. 15).

Barger und Grandey (2006, S. 1235 f.) fanden in einer Untersuchung heraus, dass die Dienstleistungsqualität höher eingeschätzt wurde, je stärker die Dienstleister lächelten. Wenn die Dienstleister lächelten, reagierten die Kunden ähnlich und beurteilten die Dienstleister als kompetenter und waren zufriedener mit der Dienstleistung. In einer weiteren Studie wurde festgestellt, dass negative Dienstleistungserlebnisse für den Kunden einprägender sein können als äußerst positive Erfahrungen (Kiely & Armistead 2004, S. 28; vgl. Liljander & Strandvik 1997). Interessant ist in diesem Zusammenhang auch das Kano-Modell, das vom gleichnamigen Autor entwickelt wurde. Es geht davon aus, dass bestimmte Faktoren eines Produktes unterschiedliche Zufriedenheitsniveaus auslösen. Dabei werden drei Arten von Faktoren unterschieden: Basisfaktoren, Leistungsfaktoren und Begeisterungsfaktoren. Basisfaktoren sind Kriterien, die erfüllt werden müssen und als selbstverständlich gelten. Werden sie nicht erfüllt, so ist der Kunde sehr unzufrieden. Leistungsfaktoren werden vom Kunden erwartet. Die Zufriedenheit steigt mit dem Grad der Erfüllung dieser Faktoren. Begeisterungsfaktoren werden vom Kunden nicht erwartet, deshalb bedeutet ein Erfüllen solcher Faktoren überproportionale Zufriedenheit (Bailom, Hinterhuber, Matzler & Sauerwein 1996, S. 117 ff.; Nerdinger & Neumann 2007, S. 133). Der Ansatz von Klaus (1985, S. 30 f.) geht in eine ähnliche Richtung. Er spricht von einer Qualitätspyramide, die von Dienstleister und Kunde wahrgenommen wird. Die Pyramide basiert darauf, dass Dienstleister und Kunde sich gegenseitig gleichwertig behandeln und einander mit Höflichkeit begegnen. Dies ist der Grundstein für Zufriedenheit auf beiden Seiten. Die nächste Stufe stellt die adäquate Erfüllung der Leistung dar. Und ganz oben in der Pyramide, damit die Leistung als wirklich zufriedenstellend erlebt wird, muss der Kunde genügend Einfluss auf den Verlauf der Dienstleistung ausüben können, sich als Person wahrgenommen fühlen und freundlich behandelt worden sein. Bei der richtigen Kundenintegration kann der Kunde zum nachhaltigen Wettbewerbsfaktor werden (Tax et al. 2006, S. 31; Gouthier & Schmid 2001, S. 234). Unternehmen, die sich um eine Kundenintegration bemühen und sich über diese Auswirkungen bewusst werden, können Vorteile gegenüber den Wettbewerbern erzielen, weil ihre Kunden zufriedener sind.

Auf Grund ihrer Immaterialität stellt die Dienstleistung eine abstrakte Leistung dar, deren Qualität der Kunde subjektiv evaluiert. Hier sollten die Eigenschaften, die dem Kunden besonders wichtig sind, in Erfahrung gebracht und integriert werden. Wichtig für eine produktbegleitende Dienstleistung ist außerdem, dass die Verbindung von Sachgut und Dienstleistung einen Mehrwert für den Kunden darstellt. Des Weiteren ist der Dienstleistungsprozess durch die Interaktion zwischen Kunde und Dienstleister gekennzeichnet. Der Kunde evaluiert das Auftreten und Verhalten und die Kompetenz des Dienstleisters. Er beurteilt, wie er sich behandelt fühlt. Aus diesen Merkmalen ergeben sich Anforderungen für die Organisation und die Mitarbeiter der Unternehmen.

2.2 Anforderungen an die Organisation des Dienstleistungsunternehmens

Die Organisation eines Unternehmens gliedert sich in Aufbau- und Ablauforganisation. Die Aufbauorganisation teilt das Unternehmen in Teileinheiten (z.B. Abteilungen, Stellen) und ordnet den Teileinheiten Aufgaben, Zuständigkeiten und Weisungsbefugnisse zu. Die Ablauforganisation betrifft die Gestaltung der Prozesse im Unternehmen (Nippa 2005, S. 8; Schulte-Zurhausen 1995, S. 11).

Bei der Erbringung von Dienstleistungen ist der wesentliche Unterschied zur reinen Sachgüterproduktion, dass Dienstleistungen auf Grund der Immaterialität nicht gelagert werden können und dass der Kunde am Erbringungsprozess teil hat (Rainfurth et al. 2005, S. 99). Zumeist handelt es sich um Sachguthersteller, die zusätzlich Dienstleistungen anbieten oder ihr Dienstleistungsangebot weiter ausweiten. Welche Konsequenzen ergeben sich dadurch für ihre Aufbau- und Ablauforganisation?

Bei der Erbringung produktbegleitender Dienstleistungen werden vier mögliche Organisationsformen vorgeschlagen: Produktbegleitende Dienstleistungen können (1) durch bestimmte Abteilungen oder designierte Mitarbeiter erbracht werden, (2) in Projekten organisiert werden, (3) als eigenständige Dienstleistungsabteilungen organisiert werden oder (4) in ein eigenständiges Unternehmen, z.B. in eine Tochtergesellschaft, ausgegliedert werden (Nippa 2005, S. 8 ff.; vgl. auch Schneider & Mesow 1999, S. 970).

Häufig werden Dienstleistungsabteilungen oder Dienstleistungsfunktionen eher zufällig angesiedelt und wachsen mit der Organisation eines Unternehmens mit. Dies ist insbesondere bei kleinen und mittelgroßen Unternehmen der Fall. Eine strategische Auswahl und bewusste Eingliederung in die Organisation des Unternehmens erfolgt dabei nicht (Rainfurth et al. 2005, S. 99; Simon 1993a, S. 20). Es ist zu beobachten, dass vermehrt eigene Abteilungen für die Dienstleistungserbringung geschaffen werden, je größer der Anteil an produktbegleitenden Dienstleistungen ist (Eggers et al. 2000). Problematisch ist, dass durch diese zufällige Organisation der produktbegleitenden Dienstleistungen Fehler entstehen können. Müssen Mitarbeiter z.B. die Dienstleistungen neben ihrem eigentlichen Aufgabenfeld erbringen, verfügen diese unter Umständen nicht über die notwendigen Fähigkeiten, die im Bereich der Dienstleistungen wichtig wären (Rainfurth et al. 2005, S. 108).

Es gibt keine generellen Richtlinien zur Implementierung produktbegleitender Dienstleistungen in die Organisation, da es von der individuellen Strategie und den jeweiligen Dienstleistungen des Unternehmens abhängig ist, wie die Prozesse am besten implementiert werden. Eine Projektorganisation, bei der sich die Mitarbeiter mit Sachgutherstellung und Dienstleistungserbringung auseinandersetzen oder die Integration der Dienstleistungsaktivitäten in eine bestehende Abteilung sind besonders vorteilhaft, um Kenntnisse über Sachgüter und Dienstleistungs-Know-how zu verbinden. Bei der Projektorganisation wird ein Projektverantwortlicher bestimmt, der bestimmte Mitarbeiter aus der Sachgutherstellung für ein Dienstleistungsprojekt koordiniert. Die Integration der Dienstleistungsaktivitäten in eine bestehende Abteilung verlangt, dass Mitarbeiter, neben den Aufgaben der Sachgutherstellung Dienstleistungstätigkeiten wahrnehmen. Beispielsweise übernehmen Konstruktionsmitarbeiter die technische Beratung des Kunden (ebd., S. 100 f.). Durch diese Organisationsform können Cross-Selling Effekte realisiert werden, d.h. die Nachfrage nach einem Sachgut kann die Nachfrage nach Dienstleistungen fördern. Außerdem besteht hier große Flexibilität, die Kapazitäten je nach Gegebenheit zwischen Dienstleistungen und Sachgütern umzuschichten. Bei beiden Organisationsformen werden die Dienstleistungstätigkeiten von Mitarbeitern ausgeführt, die vorher ausschließlich mit Sachgütern betraut waren. Somit kennen sich die Mitarbeiter sowohl mit den Sachgütern als auch mit den ergänzenden Dienstleistungen aus (ebd.).

Im Gegensatz dazu wird durch die Schaffung eigenständiger Dienstleistungsabteilungen oder die Ausgliederung der produktbegleitenden Dienstleistungstätigkeiten an Tochterunternehmen, die sich auf Dienstleistungen konzentrieren, die Transparenz hinsichtlich Kosten und Nutzen gefördert. Damit ist klar, welcher Anteil der Umsätze auf produktbegleitende Dienstleistungen fällt und welche Kosten diese verursachen. Wenn Dienstleistungen an eigenständige Unternehmen ausgegliedert werden, besteht eher die Möglichkeit, Dienstleistungen ebenfalls zu fremden Sachgütern anzubieten (ebd., S. 101 f.; vgl. Harms 1999, S. 263). Bei der Wahl der Organisationsform sollten Vor- und Nachteile für das jeweilige Unternehmen gegeneinander abgewogen werden und auf Konformität zur Unternehmensstrategie geachtet werden (Rainfurth et al. 2005, S. 103). Am Beispiel der einzelnen Phasen der Leistungserbringung, lassen sich Vor- und Nachteile der Organisation erörtern.

Beim Angebot von Presales Leistungen, wie z.B. Bedarfsanalyse oder Engineering, können diese durch (1) Mitarbeiter des Vertriebs, (2) Mitarbeiter der Entwicklung und Konstruktion, (3) einen bestimmten Projektingenieur oder (4) eine eigenständige Engineeringfirma geleistet werden. Leistungen können leichter in Rechnung gestellt werden, wenn eine eigenständige Engineeringfirma die Dienstleistungen erbringt. Nachteil dieser Organisationsform ist, dass die Mitarbeiter einen geringeren Sachgutbezug haben. Wenn jedoch Mitarbeiter des Vertriebs oder der Entwicklung und Konstruktion die Dienstleistungen erbringen, besteht die Gefahr, dass sie die Leistungen verschenken. Ein Projektingenieur hat im Gegensatz dazu den ganzen Auftrag im Blick und so kann er eher abschätzen, was verschenkt werden kann und was wichtig für die Rendite ist. Der Einsatz von Mitarbeitern der Entwicklung und Konstruktion bietet den Vorteil, dass sie Wünsche des Kunden abfragen und diese in Produkte umsetzen können (ebd., S. 104 f.).

In der Aftersales Phase werden Dienstleistungen, wie z.B. Instandhaltung, Servicehotline und Ersatzteilservice, angeboten. Ist das strategische Ziel des Unternehmens, ein eigenes Geschäftsfeld zu entwickeln, in dem Rendite- und Umsatzziele überprüft werden können, so eignet sich die Ausgründung in ein eigenständiges Dienstleistungsunternehmen oder die Erbringung durch eine eigenständige Abteilung. Hier muss der Sachgutabsatz allerdings durch das gemeinsame Angebot von Sachgut und Dienstleistung erfolgen. Die Förderung von Sachgutinnovationen muss hier ebenfalls gefördert werden, weil Mitarbeiter keinen Anreiz haben, ihr Wissen vom Kunden an die Entwicklung und Konstruktion der Sachgüter weiterzugeben, wenn sie nur für den Dienstleistungserfolg verantwortlich sind. Sachgutinnovationen und -verkauf werden am ehesten durch eine Projektstruktur gefördert (ebd., S. 105 f.). Bei der Dienstleistung Kundenschulung kommt ein weiterer Aspekt hinzu. Wird die Kundenschulung von Mitarbeitern des technischen Services erbracht, die häufig von einem Notfall zum nächsten, von Kunde zu Kunde gesendet werden, können diese Mitarbeiter durch geregelte Termine bei Kundenschulungen entlastet werden (ebd., S. 107).

Die Aufbauorganisation von Industrieunternehmen ist auf die Sachgutherstellung ausgerichtet, entsprechend verlaufen die Prozesse zur Dienstleistungserbringung häufig quer zur Organisation. Dadurch wird die Transparenz beeinträchtig. Ein Instrument, das zur Prozessanalyse in diesen Fällen dient, ist das Service-Blueprinting. Es ermöglicht insbesondere die Schnittstellen zum Kunden zu verdeutlichen (ebd., S. 110 ff.). Das Service-Blueprinting stellt alle Aktivitäten des Dienstleisters und des Kunden dar, durch Pfeile werden die Aktivitäten in Beziehung gesetzt. Front-Office Aktivitäten werden dabei von Back-Office Aktivitäten unterschieden (Kowalewski & Reckenfelderbäumer 1998, S. 51; vgl. auch Fließ 2006, S. 64 ff.).

Anhand dieser ausführlichen Darstellung können Prozessschritte auf Notwendigkeit, Reihenfolge, Verbesserungspotential und Automatisierung überprüft werden und es besteht die Möglichkeit, Schritte eventuell zu parallelisieren, wegzulassen oder zusammenzufassen, um den Prozess zu optimieren. Da der Kunde in den Prozess eingreift, müssen Puffer eingeplant werden und Möglichkeiten zur Improvisation bestehen (Rainfurth et al. 2005, S. 117 f.).

Trotz sorgfältiger Planung kommt es im Dienstleistungsprozess, insbesondere durch die Partizipation des Kunden, zu Unwägbarkeiten. Im Gegensatz zur Sachgutherstellung hat der Kunde bei produktbegleitenden Dienstleitungen Einfluss auf die Dienstleistungserbringung. Dadurch sind Prozesse weniger standardisier- und planbar (ebd., S. 99). Der Mitarbeiter muss sich situativ anpassen. Die Organisation im Unternehmen sollte dies entsprechend unterstützen. Die Interaktion zwischen Dienstleister und Kunde kann erleichtert werden, wenn Mitarbeiter flexibler auf ihre Kunden eingehen und individuelle Wünsche berücksichtigen können (vgl. Bowen & Lawler 1992, 1995; Hart, Heskett & Sasser 1993, S. 242). In diesem Zusammenhang wird vom Empowerment der Mitarbeiter gesprochen. Man versteht darunter die Übertragung von Eigenverantwortung an die Mitarbeiter, so dass sie eigenständig Prozesse gestalten können (Bowen & Lawler 1992, 1995). Dem Unternehmen wird dabei die Aufgabe zuteil, den Mitarbeitern eine entsprechende Unterstützung zukommen zu lassen, damit sie diesen Anforderungen gerecht werden können und notwendige Kompetenzen bilden (vgl. Hartline & Ferrell 1996, S. 62).

Wenn Sachguthersteller zusätzlich zu ihrem bisherigen Angebot Dienstleistungen anbieten, stellt dies die Organisation vor neue Anforderungen. Durch die neue Geschäftsfeldstrategie des Unternehmens sollte die Organisation entsprechend dieser Strategie ausgerichtet werden. Dies impliziert, den Mitarbeitern mehr Autonomie zuzugestehen und sie darin zu unterstützen, entsprechende Kompetenzen im Hinblick auf Dienstleistungen aufzubauen.

2.3 Anforderungen an Dienstleister an der front line

Produktbegleitende Dienstleistungen stellen nicht nur andere Anforderungen an die Organisation und die Prozesse des Unternehmens, sondern vor allem auch an die Mitarbeiter, die die Dienstleistungen durchführen und direkt in die Interaktion mit dem Kunden involviert sind. Sie müssen einerseits eine hohe fachliche Kompetenz aufweisen und andererseits erfüllen sie hohe Anforderungen im Umgang mit dem Kunden. In der Sachgutherstellung waren sie beschränkt auf die Arbeit mit der Maschine, in der Dienstleistungsarbeit treffen sie auf den Kunden. In der Literatur zu produktbegleitenden Dienstleistungen wird auf diese Komplexität hingewiesen. Im Folgenden wird der Stand der Forschung allgemein bei Dienstleistungen und produktbegleitenden Dienstleistungen dargestellt (Teil A Kapitel 2.3.1). Außerdem wird auf Anforderungen an Servicetechniker eingegangen (Teil A Kapitel 2.3.2).

2.3.1 Allgemeine Anforderungen an Dienstleister

Wie in den vorhergehenden Abschnitten deutlich wird, spielen Mitarbeiter bei der Erbringung von Dienstleistungen eine große Rolle. Der Mitarbeiter tritt direkt in Kontakt mit dem Kunden, er agiert an der „front line“ (vgl. Korczynski, Shire, Frenkel & Tam 1996, S. 72) und vertritt somit als Repräsentant das Unternehmen (Wörwag 1996, S. 186). Adams (1976) beschreibt Mitarbeiter, die an der Grenze der Organisation zur Außenwelt arbeiten, als „ ‚Gesicht‘ der Organisation“ (ebd., S. 1177; Übersetzung V.K.). Denn der Kunde evaluiert die Dienstleistung sowohl anhand der Kompetenz als auch am Verhalten des Mitarbeiters (Dotzler & Schick 1995, S. 279; Stauss 1995b, S. 259; Woehe & Lang 2003, S. 25).

> „In den Augen des Kunden sind die Mitarbeiter des Anbieters untrennbares Element der Dienstleistung und genauso wichtig wie andere Elemente“ (Simon 1993b, S. 191).

Dabei muss der Mitarbeiter verschiedene Rollen einnehmen, um dem Dienstleistungsunternehmen, dem Kunden und seiner Arbeit gerecht zu werden.

> „Thus front-stage employees often perform a triple role as operations specialist, marketer, and part of the service product” (Lovelock & Wright 2002, S. 324 f.).

Es gibt zahlreiche Untersuchungen in Dienstleistungsunternehmen, die die Fähigkeiten und Kompetenzen der Mitarbeiter in Verbindung zur Qualität der Dienstleistung erforschen. Dieses Thema wird jedoch wenig systematisch untersucht (Varca 2004). Für Mitarbeiter mit Kundenkontakt werden neben der fachlichen Kompetenz folgende Fähigkeiten gefordert:

- Kommunikationsfähigkeit (Kiely & Armistead 2004, S. 31),
- Anpassungsfähigkeit (Armistead, Kiely, Hole & Prescott 2002, S. 253; Hartline & Ferrell 1996, S. 61),
- Empathie oder allgemein zwischenmenschliche bzw. soziale Fähigkeiten (Garavan 1997, S. 75 f.; Zeithaml et al. 1990, S. 95) und
- emotionale Intelligenz (Bardzil & Slaski 2003).

Was darunter konkret zu verstehen ist und in welchen Situationen die Dienstleister diese Fähigkeiten benötigen, bleibt vage. In diesen Studien werden Emotions-, Gefühlsarbeit und subjektivierendes Arbeitshandeln nicht oder nur am Rande thematisiert. Studienergebnisse, die explizit auf Kompetenzanforderungen im Zusammenhang mit Emotions-, Gefühlsarbeit und subjektivierendem Arbeitshandeln eingehen, werden in Teil B aufgeführt.

Varca (2004, S. 463) stellt in einer empirischen Studie, die die Fähigkeiten von Dienstleistern im Kundenkontakt untersucht, fest, dass Dienstleistungsaufgaben immer komplexere Kompetenzprofile erfordern (vgl. auch Welsch 2000, S. 83). Er entwickelte einen quantitativen Fragebogen anhand teilnehmender Beobachtungen und Gruppeninterviews mit Kundenbetreuern. Dieser Fragebogen enthielt 28 verschiedene Fähigkeiten. Die befragten Kundenbetreuer stuften die Fähigkeiten auf einer fünfstufigen Skala ein. Varca unterteilt die Fähigkeiten, die in Dienstleistungen zum Tragen kommen, in kognitive, zwischenmenschliche, Selbstbeherrschungs- und technische Fähigkeiten (Varca 2004, S. 460 f.).[25]

Um diese Fähigkeiten im Dienstleistungsunternehmen zu etablieren und weiter zu fördern, werden folgende Maßnahmen als wichtig erachtet: Personalrekrutierung und -auswahl, Aus- und Weiterbildung sowie Bezahlung. Bei der Personalrekrutierung ist es wichtig, aus einem Pool von Bewerbern aussuchen zu können und diese sorgfältig auszuwählen, um prüfen zu können, ob sie die notwendigen Kompetenzen, wie z.B. Stresstoleranz und Kundenorientierung, mitbringen. Hierauf aufbauend können dann Weiterbildungsprogramme angeboten werden, um diese Kompetenzen systematisch zu fördern. Eine adäquate Bezahlung ist motivierend für die Mitarbeiter und sorgt dafür, dass sich mehr Bewerber für eine Stelle bewerben, so dass das Unternehmen wiederum die Möglichkeit hat, aus mehreren Bewerbern die geeignetsten auszuwählen (ebd., S. 464; vgl. auch Noch 1995, S. 232 ff.). Oft investieren allerdings nur die größeren Unternehmen in diese vier Faktoren, denn eine systematische Personalentwicklung findet häufig nur bei Betrieben mit 1000 und mehr Mitarbeitern statt. Kleinere Betriebe betreiben meist keine Personalentwicklung (Falk & Zedler 1995, S. 78).

Während manche Forschungen vom Dienstleistungssektor ausgehen und hier die Kompetenzen, Qualifikationen und Fähigkeiten der Dienstleister untersuchen, widmen sich andere dem verarbeitenden Gewerbe und damit dem Facharbeiter, der zum Dienstleister wird. Letzterer sieht sich mit neuen Aufgabenfeldern konfrontiert und muss ein Mehr an Kompetenzen aufweisen, um zusätzliche Dienstleistertätigkeiten zu erbringen (vgl. auch Deitz & Orr 2006; Heath 1998; Welsch 2000, S. 79 ff.).

Spöttl und Mitarbeiter (2003, S. 120 ff.) zeigen, dass der typische Facharbeiter verstärkt Aufgaben wahrnimmt, die zusätzliche Kompetenzen fordern. Sie führten eine Fallstudie bei 20 Unternehmen der Metall- und Elektroindustrie[26] durch. Facharbeiter sind zum einen Spezialisten in der Sachgutherstellung, zum anderen sind sie aber auch Generalisten, weil sie über berufsübergreifende Tätigkeiten wie Koordination, Auftragsabwicklung u.Ä. verfügen müssen (vgl. auch Falk & Zedler 1995, S. 53). Die Facharbeit umfasst neue Aufgaben, die Spöttl und Mitarbeiter (2003, S. 146) in (1) facharbeitsbezogene Aufgaben, (2) produktions- und prozessbezogene Dienstleistungsaufgaben und (3) kundenbezogene Dienstleistungsaufgaben unterteilen. Im Rahmen der vorliegenden Arbeit sind insbesondere Letztere von gro-

[25] Für einen Überblick über die einzelnen Fähigkeiten, die Varca untersuchte, vgl. Varca (2004, S. 461, 466 f.).

[26] Die Untersuchung umfasste Unternehmen aus Maschinenbau, Automobilindustrie, Elektroindustrie, Eisen-, Blech-, Metallindustrie, Feinmechanik, -optik, Uhren, Stahl- und Leichtbau und Stahlverformung. Die 20 Unternehmen waren in Deutschland angesiedelt und galten als besonders innovativ hinsichtlich Prozesse, Produkten oder Betriebs- und Arbeitsorganisation. Es wurden qualitative Interviews eingesetzt, die durch standardisierte Fragebogen ergänzt wurden (Spöttl et al. 2003, S. 16 ff.).

ßem Interesse, denn die anderen Aufgabengebiete finden nicht im Kundenkontakt statt. Bei den Aufgaben im Kundenkontakt werden folgende Bereiche unterschieden (ebd., S. 164 ff.):

- Auftragsabwicklung und Auftragsbetreuung (z.B. durch Servicepersonal),
- Kommunikation und Koordination (z.B. Abstimmung mit dem Kunden) und
- Qualitätseinlösung (z.B. sachkompetente Beratung des Kunden, fehlerfreie Lieferung des Produktes).

Die Mitarbeiter, die diese Aufgaben ausführen, sind meistens sowohl an den Maschinen und Anlagen tätig als auch im Dienstleistungsbereich. In ihrer Untersuchung stellten Spöttl und Mitarbeiter (ebd., S. 166 f.) fest, dass es in den Unternehmen keine Maßnahmen gab, um die Mitarbeiter auf diese vielseitigen Aufgaben vorzubereiten. Die Aufgaben ändern sich, die Unternehmen kommen jedoch der notwendigen Weiterentwicklung nicht nach. Dies könnte unter anderem daran liegen, dass nicht bekannt ist, welche besonderen Kenntnisse und Fähigkeiten im Umgang mit dem Kunden notwendig sind. Spöttl und Mitarbeiter (ebd., S. 166) sprechen deshalb von einer Art „Geheimwissen", über das die Facharbeiter verfügen.

> „Eine besondere Herausforderung stellt der Kontakt zu Kunden im Rahmen der Montage, Inbetriebnahme und Reparatur von Anlagen dar. Um diese Aufgabe so zu bewältigen, dass der Kunde zufrieden ist und das Unternehmen durch die Arbeit der Facharbeiter/Monteure Folgeaufträge erhält, scheint ein *Geheimwissen* erforderlich zu sein, das sich kaum oder gar nicht bestimmen lässt" (ebd., Hervorhebung wie im Original).

Diese Veränderung der Aufgaben geht einher mit dem, in Teil A Kapitel 1.1 beschriebenen Wandel des verarbeitenden Gewerbes. Es reicht nicht aus, sich auf die qualitativ hochwertige Sachgutherstellung zu konzentrieren, sondern es erfolgt eine zunehmende Orientierung hin zur Dienstleistung. Entsprechend müssen die Mitarbeiter bei der Erbringung von produktbegleitenden Dienstleistungen, z.B. bei Reparaturen und Wartungsleistungen, zum einen eine sehr hohe fachliche Kompetenz aufweisen und zum anderen über Kompetenzen in der Arbeit mit dem Kunden verfügen.

> "Produktions- und Dienstleistungsarbeit sind hier oftmals nicht zwei Tätigkeitsbilder, die von verschiedenen Beschäftigten eines Industriebetriebs auszufüllen sind, sondern es handelt sich hier um ineinander verschränkte Berufsbilder, die von einer Person abverlangt werden" (Lay 2002, S. 4).

Eine Ausweitung vom reinen Sachguthersteller zum Hersteller von Sachgütern und produktbegleitenden Dienstleistungen bringt folglich Veränderungen in der Arbeitsorganisation des Unternehmens mit sich und hat zusätzlich Folgen für die Mitarbeiter eines Unternehmens. Dies wird von Lay, Rainfurth, Schneider und Wallmeier (2000, S. 96 ff.) bestätigt, die in einer Untersuchung feststellen, dass mit zunehmendem Angebot an produktbegleitenden Dienstleistungen höhere Qualifikationen notwendig werden (vgl. Teil A Kapitel 1.5.1). Die

Mitarbeiter werden nicht, wie vorher bei der Sachgutherstellung, an der Qualität der produzierten Teile gemessen, sondern andere Kriterien werden ausschlaggebend, wie z.B. „Schnelligkeit, Kostenbewusstsein und Kundenzufriedenheit" (Lay et al. 2000, S. 96). Mit dem Wandel der Aufgaben werden andere Verantwortungen an die Mitarbeiter gestellt als vorher. Falk und Zedler (1995, S. 88) ermitteln in einer Studie über Facharbeiter in der Elektro- und Metallindustrie den höchsten Bedarf an Kompetenzen bei Facharbeitern, die erweiterte Aufgaben erfüllen, wie Montage und technischer Service. Spöttl und Mitarbeiter (2003, S. 176) fordern zusätzlich zur fachlichen Kompetenz eine „Meta-Dienstleistungsqualifikation" in die Berufsbilder der Industrie aufzunehmen.

> „Qualifizierte Facharbeit sichert höchste Qualität gegenüber den Kunden sowie Engagement, Vertrauen, Ideen und transparentes Management zur Bewältigung komplexer Aufgaben und Probleme. Ziel- und lösungsorientiertes Handeln wird unterstützt von einer vielfältigen technischen und sozialen Kompetenz" (ebd.).

Neben einer Veränderung der Kompetenzanforderungen wandelt sich die Arbeit auch hinsichtlich der Belastung. Wenn Mitarbeiter für die Reparatur einer Maschine beim Kunden verantwortlich sind, müssen sie unter Umständen auch sonntags oder am Feiertag arbeiten oder haben 24 Stunden Rufbereitschaft. Überstunden und Zeitdruck sind die Folge (Mütze 1999a, S. 106). Neben diesen Nachteilen kann die Veränderung der Arbeit auch positive Aspekte beinhalten. Durch die abwechslungsreicheren Dienstleistungstätigkeiten kann die Arbeitsgestaltung interessanter werden, da die Mitarbeiter ihre Arbeitsinhalte erweitern können und z.B. verstärkt im Team gearbeitet wird (Lay 1998, S. 335).

2.3.2 Anforderungen an Dienstleister im technischen Service

Beim technischen Service werden 70-80% der Wertschöpfung durch die Arbeitsleistung der Mitarbeiter erbracht (Harms 2003, S. 151). Das bedeutet, die Dienstleistungen des technischen Services werden zu einem Großteil durch die Mitarbeiter beeinflusst. Damit hängt die Evaluation des Kunden wesentlich vom Mitarbeiter ab.

Pfeiffer (2004) führte eine Untersuchung bei Teleservicetechnikern durch. Die Untersuchung basierte auf qualitativen Interviews in drei Unternehmen des Maschinenbaus. Die Aufgaben der Servicetechniker umfassten vor allem Fehlersuche und -diagnose, Reparatur, Inbetriebnahme und technische Dokumentation der erledigten Aufgaben. Die technischen Anforderungen verlangen dabei sowohl Fachwissen über Maschinen und Anlagen als auch Wissen über Peripheriegeräte und technische Bedingungen bei z.B. internationalen Kunden (ebd., S. 222). Neben Fachwissen beschreibt Pfeiffer die Wichtigkeit der sozialen und kommunikativen Kompetenzen. „Dazu gehören Projektmanagement und Einsatzplanung, Kundenorientierung, Sprachen, die Fähigkeit zum kulturellen Perspektivenwechsel und zum Umgang mit Konflikten" (ebd., S. 222 f.). Des Weiteren nehmen die Erfahrung, das notwendige Gespür und die intuitive Herangehensweise bei der Fehlerdiagnose einen außerordentlichen Stellenwert bei Servicetechnikern ein (ebd., S. 225 f.). Die Arbeit des Servicetechnikers, so Pfeiffer (ebd., S. 231), kann nicht durch „Soft Skills“ und Fachwissen beschrieben werden, sondern durch ein Ineinandergreifen von beidem.

Adams (1976, S. 1176) beschreibt die Mitarbeiter, die an der Grenze der Organisation arbeiten, als „boundary positions“, Grenzarbeiter. Unter diesem Begriff subsumiert sie alle Mitarbeiter eines Unternehmens, die mit der Außenwelt agieren, wie z.B. Vertriebsmitarbeiter oder Einkäufer. Ein Kennzeichen dieser Grenzarbeiter ist, dass sie keinen ausgeprägten Kontakt zu ihren Kollegen haben, weil sie oft nicht im Unternehmen arbeiten, sondern häufig beim Kunden sind. Dies wird von Pfeiffer und Treske (2004) bei Servicetechnikern bestätigt:

> „Sie [Servicetechniker] sind weit gereist, kennen viele Länder, gehen täglich neue Kundenbeziehungen ein, aber wen sie am seltensten sehen, das sind ihre eigenen Kollegen“ (ebd., S. 245)

Durch den losen Kontakt ist es schwierig, Kompetenzen und Erfahrungen an Kollegen weiterzuvermitteln (ebd., S. 246).[27] Ausschlaggebend für Grenzarbeiter oder „boundary spanners“ ist außerdem, dass sie hohe interpersonelle Fähigkeiten aufweisen und gut mit Menschen umgehen können (Williams 2002, S. 110).

Jung Erceg (2005, S. 160 f.) unterscheidet anhand eines theoretisch hergeleiteten Modells drei Kompetenzprofile bei der Erbringung produktbegleitender Dienstleistungen. Hierfür benennt sie stellvertretend Vertriebsmitarbeiter, Engineeringmitarbeiter und Mitarbeiter des technischen Services. Die Profile unterscheidet sie nach hoher und niedriger fachlicher Komplexität sowie nach dem Grad der Beziehungsorientierung, d.h. wie stark die Kunden mit dem Dienstleister interagieren bzw. wie intensiv die Interaktion ist.

Im Vergleich zwischen den drei Profilen werden Vertriebsmitarbeiter als stark beziehungsorientiert eingeschätzt, die fachliche Komplexität ist weniger stark. Engineeringmitarbeiter sieht Jung Erceg im Mittelfeld hinsichtlich Beziehungsorientierung und fachlicher Komplexität. Servicetechniker weisen relativ gesehen den geringsten Grad an Beziehungsorientierung auf, müssen aber eine hohe fachliche Komplexität bewältigen.

[27] Pfeiffer und Treske (2004, S. 247 ff.) verweisen hier auf die Möglichkeit, Erfahrung durch Story-Telling („Geschichten erzählen“) zu transferieren. Das Story-Telling wird z.B. in Unternehmen zur Diagnose und Weitergabe von (Erfahrungs-)Wissen eingesetzt.

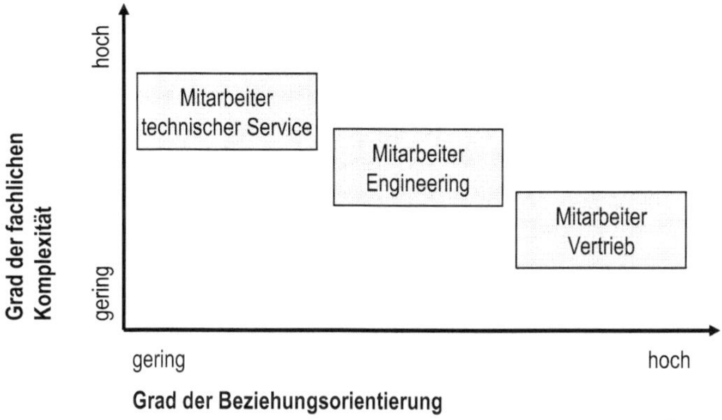

Abbildung 15: Kompetenzanforderungen bei produktbegleitenden Dienstleistungen (in Anlehnung an Jung Erceg 2005, S. 160)

Vertriebsmitarbeiter von produktbegleitenden Dienstleistungen sind stark beziehungsorientiert, da ihre Hauptaufgabe darin besteht, mit dem Kunden in Verhandlung zu treten, ihn zu beraten, zu informieren und für das eigene Unternehmen einen vertraglichen Abschluss herbeizuführen. Sie verfügen in der Regel über eine relativ gesehen mäßige fachliche Kompetenz. Ein großer Unterschied beim Vertrieb von Dienstleistungen besteht, im Gegensatz zu Sachgütern, in der Immaterialität des Vertriebsgegenstandes. Außerdem benötigen Vertriebsmitarbeiter umfassende Kenntnisse der Funktionalitäten und des Zusammenspieles produktbegleitender Dienstleistungen mit den Sachgütern, um auch die Vorteile und Potentiale dieser kenntlich machen zu können (ebd., S. 161 ff).

Engineeringmitarbeiter weisen in der Arbeit eine hohe Fachkompetenz auf und sind gleichzeitig beziehungsorientiert. Jung Erceg (ebd., S. 155 ff.) geht davon aus, dass sich mit der Ausrichtung auf produktbegleitende Dienstleistungen häufig das Ziel ergibt, den Kunden stärker zu binden und kundenorientierter aufzutreten. Entsprechend erhalten Engineeringmitarbeiter zunehmend bei der Entwicklung und Konstruktion nicht mehr fertige Spezifikationen vom Kunden, sondern arbeiten im Austausch mit dem Kunden an der Erstellung von Produkten. In einem Beratungsgespräch werden die Wünsche des Kunden sondiert und bei der Entwicklung wird immer wieder Rücksprache mit dem Kunden gehalten. Vertriebsmitarbeiter sind, auch beim Vertrieb von Sachgütern, mit dem Kunden in Kontakt, für sie zählt die Kommunikationsfähigkeit zu den wesentlichen Kompetenzen hinzu. Engineeringmitarbeiter müssen sich dies erst aneignen, sie müssen lernen, ihr Erfahrungswissen dem Kunden zu vermitteln und für ihn verständlich zu machen (ebd., S. 164). Engineeringmitarbeiter müssen sich gut über das Kundenunternehmen und die Anforderungen, die der Kunde stellt, informieren und sich außerdem in den Kunden hineinversetzen, um dessen Bedürfnisse zu verstehen (ebd., S. 163 ff.).

Mitarbeiter im technischen Service bieten Dienstleistungen an. Durch den Ausbau produktbegleitender Dienstleistungen wird das Spektrum ihrer Arbeit durch neue Geschäftsmodelle ausgeweitet. Hiermit verändern sich die Anforderungen an die Mitarbeiter des technischen Services. So werden beispielsweise immer stärker Mindestlaufzeiten von Maschinen beim Kunden garantiert oder es besteht permanente Rufbereitschaft. Damit ist der Mitarbeiter auch für die schnelle und dauerhafte Behebung der Störung verantwortlich und wird an dieser gemessen. Der Mitarbeiter muss das angebotene Leistungsspektrum des Unternehmens kennen, um den Kunden angemessen beraten zu können und hier eigenständig Entscheidungen zu treffen. Um aus Fehlern lernen und die Sachgüter und Dienstleistungen weiterentwickeln zu können, muss der Servicetechniker diese dokumentieren und an Marketing und Entwicklung weitergeben. Durch die zunehmende Globalisierung der Geschäftswelt ist es schließlich notwendig, international aufzutreten. Da die Mitarbeiter direkt beim Kunden arbeiten, sind sie es auch, die mit Beschwerden und Unzufriedenheit über Dienstleistungen oder Maschinen umgehen müssen. Deswegen sollten Servicetechniker einerseits hohe fachliche Kompetenzen und Kompetenzen im Umgang mit dem Kunden aufweisen (ebd., S. 165 ff.).

Jung Erceg (ebd., S. 158) gliedert die notwendigen Kompetenzen bei produktbegleitenden Dienstleistungen in Fach-, Methoden-, soziale Kompetenz und persönliche Eigenschaften. Der Servicemitarbeiter wird oft zum Kunden gerufen, wenn eine kritische Situation vorliegt: eine dringend benötigte Maschine ist beispielsweise ausgefallen. Hier muss der Mitarbeiter ruhig und freundlich auftreten und anhand seines technischen Know-hows das Problem analysieren bzw. beheben (Mütze 1999a, S. 104 f.). Von ihm wird weiter Flexibilität in der Erbringung der Dienstleistung gefordert (Lay et al. 2000, S. 99; Wörwag 1996, S. 186). Dies bedeutet örtliche und zeitliche Flexibilität, denn unter Umständen wird er international eingesetzt oder hat nachts Rufbereitschaft. Zum einen muss der Mitarbeiter folglich umfangreiches Fachwissen in Elektrotechnik und/oder Mechanik aufweisen. Zum anderen soll er über soziale Kompetenzen wie Höflichkeit und Konfliktfähigkeit verfügen und persönliche Eigenschaften wie Eigeninitiative und Improvisationsvermögen aufweisen (Jung Erceg 2005, S. 158; Mütze 1999a, S. 105). Servicetechniker sollen beratend tätig sein, freundlich auftreten, dem Kunden das Gefühl der Unterstützung geben, ihn ausreichend informieren, Störungen schnell beheben und in Kooperation mit dem Kollegen die Kundenwünsche erfüllen. Speziell von Servicetechnikern, die auch im Ausland eingesetzt werden, wird gefordert, sich auf andere Kulturen einstellen zu können und eine Fremdsprache zu beherrschen (Spöttl et al. 2003, S. 167).

Servicetechniker treffen mit dem Kunden zusammen, wenn eine Maschine kaputt ist oder eine Störung vorliegt und diese behoben werden soll oder eine neue Maschine in Betrieb genommen wird. Die Zusammenkunft von Kunde und Servicetechniker ist deshalb oft entscheidend für die weitere Beziehung zwischen den Unternehmen. Gleichzeitig ist die Situation häufig stressgeladen, denn der Kunde ist daran interessiert, die Maschine so schnell wie möglich wieder in Betrieb zu nehmen. Der Servicetechniker muss sich auf unbekannte Situationen gefasst machen, kooperativ auf den Kunden wirken, ruhig bleiben und mit großer Flexibilität und Offenheit die Situation gestalten (Pfeiffer 2004, S. 223).

Um einen entsprechenden Service zu erbringen, sind Motivation und Dienstleistungsmentalität erforderlich. Denn „nur zufriedene Mitarbeiter [erbringen] auf Dauer qualitativ hochwertige Leistungen für den Kunden“ (Hinrichsen et al. 2002, S. 1118; vgl. Wilson & Frimpong 2004) und schaffen damit Kundenzufriedenheit (vgl. Stock 2001, 2003; kritisch dazu Schwetje 2000). Spöttl und Mitarbeiter (2003, S. 165) bezeichnen Servicetechniker und Monteure sogar als „ ‚Botschafter‘ eines Unternehmens“. Sie repräsentieren das Unternehmen beim Kunden. Deshalb wird der Einsatz von Konzepten für Führung, Motivation und Qualifizierung der Mitarbeiter sowie die Einbindung dieser Themen in die Personalentwicklung des Unternehmens empfohlen (Harms 2003, S. 151; Mesow 1999, S. 1364; Mütze 1999a, S. 105; Noch 1995, S. 235 ff.; Nolte & Leeser 2004). In einer Befragung von Dienstleistungsunternehmen unterschiedlicher Branchen[28] stellen Nolte und Leeser (2004, S. 8) fest, dass als Weiterbildung am häufigsten Kommunikations- und Verhaltenstrainings eingesetzt werden. „Die Verbindung zwischen den erstrebten Unternehmenszielen und deren Erfüllung durch gezielte Personalentwicklung“ wird allerdings häufig übersehen (ebd.). Das Unternehmensziel „Kundenorientierung“ könnte durch den gezielten Einsatz von Personalentwicklungsmaßnahmen umgesetzt werden. Problematisch ist allerdings, dass sich die Personalentwicklung und das Schulungsangebot im Maschinenbau häufig nur auf Vertriebsmitarbeiter konzentrieren (vgl. Dickhardt, Dickhardt & Jung Erceg 2005; Fath & Schmitz 2005; Heet, Langhoff & Radermacher 2005); Maßnahmen im technischen Service werden vernachlässigt (Mütze 1999a, S. 104).

Dass produktbegleitende Dienstleistungen spezifische Anforderungen an die Mitarbeiter stellen, wird mittlerweile auch von den Unternehmen und Verbänden im Maschinenbau erkannt. So entstand eine Initiative, um die Weiterbildungsmaßnahmen im Maschinenbau den Anforderungen anzupassen. Im Jahr 2001 wurde durch eine Kooperation der IHK Baden-Württemberg, dem VDMA Baden-Württemberg, der IG Metall Bezirksleitung Baden-Württemberg und der Firma TRUMPF GmbH & Co. der Weiterbildungslehrgang zum CNC[29]-Servicetechniker ins Leben gerufen. Ziel ist es, die Unternehmen zu unterstützen, qualifizierte Servicetechniker für CNC-Werkzeugmaschinen auszubilden. Dabei werden sowohl maschinenspezifische Kenntnisse vermittelt als auch Methoden- und Sozialkompetenzen

[28] Die Mehrzahl (46%) der befragten Unternehmen sind der IT/Medien/Telekommunikation zuzurechnen, die anderen stammen aus Elektrotechnik, Chemie/Pharma, Dienstleistung/Beratung, Maschinenbau/Metallverarbeitung (jeweils 10-20%).

[29] CNC-Werkzeugmaschinen fertigen Werkstücke aus Metallteilen. Dabei werden die Bewegungen der Maschine durch Computer gesteuert (Böhle & Schulze 1997, S. 37).

(Schappacher o.J.). Auch der Verband Deutscher Ingenieure e.V. (VDI 2007) bietet beispielsweise Fortbildungen an, um den Umgang mit dem Kunden zu lehren.

Dienstleistungsmitarbeiter sind Repräsentanten des Unternehmens nach außen. Sie treten in Kontakt mit dem Kunden. Daraus ergeben sich, im Gegensatz zur Sachgutherstellung, Anforderungen in der Interaktion mit dem Kunden. Ihr Verhalten gegenüber dem Kunden spielt eine große Rolle bei der Evaluation der Dienstleistung durch den Kunden und damit der Kundenzufriedenheit. Dienstleistungsmitarbeiter weisen komplexe Kompetenzprofile auf, die von Kommunikationsfähigkeit bis zu emotionaler Intelligenz reichen. Die Erkenntnisse zu produktbegleitenden Dienstleistungen und insbesondere Servicetechnikern sind jedoch gering und vor allem wenig konkret.

2.3.3 Technischer Service als personenbezogene Dienstleistung

Die Ergebnisse der oben aufgeführten Untersuchungen lassen vermuten, dass es sich beim technischen Service um eine Dienstleistung handelt, die an der „front line“ (vgl. Korczynski et al. 1996, S. 72), in Zusammenarbeit mit dem Kunden, geschieht. Entsprechend bedarf es Fähigkeiten und Qualifikationen in der Interaktion mit dem Kunden. Dienstleistungen, die den Umgang mit dem Menschen einschließen, werden nach dem Verständnis von Böhle und Glaser (2006; vgl. Kapitel 1.3.3) als personenbezogene Dienstleistung charakterisiert. Der Technische Service scheint auf Grund der obigen Darstellung solch eine personenbezogene Dienstleistung zu sein. Dies ist bedeutsam, denn bisher werden insbesondere „reine“ Dienstleistungen, die raum-zeitsynchron und am Kunden erfolgen (z.B. Pflege, Friseur), unter dem Aspekt der personenbezogenen Dienstleistung untersucht. Der technische Service ist hingegen produktionsnah, er erfolgt an der Maschine. Entsprechend wurde der Aspekt der Kundeninteraktion vernachlässigt. Wenn der technische Service als personenbezogene Dienstleistung charakterisiert werden kann, sind die Konzepte der personenbezogenen Dienstleistungsarbeit auf den technischen Service anwendbar. Dies würde (1) das Verständnis der Interaktionsarbeit bedeutend erweitern, da die, in diesem Kontext diskutierten Konzepte, um die Arbeit in einer technischen Dienstleistung ergänzt würden. Und (2) die Erkenntnisse über produktbegleitende Dienstleistungen würden, am Beispiel des technischen Services, erweitert. Im folgenden Teil B werden deshalb Erkenntnisse zu personenbezogenen Dienstleistungen dargestellt.

3 Fazit

Der Anteil der Dienstleistungen in Deutschland steigt weiterhin, womit sich der Trend zu einer Dienstleistungsgesellschaft verstärkt. Bei einer genaueren Betrachtung der Entwicklungen wird deutlich, dass im verarbeitenden Gewerbe Dienstleistungen erbracht werden. Dabei handelt es sich vor allem um Dienstleistungen, die in Ergänzung zu Sachgütern angeboten werden, so genannte produktbegleitende Dienstleistungen.

Diese produktbegleitenden Dienstleistungen gewinnen an Bedeutung für das verarbeitende Gewerbe. Ein Wirtschaftszweig, in dem sich dies besonders deutlich zeigt und der einen relativ hohen Anteil zum Umsatz von produktbegleitenden Dienstleistungen des verarbeitenden Gewerbes beisteuert, ist der Maschinenbau. Produktbegleitende Dienstleistungen reichen hier von Beratung, Schulung, Instandhaltung und Inbetriebnahme bis hin zum Betreibermodell. Unternehmen setzen sich verstärkt mit dem Thema auseinander, weil es einerseits vom Kunden gewünscht wird, die Unternehmen sich mit diesem Angebot von Wettbewerbern abheben können, die Marktsituation es erfordert und produktbegleitende Dienstleistungen nicht zuletzt eine wichtige zusätzliche Einnahmequelle darstellen.

Durch den steigenden Absatz produktbegleitender Dienstleistungen werden mehr Mitarbeiter eingesetzt, die teilweise oder ausschließlich mit produktbegleitenden Dienstleistungen betraut sind. Dabei ist festzustellen, dass das Qualifikationsniveau mit höherem Umsatz an produktbegleitenden Dienstleistungen tendenziell steigt. Durch produktbegleitende Dienstleistungen sind Arbeitnehmer anderen, neuen Anforderungen ausgesetzt. Waren sie zuvor fast ausschließlich mit der Produktion von Sachgütern beschäftigt, so ändert sich das Aufgabenspektrum der Mitarbeiter, die produktbegleitende Dienstleistungen ausführen, gänzlich. Sie müssen sich mit den Kunden auseinandersetzen, ihnen komplexe Sachverhalte erklären, sie schulen, auf ihre Wünsche reagieren und gleichzeitig hohe fachliche Kompetenzen in Bezug auf die Maschinen aufweisen. Es ergeben sich neue Herausforderungen für die Unternehmen.

Insbesondere stellen produktbegleitende Dienstleistungen Anforderungen in drei Bereichen: (1) Sie sind zusätzliches Angebot zu Sachgütern. Deshalb ist es notwendig, Dienstleistung und Sachgut aufeinander abzustimmen, die Bedürfnisse der Kunden zu kennen und ein Leistungsbündel als Problemlösung für den Kunden anzubieten. Im Bereich der Organisation des anbietenden Unternehmens bedeutet dies, eine Strategie für das Angebot zu entwickeln und den Aufbau sowie die Prozesse des Unternehmens anzupassen.

(2) Die Immaterialität stellt die Dienstleister vor weitere Anforderungen. Die Dienstleistung stellt ein „abstraktes Leistungsversprechen" (Schmitz 2000, S. 200) dar, das vom Kunden subjektiv evaluiert wird. Es gilt, den Kunden und dessen Vorstellungen vom Leistungsversprechen zufriedenzustellen.

(3) Die dritte Anforderung ist die Interaktion zwischen Kunde und Dienstleister bei der Dienstleistungserbringung. Das Auftreten und Verhalten beider beeinflusst die Qualität der Dienstleistung. Der Kunde beurteilt nicht nur objektiv messbare Eigenschaften der Dienstleistung (z.B. wie schnell wurde die Maschine repariert), sondern auch das Verhalten und Auftreten des Dienstleisters und nimmt diese als wesentlichen Teil der Dienstleistung wahr.

Untersuchungen zu Kompetenzen von Dienstleistern ergeben komplexe Kompetenzanforderungsprofile (vgl. Varca 2004). Insbesondere wenn Sachguthersteller sich weiterentwickeln und Dienstleistungen anbieten, werden neue Kompetenzen durch den Umgang mit dem Kunden erforderlich (Spöttl et al. 2003; Falk & Zedler 1995). Auch ohne dass sich die Unternehmen dessen bewusst sind, entwickeln Dienstleister notwendigerweise Kompetenzen, die in diesem Zusammenhang unentbehrlich sind. Sie besitzen eine Art „Geheimwissen“ (Spöttl et al. 2003, S. 166). In Bezug auf Servicetechniker stellt Pfeiffer (2004) fest, dass ein Ineinandergreifen von sozialen Kompetenzen und Fachwissen notwendig ist und Jung Erceg (2005) konstatiert wachsende Anforderungen bei Servicetechnikern im Umgang mit dem Kunden. Dies wird auch durch die Angebote der Verbände des Maschinenbaus deutlich, die zunehmend Schulungen im Umgang mit dem Kunden anbieten (Schappacher o.J.; VDI 2007). Konkrete Kompetenzprofile wurden bisher jedoch nicht ausgearbeitet. Auch bleibt vage, was unter Soft Skills, interpersonellen Fähigkeiten, Sozial-, Service- oder Dienstleistungskompetenz konkret zu verstehen ist.

Festzuhalten ist, dass nicht nur bei „reinen“, sondern auch bei produktbegleitenden Dienstleistungen von einer Interaktion zwischen Dienstleister und Kunde ausgegangen wird. Sie stellen somit front line work dar. Dies leitet über zu der These, dass technischer Service als personenbezogene Dienstleistungsarbeit betrachtet werden kann. Damit wird neben Fachkompetenz eine Kompetenz im Umgang mit dem Kunden notwendig.

Teil B: Personenbezogene Dienstleistungsarbeit

Der Kern personenbezogener Dienstleistungen ist die soziale Interaktion zwischen Dienstleister und Kunde: die Interaktionsarbeit. Im Rahmen personenbezogener Dienstleistungen werden aktuell folgende Konzepte diskutiert: Emotionsarbeit, Gefühlsarbeit und subjektivierendes Arbeitshandeln. Sie beleuchten Merkmale und Aspekte der Arbeit in der Interaktion und erweitern gleichzeitig das Verständnis von Arbeit. Diese drei Konzepte wurden als Konzept der Interaktionsarbeit durch Büssing und Glaser (1999, 2003) zusammengefasst und durch Böhle und Glaser (2006) weiterentwickelt. Sie stellen damit ein ganzheitliches Konzept dar, das Bedingungen, Folgen und Wirkungen der sozialen Interaktion analysiert.

Das Konzept der Emotionsarbeit wurde durch die Soziologin Hochschild Ende der 1970er Jahre formuliert und wird erst seit den 1990er Jahren stark erforscht. Im Rahmen der Emotionsarbeit wird das bewusste Darstellen von Gefühlen durch Dienstleistungsmitarbeiter untersucht. Gefühlsarbeit und subjektivierendes Arbeitshandeln sind im Gegensatz dazu eher wenig betrachtet worden (Büssing & Glaser 2003, S. 138). Sie stammen ebenfalls aus der Soziologie. Das Konzept der Gefühlsarbeit wurde Anfang der 1980er Jahre von Strauss, Fagerhaugh, Suczek und Wiener (1980, 1982, 1985) bei Ärzten und Krankenpflegern untersucht. Das Konzept umfasst das Darstellen von Gefühlen, um den Patienten zu beeinflussen und damit zur Kooperation zu bewegen. Das subjektivierende Arbeitshandeln wurde von Böhle und Mitarbeitern Ende der 1980er Jahre formuliert und wird seitdem in verschiedenen Bereichen erforscht. Hier geht es um subjektive Faktoren in der Arbeit, wie Gefühl, Gespür und Empfinden.

In den folgenden Kapiteln werden die einzelnen Konzepte dargestellt. In diesen Konzepten wird als gemeinsames Merkmal betont, dass neben fachlicher Kompetenz weitere Aspekte in der Arbeit mit Menschen wichtig und bedeutend sind. Deshalb dienen sie als Grundlage für die durchgeführte empirische Untersuchung. Bisher wurden diese Konzepte vorwiegend in „reinen" Dienstleistungstätigkeiten untersucht (vgl. Teil A Kapitel 2.3.3). Entsprechend stammen die Untersuchungen und Beispiele in diesen Kapiteln z.B. aus der Pflege oder der Friseurdienstleistung.

Während der vorige Teil vorwiegend auf ökonomischer Literatur basiert und hier den Stand der Forschung darstellt, stammt die Literatur aus Teil B hauptsächlich aus der Soziologie und Psychologie. In dieser Arbeit wird damit eine interdisziplinäre Herangehensweise gewählt, um die jeweiligen Erkenntnisse zu nutzen und zu integrieren. In der empirischen Untersuchung dieser Arbeit soll die Anwendbarkeit der Konzepte der personenbezogenen Dienstleistungsarbeit auf produktbegleitende Dienstleistungen geprüft werden, um damit Erkenntnisse über die Anforderungen der sozialen Interaktion bei produktbegleitenden Dienstleistungen zu erlangen.

1 Soziale Interaktion als Arbeit

1.1 Dienstleistungsbeziehung

Wesentliches Merkmal von personenbezogenen Dienstleistungen ist der Kontakt zwischen Dienstleister und Kunde. Im Gegensatz zur Sachgutherstellung oder zu Dienstleistungen, die im Back-Office geschehen, müssen sich die Mitarbeiter mit dem Kunden auseinandersetzen. Personenbezogene Dienstleistungen erfolgen also an der „front line“ (vgl. Korczynski et al. 1996, S. 72), im Kontakt mit dem Kunden. Sie fordern deshalb einen „Bereich der Persönlichkeit“ (Brucks 1998, S. 20), der bei der Sachgutherstellung und der Verwaltung nicht angesprochen wird. Dieser Bereich umfasst „Zusammenwirken, Kooperation, Interaktion und Kommunikation“ (Gross & Badura 1977, S. 366) zwischen Dienstleister und Kunde. Die Arbeit besteht, zumindest teilweise, aus der Interaktion von Leistendem und Empfänger. Deshalb ist „Arbeit Interaktion und Interaktion Arbeit“ (Brucks 1998, S. 20). In der Interaktion werden instrumentelle Ziele der Arbeit durch kommunikatives Handeln erreicht (Dunkel & Weihrich 2006, S. 68).

Im Folgenden konzentriert sich die Untersuchung auf die Interaktion zwischen Dienstleister und Kunde. Andere soziale Interaktionen, wie die Interaktion zwischen Kollegen in einem Unternehmen oder zwischen Vorgesetzen und Angestellten werden hier nicht berücksichtigt.

Was bedeutet soziale Interaktion konkret? Piontkowski (1976, S. 10) definiert dies folgendermaßen:

> „Eine soziale Interaktion liegt dann vor, wenn zwei Personen in der Gegenwart des jeweils anderen auf der Grundlage von Verhaltensplänen Verhaltensweisen aussenden und wenn dabei die grundsätzliche Möglichkeit besteht, dass die Aktionen der einen Person auf die andere Person einwirken und umgekehrt.“

Somit ist eine soziale Interaktion das aufeinander bezogene Handeln von Personen oder Gruppen, die einen gemeinsamen Zweck oder ein gemeinsames Ziel verfolgen. Dabei beeinflussen sich die Personen oder Gruppen (Reinhold, Lamnek & Recker 1992, S. 275). In diesem Zusammenhang sind Weicks (1985, S. 168) Überlegungen zum doppelten Interakt von Interesse. Weick beschreibt Verhaltensmuster von Menschen folgendermaßen: Person A handelt, worauf Person B reagiert (Interakt), Person A fährt dann in ihrer Handlung fort, gibt sie auf oder ändert sie (doppelter Interakt). Nach Nerdinger (1994, S. 67) sind diese doppelten Interakte „die Grundbausteine der Dienstleistung“. Eine Dienstleistungsbeziehung gestaltet sich folglich aus mindestens einem doppelten Interakt.

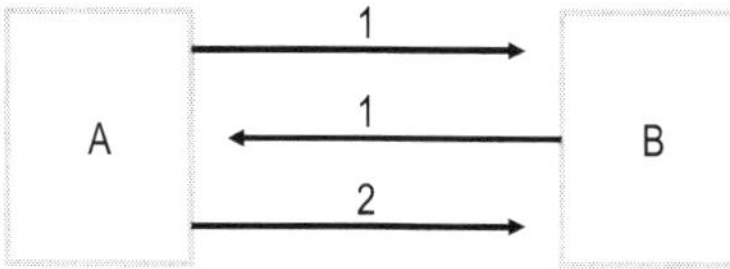

Abbildung 16: Der doppelte Interakt

Ausgehend von Goffman, der die Dienstleistung als eine Dreiecksbeziehung zwischen Dienstleister, Problem und Kunde („Praktiker, Objekt, Eigentümer", Goffman 1981, S. 309) definiert, greift Nerdinger (1994, S. 59 f.) die Dienstleistungsdyade auf, um die Interaktion in einer Dienstleistungsbeziehung zu beschreiben. Kunden nehmen Dienstleistungen in Anspruch, weil sie ein Problem haben, das durch den Dienstleister gelöst werden soll. Die Lösung des Problems erfolgt im Austausch mit Geld. Dies stellt die Ebene des Tausches dar. Die Leistungserbringung erfolgt durch die Dyade mit den Elementen Kunde und Dienstleister. Bei der Leistungserstellung findet eine Interaktion zwischen Kunde und Dienstleister statt. Dies stellt die Ebene der Interaktion dar.[30] Es gibt folglich zwei Handlungsformen: eine instrumentelle Handlung, die auf die Problemlösung gerichtet ist und eine Handlung der persönlichen Kommunikation, die an die Persönlichkeit gerichtet ist (ebd., S. 60 f.). Diese hängen eng zusammen (Weihrich & Dunkel 2003, S. 764).

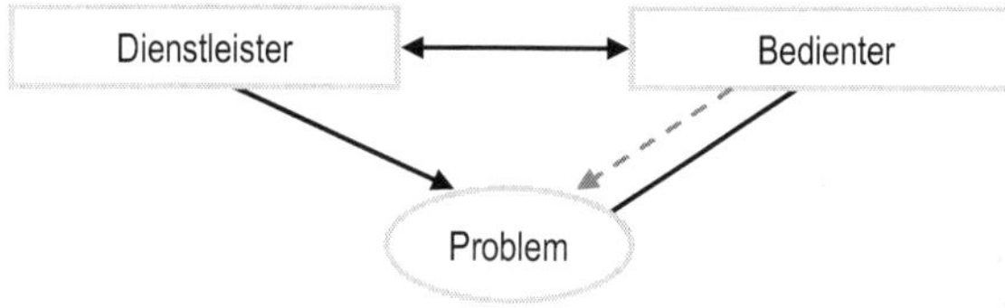

Abbildung 17: Die Dienstleistungsdyade
(Nerdinger 1994, S. 60)

In der Abbildung oben stellt die verbundene Linie zwischen Problem und Kunde (Bedientem) dar, dass es sich um ein Problem des Kunden handelt. Der Dienstleister ist bemüht, das Problem zu lösen. Dies wird durch den einseitigen Pfeil, der vom Dienstleister ausgeht, veranschaulicht. Zur Lösung des Problems benötigt der Dienstleister die Mitarbeit des Kunden. Gekennzeichnet wird dies ebenfalls durch einen einseitigen, gestrichelten Pfeil. Diese Handlungen stellen die instrumentellen Handlungen dar, wie z.B. beim Taxifahren das Steuern des Fahrers. Der zweiseitige Pfeil zwischen Dienstleister und Kunde kennzeichnet, dass beide als Persönlichkeiten in Beziehung treten, z.B. nennt der Kunde den Ort, zu dem er gefahren werden möchte (Nerdinger 1994, S. 60). Das Handeln zwischen den beiden Subjekten ist notwendig für die Dienstleistungserbringung (vgl. Geulen 1982, S. 28; Nerdinger 1994, S. 64 f.).

[30] Gross (1983, S. 51) spricht hier von der wirtschaftlich zweckrationalen Tauschbeziehung und einer kooperativ solidarischen Hilfsbeziehung.

In einem zweiten Schritt erweitert Nerdinger (1994, S. 71 f.) die Dienstleistungsdyade zur Triade. Er integriert den dritten Akteur: die Organisation. Die Organisation, bei der der Dienstleister angestellt ist, beeinflusst Dienstleister und Kunde, z.B. durch die Vorgabe von Zielen und Regeln, und damit die Dienstleistungsbeziehung.[31]

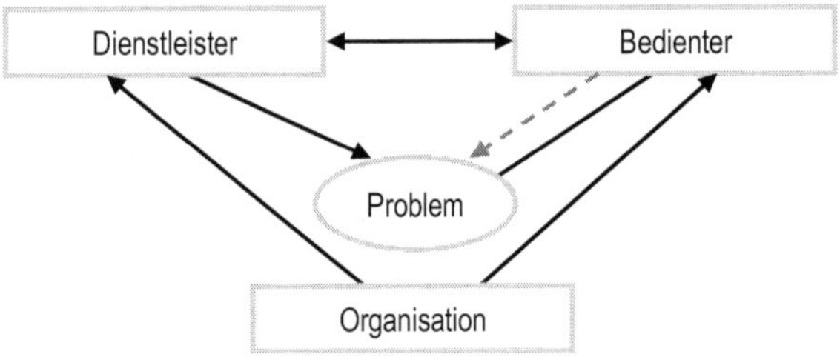

Abbildung 18: Die Dienstleistungstriade (Nerdinger 1994, S. 72)

In der Abbildung oben wird allerdings vernachlässigt, dass der Kunde ebenfalls Teil einer Organisation sein kann. Dies trifft zu, wenn die Dienstleistung im Business-to-Business Bereich erfolgt. Der Kunde ist Mitarbeiter einer Organisation, ihm werden von dieser Ziele, Regeln und Pflichten vorgegeben. Die Dienstleistungstriade müsste sich in Geschäftsbeziehungen zu einer Tetrade erweitern, da die zwei Akteure Dienstleister und Kunde von der jeweiligen Dienstleistungs- und Kundenorganisation beeinflusst werden.

Nach Kelley und Thibaut (1978, S. 8 ff.) verbleiben Akteure solange in einer Beziehung, wie der Nutzen die Kosten dieser Interaktion übersteigt.[32] Zur Erfüllung der Ziele beider Akteure sind sie wechselseitig aufeinander angewiesen. Der Kunde sucht die Lösung seines Problems, der Dienstleister sucht die Nachfrage nach seiner Leistung (Nerdinger 1994, S. 92).

Die Interaktion muss derart gestaltet sein, dass die Dienstleistung reibungslos erbracht werden kann. Dies muss schon während des Gestaltungsprozesses der Dienstleistung berücksichtigt werden. Der Kunde muss seine Aufgaben kennen (Frauendorf 2004, S. 56). Dabei steuert der Dienstleister zwar die Interaktion (Dunkel & Weihrich 2006, S. 68; Nerdinger 2001, S. 248), der Kunde trägt jedoch wesentlich zur Erfüllung der Dienstleistung bei (Pongratz 2005, S. 59; Voß & Rieder 2005).[33]

---

[31] Es wird vernachlässigt, dass Dienstleister und Kunde ebenfalls auf die Organisation einwirken. Die Pfeile müssten zweiseitig dargestellt werden. Da Nerdinger (1994, S. 72) der Organisation einen größeren Einfluss zuschreibt, wird nur ein einseitiger Pfeil abgebildet.

[32] Kelley und Thibaut (1978, S. 317 f.) entwarfen die „Theory of interdependence". Sie untersuchten die Arten der Interaktionen zwischen Menschen anhand der wechselseitigen Abhängigkeit der Akteure.

[33] Prahalad und Ramaswamy (2000, S. 81) berichten, dass Kunden aktiv bei der Erprobung von Software eingesetzt werden. Mehr als 650 000 Kunden testeten eine Betaversion der Microsoft Windows 2000 Version und gaben dafür Verbesserungsvorschläge. Die Kunden waren teilweise sogar bereit dafür zu zahlen, weil sie sich Vorteile für ihre eigenen Unternehmungen versprachen.

Treten Dienstleister und Kunde in Interaktion, so evaluiert der Kunde die Dienstleistung auch anhand dessen, ob das Verhalten des Dienstleisters mit seinen Erwartungen übereinstimmt (vgl. Teil A Kapitel 2.1). In diesem Zusammenhang ist die Rollentheorie von Interesse. Solomon, Surprenant, Czepiel und Gutman (1985) beziehen sich auf die Rollentheorie, um soziale Handlungen in Dienstleistungsinteraktionen zu untersuchen (vgl. dazu ausführlich Nerdinger 1994, S. 100 ff.).

> „Die Grundidee des Rollenkonzepts besteht darin, dass an die Mitglieder einer Gesellschaft in bestimmten sozialen Situationen Verhaltenserwartungen gerichtet werden, die jeder Rollenhandelnde auf etwa gleiche Weise erfüllt" (Miebach 2006, S. 40).

Dienstleister und Kunde nehmen demnach eine bestimmte Rolle ein, an die gewisse Erwartungen geknüpft sind. Das Verhalten der beiden Akteure kann also über die jeweiligen Erwartungen an die Akteure analysiert werden (Nerdinger 2001, S. 247). Dabei existiert jede Rolle nur in Beziehung zur komplementären Rolle (Solomon et al. 1985, S. 103). Solche Rollen sind beispielsweise Arzt und Patient, Verkäufer und Käufer, Kellner und Gast. Die Rolle des Arztes ist vorhanden, weil es Patienten gibt, die Erwartungen an den Arzt haben. Umgekehrt hat der Arzt Erwartungen an die Patienten. Bei gesellschaftlich wichtigen Dienstleistungen (z.B. Arzt)[34] sind Pflichten definiert. Obwohl Dienstleister und Kunde sich fremd sind, kann auf Grund dieser Pflichten gegenseitiges Vertrauen erbracht werden, das zur Erbringung dieser Dienstleistungen notwendig ist (Nerdinger 2001, S. 247). Beispielsweise ist der Arzt verpflichtet sich am Wohlergehen des Patienten zu orientieren. Im Gegenzug ist der Patient dazu angehalten den Anordnungen des Arztes Folge zu leisten. In den meisten Dienstleistungen bestehen jedoch nur relativ vage Rollenerwartungen. Durch diese uneindeutigen Erwartungen wird das Konfliktpotential zwischen Kunde und Dienstleister erhöht (ebd., S. 249).

Weichen die Erwartungen an das Gegenüber voneinander ab, liegt ein Rollenkonflikt vor. Man unterscheidet hier drei Dimensionen: den Inter-Rollenkonflikt, den Intra-Rollenkonflikt und den Person-Rollenkonflikt. Der Inter-Rollenkonflikt begründet sich z.B. durch die Einnahme verschiedener gesellschaftlicher Rollen. Eine Person nimmt zwei Rollen ein und jede Rolle ist mit unterschiedlichen Erwartungen verknüpft, die konfligieren können. Ein Beispiel für einen Inter-Rollenkonflikt können die Rollen Managerin und Mutter darstellen. Der Intra-Rollenkonflikt bezeichnet eine Situation, in der an eine Person in derselben Rolle unklare Erwartungen vorliegen oder unterschiedliche Erwartungen an den Rolleninhaber gerichtet sind (Nerdinger 1994, S. 153 ff.; Neuberger 1994, S. 88 f.; Solomon et al. 1985, S. 112 f.). So werden z.B. an den Dienstleister entgegengesetzte Erwartungen vom Kunden und vom Dienstleistungsunternehmen gestellt. Beispiel für diesen Konflikt sind Angestellte eines Call-

---

[34] Zu den Pflichten und Rechten des Arztes und des Patienten in Anlehnung an Parsons vgl. Gerhardt (1991, S. 170 ff.).

Centers, die einerseits höflich auf die Belange des Kunden eingehen sollen, was Zeit fordert. Andererseits aber nur eine bestimmte Zeit für das Gespräch zur Verfügung haben (Dunkel 2003, S. 9; Holtgrewe & Voswinkel 2002, S. 110; vgl. auch Zeithaml, Berry & Parasuraman 1992, S. 532). Die unterschiedlichen Erwartungen können folglich für Konflikte sorgen. Ein weiterer Rollenkonflikt ist der Person-Rollenkonflikt. Bei diesem Rollenkonflikt liegt eine Diskrepanz zwischen den persönlichen Wertvorstellungen oder dem Selbstbild des Angestellten und den Erwartungen an die Rolle des Angestellten vor. Dieser Rollenkonflikt wird unter anderem im Zusammenhang mit Emotionsarbeit als bedeutsam erachtet (vgl. Teil B Kapitel 2.2.1).

1.2 Interaktionsrahmen

Die Dienstleistungsbeziehung wird wesentlich durch ihren Rahmen geprägt. Den Rahmen bilden die beiden Akteure Dienstleister und Kunde, die Organisation, das kulturelle und soziale Umfeld und die Situation der Leistungserbringung. Dies wird in der folgenden Abbildung von Klaus (1985) dargestellt. Ist der Kunde nicht Endkonsument, sondern Angestellter einer Organisation, beeinflusst diese Organisation ebenfalls die Interaktion. Dies bleibt bei Klaus unberücksichtigt.

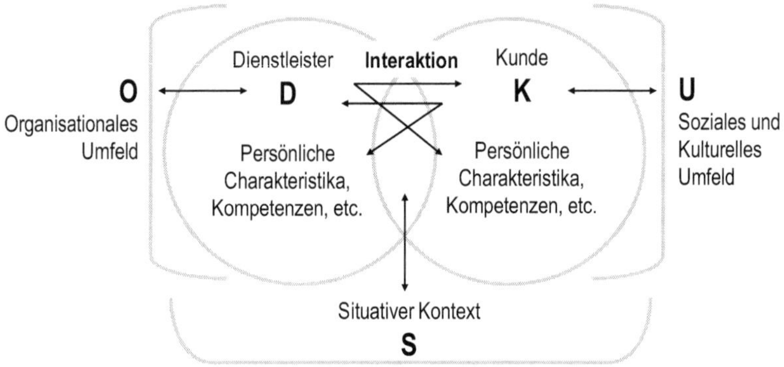

Abbildung 19: Der Interaktionsrahmen in Dienstleistungen (in Anlehnung an Klaus 1985, S. 26; Übersetzung V.K.)

Die zwei Akteure, dargestellt als gleichwertige Kreise, verfügen über individuelle, personelle Ressourcen. Personelle Ressourcen sind z.B. Kompetenzen oder persönliche Charakteristika des Dienstleisters und des Kunden (Dunkel & Rieder 2003, S. 172; Garavan 1997, S. 72 f.). Diese Ressourcen, die Situation (vgl. Terhune 1970) sowie Organisation, Kultur und soziales Umfeld können die Kooperation beeinflussen bzw. die Entstehung eines Konflikts bedingen (Dunkel & Rieder 2003, S. 175 ff.). Dunkel und Rieder (ebd.) verweisen in diesem Zusammenhang auf die Altenpflege. Eine pflegebedürftige, ältere Frau kann ihre Wünsche nicht mehr deutlich zur Sprache bringen. Ihre Ressourcen sind deshalb eingeschränkt. Übergeht der Pfleger sie und ihre Wünsche, trägt dies Konfliktpotential in sich. Zusätzlich kann der situative Kontext, die aktuelle Gefühls- oder körperliche Verfassung beider Akteure, wie z.B. Laune, Müdigkeit, oder äußere Bedingungen, wie z.B. Zeitdruck, die Interaktion beeinflussen (Klaus 1985, S. 27). Die Möglichkeiten des Dienstleisters und des Kunden in der Dienstleistungsbeziehung werden dabei durch die Bedingungen und Regeln der Organisation und Kultur beeinflusst (Dunkel et al. 2004, S. 17 f.; Klaus 1985, S. 27).

1.3 Institutionell-organisatorische Rollen in Dienstleistungsbeziehungen

Im Interaktionsrahmen von Klaus (1985) bleibt unbeachtet, dass auch institutionell-organisatorisch vorgegebene Rollen die Dienstleistungsbeziehung beeinflussen (vgl. Böhle 2006). Ursache für diese Rollen und Positionen sind Statusstrukturen, die sich in sozialen Systemen (z.B. einer Gesellschaft) entwickeln. Diese Strukturen prägen soziale Positionen und Rollen an die wiederum eine gewisse soziale Macht geknüpft ist (Wiswede 1977, S. 65 f.). In einer Untersuchung bei Kellnerinnen beschreibt Paules (1996, S. 265 ff.), dass Kellnerinnen sich durch die Kunden oft nicht als Person wahrgenommen fühlen. Der niedrigere Status der Kellnerin gegenüber dem Gast wird durch die Kleidung und das Namensschild, das nur den Vornamen trägt, deutlich gemacht. Der Kunde kann jederzeit seinen Unmut ausdrücken, indem er die Dienstleistung nicht annimmt und geht (McCammon & Griffin 2000, S. 285). Anders ist es, wenn Dienstleister durch Wissen und Expertise einen höheren Status innehaben und der Kunde abhängig ist, wie z.B. bei Ärzten (Brucks 1999). Der Kunde ist in diesem Fall auf den Dienstleister angewiesen (vgl. Pitt, Foreman & Bromfield 1995, S. 371). Der Arzt erlangt auf Grund seiner Position und seines Status als Experte eine gewisse Macht. French und Raven (1959) und darauf aufbauend Raven und Kruglanski (1970, S. 79-81) nennen insgesamt sechs Mittel für Macht: (1) Belohnung, jemand hat das Recht einen anderen zu belohnen, (2) Zwang, jemand kann eine andere Person sanktionieren, (3) Legitimität, jemand hat das Recht, einen anderen zu beeinflussen, (4) Identifikation, eine Person identifiziert sich mit jemandem und schätzt diesen so sehr, dass die Person Macht über den andern ausüben kann, (5) Expertentum, jemand ist einem anderen durch sein Wissen überlegen, (6) Information, durch einen Informationsvorsprung kann jemand einer anderen Person Informationen vorenthalten und diesen beeinflussen (vgl. auch Witte 1985, S. 132 f.). Nerdinger (1994, S. 96) sieht Belohnung und Expertentum als die wichtigsten Machtmittel in Dienstleistungen an. Sowohl Dienstleister als auch Kunde können sich auf Grund der Machtverhältnisse abhängig und als Opfer fühlen, wie dies von Bolton und Houlihan (2005) beschrieben wird.

> „There is little doubt that service providers must contend with rude and demanding customers; however, such behaviours are in many ways produced by their context. When listen-

ing to the accounts from customers it becomes apparent that they also feel victims of the system - trapped in an unforgiving cycle of so-called quality service provision" (ebd., S. 695).

Wie am Beispiel der Kellnerinnen und des Arztes deutlich wird, unterscheiden sich die institutionell-organisatorisch vorgegebenen Rollen und Positionen von Dienstleister und Kunde je nach Dienstleistung. Böhle (2006, S. 330 ff.) unterscheidet drei verschiedene Typen von Beziehungen. Eine Dienstleistung kann einem oder mehreren Typen zugeordnet werden.

Bei der Tauschbeziehung findet ein Austausch zwischen Dienstleister und Kunde statt, d.h. eine materielle oder immaterielle Leistung, die nicht vom Dienstleister erbracht wird, wechselt den Besitzer, z.B. bei einem Autoverkauf. Die Interaktion richtet sich auf etwas außerhalb Liegendes. Dienstleister und Kunde haben zwar unterschiedliche Interessen, es herrscht jedoch formal Gleichheit zwischen den Akteuren. Ziel der sozialen Interaktion ist der Interessenausgleich von Dienstleister und Kunde, so dass die Dienstleistung vollzogen werden kann. Dabei müssen auch die persönlichen Bedürfnisse beider Akteure berücksichtigt werden, sonst kommt die Dienstleistung nicht zustande. Neben der institutionell-organisatorischen Gleichheit der Akteure kann die Dienstleistung folglich nicht ohne die Berücksichtigung der jeweiligen persönlichen Bedürfnisse erbracht werden. Es muss im Hinblick auf diese kooperiert werden (ebd., S. 331 f.).

Bei der Dispositionsbeziehung wird etwas Materielles oder Immaterielles bearbeitet und verändert. Das bedeutet, es findet nicht nur ein Verkauf eines Produktes statt, wie bei der Tauschbeziehung, sondern es wird etwas sukzessive in seiner Qualität verändert, wie beim Unterricht in der Schule. Diese Interaktionen sind häufig durch ein hierarchisches Verhältnis gekennzeichnet, welches zu Gunsten des Dienstleisters oder des Kunden ausfallen kann. In einem Fall ist der Kunde König, er hat das Sagen in der Dienstleistung (Kellnerin - Gast). Um diese Art der Dienstleistungsbeziehung zu analysieren wird auf das Arbeitsverhältnis Bezug genommen (ebd., S. 333 f.). Arbeitskräfte verkaufen ihre Arbeitskraft. Der Käufer erlangt das Dispositions- und Direktionsrecht über die Arbeitskraft. Analog dazu erwirbt der Kunde beim Kauf einer Dienstleistung das Dispositions- und Direktionsrecht über den Dienstleister. Dadurch kann der Kunde kontrollieren und Anweisungen erteilen. Es herrscht eine Asymmetrie zu Gunsten des Kunden. Einschränkend muss hinzugefügt werden, dass der Dienstleister Besitzer seiner Arbeitskraft ist, d.h. nach Beendigung der Leistung verfügt er weiter über seine Arbeitskraft. Außerdem bestimmen Organisation und Dienstleister die Art und Weise wie die Arbeitskraft genutzt wird. Der Kunde hat nur das Recht auf ein bestimmtes Ergebnis (ebd., S. 329 ff.).

Wenn der Kunde Abnehmer einer Leistung ist, wie z.B. bei einem Arzt, so ist der Dienstleister Produzent der Dienstleistung. Damit verfügt der Dienstleister über das Dispositions- und Direktionsrecht. Er bestimmt wann und wie die Dienstleistung durchgeführt wird. Die

Asymmetrie liegt zu Gunsten des Dienstleisters vor (ebd., S. 334; vgl. zu den unterschiedlichen Machtverhältnissen zwischen Dienstleister und Kunde auch z.B. Leidner 1996; Paules 1996; Voswinkel 2005). Je nach Gegebenheit unterscheidet sich demnach die Rolle bzw. Position des Dienstleisters und des Kunden. Es liegen unterschiedliche Rollenasymmetrien vor. Von Rollenasymmetrien wird dann gesprochen, wenn „ein Verhältnis von Über- oder Unterordnung besteht, oder anders: wenn soziale Rollen in einem hierarchischen System arrangiert" (Wiswede 1977, S. 64) sind. Hieraus resultiert ein unterschiedliches Machtpotential der Akteure. Um letztendlich die Dienstleistungserstellung zu realisieren, muss das „asymmetrisch-hierarchische Verhältnis zwischen Diener und Herr oder Experte und Hilfsbedürftiger" (Böhle 2006, S. 334) überwunden werden, d.h. die Dienstleistung kommt nur durch Kooperation zustande.

Beim Arzt kommt noch ein weiterer Typ der Dienstleistungsbeziehung hinzu. Es handelt sich um die Bearbeitungsbeziehung. Hier ist das Bearbeitungsobjekt der Mensch an sich (z.B. Patient) und zwar zum einen als Gegenstand der Bearbeitung (Objekt) und zum anderen als Person, der dieser Gegenstand gehört (Subjekt). Die technisch-instrumentelle Handlung, z.B. die Untersuchung beim Arzt, ist gleichzeitig soziale Interaktion (ebd., S. 336 ff.). Institutionell-organisatorisch handelt es sich, z.B. im Krankenhaus, um eine Subjekt-Objekt-Beziehung. Der Dienstleister ist jedoch immer „mit der Subjektivität des ‚Arbeitsgegenstands' konfrontiert und muss sich hierauf in seinem Arbeitshandeln einstellen" (ebd., S. 339).

Die soziale Interaktion der Dienstleistung dient dazu die institutionell-organisatorisch vorgegebene Beziehungen zu korrigieren und modifizieren, damit eine Dienstleistung erbracht werden kann. Das bedeutet, (1) beide Akteure müssen sich an die Regeln des Gegenübers anpassen und kooperieren. Und (2) je flexibler der Prozess der Dienstleistungserstellung ist, desto mehr ist der Kunde involviert und muss mitleisten, d.h. desto zentraler wird Kooperation (vgl. ebd., S. 334 f.).

1.4 Kooperation

Dienstleistungen sind abstrakte Leistungsversprechen. Damit die Dienstleistung erbracht werden kann, muss der Gegenstand der Dienstleistungsbeziehung definiert werden. Beide Beteiligten müssen eine Kooperationsbeziehung eingehen. Kooperation wird hier in Anlehnung an Dunkel und Rieder (2003, S. 171) verstanden, als ein aufeinander abgestimmtes, gemeinsames Handeln, so dass die Dienstleistung erbracht werden kann. Das bedeutet, der Dienstleister muss seine Pflichten erfüllen, genauso wie der Kunde „mitspielen" muss. Beispielsweise muss der Patient stillhalten, wenn der Arzt eine Untersuchung durchführt. Weiteres Kennzeichen der Dienstleistung ist, dass es sich hierbei um einen unvollständigen Vertrag handelt. Gegenstand, Prozedur und Ergebnis der Dienstleistung sind im Voraus nicht genau bestimmbar. Dadurch sind die Beiträge der beiden Akteure ebenso wenig vorgegeben. Hält der eine Akteur seinen Beitrag zurück (z.B. hält er nicht still), ist die Dienstleistungserstellung gefährdet. Außerdem sind beide Beteiligten daran interessiert, möglichst hohe Erträge aus der Dienstleistung zu erhalten bzw. ihre Einsätze möglichst niedrig zu halten. Der Dienstleister will mehr Geld, der Kunde mehr Leistung. Deshalb herrscht Unsicherheit, ob das jeweilige Gegenüber an der Kooperation festhält und seine Pflichten wahrnimmt, ohne den anderen zu übervorteilen (vgl. Weihrich & Dunkel 2003, S. 764 f.). In der Dienstleistungsbeziehung können sich somit Abstimmungsprobleme ergeben.

Dunkel und Weihrich (2006, S. 71 f.) unterscheiden drei Arten von Abstimmungsproblemen, die eine Erbringung der Dienstleistung verhindern können:

- Koordinationsprobleme: Dienstleister und Kunde haben übereinstimmende Ziele, die Dienstleistung kann jedoch nicht erbracht werden, wenn ein Akteur nicht weiß, wie der andere Akteur seine Leistung einbringt. Dies ist der Fall, wenn Dienstleister und Kunde keine Informationen über einander haben oder der Gegenstand der Dienstleistung nicht ausreichend definiert werden kann. Die Koordination misslingt. Ein Kunde hat z.B. beim Friseur exakte Vorstellungen von der Frisur, die er gerne möchte. Er kann aber nicht verständlich machen wie diese konkret aussehen soll.
- Kooperationsprobleme: Beide Akteure sind an einer Dienstleistung interessiert. Es besteht aber das Risiko, dass ein Akteur nicht kooperiert oder sein Gegenüber übervorteilt. Jeder der beiden könnte „eine Alternative entdecken, die ihnen lieber wäre als ihre Beitragsleistung“ (ebd., S. 71). Ein Friseur schlägt z.B. eine Haarfärbung vor. Der Kunde sieht darin nur den zusätzlichen Gewinn des Friseurs und denkt, dass ihm gefärbte Haare gar nicht stehen. Er fühlt sich übervorteilt.[35]
- Ungleichheitsprobleme: Die Akteure haben unvereinbare Ziele. Können sie sich nicht einigen, gibt es keine Lösung und damit keine Dienstleistung.[36]

Durch Kommunikation werden dabei die Handlungen der Akteure gesteuert. Sie ist folglich die Grundlage der Kooperation (Winterstein 1998, S. 144; Krömmelbein 2004, S. 67). Hacker (1998, S. 155) betont, dass Kommunikation sowohl Voraussetzung als auch Folge von Ko-

[35] Dunkel und Weihrich (2006, S. 71) verweisen in diesem Zusammenhang auf das Gefangenendilemma aus der Spieltheorie. Dies basiert auf der Annahme, dass zwei Gefangene, A und B, die Wahl haben, ihr gemeinsames Verbrechen zu gestehen oder dies nicht zu tun. Wenn A das Verbrechen gesteht und B nicht, wird sich dies positiv auf As Strafe auswirken, B wird hingegen schwer bestraft. Wenn B auch gesteht, werden beide hart bestraft, erhalten aber nicht die Höchststrafe. Wenn A und B nicht gestehen, werden beide geringfügig bestraft, weil das Verbrechen nicht vollständig nachweisbar ist. Da sie aber nicht kommunizieren können, weiß keiner, welche Strategie der andere wählt (vgl. Argyle 1969, S. 196). Kommunikation und Vertrauen könnten hier wesentlich zur Kooperation beitragen. Durch Kommunikation wäre ein Perspektiventausch möglich und vor allem eine Koordination der Strategie der zwei Gefangenen. Wenn beide darauf vertrauen können, dass der andere Akteur nicht gesteht, können sie damit ihr Nichtwissen überwinden und trotzdem kooperieren (Kumbruck 2001, S. 156).

[36] Hier verweisen Dunkel und Weihrich (2006, S. 71) auf das Problem des battle of the sexes aus der Spieltheorie. Der Mann will zu einem Fußballspiel gehen, die Frau ins Konzert.

operation ist. Wenn die Akteure kommunizieren, können sie sich über ihre Perspektive austauschen. Was denkt der andere? Welche Sichtweisen, Einstellungen und Erwartungen hat er an und über mich? Die Wahrscheinlichkeit, dass dann kooperiert wird, ist größer als dass konkurriert wird (Kumbruck 2001, S. 156). Um Koordinationsprobleme zu vermeiden ist nicht nur die verbale Kommunikation bedeutsam, sondern auch die nonverbale. Schenk (1995, S. 268) unterstreicht, wie wichtig es ist, dass Verkäufer die Mimik, Gestik und Körperhaltung des Gegenübers interpretieren können, denn je besser dies gelingt, umso besser läuft die Kundenberatung ab und desto größer ist der Verkaufserfolg. Es wird also ein gewisses Einfühlungsvermögen (Mohr & Bitner 1991, S. 612; Nerdinger 1998a, S. 87 ff.) als nötig erachtet, um die Kooperation zwischen Dienstleister und Kunde erfolgreich zu gestalten.

1.5 Mittel in der Kooperation

Erfahrung und Kenntnisse der Anforderungen helfen, um mit Schwierigkeiten oder Abstimmungsprobleme umzugehen. Dienstleister und Kunde können auf Kompromisse hinwirken oder Leistungseinschränkungen androhen (Dunkel & Rieder 2006, S. 280 f.; vgl. auch Rieder, Poppitz & Dunkel 2002, S. 508). Ein Beispiel für die Einschränkung von Leistungen ist die Verweigerung von Trinkgeld in der Gastronomie. Trinkgeld dient als Anerkennung. Der Dienstleister kann diese Anerkennung gezielt verweigern (Dunkel 2003, S. 9). In der Dienstleistungsbeziehung entwickeln sowohl Dienstleister als auch Kunden Strategien, um Kontrolle über das Gegenüber auszuüben und die Dienstleistung möglichst effizient zu gestalten. Rieder und Voß (2003, S. 59) sprechen hier von interaktiver Kontrolle. In einer Untersuchung in Call-Centern zeigt sich dies, wenn Dienstleister versuchen, den Kunden einer Direktbank durch Beratungsgespräche dazu zu bringen, in eine bestimmte Geldanlage zu investieren. Sie versuchen damit, das Handeln der Kunden zu beeinflussen. Andersherum finden Kunden Strategien, dieser Kontrolle durch die Dienstleister auszuweichen. Die Kunden stellen sich auf die Abläufe der Dienstleister ein. Sie finden z.B. Möglichkeiten Wartezeiten am Telefon zu umgehen, indem sie sofort die Beschwerdeabteilung anrufen, weil die Angestellten dort viel größere Befugnisse haben und sie hier umgehend bedient werden (ebd., S. 59 f.).

Neben der Kontrolle durch Dienstleister und Kunde übt auch das Unternehmen eine gewisse Kontrolle über die Akteure aus (Krell 2001, S. 15), weil Regeln oder Rahmenbedingungen für die Interaktion existieren. Bei McDonald's erfolgt dies z.B. durch die Definition der Abläufe, die mit dem Kunden vorgesehen sind. Diese sind strukturiert und geregelt, damit die Angestellten das tun, was das Management von ihnen verlangt: „idiot-proof through automation", wie Leidner (1996, S. 33) es nennt. Kontrolle kann auch durch Symbole oder Zeichen ausgeübt werden, indem z.B. Hinweisschilder den Kunden leiten und so den Prozess der Dienstleistungserstellung unterstützen (Möller 2004, S. 183; Rastetter, Kraus & Stengel 2000, S. 24 f.).

Da der Ablauf der Leistung nicht bei allen Interaktionen vollständig bekannt ist, bergen Dienstleistungen ohne Kontrolle oder Regeln ein gewisses Risiko. Die Interaktion wird in diesem Zusammenhang als „ergebnisoffenes System" (Lührmann 2006, S. 90) bezeichnet. Leistet jeder Beteiligte seinen Beitrag, wie es vom Gegenüber erwartet wird? Entspricht das Ergebnis dem, was der Kunde erwartet? Dienstleistungsbeziehungen beruhen deshalb auf gegenseitigem Vertrauen, wie z.B. beim Friseur: ob der Haarschnitt tatsächlich so wird, wie der Kunde es wünscht, kann vorher nicht genau bestimmt werden (Weihrich & Dunkel 2003, S. 764 f.). Vertrauen in der Interaktion lässt sich in zwei Komponenten gliedern. Einerseits bezieht sich Vertrauen auf die Verlässlichkeit des Gegenübers, z.B. inwiefern Termine eingehalten und pünktlich wahrgenommen werden. Die andere Art von Vertrauen lässt sich durch Vertrauenswürdigkeit beschreiben. Dies bezieht sich auf emotionales Vertrauen, d.h. wie verschwiegen geht das Gegenüber damit um, wenn man ihm etwas mitteilt (Buck & Bierhoff 1986, S. 205). Je nach Interaktion kann Vertrauen unterschiedlich wichtig sein. Vertrauen ist ein entscheidender Faktor, der die Komplexität in Beziehungen reduziert. Die Gewissheit, dass man sich auf etwas verlassen kann, reduziert die Unsicherheit in der Interaktion (ebd.; vgl. Grund 1998, S. 104).

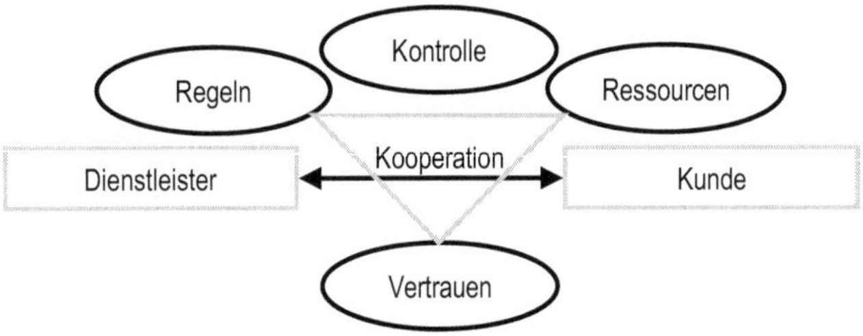

Abbildung 20: Unsicherheitreduzierende Mittel in der Interaktion

Je mehr der Kunde in die Dienstleistungserbringung involviert ist, desto größer ist der Kooperationsbedarf. Die Komplexität kann hier durch Vertrauen reduziert werden. Außerdem sind Kontrolle, Regeln und Ressourcen (z.B. die Kompetenz des Kunden) entscheidend. Sie können die Kooperation vereinfachen und unterstützen (vgl. Teil B Kapitel 1.2).

Abgesehen von den aufgeführten Abstimmungsproblemen, kann Dienstleistungsarbeit einen wesentlichen Beitrag zur Zufriedenheit der Dienstleister darstellen, wenn sie kooperativ abläuft.

> „Dienstleistungsbegegnungen, in denen auf Augenhöhe mit dem Kunden kooperiert wird, in denen Probleme gelöst und Wünsche erfüllt werden und in denen es Raum für kleine Abschweifungen, Scherze und Freundlichkeiten gibt, können eben auch schön sein und Spaß machen" (Holtgrewe 2003, S. 73).

Dienstleister können Abwechslung, Anerkennung und Wertschätzung durch den Kunden erfahren (vgl. Teil B 2.2.2), die wichtig und positiv für das Arbeitserleben im Beruf sind. Wie sich die Arbeit in der Interaktion konkret gestaltet und welche Herausforderungen dies an die Dienstleister stellt, werden die folgenden Kapitel zeigen.

2 Emotionsarbeit als Teil sozialer Interaktion

2.1 Konzept der Emotionsarbeit

Hochschild (1979, 1983) entwickelte Ende der 1970er Jahre das Konzept der Emotionsarbeit. Sie verglich die Dienstleistungstätigkeit zunächst mit der Produktionstätigkeit an einer Maschine. Bei der Arbeit an der Maschine kommt es darauf an, die körperliche Tätigkeit zu koordinieren. Die Dienstleistungstätigkeit, welche z.B. eine Flugbegleiterin verrichtet, umfasst ebenfalls körperliche Arbeit, wenn sie den Buffetwagen bepackt und durch den Gang schiebt. Sie umfasst geistige Arbeit bei einer Notlandung. Hochschilds Interesse galt einem dritten Aspekt, der bis zu diesem Zeitpunkt wenig thematisiert worden war: Emotionsarbeit oder emotional labor,[37] die Steuerung der eigenen Gefühle, um Kunden zufriedenzustellen. Bei Flugbegleitern bedeutet dies beispielsweise, dass sie den Erwartungen des Unternehmens entsprechend freundlich, nett und hilfsbereit zu den Gästen sind. Dazu zeigen sie bestimmte Gefühle und unterdrücken andere, nicht erwünschte Gefühle (Hochschild 1990a, S. 30 f.). Es geht nicht darum, freundlich und aufmerksam gegenüber den Fluggästen zu sein, weil die Flugbegleiter gut gelaunt sind und ihre Arbeit ihnen Freude bereitet, sondern weil das Unternehmen es von ihnen erwartet (Zapf et al. 2000, S. 1). Unter Emotionsarbeit versteht Hochschild folglich das Management der eigenen Gefühle, d.h. den „öffentlich sichtbaren Körper- und Gesichtsausdruck“ (Hochschild 1990a, S. 30) der Situation entsprechend anzupassen.

Dem Konzept der Emotionsarbeit liegt damit zu Grunde, dass Menschen in der Lage sind, ihre Gefühle zu steuern, d.h. sie hervorzurufen oder zu unterdrücken (Rastetter 2008, S. 61). Da in der Literatur von Emotionsarbeit und dem Steuern der Gefühle gesprochen wird, ist es notwendig, die Begriffe Emotion und Gefühl zu klären.

[37] Hochschild (1990b, S. 118) unterscheidet in ihren Ausführungen emotion work und emotional labor. Emotion work bezeichnet das Emotionsmanagement im privaten Kontext, emotional labor ist das Emotionsmanagement bei der Arbeit, also im beruflichen Kontext. Hochschild verweist darauf, dass die Gefühle im Privaten Gebrauchscharakter haben, bei der Arbeit werden sie sozusagen gegen Geld eingetauscht und haben damit Tauschwertcharakter (Hochschild 1990a, S. 30). Gebrauchswert ist der „direkte Nutzen“ aus einer Sache. Um ihn zu erlangen, muss man eine Gegenleistung erbringen, die den entsprechenden Wert aufweist: den Tauschwert (vgl. Beck, Brater & Daheim 1980, S. 29). Arbeit hat damit unterschiedliche Zwecke. Der Kunde sucht eine Lösung für sein Problem, er interessiert sich für den Nutzen, den Gebrauchswert einer Leistung. Der Dienstleister löst durch seine Arbeit das Problem und erhält hierfür Geld als Gegenleistung. Aus seiner Sicht hat die Arbeit Tauschwertcharakter (Nerdinger 1994, S. 83). In dieser Arbeit wird nur die Arbeit an den Gefühlen im beruflichen Kontext betrachtet.

„Emotions are complex reactions that engage both our minds and our bodies. These reactions include: a subjective mental state, such as the feeling of anger, anxiety, or love; an impulse to act, such as fleeing or attacking, wether or not it is expressed overtly; and profound changes in the body, such as increased heart rate or blood pressure. Some of these bodily changes prepare for and sustain coping actions, and others - such as postures, gestures, and facial expressions - communicate to others what we are feeling, *or want others believe we are feeling*" (Lazarus & Lazarus 1994, S. 151; Hervorhebung V.K.).

Emotion stellt einen Oberbegriff dar, der physiologische Veränderungen, den emotionalen Ausdruck und die Komponente Gefühl umfasst. Der Begriff Gefühl bezeichnet lediglich das subjektive Erleben (Ulich 2003, S. 52). Gefühle sind z.B. Ärger, Furcht, Ekel, Freude, Liebe (Krey 2003, S. 28). Beim Gefühlsbegriff, der der Emotionsarbeit zu Grunde liegt, spielen kognitive Anteile eine große Rolle. Ein Gefühl involviert, eine Situation zu bewerten, woraufhin eine Veränderung der körperlichen Empfindungen erfolgt und der Ausdruck von Mimik, Gestik und Verhalten angepasst wird (Rastetter et al. 2000, S. 6).

Emotionsarbeit ist Teil des Berufs Flugbegleiter. Um herauszufinden, welche Anstrengung und Mühe es kostet, diese Art der Arbeit auszuüben und welche Auswirkungen dies auf die jeweiligen Akteure hat, untersuchte Hochschild die Arbeit bei Flugbegleitern der Fluggesellschaft Delta Airlines in den USA. Dafür führte sie unter anderem 30 qualitative Interviews mit Flugbegleitern und Flugbegleiterinnen und verfolgte die Personalauswahl und Ausbildung (Hochschild 1990a, S. 34 ff.).

Kennzeichnend für die Emotionsarbeit ist, dass sie in Tätigkeiten ausgeübt wird, in denen (1) ein direkter Kontakt mit dem Kunden besteht (face-to-face oder voice-to-voice), (2) Emotionen und Gefühle beim Kunden ausgelöst werden sollen, wie z.B. Dankbarkeit und (3) der Arbeitgeber teilweise durch bestimmte Mechanismen, wie z.B. Schulungen und Überwachung, Kontrolle über die Emotionen und Gefühlszustände der Angestellten ausübt (Hochschild 1983, S. 147).

Bei der Emotionsarbeit wird man von bestehenden Gefühlsregeln geleitet und verhält sich entsprechend dieser. Hochschild (1979, S. 565) nennt sie „feeling rules". Diese Gefühlsregeln werden in der Sozialisation erlernt und weitergegeben. In jeder Gesellschaft gibt es allgemeine Gefühlsregeln, wie z.B., dass man traurig ist, wenn jemand stirbt oder dass man fröhlich ist, wenn jemand ein Fest feiert. Es bestehen aber auch gruppenspezifische Gefühlsregeln (Hochschild 1979, S. 565 f.). Gefühlsregeln werden von den jeweiligen Organisationen bzw. Unternehmen vorgegeben. Das führt dazu, dass ein Arbeitnehmer sich gemäß den Gefühlsregeln verhält, obwohl er vielleicht gerade andere Gefühle hat. Gefühlsregeln können explizit formuliert sein oder implizite Regeln darstellen. In einigen Unternehmen werden z.B. konkrete Aussagen zu den Zielen und Werten des Unternehmens oder sogar detaillierte Handlungsanweisungen formuliert, wie Mitarbeiter sich zu verhalten haben (Rafaeli 1989,

S. 272 f.; Rafaeli & Sutton 1987, S. 26 f.; Zapf 2002, S. 241). Im Fall der Flugbegleiter umfassen die Gefühlsregeln, freundlich und aufmerksam gegenüber dem Kunden zu sein, um den Kunden dazu zu gewinnen, das nächste Mal wieder mit der Fluglinie zu fliegen (Hochschild 1990a, S. 39).

Das Konzept von Hochschild wurde von vielen Forschern aufgegriffen und weiter ausgearbeitet. Ashforth und Humphrey (1993, S. 89 f.; vgl. auch Morris & Feldman 1996) definieren Emotionsarbeit etwas anders als Hochschild und sprechen von „display rules“[38] (Darstellungsregeln), anstatt von feeling rules (Gefühlsregeln). Sie begründen dies damit, dass man nicht das darstellt, was man fühlt, sondern man stelle die Gefühle dar, die von der Öffentlichkeit erwartet werden. Der Begriff display rules macht deutlich, dass es vielmehr um das gezeigte Verhalten geht als um den inneren Gefühlszustand. Ashforth und Humphrey begreifen Emotionsarbeit demzufolge als das Handeln nach Darstellungsregeln.

Bei der Emotionsarbeit unterscheidet Hochschild zwei Arten von Strategien: das Oberflächenhandeln (surface acting) - in Anlehnung an Goffman (1959), der von impression management spricht - und das Tiefenhandeln (deep acting). Oberflächenhandeln bezeichnet die Darstellung der Gefühle nach außen, d.h. die Mimik, Gestik und die Stimme entsprechend den erwarteten Gefühlen darzustellen und zu verändern (Ashforth & Humphrey 1993, S. 92). Wichtig ist, dass das Vorspielen der Gefühle beim Oberflächenhandeln ohne „innere Beteiligung“ (Nerdinger 1994, S. 161) verläuft. Beispielhaft hierfür ist ein Zitat einer Flugbegleiterin, die von Hochschild interviewt wurde.

> „Obwohl ich eine sehr aufrichtige Person bin, habe ich gelernt, Anzeichen von Beunruhigung oder Angst *aus meinem Gesicht zu verbannen*. Ich fühle mich wirklich verantwortlich für meine Passagiere. Vor allem möchte ich nicht, dass sie sich ängstigen... Vielleicht macht sich ein leichtes Zittern in meiner Stimme bemerkbar, wenn ich eine Notlandung ankündige, aber ich glaube, dass es uns trotzdem gelingen würde, die Passagiere davon zu überzeugen, dass ... alles gut ausgehen wird“ (Hochschild 1990a, S. 102; Hervorhebung V.K.).

Beim Tiefenhandeln manipuliert man sich hingegen selbst bzw. seine Gefühle. Man ändert die Gefühle von innen heraus, um nach außen etwas vorzutäuschen (Hochschild 1990b, S. 120). Der innere Zustand der Person wird an sich verändert. Man spielt nicht nur dem Kunden etwas vor, sondern man spielt sich selbst etwas vor (Dunkel 1988, S. 74). Beim Tiefenhandeln kommen drei verschiedene Techniken zur Anwendung: (1) die Stanislawski-Methode, (2) Konzentrationstechniken und (3) körperbezogene Techniken. Bei der ersten Technik versucht man beispielsweise, auf Situationen oder Bilder zurückzugreifen und diese zu erinnern, um sich in einen bestimmten, gewünschten Gefühlszustand zu versetzen (Hoch-

[38] Der Begriff geht auf Ekman (1973, S. 176 ff.) zurück.

schild 1990a, S. 55f.). Die folgende Interviewpassage aus einem Gespräch mit einer Flugbegleiterin verdeutlicht diese Form des Tiefenhandelns.

> „Du stellst dir vor, dass der Fluggast dich an einen bekannten Menschen erinnert. *Du siehst die Augen deiner Schwester im Gesicht des Passagiers, der vor dir sitzt.* Diese Vorstellung ruft den Wunsch nach freundlicher Bedienung wach …" (ebd., S. 100; Hervorhebung wie im Original).

Diese Technik bezeichnen Haubl und Rastetter (2000, S. 23) auch als „mentale Selbstmanipulation".

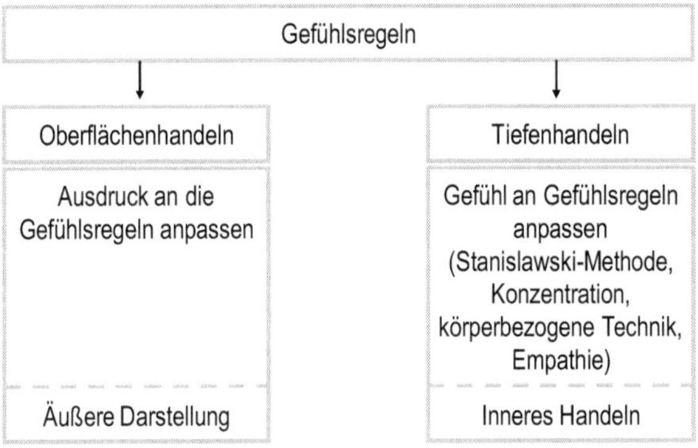

Abbildung 21: Oberflächen- und Tiefenhandeln (in Anlehnung an Rastetter et al. 2000, S. 7)

Bei der zweiten Technik des Tiefenhandelns, den Konzentrationstechniken, verändert man seine Gefühle, indem man sich einredet, dass man sich z.B. nicht ärgere. Dies wird durch intensive Konzentration erzielt. Beispielsweise versucht man, eine Situation anders zu interpretieren. Gemeint ist damit, dass man sich nicht auf den Menschen in einer Situation konzentriert, sondern das Ziel oder die Aufgabe hinter der Situation im Fokus behält. Ein Beispiel dafür sind Inkassoangestellte. Sie konzentrieren sich nicht auf den Menschen, der aus einem bestimmten, vielleicht äußerst verständlichem Grund seine Schulden nicht zahlt. Sondern sie konzentrieren sich auf das Ziel, die Schulden einzutreiben (Dunkel 1988, S. 78; Nerdinger 1998a, S. 92; Rastetter 1999, S. 385). Anders könnten sie in gewissen Situationen ihre Arbeit nur schwer ausüben. Außerdem gibt es eine dritte, körperbezogene Technik. Hier versucht man sich z.B. durch tiefe Atemzüge zu entspannen und dadurch Gefühle, wie beispielsweise Wut und Angst, zu lösen (vgl. Hochschild 1990b, S.121). Haubl und Rastetter (2000, S. 23) erwähnen zusätzlich als vierte Technik die Möglichkeit, seinen Gefühlszustand zu verändern, indem man sich in den Kunden einfühlt.

Neben Oberflächen- und Tiefenhandeln gibt es die Möglichkeit, entsprechend den Gefühlsregeln spontane und damit aufrichtige Gefühle auszudrücken (Ashforth & Humphrey 1993,

S. 94). Eine Krankenschwester, die ein verletztes Kind behandelt, muss z.B. freundlich auf das Kind zugehen, damit das Kind Vertrauen fassen kann und sich behandeln lässt. Wenn die Krankenschwester sofort Sympathie für das Kind empfindet, muss sie ihre Freundlichkeit nicht vorspielen, sondern die Freundlichkeit entspricht ihrem spontanen, tatsächlichen Gefühl. Dies wird als „automatische Emotionsregulation“ (Zapf 2002, S. 243; Übersetzung V.K.) bezeichnet. In Hochschilds Arbeit wird dies als passives Tiefenhandeln beschrieben (ebd.).

Eine weitere Strategie ist, „absichtlich dissonant zu handeln“ (ebd., S. 246; Übersetzung V.K.). Diese Strategie kommt unter anderem bei Polizisten während eines Verhörs zum Tragen. In manchen Situationen gibt es keine Regeln oder Vorschriften, einen bestimmten Gefühlsausdruck zu zeigen, die Angestellten spielen jedoch etwas vor, weil es eine Strategie und Hilfe ist, um ihren Job zu erfüllen. Bankangestellte, die z.B. über einen sehr hohen Darlehensvertrag mit ihren Kunden verhandeln, möchten nach außen vertrauensvoll und freundlich erscheinen, obwohl sie innerlich kühl sind und das Ziel verfolgen, den Gewinn der Bank zu maximieren (ebd., S. 246 f.). Hier spielen sie absichtlich ein Gefühl vor und können gleichzeitig anders empfinden. Die folgende Abbildung fasst die genannten Strategien zusammen.

Abbildung 22: Strategien in der Emotionsarbeit

Insgesamt betrachtet gibt es relativ wenige Untersuchungen, die sich detaillierter mit den Strategien in der Emotionsarbeit auseinandersetzen oder versuchen, diese zu erweitern. Vielmehr wird von diesem Stand der Forschung ausgegangen und auf die Folgen der Emotionsarbeit fokussiert.

2.2 Folgen von Emotionsarbeit

Ein zentraler Aspekt von Hochschilds Untersuchungen sind die Auswirkungen von Emotionsarbeit. Hochschild kommt zu dem Schluss, dass sich Emotionsarbeit negativ auf die Konstitution der Angestellten auswirkt. Die Häufigkeit der Emotionsarbeit sei ausschlaggebend für die negativen Folgen (Hochschild 1990a, S. 124). Sie geht damit von einem unidimensionalen Konzept aus: Je häufiger Emotionsarbeit ausgeübt wird, desto stärker die negativen Folgen für den Emotionsarbeiter. Dies veranschaulicht die folgende Abbildung.

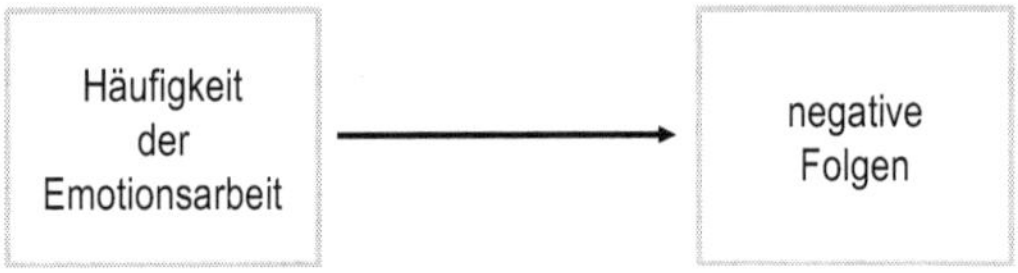

Abbildung 23: Das unidimensionale Konzept der Emotionsarbeit nach Hochschild

Dies konnte empirisch so allerdings nicht belegt werden (vgl. Zapf 2002, S. 241).

Morris und Feldman (1996, S. 989) erweitern dieses Konzept auf der Basis einer theoretischen Analyse und betrachten Emotionsarbeit anhand von vier Dimensionen: (1) die Häufigkeit des gewünschten Gefühlsausdruckes, (2) die Aufmerksamkeit, mit der Darstellungsregeln befolgt werden, (3) die Vielfalt der dargestellten Gefühle und (4) die emotionale Dissonanz, d.h. der Widerspruch von gefühltem und gespieltem Gefühl (Nerdinger 1994, S. 164; Rastetter 2001, S. 118). Dieses mehrdimensionale Konzept ist zur Grundlage für viele weitere Forschungsarbeiten auf diesem Gebiet geworden.

Morris und Feldman (1996, S. 989 ff.) gehen davon aus (wie Hochschild), dass häufige Interaktionen mehr Emotionsarbeit fordern und damit die Dienstleister stärker belasten.

Je aufmerksamer die Dienstleister sein müssen, desto mehr Energie muss aufgewendet werden, um die Emotionsarbeit auszuführen und die Regeln und Vorgaben des Unternehmens zu erfüllen. Zur Dimension der Aufmerksamkeit gehören ebenfalls die Dauer und Intensität der Emotionsarbeit. Emotionsarbeit ist bei kurzen, weniger intensiven Interaktionen standardisiert und deshalb weniger anstrengend (vgl. Ashforth & Fried 1988, S. 307 ff.). Grund dafür ist, dass bei kurzen oder routinierten Interaktionen so genannte Skripte verwendet werden (Ashforth & Fried 1988, S. 306 ff.; Leidner 1999, S. 87; Sutton & Rafaeli 1988, S. 477). Skripte sind Schemata (Wissensstrukturen), die im Gedächtnis abgespeichert werden und bei Routinetätigkeiten oder in bekannten Situationen abgerufen werden (Schank & Abelson 1977, S. 36 ff.).[39] Wenn man eine Tätigkeit immer wieder, ohne zu überlegen ausführt, ist sie weni-

---

[39] Skripte bieten Orientierung und Handlungsmuster. Durch Erfahrung und Beobachtung werden bestimmte Dinge über Verhalten und Handlungen abgespeichert (Abelson 1976, S. 33). Wenn eine ähnliche Situation oder Kontext auftritt, wird das entsprechende Skript aktiviert. Z.B. wissen Menschen, wie sie sich in einem

ger anstrengend als wenn man in intensivem Kontakt mit dem Kunden steht und individuell reagieren muss. Ein Beispiel für routinierte Tätigkeiten sind die Verkaufstätigkeiten bei der Fast-Food-Kette McDonald's. Der Kundenkontakt läuft immer wieder ähnlich ab, nach einem bestimmten Schema. Es müssen immer wieder dieselben, bekannten Gefühle dargestellt werden.

Fordert die Arbeit jedoch, dass sehr viele verschiedene Rollen eingenommen werden bzw. dass in unterschiedlichen Situationen eine Vielfalt von Gefühlen gezeigt werden sollen, ist dies mit einem größeren Aufwand verbunden als bei Routinetätigkeiten (Morris & Feldman 1996, S. 991 f.). Polizisten müssen z.B. eine Vielfalt an Gefühlen zeigen, wie Wut, Ärger, Neutralität und Freundlichkeit, im Vergleich zu Kassiererinnen in einem Supermarkt, deren Gefühlsausdruck positive Gefühle, wie Lächeln und Freundlichkeit, dominieren.

Emotionale Dissonanz, der Widerspruch zwischen gefühltem und gespieltem Gefühl, wird von Morris und Feldman (ebd., S. 992) nicht als Konsequenz, sondern als Variable verstanden. Je mehr emotionale Dissonanz bei der Ausübung der Arbeit erfahren wird, desto mehr Energie ist notwendig, um die Arbeit zu erledigen.

Diese vier Dimensionen variieren je nach Unternehmen, Arbeitsanforderungen und individuellen Eigenschaften der Dienstleister (ebd., S. 994).

2.2.1 Negative Folgen von Emotionsarbeit

Die Frage, die sich Wissenschaftler stellen, ist, ob Emotionsarbeit negative Folgen wie Stress[40] und Burnout nach sich zieht. Sind Emotionsarbeiter durch ihren Beruf belasteter als Menschen, die keinen Kundenkontakt haben und keine Emotionsarbeit ausüben? Frühe Arbeiten vermuten negative Auswirkungen, wie niedriges Selbstbewusstsein, Depressionen, Zynismus und Entfremdung von der Arbeit (Ashforth & Humphrey 1993, S. 97). Insbesondere emotionale Dissonanz wird in Zusammenhang mit Stress (Badura 1990, S. 320) und Gefühlsentfremdung - den Dienstleistern wird ihr eigener Ausdruck fremd - gesehen (Hochschild 1990a, S. 99 f., 176). Folge dieser Gefühlsentfremdung sei Burnout (ebd., S. 154). Unter Burnout versteht man die „emotionale Erschöpfung, Depersonalisierung (zynisches, herzloses Verhalten gegenüber den Dienstleistungsempfängern) und Leistungsabfall" (Rastetter 1999, S. 380).

Restaurant verhalten müssen, weil sie über ein entsprechendes Skript verfügen (vgl. Schank & Abelson 1977, S. 36 ff.; Abelson 1981).

40 Stress wird in diesem Zusammenhang verstanden als tatsächliches oder wahrgenommenes Ungleichgewicht zwischen den Anforderungen einer Situation und den verfügbaren Ressourcen einer Person, die als unzureichend erlebt werden, um die Anforderungen zu bewältigen (Ulich 2005, S. 475). Für eine weiterführende Betrachtung der unterschiedlichen Verständnisse von Stress vgl. z.B. Ulich (2005, S. 473) und Stengel (1997, S. 200 ff.).

Abbildung 24: Angenommene negative Folgen der Emotionsarbeit[41]

Freudenberger (1974, S. 159 ff.) gab dem Zustand des Ausgebranntseins den Namen Burnout. Er beobachtete diesen Zustand bei ehrenamtlichen Klinikmitarbeitern, die besonders engagiert arbeiten, sich verpflichtet fühlen diese Arbeit zu erbringen und außerdem hoch motiviert all ihre Energie zu investieren. Durch Enttäuschung kommen sie an einen Punkt, an dem sie sich völlig ermüdet und ausgelaugt fühlen. Dies äußert sich für die Umwelt, indem die Person zynisch, leicht reizbar und frustrierbar wird. Maslach (1978, S. 113) untersuchte Burnout in sozialen Berufen und definiert die drei Komponenten Leistungsabfall, emotionale Erschöpfung und Depersonalisierung.[42] Später stellten Maslach und Jackson (1984, S. 136) fest, dass Burnout nicht nur auf soziale Berufe beschränkt ist, sondern bei allen Dienstleistungsberufen auftritt, die mit Menschen zu tun haben. Schaufeli und Enzmann (1998, S. 84 f.) ergänzen diese Ergebnisse. In einer Sekundäranalyse von 16 quantitativen Studien zeigen sie, dass Burnout nicht, wie anfänglich vermutet, insbesondere durch emotionale Aspekte in Interaktionen begünstigt wird, sondern, dass ein hohes Arbeitspensum, Zeitdruck und Rollenkonflikte viel stärker mit Burnout korrelieren. Emotionsarbeiter sind folglich nicht per se gefährdeter als Nicht-Emotionsarbeiter.

Emotionale Dissonanz ist ein Merkmal der Emotionsarbeit. Viele empirische Studien untersuchen emotionale Dissonanz als Ursache für Burnout. Sie erzielen uneinheitliche Ergebnisse. Mehrere Untersuchungen, insbesondere die von Zapf und Mitarbeitern, haben zum Ergebnis, dass emotionale Dissonanz Erschöpfungserscheinungen begünstigt (Holz, Zapf & Dormann 2004, S. 287; Zapf 2002, S. 256 f.; Zapf et al. 2000, S. 4). Büssing und Glaser (1999, S. 171) zeigen dagegen in einer quantitativen Studie in Pflegeberufen, dass emotionale Dissonanz

[41] Die Auswirkungen werden hier nicht systematisiert dargestellt, d.h. Rollenkonflikte können z.B. zu Stress führen, welcher wiederum psychosomatische Beschwerden und Depressionen hervorrufen kann.

[42] Für einen Überblick über das Burnout-Syndrom vgl. Burisch (1989).

keine wesentliche Rolle im Zusammenhang mit Erschöpfungserscheinungen spielt. Dagegen treten Erschöpfungserscheinungen auf, wenn Dienstleister die Gefühlsregeln missachten und ihren eigenen Gefühlen folgen (ebd.; Tschan, Rochat & Zapf 2005, S. 214 f.). Das Missachten der Gefühlsregeln wird als emotionale Devianz bezeichnet (vgl. Rafaeli & Sutton 1987, S. 32; Thoits 1985, 1990). Neben der emotionalen Devianz und Dissonanz, gibt es einen dritten Zustand, der als stressfrei gilt: emotionale Harmonie. Hierbei stimmen die ausgedrückten mit den tatsächlichen Gefühlen überein und entsprechen den Gefühlsregeln sowie eigenen Rollenerwartungen des Dienstleisters (Rafaeli & Sutton 1987, S. 32).

Rollenkonflikte wurden insbesondere von Rafaeli und Sutton (ebd.) im Zusammenhang zu Emotionsarbeit untersucht. Sie nehmen an, dass die Auswirkungen der emotionalen Dissonanz davon abhängen, wie stark Rollenkonflikte erlebt werden.

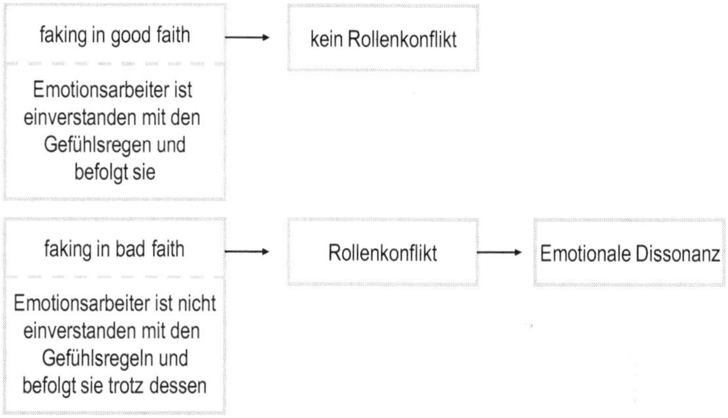

Abbildung 25: Auswirkungen von faking in good und bad faith

Rafaeli und Sutton (ebd.) führen die Begriffe faking in bad faith und faking in good faith ein (vgl. Abbildung 25). Faking in bad faith bezeichnet eine Situation, in der ein Angestellter Gefühle entsprechend den Gefühlsregeln seines Unternehmens vortäuscht, während er aber eigentlich gegen diese Regeln ist. Hier liegt ein Konflikt zwischen den persönlichen Wertvorstellungen oder dem Selbstbild des Angestellten und den Rollenerwartungen vor (Person-Rollenkonflikt). Faking in good faith ist hingegen das Vorspielen von Gefühlen, die der Angestellte akzeptiert, weil er findet, dass diese Teil der Arbeit sein sollten (ebd.). Beim faking in bad faith erlebt der Angestellte die Emotionsarbeit als belastend und beeinträchtigend. Er erlebt emotionale Dissonanz. Je mehr sich ein Angestellter jedoch mit der jeweiligen beruflichen Rolle identifizieren kann, d.h. je mehr er sich persönlich oder sozial in der Rolle wieder findet, desto authentischer fühlt sich der Angestellte in seinem Beruf. Emotionale Dissonanz ist demnach für den Angestellten nur geringfügig oder gar nicht vorhanden (Ashforth & Humphrey 1993, S. 98 f.).

In einer quantitativen Studie zeigen Nerdinger und Röper (1999, S. 192), dass faking in good faith, das Vorspielen in guter Absicht, Depersonalisierung und Erschöpfung verringert und sich positiv auf die Leistungsfähigkeit auswirkt. Wenn der Angestellte sich also mit seinem Beruf und Handeln in Einklang fühlt, wirkt dies Burnout entgegen. Zu ähnlichen Ergebnissen kommt Grandey (2003, S. 87). Sie setzt faking in good faith mit Tiefenhandeln gleich. Der Angestellte akzeptiert seine Rolle. Wenn er einverstanden ist mit den Regeln und diese für richtig hält, ändert er die Gefühle von innen heraus, er ändert nicht nur seine Mimik und Gestik. Faking in bad faith involviert dagegen Oberflächenhandeln. Der Angestellte akzeptiert die Regeln nicht, nach denen er sich verhalten soll. Entsprechend vermeidet er hier, seine inneren Gefühle anzupassen und verändert nur den oberflächlichen Ausdruck. Ergebnis ihrer quantitativen Untersuchung ist, dass die Angestellten beim Tiefenhandeln emotionale Dissonanz vermeiden. Ein zusätzlicher Effekt beim Tiefenhandeln ist, dass die Kunden viel positiver auf den Dienstleister reagieren als beim Oberflächenhandeln. Das positive Feedback der Kunden, so Grandey (ebd., S. 93 f.), hilft dem Angestellten und macht die Anstrengung des Tiefenhandelns wett (vgl. auch Kruml & Geddes 2001, S. 184). Tiefenhandeln hat folglich keine negativen Auswirkungen. Oberflächenhandeln wirkt im Gegensatz dazu aber negativ auf die Dienstleister, weil hier ein Rollenkonflikt für den Angestellten entsteht, der Stress auslöst (ebd.).

Viele Studien widmen sich den negativen Folgen der Emotionsarbeit. Der Fokus auf die negativen Folgen war ein wesentlicher Kritikpunkt an Hochschilds Arbeit. Positive Konsequenzen blieben gänzlich unberücksichtigt (Adelmann 1995; Bolton 2005, S. 53; Godwyn 2006, S. 504; Nerdinger 1998a; Nerdinger & Röper 1999, S. 189; Rastetter 1999, S. 377).[43]

> „Möglicherweise wäre ihre [Hochschilds] Untersuchung noch aufschlussreicher für die soziale *und* emotionale Wirklichkeit jener Berufe, hätte sie uns außerdem etwas über die Befriedigung berichtet, die es Menschen bereiten kann, wenn sie ihre eigenen Gefühle und Gefühlsäußerungen als Instrumente zu bestimmten Zwecken verwenden" (Bogner & Wouters 1990, S. 277; Hervorhebung wie im Original).

2.2.2 Positive Folgen von Emotionsarbeit

Positive Aspekte der Emotionsarbeit werden dem Kontakt mit dem Kunden zugeschrieben, der unter anderem für Abwechslungsreichtum in der Arbeit sorgt. In einer qualitativen Studie über Emotionsarbeit bei Kassiererinnen in israelischen Supermärkten (vgl. Rafaeli 1989), ist

[43] Für eine weiterführende Zusammenfassung von Autoren, die positive Aspekte der Emotionsarbeit feststellen vgl. Abiala (1999, S. 208).

der Kundenkontakt Grund für die Wahl ihrer Arbeit. Beispielhaft ist dafür folgende Interviewaussage.

„I looked for a job with people. I couldn't see myself in an office job" (ebd., S. 257).

Durch positives Feedback des Kunden erfährt der Dienstleister Bestätigung und Anerkennung (Grandey 2003, S. 93 f.). In einer qualitativen Studie von Tolich (1993) wird dies ebenfalls aufgegriffen. Er beschränkt sich nicht auf Kassiererinnen wie Rafaeli, sondern untersucht allgemein Supermarktangestellte in den USA. Tolich (1993, S. 368) nennt das Ergebnis des Kundenkontaktes „stressful satisfaction". Einerseits schafft der ständige Kontakt mit dem Kunden Stress und ist anstrengend für den Dienstleister, weil er sich ständig auf den Kunden einstellen muss und mit ihm interagiert. Andererseits beschreiben die Supermarktangestellten die Befriedigung und Abwechslung, die sie durch den Kundenkontakt erleben (ebd., S. 368, 370). Besonders die Beziehungen zu Stammkunden hellen den Arbeitsalltag der Supermarktangestellten auf. Wenn Dienstleister und Kunde sich kennen und immer wieder aufeinander treffen, entwickelt sich eine langfristige Beziehung. Man ist sich bekannt und weiß über die Eigenheiten und Gewohnheiten der Kunden Bescheid (vgl. Gutek & Welsh 2000, xi). Dies ist anders bei den israelischen Kassiererinnen, die Rafaeli (1989) untersuchte. Sie können keine langfristige Beziehung zu Kunden aufbauen, sondern haben einen relativ kurzen Kundenkontakt während des Kassierens. Angestellte nennen als weitere positive Konsequenz, dass sie lernen, besser mit Menschen umzugehen. Sie nehmen sich als sozial kompetenter wahr (Abiala 1999, S. 218; Nerdinger 1994, S. 166).

Abbildung 26: Angenommene positive Folgen der Emotionsarbeit

Der Kontakt mit dem Kunden wird als anstrengend erlebt, wenn Kunden sich beschweren oder wenig respektvoll mit den Angestellten umgehen. Wenn Kunden höflich sind, freundlich lächeln und positive Gefühle zeigen, führt dies jedoch zu einem Gefühl der Leistungserfüllung bei den Dienstleistern (Holz et al. 2004, S. 287; Zapf et al. 2000, S. 4).

2.2.3 Die Bedeutung von Autonomie

Interaktionen mit dem Kunden werden außerdem als positiv erlebt, wenn die Dienstleister mehr Autonomie haben, d.h. sie haben die Freiheit, die Interaktion zu regulieren und selbständig zu gestalten (Abiala 1999, S. 221; Godwyn 2006, S. 503; Holz et al. 2004, S. 286; Morris and Feldman 1996, S. 999; Rastetter 1999, S. 385; Tolich 1993, S. 373 ff.; Wolkomir & Powers 2007, S. 155; zu Autonomie bei der Arbeit im Allgemeinen vgl. Hackman & Oldham 1980, S. 79 f.). Wenn Dienstleister selbständig handeln und ihr Handeln regulieren und bestimmen können, dann fühlen sie sich verantwortlich und wichtig für den Ausgang der Situation und haben Kontrolle über die Beziehung mit dem Kunden (Maslach & Jackson 1984, S. 149; Rafaeli 1989, S. 267; Tolich 1993, S. 371, 373 ff.; Zapf 2002, S. 260). Mit Kontrolle ist nicht gemeint, dass Dienstleister „durch Macht, Zwang oder gar Gewalt" (Rastetter 1999, S. 378) ihre Ziele in der Beziehung mit dem Kunden erreichen. Es ist vielmehr eine freie Beziehung, in der der Kunde das Angebot des Dienstleisters annehmen oder ablehnen kann. Durch Emotionsarbeit können sich Dienstleister aktiv von ihren Gefühlen distanzieren und Gefühle bewusst spielen, um die Beziehung zu gestalten und unvorhersehbare Kundenreaktionen besser zu kontrollieren (Rastetter 1999, S. 378; vgl. Rafaeli & Sutton 1991, S. 772 f.; Sutton & Rafaeli 1988, S. 483). Damit handeln sie nach eigenem Ermessen und eigenverantwortlich. Sie fühlen sich nicht durch Vorgaben eingeschränkt oder abhängig. Das erzielte Ergebnis ist ihr Ergebnis.

Wie unterscheiden sich die Auswirkungen der Arbeit mit und ohne Kundenkontakt in Bezug auf Autonomie? Wharton (1993, S. 222 f., 1996, S. 109) führte eine quantitative Studie durch, in der sie Emotionsarbeit im Hinblick auf Autonomie untersuchte. Emotionsarbeiter wurden im Vergleich zu Nicht-Emotionsarbeitern, die Back-Office Tätigkeiten ausführen, befragt. Sie kommt zu dem Ergebnis, dass emotionale Erschöpfung durch eine Arbeitsstelle mit wenig Autonomie, lange Arbeitszeiten und eine längere Betriebszugehörigkeit begünstigt wird. Dies trifft auf Emotions- und Nicht-Emotionsarbeiter zu. Die Effekte sind allerdings unterschiedlich stark. Autonomie hat bei den Angestellten, die Emotionsarbeit ausüben, einen noch größeren Einfluss auf die Zufriedenheit. Autonomie ist hier also noch wichtiger. Neben der erhöhten Zufriedenheit sind die Erschöpfungserscheinungen durch mehr Autonomie bei Emotionsarbeitern geringer. Dabei ist wichtig zu bedenken, dass keine emotionale Erschöpfung nicht gleichbedeutend mit Zufriedenheit ist. Des Weiteren erhöht eine starke Arbeitseinbindung zwar die Arbeitszufriedenheit, sie reduziert aber nicht die emotionale Erschöpfung bei Emotionsarbeitern. Bei Nicht-Emotionsarbeitern erhöht eine starke Arbeitseinbindung ebenfalls die Arbeitszufriedenheit, reduziert aber gleichzeitig die Erschöpfung. Wharton stellte außerdem fest, dass Self-monitoring[44] - die Fähigkeit auf sein Gegenüber zu reagieren

[44] Der Begriff Self-monitoring wird mit Selbstüberwachung übersetzt (Schneider 2001, S. 122). Das Konzept des Self-monitoring wurde von Snyder entworfen. Es bezieht sich darauf, wie sensibel Menschen in Interaktionen ihre Umwelt und ihr Gegenüber beobachten und entsprechend ihre Selbstdarstellung in

und sich der Situation entsprechend anzupassen - bei Emotionsarbeitern wichtig ist, um der emotionalen Erschöpfung entgegenzuwirken. Wenn sich Emotionsarbeiter auf ihre Kunden einlassen können und sich in der Interaktion anpassen, ist dies von Vorteil. Das Gegenteil ist bei Nicht-Emotionsarbeitern der Fall: Hier erhöht eine starke Anpassung die emotionale Erschöpfung (Wharton 1996, S. 101 f.). Ein weiteres Ergebnis der Studie ist, dass Emotionsarbeiter ihre Arbeit als zufriedenstellender erleben als Nicht-Emotionsarbeiter. Dies bestätigt die Ergebnisse zu positiven Folgen der Emotionsarbeit (vgl. Teil B Kapitel 2.2.2).

	Emotionsarbeiter	**Nicht-Emotionsarbeiter**
Autonomie	Zufriedenheit **↑**	Zufriedenheit ↑
	Erschöpfung **↓**	Erschöpfung ↓
Arbeitseinbindung	Zufriedenheit ↑	Zufriedenheit ↑
	Erschöpfung —	Erschöpfung ↓
Self-monitoring	Erschöpfung ↓	Erschöpfung ↑
Zufriedenheit allgemein	**↑**	↑

Abbildung 27: Ergebnisse der Studie von Wharton (1996) bei Emotions- und Nicht-Emotionsarbeitern

Abialas (1999) Untersuchungen von Angestellten verschiedener Dienstleistungsberufe bestätigen, dass Autonomie als wichtig empfunden wird. Außerdem wird über geringere negative Folgen von Interaktionsarbeit berichtet, wenn Dienstleister nicht ihre gesamte Arbeitszeit im Kundenkontakt verbringen (ebd., S. 218 ff.; Rafaeli 1989, S. 267).

Nachdem Studien häufig eher auf „einfachere" Dienstleistungstätigkeiten, wie Angestellte in Fast-Food-Restaurants (Leidner 1996) oder Kassiererinnen im Supermarkt (Rafaeli 1989) fokussierten[45], wählte Godwyn (2006) bewusst den Luxusmarkt für eine Untersuchung. In dieser qualitativen Studie berichten die Angestellten von Luxusgeschäften über eine große

Interaktionen anpassen und verändern. Es gibt Menschen, die stark darauf achten, wie sie nach außen wirken und sich ständig entsprechend der sozialen Situation anpassen: hohes Self-monitoring. Das andere Extrem sind Menschen, die sehr authentisch handeln, d.h. sie tun, was sie tatsächlich fühlen und denken: niedriges Self-monitoring (Snyder 1987, S. 4 ff.).

[45] Weitere Beispiele sind Studien über Flugbegleiter (Hochschild 1983; Nerdinger 1994), Kassiererinnen/Supermarktangestellte (Rafaeli 1989; Tolich 1993), Sekretärinnen (Wichorski 1994), Rechtsanwaltgehilfen (Pierce 1996) und Kellner (Paules 1999). Spätere Studien konzentrieren sich häufig nicht mehr auf eine Berufsgruppe, sondern sind berufsübergreifend angelegt, wie z.B. die Studie von Wharton (1996) oder Grandey (2006).

Zufriedenheit bei der Arbeit und ein hohes Selbstwertgefühl (ebd., S. 496). Ein Angestellter eines Luxusfriseursalons äußert sich in der Studie zu seiner Arbeit beispielhaft.

„At this point my job is a piece of cake" (ebd., S. 499).

Diese positive Beurteilung der Arbeit resultiert hauptsächlich aus drei Faktoren: (1) Autonomie, (2) Gleichrangigkeit von Dienstleister und Kunde und (3) langfristige Kundenbeziehungen. Ob Emotionsarbeit emotionale Dissonanz, Stress, emotionale Erschöpfung oder Zufriedenheit auslöst, ist demnach von den Bedingungen der Arbeit abhängig und nicht als generelle Folge der Dienstleistungsarbeit zu sehen (vgl. Godwyn 2006, S. 503 f.; Wharton 1993, S. 223). Worauf in vielen Studien indirekt hingewiesen wird, benennt Godwyn als zentralen Einflussfaktor für emotionale Erschöpfung und Zufriedenheit: Verkäufer ist nicht gleich Verkäufer, Kellner nicht gleich Kellner. Es hängt nicht zwangsläufig von einem bestimmten Beruf ab, wie sich Emotionsarbeiter fühlen. Emotionsarbeit ist nicht an sich „schlecht" oder „gut". Maßgeblich scheint, wie die Arbeit gestaltet ist. Dies ist eine mögliche Erklärung für widersprüchliche Ergebnisse von Studien in diesem Bereich, denn oft werden Berufe untersucht und verglichen, ohne dass die jeweilige Gestaltung und der Kontext der Arbeit offensichtlich werden. Trotzdem bestehen Differenzen in der Arbeit zwischen Emotionsarbeit und Nicht-Emotionsarbeit. So liegen in der Emotionsarbeit andere Gegebenheiten vor, auf die sich die Angestellten einstellen müssen und es werden andere Fähigkeiten notwendig als bei Nicht-Emotionsarbeitern (ausführlicher dazu in Teil B Kapitel 2.4).

2.3 Strategien und Funktionen in der Emotionsarbeit

Nach der Darstellung der Studienergebnisse zu den Folgen und Konsequenzen, werden hier Strategien in der Emotionsarbeit und ihre Funktionen erläutert. Sie vereinfachen die Bewältigung dieser Art von Arbeit und dienen dazu, die Arbeit besser durchführen zu können und sich zu schützen. Wie gehen Menschen damit um, wenn sie sich über einen Kunden ärgern, ihm dies aber nicht sagen dürfen?

Hochschild (1990a) kritisiert, dass Gefühlsregeln in Organisationen eingehalten werden müssen. Dabei ignoriert sie, dass diese Regeln durchaus nützlich sein können, weil sie dem Dienstleister eine Orientierung geben, wie man sich dem Kunden gegenüber verhalten oder in schwierigen Situationen reagieren kann (Ashforth & Humphrey 1993, S. 94 f.; Rastetter 1999, S. 385). Genauso ist dies der Fall bei sehr routinebasierten Dienstleistungsarbeiten, wie z.B. bei Angestellten von Fast-Food-Restaurants. Die Emotionsarbeit basiert hier auf Skripten, die die Arbeit strukturieren und erleichtern können (Ashforth & Fried 1988, S. 306 ff.; Leidner 1996; Teil B Kapitel 2.2). Dies gibt den Dienstleistern eine Art Kontrolle über die Situation, weil sie den Ablauf der Dienstleistung kennen und unvorhergesehene Kundenhandlungen kaum auftreten.

Eine andere Strategie wird häufig bei Medizinern oder Therapeuten beschrieben. Man bezeichnet sie als „detached concern“. Darunter versteht man die emotionale Distanzierung von einer sozialen Situation. Bei Ärzten oder Krankenschwestern, die häufig mit schwerwiegenden Krankheiten zu tun haben oder mit dem Tod konfrontiert sind, ist es wichtig, sich von der Person und ihrem Leid und Schicksal zu distanzieren. Anders könnten die Dienstleister ihre Arbeit gar nicht ausüben. Sie betrachten den Patienten unter sachlichen Gesichtspunkten, um zwar verständnisvoll auf den Patienten zu reagieren, sich aber emotional zu distanzieren:

> „The empathetic physician is sufficiently detached or objective in his attitude toward the patient to exercise sound medical judgement and keep his equanimity, yet he also has enough concern for the patient to give him sensitive, understanding care. This set of attitudes has been termed by one of us (R.C.F.) 'detached concern' “ (Lief & Fox 1963, S. 12; vgl. dazu auch Maslach 1978, S. 112 f. und Rastetter 1999, S. 380).

Eine weitere Strategie um Gefühle abzuwehren ist, die Kunden für die eigenen Gefühle verantwortlich zu machen. Dadurch projizieren Emotionsarbeiter ihre „verbotenen“ Gefühle auf den Kunden. Beispielsweise gibt der Pfleger dem Patienten die Schuld für seinen Ärger (Rastetter 2008, S. 37).

Es besteht auch die Möglichkeit, sich entweder ganz bewusst mit der Rolle zu identifizieren, um so einen Rollenkonflikt und damit das Entstehen der emotionalen Dissonanz zu vermeiden oder sich vollständig von der beruflichen Rolle zu distanzieren, um alles abzuwehren. Berufliche Tätigkeiten und privates Empfinden werden damit vollständig voneinander getrennt (Ashforth & Humphrey 1993, S. 89; Rastetter 1999, S. 380, 2008, S. 33 f.).

Hochschild (1990a, S. 108) berichtet von Flugbegleitern, die zur Verarbeitung und Bewältigung des aufgestauten Ärgers mehrmals die Toilettenspülung betätigten. Sie spülen ihren Ärger symbolisch hinunter. Die aufgestauten Gefühle werden sozusagen umgeleitet.

Eine andere Möglichkeit, unerfreuliche, soziale Situationen zu verarbeiten, ist der Austausch mit Kollegen (Korczynski 2003; Morris & Feldman 1996, S. 1004; Dunkel 1988, S. 78). Dunkel (1988; S. 78) und Korczynski (2003, S. 73) berichten von informellen Gruppen, in denen sich Kollegen zusammentun und treffen, um sich gegenseitig Trost zu spenden oder sich negativ über die Kunden auszulassen und damit Stresssituationen zu bewältigen. Ähnlich ist auch die Strategie, durch Humor und Witze unangenehme Situationen zu verarbeiten (Lief & Fox 1963, S. 63). Man macht sich über die Kunden lustig und erzählt Witze über sie, um seinen Ärger herauszulassen.

Andere Bewältigungsmechanismen bestehen letztlich darin, bestimmte Situationen zu meiden oder zu minimieren. Wenn unangenehme soziale Situationen vorgekommen sind, wenden sich manche Emotionsarbeiter beispielsweise ihren Lieblingskunden oder -patienten zu, um dort wieder aufzutanken und positives Feedback einzuholen (Dunkel 1988, S. 77 f.). Dies sind Strategien, um mit den schwierigen oder negativen Seiten der Arbeit zurechtzukommen.

Manchmal werden Grenzen von Kunden überschritten. Hier geht es dann nicht um Bewältigungsmechanismen und ein Erdulden der Kundenreaktionen. In manchen Unternehmen wird den Mitarbeitern in diesen Fällen die Freiheit zugestanden, die Gefühlsregeln des Unternehmens zu übertreten. In einer qualitativen Studie, die Sutton (1991, S. 264) bei Inkassoangestellten durchführte, wird dies beschrieben. Wenn die Inkassoangestellten alles versucht haben und der Kunde weiterhin unverschämt bleibt und den Angestellten sogar beleidigt, darf der Angestellte genauso reagieren wie der Kunde.

2.4 Anforderungen der Emotionsarbeit an Dienstleister

Emotionsarbeit unterscheidet sich zu Nicht-Emotionsarbeit durch die Interaktion mit dem Kunden. Dadurch werden spezifische Anforderungen an Dienstleister gestellt. In der Literatur wird einerseits davon ausgegangen, dass es Persönlichkeitsmerkmale gibt, sozusagen emotionale Fähigkeiten, die in der Ausübung von Dienstleistungen notwendig sind. Andererseits werden Mitarbeiter aber auch gezielt geschult, um zu lernen, wie sie mit dem Kunden interagieren sollen (Seymour & Sandiford 2005, S. 549; Sutton 1991). Es herrscht also die Überzeugung, dass den Dienstleistern die notwendigen Eigenschaften zu einem gewissen Anteil beigebracht werden können. Dabei ist es allerdings sehr schwierig, diese Fähigkeiten für Emotionsarbeit zu benennen und zu messen (Bolton 2005, S. 155). In der Literatur werden soziale und emotionale Sensivität, Empathie, verbale und nonverbale Kommunikation, allgemeiner Zustand des Gefühlslebens einer Person, emotionale Ausdrucksfähigkeit, Self-monitoring, soziale Kompetenz und emotionale Intelligenz als Anforderungen für Emotionsarbeit genannt.

Fineman (2004, S. 54) plädiert für soziale und emotionale Sensitivität bei Dienstleistern. Ähnliches zeigen die Studien von Zapf und Mitarbeitern (Holz et al. 2004, S. 287; Zapf 2002, S. 240 f.; Zapf, Isic, Fischbach & Dormann 2003, S. 269 f.). Sie untersuchen Sensitivitätsanforderungen in der Emotionsarbeit. Diese Anforderungen umfassen die Fähigkeit der Dienstleister den Ausdruck und die Emotionen ihres Gegenübers wahrnehmen und entsprechend einschätzen zu können, um ihren Gefühlsausdruck daran anzupassen. Nur in sehr kurzen, skriptbasierten Interaktionen ist dies nicht unbedingt notwendig, weil der Dienstleister hier handelt, ohne in einer individuell zugeschnittenen Art und Weise auf den Kunden eingehen zu müssen.

Nerdinger nennt als einen wichtigen Aspekt, der für das Gelingen der Interaktion ausschlaggebend ist, Empathie (Nerdinger 1998a, S. 88; vgl. auch Haubl & Rastetter 2000, S. 23; Korczynski 2003, S. 73) sowie verbale und nonverbale Kommunikation (Nerdinger 1998b, S. 1183 ff.). Wenn Dienstleister sich in die Situation des Kunden einfühlen, d.h. eine empathische Verbindung aufbauen, können sie auf die persönlichen Wünsche und Bedürfnisse des Kunden eingehen. Der Kunde erfährt eine individuelle Behandlung und fühlt sich durch die Reaktion auf seine Bedürfnisse wertgeschätzt. Nerdinger (1998a, S. 92) nimmt an, dass Empathie für eine positiv erlebte Interaktion zwischen Dienstleister und Kunde notwendig ist. Die Fähigkeit zur verbalen Kommunikation ist unumgänglich, um sich einerseits über das Problem des Dienstleisters auszutauschen und das Problem möglichst effizient lösen zu können. Andererseits soll ein positiver Eindruck des Dienstleisters entstehen, Freundlichkeit, Höflichkeit und Respekt sollen vermittelt werden. Auch in Problemsituationen muss der Dienstleister kompetent kommunizieren, um Konflikte zu vermeiden oder zu lösen, wenn der Kunde beispielsweise unangemessene Forderungen stellt oder gegen soziale Umgangsregeln verstößt (Nerdinger 1998b, S. 1183 ff.). Eine genauso wichtige Rolle spielt die nonverbale Kommunikation, die die verbale Kommunikation maßgeblich unterstützt.

Außerdem werden der allgemeine Zustand des (eher positiven oder negativen) Gefühlslebens, die emotionale Ausdrucksfähigkeit sowie die Fähigkeit des Self-monitorings (vgl. Teil B Kapitel 2.2.3; Grandey 2000, S. 106 f.) genannt. Hinsichtlich des allgemeinen Zustands des Gefühlslebens gehen Morris und Feldman (1996, S. 1000) davon aus, dass es positiv eingestellten Menschen leichter fällt, positive Gefühlsausdrücke darzustellen und negativ eingestellten Menschen leichter fällt, negative Gefühle auszudrücken. Sie stellen die Hypothese auf, dass es eher zu emotionaler Dissonanz kommt, wenn man ein eher positiv eingestellter, optimistischer Mensch ist, im Beruf jedoch negative Gefühle ausdrücken muss, wie dies z.B. bei Inkassoangestellten der Fall ist. Fröhliche, optimistisch gestimmte Menschen, die ständig ermahnen und ernst sein müssen, widersprechen damit ihrem eigentlichen Gefühlszustand. Wenn man ein eher negativ eingestellter, pessimistischer Mensch ist und z.B. in der Arbeit sehr viel lächeln muss, kommt es ebenfalls eher zu emotionaler Dissonanz. Ein Beispiel wäre eine Flugbegleiterin, die den ganzen Tag freundlich und hilfsbereit sein muss, aber das Gegenteil fühlt. Der Aufwand, gegen seine grundsätzliche Gefühlsstimmung zu arbeiten ist viel größer, als wenn man seine Gefühlsstimmung ausleben kann, ohne sich zu verstellen.

Arvey, Renz und Watson (1998, S. 125) gehen davon aus, dass Angestellte Emotionen unterschiedlich erleben und dass das Verhalten und ihr Ausdruck individuell variieren. Jedes Individuum fühlt unterschiedlich, wenn Gefühle unterdrückt werden oder wenn Gefühle dargestellt werden müssen, die gar nicht empfunden werden. Das bedeutet, die Emotionalität oder Ausdrucksfähigkeit von Emotionen ist abhängig von der Persönlichkeit. Darauf basierend nehmen Arvey und Mitarbeiter (ebd., S. 126 ff.) an, dass Personen entsprechend ihrer emotionalen Ausdrucksfähigkeit besser in manche Organisationen und Berufe passen und hier auch eine bessere Leistung zeigen können. Unter Berücksichtigung der Überlegungen von Morris und Feldman und Arvey und Mitarbeitern scheint es plausibel, dass Menschen die Berufe wählen, für die sie geeignet sind und die ihrer Persönlichkeit entsprechen, wenn sie dazu die Möglichkeit haben.

Wharton (1996, S. 101 f.) kommt zu dem Ergebnis, dass Personen mit hohem Self-monitoring sich flexibel an die jeweilige Interaktion anpassen können und dadurch einem geringeren Ausmaß an emotionaler Dissonanz ausgesetzt sind. Diese Fähigkeit wäre folglich positiv für Emotionsarbeit.

Genauso wird die soziale Kompetenz als ausschlaggebend bezeichnet, um Emotionsarbeit zu leisten. Abiala (1999, S. 218) und Nerdinger (1994, S. 166) beobachten eine gesteigerte soziale Kompetenz bei Menschen, die Emotionsarbeit ausüben. Was allerdings unter sozialer Kompetenz verstanden wird, bleibt bei beiden Autoren relativ unkonkret. Nerdinger verweist auf „soziale Situationen beherrschen" und sich in diesen „anzupassen" (ebd.).

Das Konzept der emotionalen Intelligenz scheint all die genannten Aspekte zu umfassen und geht noch darüber hinaus. Obwohl dieses Konzept viel Beachtung erfahren hat, herrscht gleichzeitig wenig Konsens darüber. Emotionale Intelligenz wird als Mittel zur erfolgreichen Interaktionsgestaltung gesehen. Man versteht darunter die Fähigkeit, Emotionen in Interaktionen zu erkennen und sie entsprechend zur Gestaltung der Interaktion einzusetzen (Grandey 2000, S. 106; Krell 2002, S. 78). Das bedeutet, die Gefühle des Gegenübers wahrzunehmen, die eigenen Gefühle bewusst einzusetzen, zu unterdrücken und entsprechend der Situation zu regulieren, um andere zu beeinflussen (Caruso & Salovey 2005, S. 75; Goleman 1996, S. 54).

> „Emotional intelligence can be described in three primary domains…: the accurate appraisal and expression of emotion (in self and in other people), the adaptive regulation of emotions (in self and in other people), and the utilization of emotions to plan, create, and motivate action" (Salovey, Hsee & Mayer 1993, S. 259).

Hinter dem Begriff der emotionalen Intelligenz verbirgt sich die Annahme, dass Emotionen das rein kognitive Denken des Menschen bereichern und das Denken intelligenter machen. Dabei ist emotionale Intelligenz keine Verhaltensweise sondern eine mentale Fähigkeit (Mayer & Salovey 1997, S. 5 ff.).[46] Mayer und Salovey unterscheiden drei Ebenen: (1) das emotionale Niveau, (2) die emotionale Kompetenz und (3) die emotionale Intelligenz. Das emotionale Niveau ist das, was eine Person über Emotionen gelernt hat. Man ist emotional kompetent, wenn man ein bestimmtes Niveau erreicht hat. Und die emotionale Intelligenz bestimmt wiederum das emotionale Niveau eines Menschen (ebd., S. 22). Emotionale Intelligenz könnte nach diesem Verständnis ausschlaggebend für soziale Kompetenz sein.

[46] In der Weiterentwicklung des Konzepts der emotionalen Intelligenz gehen jedoch die Annahmen auseinander, ob es sich um eine kognitive Fähigkeit oder ein Persönlichkeitsmerkmal handelt (Zeidner 2005, S. 227).

Das Konzept der emotionalen Intelligenz wurde insbesondere durch Goleman[47] bekannt, der auf den Arbeiten von Mayer und Salovey aufbaute. Goleman (2000, S. 80) sieht die Basis für emotionale Intelligenz in vier fundamentalen Fähigkeiten, die wiederum in Subfähigkeiten untergliedert werden können: (1) Selbstbewusstsein, auch im Sinne von Selbstreflexion, z.B. die Fähigkeit, eigene Gefühle wahrzunehmen, zu verstehen und ihren Einfluss einschätzen zu können, (2) Selbstmanagement, z.B. die Fähigkeit, störende Gefühle kontrollieren zu können, (3) soziales Bewusstsein, z.B. sich in andere Menschen und ihre Gefühlslage einfühlen zu können, und (4) soziale Fähigkeiten, z.B. die Fähigkeit anderen Menschen zuhören zu können und klare, überzeugende Botschaften zu senden. Das Konzept wurde von vielen Wissenschaftlern aufgegriffen, die versucht haben, emotionale Intelligenz beim Menschen empirisch nachzuweisen. Problem der Untersuchungen ist unter anderem, dass die Konzepte sich inhaltlich und methodisch sehr unterscheiden und teilweise erhebliche Mängel aufweisen (vgl. Conte 2005; Grandey 2000, S. 106). Zudem wird kritisiert, dass der Begriff „Intelligenz" nicht korrekt gewählt ist. Schuler (2002) spricht bezüglich der emotionalen Intelligenz von einem irreführenden Konzept. Denn Intelligenz wird allgemein als relativ stabil angesehen, bei der emotionalen Intelligenz wird jedoch davon ausgegangen, dass sie trainierbar ist. So wie der Begriff emotionale Intelligenz verstanden wird, kann er im weitesten Sinne der Sozialkompetenz zugeordnet werden (Kauffeld 2006, S. 32 f.). Der Kompetenzbegriff löst damit das Intelligenzkonzept ab (Weinert 2001, S. 48). Es sollte folglich von sozialer Kompetenz gesprochen werden anstatt von sozialer oder emotionaler Intelligenz.

3 Gefühlsarbeit als Teil sozialer Interaktion

3.1 Konzept der Gefühlsarbeit

Strauss und Mitarbeiter (1980) entwickelten Anfang der 1980er Jahre das Konzept der Gefühlsarbeit (sentimental work). Auch wenn der Name ähnlich wie Emotionsarbeit klingt und dieser Ansatz oft in die Emotionsarbeit integriert wird, grenzen Strauss und Mitarbeiter dieses Konzept von Hochschilds Konzept der Emotionsarbeit ab. Sie wollen bewusst den Gegensatz zu Hochschild hervorheben. Während Hochschild sich im Wesentlichen auf die Dienstleister, ihr Erleben und die Konsequenzen von Emotionsarbeit konzentriert, ist das Anliegen von Strauss und Mitarbeitern, das Konzept der Gefühlsarbeit als Konzept in der Interaktion von Dienstleister und Kunde zu verstehen. Sie betonen dabei die Kooperation zwischen den beiden Akteuren (ebd., S. 650). Trotzdem wird der Begriff der Gefühlsarbeit oft zur Emotionsarbeit hinzugezählt. Krell (2002, S. 75) benutzt die Begriffe beispielsweise „synonym". Dabei gehen die Spezifika der Gefühlsarbeit jedoch oft verloren. Strauss und Mitarbeiter (1980) geht

[47] Goleman wurde jedoch unter anderem unwissenschaftliches Arbeiten vorgeworfen. Zur Kritik vgl. Sieben (2001) und Krell (2002).

es in ihrem Konzept darum, Gefühlsarbeit als ein Bestandteil der Arbeit in der Interaktion zu etablieren. Diese Arbeit war bis dahin nicht als Arbeit verstanden worden.

Strauss und Mitarbeiter definieren die „Gefühlsarbeit als Arbeit, die speziell unter der Berücksichtigung der Antworten der bearbeiteten Person oder Personen geleistet wird *und* die im Dienste das Hauptarbeitsverlaufs erfolgt“ (ebd., S. 629; Hervorhebung wie im Original). Ihr Konzept beruht auf qualitativen Untersuchungen im Krankenhaus. Der Hauptarbeitsverlauf im Krankenhaus bezeichnet die instrumentellen Handlungen, die von Ärzten oder Pflegern durchgeführt werden, wie z.B. eine Untersuchung oder eine Behandlung. Strauss und Mitarbeiter führen in diesem Zusammenhang den Begriff „Krankheitsverlaufskurve (‚trajectory‘)“ (ebd., S. 633) ein, um auf den ganzen Prozess und die Handlungen zu verweisen, die ein Krankheitsverlauf bzw. die Bewältigung einer Krankheit umfassen. Neben Haupttätigkeiten, wie Untersuchungen und Behandlungen, wird auch Gefühlsarbeit geleistet. Diese steht nicht im Vordergrund der Arbeit, sondern ist Mittel zum Zweck. Gefühlsarbeit ist beispielsweise das Trösten oder Beruhigen eines Patienten, um die Behandlung oder Untersuchung zu ermöglichen. Wenn ein Kind weint, weil es Angst vor dem ihm unbekannten, behandelnden Arzt hat und sich vor Schmerzen fürchtet, kann die Behandlung ohne beruhigende Worte und Ablenkung nicht oder nur sehr langsam stattfinden. Deshalb tritt neben die instrumentelle Handlung des Arztes eine zweite Arbeitslinie, die Gefühlsarbeit. Letztere kann unter Umständen dafür verantwortlich sein, wie schnell die Haupttätigkeit ausgeführt werden kann (Brucks 1999, S. 30). Sie dient dazu, die Patienten kooperationswillig und -fähig zu machen. Wenn Patienten sich nicht als Subjekte wahrgenommen fühlen, sie die Untersuchungen und Behandlungen ängstigen, weil sie sie nicht verstehen und ausgeführt werden, ohne dass auf sie eingegangen wird, so dass sie sich auf Grund dessen unbehaglich fühlen oder wütend sind, liegen hier Fehlleistungen im Bereich der Gefühlsarbeit vor (Strauss et al. 1980, S. 634 f.). Die Arbeit an den Gefühlen der Patienten gehört jedoch nicht zu den expliziten Aufgaben gegenüber den Patienten. Sie kann nicht in Rechnung gestellt werden. Gefühlsarbeit erfolgt entsprechend eher ungeplant, unbemerkt, implizit (ebd., S. 635; Brucks 1999, S. 29) und wird immer noch stark vernachlässigt (vgl. Brucks 1999, S. 30).

Strauss und Mitarbeiter (1980, S. 638) beschreiben aber nicht nur die Arbeit, die getan wird, um die Patienten zu beeinflussen. Für einen Arzt oder einen Pfleger kann es durchaus schwierig sein, eine Behandlung durchzuführen, die für den Patienten äußerst schmerzhaft ist. Arzt und Pfleger müssen dann auch an sich arbeiten, um die Fassung zu wahren. Dies ist auch Gefühlsarbeit.

3.2 Typen der Gefühlsarbeit

Strauss und Mitarbeiter (1982, S. 258 ff., 1985, S. 132 ff.) klassifizieren sieben Typen von Gefühlsarbeit: (1) Interaktionsarbeit und moralische Regeln (interactional work and moral rules), (2) Vertrauensarbeit (trust work), (3) Fassungsarbeit (composure work), (4) biografische Arbeit (biographical work), (5) Identitätsarbeit (identity work), (6) kontextbezogene Gefühlsarbeit zum Schutz des Patienten (awareness context work) und (7) Berichtigungsarbeit (rectification work).[48]

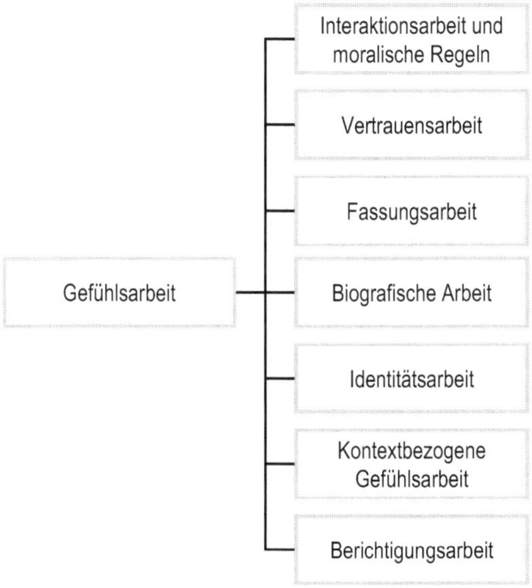

Abbildung 28: Typen der Gefühlsarbeit

Der erste Typ, Interaktionsarbeit und moralische Regeln, bezieht sich darauf, dass es im Umgang mit dem Patienten bestimmte Regeln oder Umgangsformen gibt, die als selbstverständlich angenommen werden und die Arbeit des Pflegepersonals bzw. der Ärzte erleichtern. Beispielsweise ist es wichtig, Sachverhalte oder Untersuchungen zu erläutern, um den Patienten respektvoll zu begegnen und ihnen damit ihre Angst zu nehmen.

Vertrauensarbeit bedeutet, eine Verbindung zum Patienten herzustellen, um ihm ein Gefühl der Sicherheit zu geben und eine Vertrauensbasis zum Patienten aufzubauen. Damit wird die Arbeit des Arztes erleichtert, weil der Patient ohne Angst und Zögern untersucht werden kann.

Eine andere Form der Gefühlsarbeit ist die Fassungsarbeit. Hier beschreiben Strauss und Mitarbeiter (1980, S. 638) eine Situation, in der einem Patienten mit Verbrennungen die Haut abgeschrubbt wird. Der Patient hat extreme Schmerzen und die Pflegekräfte versuchen, ihn zu

[48] Übersetzung aus dem Englischen, vgl. Giesenbauer und Glaser (2006, S. 70 f.)

mobilisieren, durchzuhalten. Es geht also darum, die Fassung des Patienten aufrechtzuerhalten, so dass der Patient stillhält und die Prozedur schnellstmöglich beendet werden kann.

Die biografische Arbeit betrifft das Kennenlernen des Patienten, seiner sozialen Situation und persönlichen Aspekte (Alter, Lebensweise etc.). Für die ärztliche Diagnose von Krankheiten oder Behandlungen ist das Wissen über Lebensumstände und die konkrete Lebensweise, z.B. Ernährungsgewohnheiten, eines Patienten wichtig. Krankenpfleger nutzen diese Informationen, um eine Beziehung zum Patienten aufzubauen und so das Pflegeverhältnis und ihre Arbeit zu erleichtern. Diese Informationen können auch in schwierigen Momenten aufgegriffen werden, um Patienten aufzumuntern und zu motivieren (Strauss et al. 1982, S. 263).

Im Gegensatz zur biografischen Arbeit, die sich eher auf soziale und persönliche Aspekte der Patienten bezieht, ist die Identitätsarbeit auf die Psyche bzw. die ‚psychischen Probleme' (ebd.) der Personen bezogen. Strauss und Mitarbeiter beschreiben diese Art der Arbeit als Bewältigungsarbeit, vor allem bei Personen, die bleibende gesundheitliche Beeinträchtigungen haben oder unheilbar krank sind. Die Arbeit ist darauf ausgerichtet, demoralisierende Prozesse abzuschwächen und damit die Arbeit des Arztes oder des Pflegers zu unterstützen und zu erleichtern (ebd., S. 263 f.).

Kontextbezogene Gefühlsarbeit bedeutet, dass Ärzte oder Pfleger Informationen (teilweise) vorenthalten, um die Patienten zu schützen und zu schonen. Damit ist nicht gemeint, den Patienten im Ungewissen zu belassen, sondern er soll nicht unnötig belastet werden (ebd., S. 265).

Berichtigungsarbeit wird dann geleistet, wenn Ärzte oder Pfleger das Verhalten ihrer Kollegen wieder gutmachen, weil diese den Patienten sehr unpersönlich, respektlos oder verletzend behandelt haben. Wenn ein Arzt eine Untersuchung anhand einer Maschine durchführt und den Patienten als Person kaum beachtet, ist es wichtig, dies zu revidieren, damit der Patient sich bei der nächsten Behandlung nicht völlig verschließt (Strauss et al. 1982, S. 258 ff., 1985, S. 132 ff.).

Emotionsarbeit im Sinne von Hochschild bezieht sich darauf wie Menschen ihre Gefühle und ihre Gefühlsausdrücke regulieren und sich dabei an bestimmten Regeln oder der Situation entsprechend orientieren. Gefühlsarbeit nach Strauss und Mitarbeitern (1980, S. 650; Brucks 1999, S. 185) beschreibt die Beeinflussung anderer, um die eigentliche Arbeit (den Hauptarbeitsverlauf) ausführen zu können. Hierzu gehören alle Arbeitsschritte, die darauf ausgerichtet sind, die Gefühle der Klienten oder Patienten zu beeinflussen und damit die Interaktion zwischen Dienstleister und Kunde zu ermöglichen. Ziel ist es nicht, besonders einfühlsam mit dem Patienten umzugehen, sondern im Wesentlichen geht es in der Gefühlsarbeit darum, die eigentliche Arbeit auszuführen. Beide, Arzt und Patient, sind für den Erfolg der Arbeit ausschlaggebend, die Dienstleistung wird in Kooperation erbracht (Büssing & Glaser 1999,

S. 167). Auch wenn der Patient eine eher passive Rolle einnimmt, ist er doch daran beteiligt, dass die Dienstleistung erbracht wird und wie sie erfolgt.

Es herrscht keine wechselseitige Beziehung, weil der Patient auch Arbeitsgegenstand ist (Brucks 1998, S. 169 f., 1999, S. 183). Diese Besonderheit, so Brucks (1999, S. 183), gilt nur bei Interaktionen wie der Pflege, Therapie, Erziehung und Bildung. Denn in reziproken Beziehungen haben die Personen zwar unterschiedliche Interessen, aber sie befinden sich auf derselben Ebene und treten in Interaktion wegen etwas Drittem. In einer Arzt-Patienten-Beziehung hat der Patient ein Wissensdefizit gegenüber dem Arzt und ist abhängig von diesem (vgl. Teil B Kapitel 1.3).

Die Ausarbeitungen zu diesem Konzept sind im Kontext der Arbeit im Krankenhaus entstanden. Wie deutlich wird, bezieht sich das Konzept detailliert auf die Arbeit von Ärzten und Krankenpflegern. Das Konzept wurde wenig auf andere Berufsgruppen übertragen, es gibt beispielsweise eine Untersuchung von Büssing, Giesenbauer, Glaser und Höge (2002), die dieses Konzept auf Lehrer angewendet haben. Hier war nur eine grobe Übertragung des Konzeptes möglich. In einer quantitativen Untersuchung von Pflegekräften (Büssing, Giesenbauer, Glaser & Höge 2001), wie auch in der erwähnten quantitativen Untersuchung von Lehrern, wurde ein neuer Typ von Gefühlsarbeit erfasst, den Büssing und Mitarbeiter Erziehungsarbeit nennen. Dieser bezeichnet z.B. das Zurechtweisen von Patienten oder Schülern. Teilergebnis ihrer Untersuchung war, dass die Items Fassungs- und Vertrauensarbeit, biografische und Identitätsarbeit und Kontext- und Erziehungsarbeit jeweils zusammengefasst werden konnten zu drei Typen. Fassungs- und Vertrauensarbeit ließen sich empirisch nicht unterscheiden, weil sie ähnliche Verhaltensweisen, wie z.B. das Trösten, einschließen. Genauso verhielt es sich mit biografischer und Identitätsarbeit, die die Kommunikation mit dem Patienten bzw. dem Schüler über die eigene Person betreffen. Und Kontextarbeit und Erziehungsarbeit ließen sich ebenfalls nicht differenzieren, da sie durch negatives Verhalten gekennzeichnet sind, wie z.B. das Verschweigen von bestimmten Informationen oder das Zurechtweisen des Gegenübers (vgl. auch Giesenbauer & Glaser 2006, S. 76 f.). Bei einem qualitativen Untersuchungsdesign könnten unter Umständen Nuancen zwischen den einzelnen Typen abgefragt werden.

Eine weitere Abweichung vom Ansatz von Strauss und Mitarbeitern ist, dass der erste Typ, der bei Strauss und Mitarbeitern als Interaktionsarbeit und moralische Regeln bezeichnet wird, von Büssing und Mitarbeiter nicht als Gefühlsarbeit erachtet wird. Büssing und Mitarbeiter sind der Ansicht, dass hier keine Beeinflussung der Gefühle geschieht. Außerdem wurde Berichtigungsarbeit als zu komplex für die Untersuchung mittels quantitativem Fragebogen angesehen. Damit wurden diese Typen ebenfalls nicht untersucht (ebd., S. 76).

Auch wenn das Konzept vorwiegend im Bereich Pflege untersucht und weiterentwickelt wurde, kann die Grundidee trotzdem über Interaktionen zwischen Dienstleister und Kunde

Aufschluss geben. Die Konzepte der Emotionsarbeit und Gefühlsarbeit ergänzen sich und sind bedeutsam für die Betrachtung von Interaktionen. Bei Emotionsarbeit wird der Fokus auf die Arbeit an den eigenen Gefühlen der Dienstleister gelegt. Bei Gefühlsarbeit steht die Beeinflussung des Kunden durch Gefühle, Aussagen, Bewegungen etc. im Vordergrund. Dunkel (1988), wie später auch Büssing und Glaser (2001), ergänzen diese zwei Dimensionen um eine dritte. Denn es wird nicht nur an den Gefühlen gearbeitet, sondern auch ‚mit Gefühl' (Dunkel 1988, S. 70). Dazu gehören Empathie, sich auf den Kunden einzulassen, sich vorzutasten und Erfahrungswissen einzusetzen etc. (ebd., S. 67, 70 f.). Das Konzept, das diese Arbeit ‚mit Gefühl' umfasst und die bisherigen Dimensionen ergänzt, ist das subjektivierende Arbeitshandeln.

3.3 Anforderungen der Gefühlsarbeit an Dienstleister

Da das Konzept der Gefühlsarbeit zwar indirekt in Arbeiten zur Emotionsarbeit eingeflossen ist, aber wenig als eigenes Konzept weiter bearbeitet wurde, gibt es kaum spezifische Anforderungsuntersuchungen zur Gefühlsarbeit. Vermutlich werden ähnliche Fähigkeiten wie in der Emotionsarbeit notwendig, da der Gefühlsarbeiter das Gegenüber wahrnehmen, auf es eingehen und entsprechend die eigenen Gefühle darstellen muss, um die gewünschte Reaktion beim Gegenüber hervorzurufen. Damit wird erneut die Überschneidung zur Emotionsarbeit deutlich. Eine Analyse der spezifischen Anforderungen in der Gefühlsarbeit bleibt somit als Forschungslücke, die es in der empirischen Studie zu untersuchen gilt.

4 Subjektivierendes Arbeitshandeln als Teil sozialer Interaktion

4.1 Konzept des subjektivierenden Arbeitshandelns

> „Erfahrungsgeleitetes Arbeiten kann man lernen. Aber Erfahrung selbst kann man nicht auf traditionelle Art ‚lernen' und schon gar nicht lehren. Erfahrung kann man nur selbst machen, ..." (Erpenbeck 2004, S. 319).

Anhand der vorhergehenden Konzepte wird deutlich, dass es in der Dienstleistungsarbeit nicht ausreichend ist, Arbeit nur als körperliche und geistige Arbeit zu analysieren. Arbeit ist auch Emotions- und Gefühlsarbeit. In diesem Zusammenhang ist auch das Konzept des subjektivierenden Arbeitshandelns zu verorten. Im Gegensatz zu einem planmäßig rationalen Handeln, das darauf beruht, dass Arbeitshandlungen zweckorientiert, systematisch und zielgerichtet vollzogen werden, beleuchtet das subjektivierende Arbeitshandeln Tätigkeiten, die mittels Gefühl, Gespür und auf Erfahrungswissen beruhend ausgeführt werden und den Arbeitsgegenstand als Subjekt begreifen. In personenbezogenen Dienstleistungen scheint dies besonders relevant, da der Kunde (Arbeitsgegenstand) Ko-Produzent der Dienstleistung ist. Die Arbeit in der Interaktion erfordert, dass der Kunde als Subjekt anerkannt wird, damit der

Dienstleister individuell auf ihn eingehen kann. Durch die Einbindung des Kunden ist es gleichzeitig nur schwer möglich, den genauen Ablauf der Interaktion zu planen und zu standardisieren. Deshalb ist ein planmäßig rationales Handeln oft nicht ausreichend. Es werden vielmehr subjektive Faktoren (Gefühl, Gespür, Erfahrungswissen) in der Arbeit notwendig. Um darzulegen, was dies konkret bedeutet, wird im Folgenden zunächst die vorherrschende, objektivierende Vorstellung von Arbeitshandeln dargestellt und danach auf subjektivierendes Arbeitshandeln eingegangen.

Objektivierendes Handeln bezeichnet rationales, planmäßiges Handeln, d.h. ein Handeln, das sich an objektiven, allgemeingültigen, generalisierbaren Regeln orientiert und auf wissenschaftlichen Erkenntnissen beruht (Böhle & Milkau 1988, S. 18 f.). Das Wissen und die Verfahren, die zur Anwendung kommen, basieren auf subjektunabhängigen, objektiven Kriterien (Böhle et al. 2006, S. 33). Praktischem Handeln geht die Planung und Ausführung von Handlungsschritten voraus. Es wird rational, also verstandesmäßig gehandelt. Gefühle sind störend für eine objektive Wahrnehmung. Die Sinne dienen lediglich der Wahrnehmung und dem Erkennen, das Subjektive wird dabei außen vor gelassen. Charakteristisch für objektivierendes Handeln ist, dass die Beziehung zur Umwelt gefühlsneutral und distanziert ist. Personen und Dinge werden objektiv beurteilt (Böhle & Schulze 1997, S. 27 f.; vgl. auch Böhle 2003, S. 124 ff.).

Da die „ ‚rationalistische' Analyseperspektive" (Kleemann, Matuschek & Voß 2003, S. 66) von Arbeit nicht ausreichend ist und gewisse Aspekte von Arbeit ausblendet, wurde sie von Böhle und Mitarbeitern (Böhle & Milkau 1988; Böhle & Rose 1992) durch das Konzept des subjektivierenden Arbeitshandelns ergänzt. Das subjektivierende Arbeitshandeln wird als komplementär zum objektivierenden Arbeitshandeln verstanden. Wie der Begriff „subjektivierend" schon deutlich macht, geht es hierbei um subjektive Faktoren in der Arbeit, wie „Gefühl, Erleben und Empfinden" (Böhle et al. 2006, S. 33). Vier Aspekte charakterisieren das Arbeitshandeln: (1) die Wahrnehmung, (2) das Denken, (3) das Vorgehen und (4) die Beziehung zur Umwelt.

Im Vordergrund des subjektivierenden Arbeitshandelns steht die sinnliche Wahrnehmung. Hierbei kommt es nicht darauf an, bestimmte Geräusche, Gerüche oder Veränderungen wahrzunehmen, sondern auf das Wahrnehmen vielschichtiger Informationen und das Zusammenspiel der Sinne. Das subjektive Empfinden ist dabei entscheidend, es beurteilt das Wahrgenommene. Man lässt sich folglich von seinem Gespür leiten (Böhle 1999a, S. 105; Schulze & Carus 1995). Böhle (1999a, S. 105) nennt dies auch die „Intelligenz der Sinne".

Die sinnliche Wahrnehmung ist verknüpft mit Assoziationen und Bildern. Der Mensch nimmt nicht nur über Begriffe wahr und speichert diese im Gedächtnis, sondern es werden auch Bilder, akustische Vorgänge oder Bewegungsabläufe gespeichert. Diese sind verbunden mit bestimmten Kontexten (Erfahrungen, Gegebenheiten, Situationen). Durch gewisse Ereignisse werden dann Assoziationsketten ausgelöst. Dies wird als anschauliches Denken bezeichnet (Böhle 1999a, S. 106, 2003, S. 132 f.; Böhle & Schulze 1997, S. 34; vgl. Arnheim 1980).

Im Gegensatz zum objektivierenden Handeln, bei dem erst geplant wird, um dann schrittweise die Ausführung der Handlung vorzunehmen, wird beim subjektivierenden Handeln explorativ vorgegangen. Planung und Ausführung sind ineinander verwoben, Aktion und Reaktion auf Menschen und Gegenstände passieren gleichzeitig. Folglich wird das Ziel während des praktischen Handelns weiterentwickelt und gegebenenfalls auch abgeändert und angepasst. Das Ziel steht beim objektivierenden Handeln vorher fest. Beim subjektivierenden Handeln gleicht es eher einer diffusen Vorstellung (Böhle 1999a, S. 106, 2003, S. 133; Böhle & Schulze 1997, S. 34 f.).

Die Beziehung zur Umwelt ist beim subjektivierenden Arbeitshandeln gekennzeichnet durch Empathie und subjektive Involviertheit. Das bedeutet, der Handelnde lässt sich ein auf Personen und Arbeitsgegenstände und fühlt sich ein. Die Personen und Gegenstände werden als Subjekte wahrgenommen, d.h. ihre Eigenschaften und ihr Verhalten sind nicht völlig berechenbar und festgelegt, sondern man muss auf sie eingehen, sich einlassen (Böhle 1999a, S. 106 f., 2003, S. 133; Böhle & Schulze 1997, S. 35). Subjektivierendes Arbeitshandeln kommt insbesondere dann zur Geltung, wenn in ungeplanten, unvorhersehbaren Situationen schnell gehandelt werden muss oder mit Unwägbarkeiten umgegangen wird. Ein objektivierendes Handeln ist hier nicht ausreichend, denn es muss gehandelt werden, ohne die Situation erst objektiv zu analysieren. Das Konzept des subjektivierenden Arbeitshandelns kann folgendermaßen zusammengefasst werden: „Umgang mit begrenzt planbaren und kontrollierbaren Anforderungen, Wahrnehmungen und Interpretationen von Informationen, die sich nicht objektivieren lassen, Denken in bildhaft-assoziativen mentalen Prozessen, dialogisch-interaktives Vorgehen und subjektives Nachvollziehen (Empathie)“ (Böhle et al. 2006, S. 33). Diese vier Aspekte sind in der folgenden Abbildung anschaulich zusammengefasst. Hier sind objektivierendes und subjektivierendes Arbeitshandeln gegenübergestellt, um zu verdeutlichen, inwiefern beides ausschlaggebend für das menschliche Arbeitshandeln ist und sich ergänzt.[49]

[49] Eine weiterführende Übersicht und Gegenüberstellung von subjektivierendem und objektivierendem Handeln stellt Heller (1994, S. 81) dar.

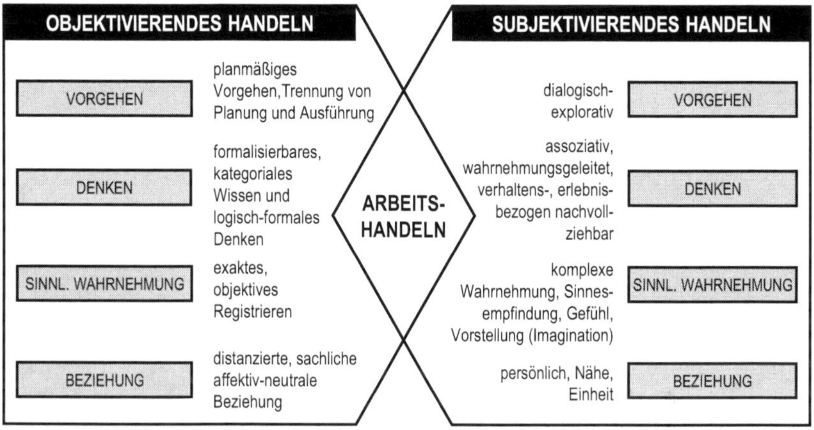

Abbildung 29: Objektivierendes und subjektivierendes Handeln (Böhle 2004, S. 48)

Das Konzept des subjektivierenden Arbeitshandelns wurde zunächst in der industriellen Produktion entwickelt (Böhle & Milkau 1988; Böhle & Rose 1992) und später auch auf personenbezogene Dienstleistungen (z.B. Böhle & Weishaupt 2003) erweitert. Es ist unter anderem angelehnt an verschiedene Forschungen im Bereich der sinnlichen Wahrnehmung und des anschaulichen Denkens (Merleau-Ponty 1966; Arnheim 1980), Arbeiten zur künstlichen Intelligenz (Dreyfus & Dreyfus 1987) sowie Arbeiten von Polanyi (1985) zum impliziten Wissen („tacit knowing“) und zur Intuition (Goldberg 1985).[50] Bei all diesen Ansätzen geht es im Gegensatz zu rationalen Handlungskonzepten „um eine ‚andere‘ Beziehung zur Umwelt“ (Böhle 2004, S. 44).[51] Bestehende Forschungen wurden aufgegriffen und in einem handlungstheoretischen Ansatz weiterentwickelt.

Eine besondere Rolle innerhalb des Konzeptes kommt dem Erfahrungswissen zu. In der Literatur wird der Begriff des Erfahrungswissens allerdings unterschiedlich aufgefasst und verwendet. Eine eher konservative Vorstellung von Erfahrung versteht Erfahrung im Sinne eines Erfahrungsschatzes und nicht eines ‚Erfahrung-Machens‘ (Böhle 2004, S. 48; vgl. auch Böhle & Rose 1992, S. 8 f.). Während der Begriff Erfahrungsschatz das Erfahrung-Haben und damit die Routine betont, wird durch den Begriff Erfahrung-Machen das subjektive Erleben, das praktische Erfahren in den Vordergrund gestellt. In der neueren Diskussion wird Erfahrungswissen im Sinne von Erfahrung-Machen als eigenständige Wissensform anerkannt. Es wird als ein Wissen verstanden, das während des praktischen Handelns erworben und angewendet

[50] Dies ist eine Auswahl an Arbeiten, an denen sich das Konzept anlehnt (vgl. Böhle 1999a; Böhle & Milkau 1988).

[51] Für einen Überblick über die Auseinandersetzung mit rationalen Theorien vgl. Fischer (2000, S. 31-80) und Böhle (2004, S. 36-44).

wird. Daher ist es auch personengebunden und bezieht sich auf konkrete Situationen (Böhle et al. 2002, S. 19). In der Literatur wird Erfahrungswissen auch in Anlehnung an Kruse (1986) als Arbeitsprozesswissen (work process knowledge) (Fischer 2000, S. 297, 2006; vgl. weiterführend Fischer, Boreham & Nyhan 2004) bezeichnet und im internationalen Sprachgebrauch wird z.B. von knowledge of familiarity (Göranzon & Josefson 1988) oder experiential cognition (Norman 1993) gesprochen. Die Begriffe werden von den jeweiligen Wissenschaftlern allerdings mit unterschiedlichen Nuancen verwendet.

Böhle und Mitarbeiter lehnen sich an das Verständnis vom impliziten Wissen nach Polanyi (1985) an. Implizites Wissen wird „ohne bewusstes Lernen in konkreter Erfahrung gewonnen“ (Büssing, Herbig, Ewert 2002, S. 3) und lässt sich nur schwer verbalisieren (Polanyi 1985, S. 14, 17). Im Unterschied dazu wird beispielsweise im Rahmen des Wissensmanagements zwar der Begriff implizites Wissen verwendet, Nonaka und Takeuchi (1997, S. 77 ff.) sprechen aber von der Externalisierung des impliziten Wissens in explizites Wissen. Hierzu werden Analogien und Metaphern assoziiert, um Unbekanntes mit Bekanntem zu erklären. Dieses kann folglich objektiviert werden. Dagegen verstehen Böhle und Mitarbeiter Erfahrungswissen im Zusammenhang subjektivierenden Arbeitshandelns. Um ihr Verständnis zu verdeutlichen wird auch vom subjektivierenden Erfahrungswissen gesprochen. Hier sind Phänomene zu verorten wie das Gespür und Gefühl für einen Arbeitsgegenstand, die intuitive Suche eines Fehlers, der eine Störung verursacht oder das blitzschnelle Reagieren, ohne sich lange Gedanken zu machen. Das bedeutet, es sind hier Wissensformen angesprochen, die eben nicht auf objektivierbarem Wissen beruhen oder rational gesteuert werden und sich auch deshalb schwer bzw. mit großem Substanzverlust in explizites Wissen umwandeln lassen (vgl. Böhle et al. 2002; Sevsay-Tegethoff 2007).

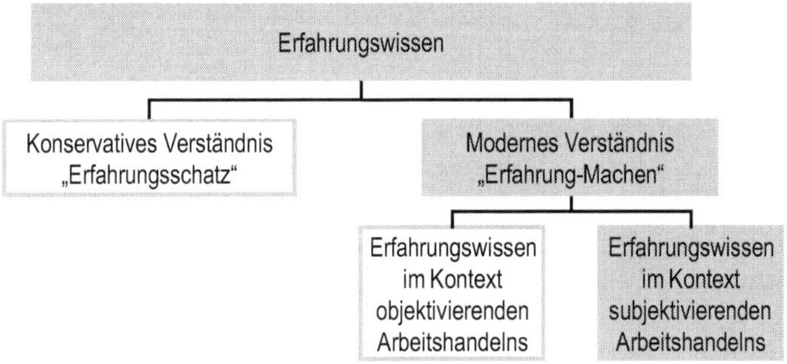

Abbildung 30: Verständnis des Begriffs Erfahrungswissen (in Anlehnung an Sevsay-Tegethoff 2007, S. 68)

Durch sinnliche Wahrnehmung und subjektives Erleben wird Erfahrung geschaffen und zwar aus der Perspektive des Subjektes und nicht aus dem Blickwinkel objektiv geprägter Regeln und Anforderungen.

Subjektivierendes Arbeitshandeln schließt Erfahrung folglich mit ein und basiert auf Erfahrungswissen, das im praktischen Kontext erworben wird (Bauer, Böhle, Munz, Pfeiffer & Woicke 2002, S. 34; Krenn 2000, S. 105; Pfeiffer 2004, S. 299 f.). Im Gegensatz zu einem Handeln, das durch erworbenes Wissen reguliert und geplant wird, ist das subjektivierende Handeln geprägt durch sinnliche Erfahrung. Deshalb spricht man in diesem Zusammenhang auch vom erfahrungsgeleiteten Arbeitshandeln (Bauer et al. 2002, S. 40).

> „Gemeint sind hier Phänomene wie das in der Praxis wie auch in der wissenschaftlichen Untersuchungen oft zitierte ‚Gespür' und Gefühl für Maschinen und technische Anlagen, die Beurteilung von technischen Abläufen, Bearbeitungsvorgängen u.ä. anhand von diffusen und für Außenstehende als Lärm empfundenen ‚Geräuschen'; das ‚Erahnen' einer Störung, noch bevor die Indikatoren hierfür exakt angezeigt werden; blitzschnelle ‚richtige' Entscheidungen ohne langes Nachdenken in komplexen Situationen; die ‚intuitiv' richtige Suche nach Ursachen für Störungen bei einer Vielzahl möglicher Optionen; die Bewältigung komplexer und risikoreicher Situationen durch ‚Improvisationsgeschick' sowie der nicht nur gedankliche, sondern auch körperliche und emotionale ‚Nachvollzug' technischer Abläufe u.ä." (ebd., S. 39 f.).

Nach Büssing und Mitarbeitern (2002, S. 4) hängen Arbeitshandlungen, die auf Erfahrung basieren, von implizitem Wissen ab. Obwohl dieses Wissen unbewusst ist, vertrauen Menschen doch auf dieses Wissen. Sie verfügen sozusagen über ein Art Metawissen, dass dieses Wissen verfügbar ist. Dreyfus und Dreyfus (1987, S. 37 ff.; vgl. Ryle 1969, S. 25 ff.) unterscheiden in diesem Zusammenhang ein regelgeleitetes „Know-that" (wissen, dass) und ein erfahrungsbasiertes „Know-how" (wissen, wie). Know-that ist dabei das formale, theoretisch erworbene Wissen und Know-how das praktische, durch Übung und Erfahrung erworbene Wissen. Beispielsweise kann man zwar Fahrrad fahren (Know-how), aber zu beschreiben, was getan werden muss und welche Regeln angewendet werden, um Fahrrad zu fahren, ist schwer verbalisierbar (Know-that). Norman (1993, S. 22 ff.) unterscheidet in diesem Zusammenhang zwischen „experiential" und „reflective cognition".

Erfahrungswissen zielt nicht darauf ab, Erfahrungen zu kumulieren im Sinn von Routine, sondern das Erfahrung-Machen wird hier betont. Erfahrungen werden durch praktisches Handeln und das Wahrnehmen mit allen Sinnen erworben. Assoziationen, die aus Bildern, Geräuschen, Prozessverläufen und -zuständen etc. entstehen, werden erfahren und gespeichert (Rose 1992, S. 25). Diese Erfahrung kann dann bei ähnlichen Situationen erinnert und angewendet werden. Schulze (2000, S 148 ff.) spricht davon, dass die Erfahrung das psychische Geschehen steuert. Der Handelnde reagiert „intuitiv", weil er ein Gespür für die Situation entwickelt hat.

> „Intuitives Erkennen wird nicht durch bewusste Analyse einer Situation vermittelt. Wir benutzen das Wort, wenn wir etwas wissen, ohne zu wissen, wie wir dazu kommen" (Goldberg 1985, S. 30).

Assoziationen sind sofort verfügbar, es erfolgen keine langwierigen Analysen, sondern man handelt automatisch und reagiert „blitzschnell" (Böhle & Sevsay-Tegethoff 2005, S. 15). Bei unbekannten Situationen, wenn wenig oder kaum Ähnlichkeit zu schon erlebten Situationen besteht, zielt das Handeln auf das Erfahrung-Machen ab, der Handelnde muss sich hier erst orientieren und tastet sich voran. Er agiert weniger intuitiv und überlegt zwischen den einzelnen Schritten (Schulze 2000, S. 144). Schön (2003, S. 54 ff.) weist darauf hin, dass man nicht nur über ein intuitives Wissen in gewissen Situationen verfügt, sondern dass man sich die Situation vergegenwärtigt und, während man etwas ausführt, darüber nachdenkt („reflection-in-action"). Dieser Prozess des Nachdenkens wird angestoßen, wenn die intuitive Handlung ein überraschendes, ungewolltes oder besonders gutes Ergebnis auslöst. Durch diesen Anstoß vergegenwärtigt man sich, was genau dieses positive Ergebnis ausgelöst hat und das, was man tun muss, um es zu wiederholen.

Auch beim Expertenwissen sind Parallelen zum impliziten Wissen vorhanden. Expertenwissen oder Expertise wird verstanden als eine herausragende Leistungsfähigkeit in einem bestimmten Gebiet (z.B. Schachspielen), die durch Praxis und Erfahrung erreicht wird (Sonnentag 2000, S. 224; vgl. auch Hacker 1992). Unterschied zwischen Experten und Neulingen/Novizen ist, dass Experten ein umfangreicheres, besser organisiertes Wissen besitzen und damit Strategien anwenden können, die es ihnen erlauben, Probleme effizienter zu lösen (Sonnentag 2000, S. 233). Expertise wird also über konkretes Handeln erzielt. Damit ist erfahrungsgeleitetes Arbeitshandeln eine Bedingung für das Erlangen von Expertise (Herbig & Büssing 2003, S. 44). Das Erfahrungswissen beeinflusst die Handlungen einer Person unbewusst und stellt einen Teil des Expertenwissens jener Person dar. Das Handeln ist durch nicht reflexive und reflexive Prozesse bestimmt. Denn das Wissen wird unbewusst eingesetzt, die Tätigkeiten an sich sind aber bewusst (Büssing et al. 2002, S. 7; Herbig & Büssing 2003, S. 45).

Böhle und Mitarbeiter (Böhle & Schulze 1997) untersuchten das Konzept des subjektivierenden Arbeitshandelns unter anderem bei Fachkräften, die an computergesteuerten Werkzeugmaschinen (CNC-WZM), in hoch technisierten Arbeitsbereichen, tätig sind. Zunächst ging man davon aus, dass durch die Einführung der CNC-WZM keine Facharbeiter mehr notwendig sein würden. Dies erwies sich als Irrtum. Denn die Werkzeugmaschinen liefen nicht völlig reibungslos und es traten Abweichungen vom geplanten Prozess sowie Störungen auf. Der Prozess stellte sich folglich als nicht völlig planbar heraus. Im Folgenden werden die spezifischen Wahrnehmungs- und Handlungsweisen des subjektivierenden Arbeitshandelns, die hier eingesetzt werden, dargestellt. Es handelt sich dabei um die vier schon erwähnten Aspekte:

komplexe, sinnliche Wahrnehmung, bildhaft-assoziatives Denken/Erfahrungswissen, dialogisch-exploratives Vorgehen, empathische Beziehung.

Immer dann, wenn die Facharbeiter die Möglichkeit hatten am Fertigungsprozess mitzuwirken und ihre Sinne einzusetzen, wurde die Qualität der Bearbeitung durch Empfindungen gemessen und beurteilt. Die Facharbeiter beurteilten die Bearbeitung durch Geräusche, visuelle und haptische Wahrnehmung. Die Facharbeiter beschrieben z.B. einen Schneideprozess eines Fräsers als „rundes, sattes Geräusch" (ebd., S. 39), wenn keine Störungen auftraten. Wenn etwas nicht in Ordnung war und der Fräser sich „durchwürgt" (ebd.), nannte ein Facharbeiter dies als Anzeichen dafür, dass etwas kaputt geht. Das bedeutet, ein spezifisches Geräusch löst das Gefühl aus, dass etwas nicht richtig abläuft.

Arbeitssituationen, Arbeitsbedingungen und Gefühle sind im Gedächtnis zusammen abgespeichert. Wird eine ähnliche Situation erlebt, so werden die damit assoziierten Gefühle erfahren. Mit diesem Gefühl werden entsprechende Vorstellungsbilder aktiviert. Dies geschieht sozusagen nebenbei, ohne bewusstes Einwirken. Ein Facharbeiter hört ein unangenehmes Geräusch und assoziiert damit ein Bild, welches er in der Realität noch nicht gesehen hat. Es wird intuitiv gebildet (ebd., S. 40 f.).

Die projizierten Bilder und wahrgenommenen Gefühle lösen Handlungen aus. Beispielsweise wird der Fräser ausgeschaltet, weil man das Gefühl hat, er gehe sonst kaputt oder die Geschwindigkeit wird verlangsamt und heruntergefahren. Hier beschreiben die Facharbeiter, dass sie sich herantasten bis sie ein stimmiges Gefühl haben. Es wird dabei auf Erfahrung zurückgegriffen, gleichzeitig wird aber auch das Handeln entsprechend der neuen Situation angepasst. Je nach Kontext variiert das Handeln (ebd., S. 41 f.).

Dieses Handeln ist nur möglich, wenn der Zugang zur Maschine besteht, d.h. wenn sie nicht völlig abgeschottet von den Facharbeitern betrieben wird. Nur so kann eine „Beziehung" zu dieser aufgebaut werden (ebd., S. 43).

Untersuchungen bei Anlagenfahrern in der chemischen Industrie ergaben ähnliche Ergebnisse. Durch genaue Kenntnis der Anlage, der Wirkungsweise und der Schwächen, können Anzeichen für Störungen erahnt werden, bevor es zu diesen kommt (Böhle & Rose 1992; o.V. 1999; Porschen 2005, S. 18).

Die Vorteile und Stärken subjektivierenden Arbeitshandelns liegen bei Aufgaben, die im Voraus nicht vollständig definiert und geplant werden können. Objektivierendes Handeln allein ist hier nicht ausreichend. Rose (1992, S 24 ff.) beschreibt folgende Situationen, in denen die Vorteile vom subjektivierenden Handeln offensichtlich werden:

- Arbeitssituationen, deren Ausführung zeitkritisch ist, die aber unzureichend definiert sind,
- Arbeitssituationen, die nicht im Voraus geplant werden können und in denen neue Probleme gelöst werden müssen,

- Arbeitssituationen, in denen eine Vielzahl von Informationen vorhanden ist und die entsprechend zur Beurteilung der Situation herangezogen werden,
- Arbeitssituationen, bei denen es darum geht Prozesse so zu überwachen, dass Störungen verhindert werden, die Ursache zu identifizieren und diese zu beheben.

Bei personenbezogenen Dienstleistungen wurde das Konzept erstmals in der Altenpflege untersucht (Böhle 1999b). Die Arbeit mit älteren, pflegebedürftigen Menschen muss individuell angepasst werden und ist damit nur begrenzt planbar. Denn das Verhalten von Menschen ist abhängig von ihrer psychischen und körperlichen Verfassung und insbesondere bei älteren Menschen kann dies täglich stark variieren. Außerdem können ältere Menschen dies auch nur begrenzt kontrollieren (Böhle & Weishaupt 2003, S. 150 f.).

Pflegekräfte berichten, wie sie sich beim Eintreten in ein Zimmer erst einmal einen Überblick verschaffen. Sie sehen, ob die Pflegeheimbewohner noch schlafen oder schon angezogen sind, sie nehmen Gerüche, Tonfall, Lautstärke und Stimmung der Bewohner wahr. All dies vermittelt den Pflegern einen Eindruck über die Verfassung und Befindlichkeit der Bewohner, wie z.B. starke Schmerzen, Erschöpfung, Erregtheit. Es kommt dabei nicht darauf an, bestimmte objektive Eigenschaften oder Merkmale festzustellen, sondern vielmehr sein Gespür oder Gefühl einzusetzen, um über das Zusammenwirken der Sinne den Zustand der Bewohner festzustellen und entsprechend zu handeln oder damit umzugehen. Hierbei ist Empathie für die Menschen wichtig (Böhle 1999, S. 178; Böhle & Weishaupt 2003, S. 155 f.), um sich einzulassen und in die Situation einzufühlen.

Um Beurteilen zu können, wie in gewissen Situationen gehandelt werden soll, nutzen die Pflegekräfte nicht nur ihr Fachwissen, das sie in der Ausbildung erlernt haben, sondern auch ihr Gespür, das sie durch Erfahrung erlangt haben. Bestimmte Situationen rufen im Kopf ähnliche Situationen hervor. Eine Pflegekraft beschreibt z.B., wie eine Wunde Bilder eines früheren Patienten hervorruft. Sie ist der Überzeugung, dass die damals angewendete Heilmethode für die jetzige Situation sehr hilfreich wäre und kann in der Dokumentation nachlesen, welche Medikamente angewendet wurden. Besonders in der Altenpflege, wenn nicht unbedingt ersichtlich ist, was die Bewohner benötigen, weil sie sich nicht äußern können, zurückgezogen sind, senil oder gar dement sind, ist Erfahrungswissen wichtig. Neben Fachwissen ist Erfahrung im Kontext der Arbeit bedeutsam, um zu wissen was ein bestimmter Bewohner benötigt oder um frühzeitig Gefahren zu erkennen (Böhle & Weishaupt im Druck, S. 11 f.; vgl. Dunkel 2005). Josefson (1988, S. 26 f.) bezeichnet den Begriff des Erfahrungswissens als „knowledge of familiarity". In ihrer Untersuchung bei Krankenschwestern beschreibt sie den Fall eines frisch operierten Patienten, dessen Zustand völlig normal erscheint. Die Krankenschwester hat wider die Messwerte ein ungutes Gefühl und ruft einen Arzt hinzu. Sie kann nicht beschreiben durch was dieses Gefühl hervorgerufen wird. Der Arzt, der relativ jung und unerfahren ist, kann nichts feststellen. Der Patient stirbt wenige Stunden später.

Durch ihre Erfahrung hat die Krankenschwester dieses Gefühl wahrgenommen und intuitiv erkannt, dass etwas nicht richtig ist, ohne formulieren zu können, was in ihr dieses ungute Gefühl ausgelöst hat.

Bedingt durch die Merkmale der Pflegearbeit mit älteren Menschen, kann die Arbeit nur teilweise geplant werden. Die körperliche und geistige Verfassung der Menschen variiert, ihr Zustand und Handeln ist entsprechend wenig berechenbar. Neben fest vorgegebenen Zeiten für Bewegungstherapie, Mittagessen etc. wird die Art, wie die einzelnen Arbeitsaufgaben durchgeführt werden, deshalb angepasst. Eine Pflegekraft erklärt, dass jeder Tag anders abläuft, weil man beispielsweise einen Bewohner unterschiedlich stark motivieren muss, um beim Waschen mitzumachen oder anders anleiten muss beim Anziehen. Dabei geschieht die Pflege dialogisch-interaktiv, weil es je nach Verfassung des Bewohners darauf ankommt, wie z.B. das Waschen durchgeführt werden kann. Die Zusammenarbeit von Pflegekraft und Bewohner ist entscheidend bei der Ausführung der Arbeit. Denn wenn man auf die Bedürfnisse der Bewohner eingeht und die Handlung anpasst, kann das Waschen leichter durchgeführt werden (Böhle & Weishaupt 2003, S. 154 f., im Druck, S. 7 ff.).

Zuletzt wird die Vertrautheit zwischen Pflegekraft und Bewohner betont. Dabei ist es einerseits wichtig, Empathie zu zeigen, sich in die Situation einzufühlen, andererseits wird hervorgehoben wie wesentlich es ist, gleichzeitig eine sachliche Distanz aufzubauen (Böhle & Weishaupt im Druck, S. 13 f.), um emotionale Belastungen zu minimieren (Krenn 2004, S. 67; vgl. „detached concern“ Teil B Kapitel 2.3). Die Vertrautheit zwischen Pflegekraft und Bewohner ermöglicht es, Abweichungen von den Gewohnheiten der Bewohner zu erkennen und damit mögliche Probleme aufzudecken. Die Bewohner werden dabei nicht als Arbeitsobjekt, sondern als Subjekt und damit gleichwertige Partner respektiert (Böhle & Weishaupt 2003, S. 157).

Im Gegensatz zur industriellen Produktion ist das subjektivierende Arbeitshandeln in der Pflege nicht nur erforderlich, sonder erhält „hier ein besonderes Gewicht“ (Weishaupt 2006, S. 86). Denn die Pflege beschränkt sich nicht nur auf die Interaktion zwischen Dienstleister und Dienstleistungsempfänger, sondern der Arbeitsgegenstand ist in diesem Fall Körper und Psyche des Menschen (Böhle & Weishaupt im Druck, S. 5 f.).[52]

Das Konzept des subjektivierenden Arbeitshandelns wurde, anders als Emotions- und Gefühlsarbeit, nicht nur in Dienstleistungen erforscht. Es wurde erst in der Produktion untersucht und später auf personenbezogene Dienstleistungsarbeit angewendet. Im Folgenden werden die Bereiche dargestellt, in denen bisher Untersuchungen zum subjektivierenden Arbeitshandeln erfolgt sind:

---

[52] Wolkowitz (2002) weist insbesondere auf die Arbeit hin, die an anderen Körpern geschieht: „...whose paid work involves the care, adornment, pleasure, discipline and cure of others' bodies ...“ (ebd., S. 497).

- in der industriellen Produktion, z.B. bei CNC WMZ (Böhle & Milkau 1988) und Anlagenfahrern (Böhle & Rose 1992),
- in der Informationsarbeit, z.B. bei Information-Brokern (Pfeiffer 1999),
- bei neuen Arbeitsformen, z.B. bei der Durchführung von Projekten (Heidling, Meil & Rose 2004) und
- in personenbezogenen Dienstleistungen, z.B. der Altenpflege (Weishaupt 2006).

4.2 Anforderungen des subjektivierenden Arbeitshandelns an Dienstleister

Beim Konzept des subjektivierenden Arbeitshandelns handelt es sich nicht um etwas völlig Neues, sondern etwas, was vielfach in der alltäglichen Praxis angewendet wird. Die Fähigkeiten, die hier zum Einsatz kommen, werden jedoch oft als minderwertig beurteilt, bleiben unberücksichtigt oder es ist nicht bewusst, dass diese Fähigkeiten erlernt werden müssen (Böhle 2004, S. 52). Insbesondere durch die fortschreitende Technisierung und Intellektualisierung von Arbeitsprozessen stand lange Zeit theoretisches „Lehrbuchwissen" im Vordergrund. In letzter Zeit findet aber ein Umdenken statt, eine zunehmende Anerkennung dieser Fähigkeiten, die für das subjektivierende Arbeitshandeln charakteristisch sind, dies zeigt sich z.B. in der beruflichen Bildung (vgl. Sevsay-Tegethoff 2007).

Zum subjektivierenden Arbeitshandeln gehören „Fähigkeiten wie ‚Gespür', ‚Intuition', ‚Improvisieren', ‚subjektives Empfinden' usw. [als] wichtige Arbeitskompetenzen" (Böhle & Weishaupt 2003, S. 151 f.). Es wird darauf hingewiesen, dass es „einer besonderen Wahrnehmungsfähigkeit, besonderen Formen des Denkens, einer besonderen Art des Umgangs mit Dingen und schließlich einer besonderen Beziehung zu den Gegenständen" (Bauer et al. 2002, S. 57) bedarf. Diese Fähigkeiten werden als besondere Selbstkompetenzen verstanden. Des Weiteren lassen sie sich zwar allgemein benennen, sind allerdings nur im konkreten praktischen Handeln anwend- und erlernbar (Sevsay-Tegethoff 2004, S. 279). Sie sind durch das Berufsumfeld spezifiziert (Böhle 2004, S. 30 f.)

Untersuchungen haben sich mit der Thematik auseinandergesetzt, wie man die Kompetenzanforderungen beim erfahrungsgeleitet-subjektivierenden Handeln an Auszubildende im Beruf, z.B. in der chemischen Industrie, weitergeben kann. Bauer und Mitarbeiter (2002, S. 127 ff.) betonen, dass Auszubildende in realitätsnahen Situationen lernen müssen und die jeweiligen Prozesse auch möglichst selbst steuern sollten, um von Anfang an relevantes Erfahrungswissen aufzubauen. Durch das Arbeiten am Subjekt bzw. Arbeitsgegenstand sollen die Auszubildenden von Anfang an darin unterstützt werden, ihre Sinne einzusetzen, wenn Störungen auftreten, sich an das Problem heranzutasten (dialogisch-interaktiv) und ihr assoziatives Denken zu nutzen sowie ein Gefühl für die Maschine aufbauen. Ähnliches zeigt auch eine Studie von Krenn und Flecker (2000) in der Papierindustrie. Dadurch, dass erfahrungsgeleitet-subjektivierendes Handeln an eine Person gebunden ist, ist es nur schwer formalisierbar (ebd., S. 81).

Neuere Untersuchungen setzen sich mit erfahrungsgeleitet-subjektivierenden Fähigkeiten bei „neuen Arbeits- und Organisationsformen“ (Böhle 2004, S. 23) auseinander. An diesem Beispiel soll deutlich werden, worin erfahrungsgeleitet-subjektivierende Fähigkeiten bestehen. Die Untersuchungen befassen sich z.B. mit Fähigkeiten bei Prozessen der technischen Planung, der Organisationsentwicklung, der Projektdurchführung und des Teleservices. Als Kompetenzen werden (1) die erfahrungsgeleitete Kooperationskompetenz, (2) die erfahrungsgeleitete Organisationskompetenz, (3) die erfahrungsgeleitete Prozesskompetenz und (4) die erfahrungsgeleitete IuK[53]-Servicekompetenz abgeleitet (ebd., S. 34; Sevsay-Tegethoff 2004, S. 280 ff.).

Die Kooperationskompetenz ist die Fähigkeit, mit anderen Menschen zu kommunizieren, sich mit ihnen auseinanderzusetzen und zu kooperieren. In Bezug auf erfahrungsgeleitet-subjektivierendes Arbeitshandeln wird das Verständnis von Kooperationskompetenz erweitert. Erfahrungsgeleitete Kooperationskompetenz bedeutet nicht, dass Mitarbeiter fähig sind fremdgesteuert, sondern selbstgesteuert zu kommunizieren. Kooperation wird situativ hergestellt und gestaltet, Abstimmungsbedarf zwischen Abteilungen wird erkannt, wenn unvorhersehbare Situationen auftreten. Die Mitarbeiter wissen, an wen sie sich wie wenden können, um eine Lösung für ein Problem zu erzielen (Böhle & Bolte 2002, S. 157; Sevsay-Tegethoff 2004, S 280 f.; vgl. auch Porschen & Bolte 2004, S. 92 ff.).

Organisationskompetenz umfasst, dass man seine Arbeit sowie die Arbeit des eigenen Teams organisiert. Erfahrungsgeleitete Organisationskompetenz ist die Bereitschaft und Fähigkeit, situativ auf mögliche Probleme bei betrieblichen Abläufen und Prozessen zu reagieren (Sevsay-Tegethoff 2004, S. 281).

Die Prozesskompetenz schließt sozial-kommunikative Kompetenzen und methodisch-problemlösende Kompetenzen ein. Es geht hier jedoch nicht nur z.B. um Projektsteuerung, sondern erfahrungsgeleitete Prozesskompetenz bedeutet, situativ einzugreifen und technische, organisatorische sowie soziale Kompetenzen je nach Bedarf zu nutzen, um Engpässe zu überwinden (ebd., S 282; vgl. auch Heidling et al. 2004).

Die erfahrungsgeleitete IuK-Servicekompetenz wurde von Pfeiffer (2004) bei Servicetechnikern untersucht. Sie umfasst sowohl fachliches Know-how als auch soziale Kompetenzen, denn Servicetechniker müssen sich sowohl auf den Kunden einstellen als auch auf die technische Störung. Dabei ist die Verbindung von zwischenmenschlichem Kontakt und Fachwissen wichtig, weil die Lösung des Problems oder die Behebung der Störung durch die Zusammenarbeit zwischen Kunde und Techniker erleichtert wird. Bei der Arbeit ist ein erfahrungsgelei-

[53] Internet- und Kommunikation

tet-subjektivierendes Arbeitshandeln mit der Maschine und dem Kunden von Vorteil, d.h. über die Kooperation mit dem Kunden werden die Probleme an der Maschine gelöst (ebd., S. 225 ff.).

Insbesondere bei Prozessen mit komplexen und vielschichtigen Informationen, unvorhergesehenen oder zeitkritischen Situationen und neuartigen Problemen kommt es darauf an, Gefühl und Gespür einzusetzen, blitzschnell zu reagieren, Dinge zu erahnen - den Einsatz von subjektiven Fähigkeiten. Subjektivierendes Arbeitshandeln erfordert folglich über die „gewöhnlichen" Kompetenzen der Mitarbeiter hinaus, mit allen Sinnen zu arbeiten und sich dessen auch bewusst zu sein, damit sie ihre jeweiligen Fähigkeiten situativ einsetzen, Handlungsideen entwickeln und flexibel auf neue Situationen reagieren können.

5 Interaktionsarbeit

Nach der Betrachtung der einzelnen Konzepte der personenbezogenen Dienstleistungsarbeit (Emotionsarbeit, Gefühlsarbeit und subjektivierendes Arbeitshandeln), erfolgt nun die Zusammenfassung dieser Konzepte zur Interaktionsarbeit gemäß Böhle und Mitarbeitern (2006).

5.1 Konzept der Interaktionsarbeit

Jeder Dienstleistung geht ein Problem voraus, das gelöst werden soll. Dazu müssen sich die Akteure - Dienstleister und Kunde - verständigen. Nur durch die Mitwirkung des Kunden kann der Dienstleister die Dienstleistung erbringen (Nerdinger 1994, S. 49 ff.; vgl. Klaus 1985).[54] Der Arzt kann den Patienten nur untersuchen, wenn Letzterer es zulässt und sich kooperativ verhält. Neben der Interaktion, die wesentlich für personenbezogene Dienstleistungen ist, gibt es auch sekundäre Aufgaben (Büssing & Glaser 2003, S. 132). Beim Arzt umfasst dies z.B. neben dem Umgang mit dem Patienten die Dokumentation oder Verwaltungstätigkeiten. Die Interaktion in Dienstleistungen hat dabei einen großen Einfluss auf die Qualität der Arbeit und das Arbeitserleben der Dienstleister. Denn je nachdem wie Dienstleister und Kunde kooperieren, wie zielgerichtet, motiviert und kompetent beide sind, umso effizienter gestaltet sich auch die Ko-Produktion der Dienstleistung (ebd., S. 132 f.).

Bis Mitte der 1990er Jahre wurde die Bedeutung der Interaktion zwischen Dienstleister und Kunde in der deutschen Forschungslandschaft eher wenig beachtet (ebd., S. 131). Um die Aspekte der Interaktion in Dienstleistungen zu analysieren und die Bedingungen wie auch

[54] Ähnlich beschreibt dies Goffman (1981, S. 312): „Die Interaktion, die beim Zusammentreffen des Klienten mit dem Helfer stattfindet, nimmt im Idealfall eine relativ strukturierte Form an. Der Dienende kann mechanische, handwerkliche Operationen, besonders diagnostischer Art, am Eigentum des Klienten vornehmen; und er kann mit dem Klienten in einen verbalen Austausch eintreten." Für die Qualität der Dienstleistung ist in diesem Zusammenhang unter anderem entscheidend, dass der Helfer (Dienstleister) relevante Informationen vom Klienten erhält und zwar durch die Aussagen des Klienten und die Begutachtung durch den Dienstleister (ebd.).

Wirkungen und Konsequenzen der Interaktion für Dienstleister und Kunde genauer zu erforschen, entwickelten Büssing und Glaser (1999) das Konzept der Interaktionsarbeit (Büssing & Glaser 1999, S. 167, 2001, S. 180, 2003, S. 138; vgl. auch Böhle et al. 2006, S. 30). Sie plädieren dafür, in personenbezogenen Dienstleistungen stärker auf die Bedingungen der Arbeit in Interaktionen zu fokussieren und sich nicht, wie beim Konzept der Emotionsarbeit, nur auf die Person des Dienstleisters zu beschränken (Büssing & Glaser 2001, S. 180, 2003, S. 138). Ihr Bestreben ist es, durch eine ganzheitliche Sicht die Interaktion zu betrachten.

> „*Interaktionsarbeit* subsumiert die kommunikativen (Kommunikationsarbeit) und die emotionsbezogenen Anteile (Emotionsarbeit) sowie die unmittelbaren Kontakte (z.B. Körperarbeit) in der Arbeit mit Klienten“ (Büssing & Glaser 1999, S. 167; Hervorhebung wie im Original).

Das Konzept der Interaktionsarbeit verbindet bisherige Forschungen der Emotionsarbeit, der Gefühlsarbeit und des subjektivierenden Arbeitshandelns zu einem ganzheitlichen Konzept, da diese sich gegenseitig ergänzen. Bei Emotionsarbeit geht es um die Gefühle des Dienstleisters, dessen Empfinden und Steuerung der Gefühle. Bei Gefühlsarbeit und dem subjektivierenden Arbeitshandeln steht der Kunde im Vordergrund. Es geht um die Beeinflussung der Gefühle des Kunden und die Lösung des Problems durch die Interaktion von Dienstleister und Kunde (Böhle et al. 2006, S. 33 f.). Um die Interaktion ganzheitlich zu betrachteten, werden also alle Perspektiven eingenommen. Die Steuerung und Anpassung von Gefühlen sind demnach lediglich Strategien, um den Hauptarbeitsverlauf der Interaktion zu gewährleisten (Büssing & Glaser 2001, S. 180).[55]

Büssing und Mitarbeiter führten zur Bestimmung von Interaktionsarbeit eine Untersuchung im Krankenhaus durch (Büssing & Glaser 1999; Büssing et al. 2001). Dabei wurden anhand von quantitativen Fragebogen Merkmale von Interaktionsarbeit und Emotionsarbeit abgefragt. Die Forscher orientierten sich an den Arbeiten von Hochschild (1983), Morris und Feldman (1996) und Rafaeli und Sutton (1987). Für Merkmale der Interaktionsarbeit fragten sie nach Häufigkeit, Dauer und Intensität der Interaktion mit unkomplizierten und schwierigen Patienten sowie günstigen und ungünstigen Gesundheitsprognosen. Emotionsarbeit wurde untersucht durch die Merkmale emotionale Harmonie, emotionale Dissonanz und emotionale Devianz.[56] Die Wissenschaftler überprüften außerdem die genannten Merkmale hinsichtlich Arbeitszufriedenheit und emotionaler Erschöpfung (vgl. Teil B Kapitel 2.2.1).

---

[55] Zunächst wurden Emotions- und Gefühlsarbeit als Konzept der Interaktionsarbeit kombiniert (Büssing & Glaser 1999), später wurde auch das subjektivierende Arbeitshandeln integriert (Böhle et al. 2006; Büssing et al. 2002).

[56] Emotionale Dissonanz wurde sowohl in Oberflächen- und Tiefenhandeln als auch in faking in good faith und faking in bad faith unterteilt. Zu den einzelnen Merkmalen wurden jeweils mehrere Items abgefragt. Die Differenzierung zwischen den Kategorien Oberflächen- versus Tiefenhandeln konnten die Forscher allerdings in ihrer ersten Untersuchung noch nicht bestätigen (Büssing & Glaser 1999, S. 171).

Das Konzept der Interaktionsarbeit, das in der folgenden Abbildung dargestellt ist, setzt die Voraussetzungen, Bedingungen und Komponenten sowie die Wirkungen und Folgen der Interaktionsarbeit in Zusammenhang.

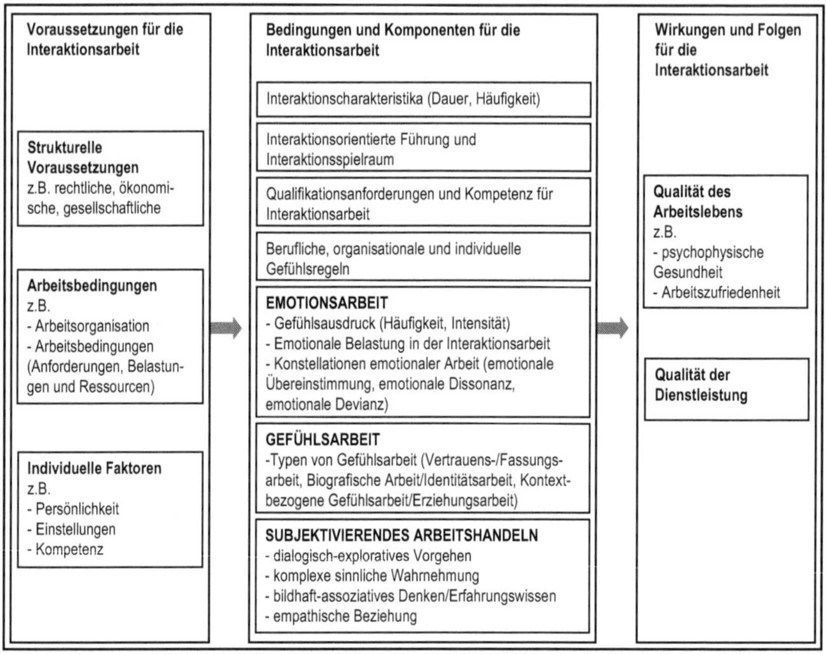

Abbildung 31: Schematische Darstellung des integrierten Konzepts zur Interaktionsarbeit (Böhle et al. 2006, S. 37)

Die Voraussetzungen für die Interaktionsarbeit umfassen strukturelle Voraussetzungen, wie z.B. die Finanzierung der Altenhilfe, Arbeitsbedingungen, wie z.B. die Pflegeorganisationsform, sowie individuelle Faktoren der Dienstleister, wie z.B. die Kompetenzen der Pflegekräfte und der Bewohner. Diese beeinflussen die Bedingungen und Komponenten der Interaktionsarbeit. Bedingungen, beispielsweise Dauer und Häufigkeit der Interaktion, wirken sich hingegen spezifischer auf die Komponenten der Interaktionsarbeit aus. Die Interaktionsarbeit wird außerdem durch den verfügbaren Interaktionsspielraum und eine interaktionsorientierte Führung beeinflusst. Auch die Qualifikationsanforderungen, die an die Pflegekräfte gestellt werden, beeinflussen die Interaktionsarbeit. Gefühlsregeln können von den Pflegekräften selbst definiert sein, von der Organisation vorgegeben werden und es kann sich um gesellschaftliche oder berufliche Gefühlsregeln handeln, an denen sich die Pflegekräfte orientieren (müssen). Komponenten der Interaktionsarbeit sind die vorgestellten Konzepte der Emotionsarbeit, Gefühlsarbeit und des subjektivierenden Arbeitshandelns. Bedingungen und Komponenten beeinflussen wiederum die Qualität des Arbeitslebens (z.B. Arbeitszufriedenheit, psychophysische Gesundheit) und die Qualität der Dienstleistung (z.B. Patientenzufriedenheit, Qualität der Behandlung). Die Wirkungen und Folgen werden damit im Vergleich zu den vorgestellten Folgen der Emotionsarbeit ergänzt und weiter gefasst (Böhle et al. 2006, S. 34 ff.). Grundlage für dieses Konzept sind nicht nur Untersuchungen in der Pflege, sondern auch im Lehrerberuf (Höge 2006; Büssing et al. 2002) und der Softwareentwicklung (Bolte 2006a, 2006b; Weishaupt, Hösl, Bolte & Iwer 2006).

5.2 Typologien von Interaktionsarbeit

Um Interaktionsarbeit zu klassifizieren und daraus abzuleiten, wie sich die Interaktion einer bestimmten Dienstleistung zu anderen Dienstleistungen unterscheidet, werden im Folgenden relevante Ansätze für die vorliegende Arbeit vorgestellt. Wie schon zu Beginn deutlich wurde (vgl. Kapitel 1.3.1), unterscheiden sich Dienstleistungen untereinander. Deshalb gibt es sehr viele Vorschläge für Systematisierungen. Die Systematisierungen, die hier vorgestellt werden, beziehen sich auf die Interaktion in Dienstleistungen. Sie betonen alle die Merkmale der Ko-Produktion und Koordination in der Interaktion und zielen darauf ab, hinsichtlich dieser Gemeinsamkeiten und Unterschiede herauszuarbeiten. Je nach Art der Dienstleistung variiert der Interaktionsgrad, d.h. das Ausmaß, in dem der Kunde an der Dienstleistungserbringung beteiligt ist (Fließ 2001, S. 58). Er bestimmt unter anderem den Koordinationsbedarf in der Interaktion. Je höher der Interaktionsgrad, desto stärker steuert der Kunde den Prozess der Integration (ebd., S. 62 f.).

Einer der meist zitierten Ansätze stammt aus der Sozialpsychologie von Jones und Gerard (1967, S. 506 ff.). Diese unterscheiden vier Arten von Interaktionen. Wesentliches Merkmal der Unterscheidung ist dabei der Einfluss eines Partners auf das Verhalten des Anderen in der Interaktion. Sie unterteilen in (1) Pseudo-, (2) asymmetrische, (3) reaktive und (4) wechselseitige Kontingenz. Der Begriff Kontingenz bezeichnet „eine regelhafte Abfolge von Aktionen und Reaktionen zwischen Personen" (Müller 1985, S. 9). Bei der Pseudokontingenz kennen die Interaktionspartner den Verhaltensplan des Gegenübers, sie wissen was sie erwartet. Die Interaktionspartner richten sich nach Regeln oder Ritualen, um ein bestimmtes Ziel zu erreichen. Als Beispiel nennen Jones und Gerard die Interaktion zwischen Gast und Kellner in einem Restaurant. Die asymmetrische Kontingenz ist dadurch gekennzeichnet, dass ein Interaktionspartner seinen Verhaltensplan durchführt und das Gegenüber dadurch beeinflusst. Das Gegenüber reagiert folglich nur auf den dominanteren Interaktionspartner und kann die Interaktion kaum verändern. Ein Beispiel hierfür ist die Arzt-Patienten-Beziehung (Nerdinger 1994, S. 67). Bei der reaktiven Kontingenz reagieren die Partner aufeinander, ohne ein bestimmtes vorgegebenes Ziel zu verfolgen. Jones und Gerard (1967, S. 510) nennen als Beispiel zwei unerfahrene Schachspieler (A und B). A reagiert auf den Zug von B, ohne ein klares Ziel zu verfolgen, woraufhin B wieder auf den Zug von A reagiert. Die wechselseitige Kontingenz bezeichnet eine Interaktion, in der einerseits ein Verhaltensplan und Ziel auf beiden Seiten besteht, andererseits wird dieser Plan ständig entsprechend den Reaktionen des Gegenübers angepasst, ohne das Ziel aus den Augen zu verlieren. Nerdinger (1998a, S. 90 f.) nennt hier als Beispiel die Psychotherapie. Wird das Modell auf Dienstleistungen angewendet, so können folgende Schlussfolgerungen gezogen werden (vgl. Nerdinger 1994, S. 67 f.): Bei Dienstleistungen, die das Modell der Pseudokontingenz aufweisen, scheint die Kooperation relativ einfach, da alles vorgegeben ist. Es herrscht wenig Unsicherheit und ein geringes Risiko. Bei reaktiven Interaktionen hat keiner der Akteure ein vorgegebenes Ziel, deshalb ist das Risiko (es nicht zu erreichen) ebenfalls gering. Dienstleistungen, die durch asymmetrische und wechselseitige Kontingenz ausgezeichnet sind, sind hingegen mit viel Unsicherheit und einem hohen Risiko verbunden. Hier ist der Kooperationsbedarf hoch.

Während Mills und Margulies 1980 in der Betriebswirtschaft noch auf die fehlende Systematisierung bei Dienstleistungen hinwiesen, gibt es mittlerweile in der betriebswirtschaftlichen Literatur vielfältige Ansätze, Dienstleistungen zu klassifizieren (vgl. Kapitel 1.3.3; Corsten 1997; Meffert & Bruhn 2000). Diese berücksichtigen aber nicht immer die Interaktion in der Dienstleistung, die im Mittelpunkt dieser Arbeit steht. Die Interaktion mit dem Kunden hat in den letzten Jahren jedoch verstärkt Beachtung erfahren (beispielsweise Fließ 2001; Grund 1998; Lasshoff 2006; Möller 2004) und findet auch im Ansatz von Mills und Margulies (1980) Berücksichtigung. Sie nehmen eine Typologisierung von Dienstleistungsanbietern anhand von sieben Kriterien vor (ebd., S. 262). Das erste Kriterium, nach dem sie unterscheiden, ist die Information, die zwischen Kunde und Dienstleister ausgetauscht wird. Sie wird nach der Qualität und Quantität sowie der Vertraulichkeit der Information unterschieden. Als zweites Kriterium dient die Entscheidung. Hier wird insbesondere auf die Komplexität und Wichtigkeit der Entscheidung des Dienstleisters eingegangen sowie auf die Reaktionszeit der Kunden. Drittes Kriterium ist die Interaktionshäufigkeit und -dauer. Als viertes Kriterium wird das Problembewusstsein des Kunden angeführt. Inwiefern kennt der Kunde sich mit der Leistung aus und kann sie evaluieren? Die Austauschbarkeit des Dienstleisters ist das fünfte Kriterium. Inwiefern hat der Kunde die Möglichkeit, alternative Angebote anderer Dienstleister in Anspruch zu nehmen? Sechstes Kriterium ist die Macht, über die der Dienstleister gegenüber dem Kunden verfügt. Siebtes und letztes Kriterium ist die Bindung des Kunden an den Dienstleister, d.h. wie wichtig ist es, dass ein und derselbe Dienstleister immer denselben Kunden bedient. Sie unterscheiden drei Typen von Dienstleistungsorganisationen (ebd., S. 260):

- Unterstützend-interaktive Dienstleistungen (maintenance-interactive): Sie sind gekennzeichnet durch einen kurzen, oberflächlichen Kontakt, die Mitarbeiter sind dabei austauschbar und es handelt sich um Standardleistungen; Beispiel: Banken und Versicherungen.

- Problemorientierte-interaktive Dienstleistungen (task-interactive): Der Kunde hat hier konkrete Vorstellungen über das zu lösende Problem, er hat allerdings nicht das Know-how, es zu lösen. Damit ist er abhängig vom Dienstleister, dem Experten. Es handelt sich um langfristige Kontakte; Beispiel: Werbeagenturen.
- Persönlich-interaktive Dienstleistungen (personal-interactive): Die Kunden kennen sich mit der Art des Problems und der Problemlösung nicht aus, sie sind völlig auf den Dienstleister angewiesen. Meist liegt eine persönliche Beziehung vor. Es handelt sich um ein asymmetrisches Verhältnis; Beispiel: Lehrer-Schüler-Beziehung, Arzt-Patient-Beziehung.

Anschaulich an diesem Modell ist vor allem, wie Mills und Margulies die einzelnen Merkmalsdimensionen messen. Das Merkmal Macht untersuchen sie danach, welche Autorität und Status der Dienstleister hat und wie die wahrgenommene Macht des Dienstleisters durch den Kunden ist (ebd., S. 262). Allerdings ist eine Typologisierung der Dienstleistungsorganisationen nur schwer vorzunehmen, weil unter Umständen sehr unterschiedliche Dienstleistungen in einem Unternehmen angeboten werden, die nicht unbedingt alle der gleichen Merkmalsausprägung zuzuordnen sind. Insgesamt scheinen die sieben Merkmale ersetzbar durch prägnantere Merkmale, wie beispielsweise standardisierte Interaktionen versus individualisierte Interaktionen. Darauf konzentriert sich das nächste Modell.

Wemmerlöv (1990) legt den Fokus auf drei Merkmale, anhand derer er eine Typologie für Dienstleistungen entwirft. Er geht dabei nicht nur auf Dienstleistungen, die die Kundeninteraktionsarbeit integrieren, ein. Es wird anhand der Merkmale Kundenkontakt, Objekt der Bearbeitung und Routinisierungsgrad der Dienstleistung unterschieden. Beim Merkmal Kundenkontakt differenziert er zwischen: kein Kundenkontakt, indirekter Kundenkontakt (z.B. per Telefon, E-Mail) und direkter Kundenkontakt (face-to-face). Genauso wird beim Objekt der Bearbeitung zwischen Gütern, Informationen und Personen unterschieden. Und der Routinisierungsgrad einer Dienstleistung teilt sich auf in starre und flexible Dienstleistungen. Starre Dienstleistungen sind standardisierte Leistungen, die wenig variieren, wenig Entscheidungsverantwortung beinhalten und die Interaktionszeit mit dem Kunden ist relativ gering. Flexible Dienstleistungen sind gekennzeichnet durch eine hohe Varietät, große Entscheidungsverantwortung und großes Know-how des Dienstleisters (ebd., S. 28 ff.).

Fließ (1996) unterscheidet in Dienstleistungsprozessen nach der Prozessevidenz. Darunter versteht sie das Bewusstsein über und die Transparenz in Dienstleistungsprozessen. Sie unterscheidet zwischen hoher und niedriger Prozessevidenz auf Nachfrager- und Anbieterseite. Darauf aufbauend unterscheidet sie vier Typen. Bei Typ I „Trial and Error“ verfügen Dienstleister und Kunde über wenig Prozessevidenz. Dies liegt beispielsweise bei neuartigen

Dienstleistungen vor (ebd., S. 96 f.). Bei Typ II „nachfragerdominierter Prozess" hat der Nachfrager eine höhere Prozessevidenz, es herrscht eine Informationsasymmetrie zu Gunsten des Nachfragers, der dadurch den Prozessablauf wesentlich bestimmt (ebd., S. 96). Umgekehrt ist es bei Typ III, dem „anbieterdominierten Prozess". Hier hat der Anbieter eine hohe Prozessevidenz (ebd.). Und bei Typ IV, „reibungslose Zusammenarbeit zwischen Anbieter und Nachfrager", bestehen häufig langjährige Geschäftsbeziehungen, wodurch wenig Kooperationsbedarf entsteht, weil beide Parteien den Prozess sehr gut kennen (ebd., S. 95). Diese Typologisierung ist interessant, weil sie die Erfahrung bei der Leistungserstellung zwischen Dienstleister und Kunde berücksichtigt.

Möller (2004) schlägt vier Typen von Dienstleistungen vor, die die Koordination in Dienstleistungen bestimmen. Dabei integriert sie unter anderem die Modelle von Mills und Margulies (1980), Wemmerlöv (1990), Fließ (1996) und Jones und Gerard (1967). Sie unterscheidet (Möller 2004, S. 172 ff.):

- standardisierte Interaktionen,
- erstellungsdominierte Interaktionen,
- nutzungsdominierte Interaktionen und
- individualisierte Interaktionen.

Standardisierte Interaktionen sind dadurch gekennzeichnet, dass der Kunde wenig Einfluss auf die Dienstleistung und das Ergebnis hat. Beispiel hierfür ist der Kauf einer Zeitung am Kiosk. Das Austauschgut ist bereits erstellt und die Dienstleistung eher Routine. Wenn der Kunde die Prozedur der Dienstleistung kennt, verläuft die Dienstleistung reibungslos (ebd.). Beim zweiten Typ, den erstellungsdominierten Interaktionen, hat der Kunde ebenfalls wenig Einfluss auf Leistung und Ergebnis, weil der Dienstleister die Interaktion dominiert. Der Kunde ist Informationsempfänger.[57] Als Beispiele nennt sie die Arzt-Patienten-Beziehung und den Mechaniker, der dem Kunden die Reparaturen an dessen Auto erläutert (ebd., S. 179 ff.). Im Gegensatz dazu werden nutzungsdominierte Interaktionen vom Kunden dominiert, weil der Kunde konkrete Vorstellungen hinsichtlich der Dienstleistung hat. Er ist damit der hauptsächliche Informationssender und gestaltet den Leistungserstellungsprozess und das Ergebnis durch seine Informationen wesentlich. Damit handelt es sich um individualisierte Leistungen, wie z.B. die Gestaltung der Einrichtung eines Hauses durch einen Innenarchitekten (ebd., S. 187 ff.). Der letzte Typ, die individualisierten Interaktionen, zeichnet sich dadurch aus, dass sowohl der Dienstleister als auch der Kunde Informationsempfänger und -sender sind, es liegen Informationsasymmetrien hinsichtlich Nutzung und Erstellung vor. Der Einfluss des Kunden auf die Leistungserstellung und das Ergebnis ist hoch. Es handelt sich

[57] Möller (2004, S. 197 ff.) differenziert weitere Subkategorien: (1) Leistung wird an externen Faktoren erbracht, die ein Objekt darstellen, (2) Leistung wird an externen Faktoren erbracht, die ein Subjekt sind. Auf Grund dieser Differenzierung unterscheidet sie die Interaktionszeit und -intensität.

um ein individualisiertes Leistungsergebnis. Insgesamt herrscht relativ große Unsicherheit hinsichtlich des Verhaltens des Kooperationspartners und der Kooperationsbedarf ist entsprechend hoch (ebd., S. 191 ff.). Leistungserstellungsprozesse sind dabei fast immer durch verschiedene Interaktionstypen gekennzeichnet (ebd., S. 197 ff.).

Gutek und Welsh (2000, x f.) unterscheiden bei personenbezogenen Dienstleistungen zwischen „encounter" und „relationship" Interaktionen. Dies entspricht lediglich einem Unterscheidungskriterium - der Austauschbarkeit - bei Mills und Margulies (1980). Bei encounter Interaktionen geht der Kunde in ein Geschäft und wird von irgendjemand bedient, der gerade Zeit hat. Ein Beispiel hierfür ist McDonald's, man geht in das Geschäft und baut keine besondere Beziehung zum Dienstleister auf, sondern kauft etwas zu Essen und geht wieder. Bei relationship Interaktionen kennen sich Dienstleister und Kunde, sie haben zueinander eine Beziehung aufgebaut. Ein Beispiel hierfür ist der Steuerberater oder Rechtsanwalt, der sich persönlich um seine Kunden kümmert und immer der Ansprechpartner in Steuer- oder Rechtsfragen ist. Im ersten Fall steht die Organisation oder das Unternehmen im Vordergrund, im zweiten Fall eher die Person des Dienstleisters.

Voswinkel (2005) charakterisiert je nach Funktion der Dienstleistungsarbeit die zu erfüllenden Aufgaben und Erwartungen an den Kunden. Das bedeutet, ein Dienstleister führt unterschiedliche Typen von Interaktionsarbeit aus. Folgende Typen von Kundeninteraktionsarbeit können identifiziert werden (ebd., S. 141 ff.):

- Normalisierungsarbeit: Aufgabe ist es, Störungen zu beseitigen und den normalen Geschäftsablauf zu gewährleisten. Ein Beispiel hierfür sind Selbstbedienungsgeschäfte. Der Dienstleister greift erst ein, wenn eine Störung auftritt, um den Kunden zu beruhigen oder sich den Beschwerden anzunehmen.
- Kontrollarbeit: Hier geht es darum, den Kunden zu überwachen und sein Verhalten in der Weise zu kontrollieren, dass der Kunde im Supermarkt keine Diebstähle begeht oder in einem Restaurant das bezahlt, was er getrunken und gegessen hat.
- Transferarbeit: Die Transferarbeit bezieht sich ausschließlich auf das Ausführen von Kundenwünschen, ohne dass der Dienstleister beratend tätig wird. An der Käsetheke im Supermarkt findet Transferarbeit statt, wenn der Kunde einen Wunsch formuliert und der Verkäufer daraufhin den Käse abwiegt, einpackt und dem Kunden überreicht.
- Beratungsarbeit: Hier wird der Kunde über bestimmte Dinge informiert, mit dem Ziel, eine Entscheidung zu treffen.
- Verkaufsarbeit: Diese Art der Arbeit entspricht der Beratungsarbeit, aber sie zielt direkt auf die Förderung des Verkaufes von bestimmten Leistungen ab.
- Animationsarbeit: Das Ziel der Animationsarbeit ist, den Kunden in eine positive Stimmung zu bringen und ihn zu unterhalten.

- Hilfsarbeit: Bei der Hilfsarbeit geht es darum, dem Kunden bei der Lösung von Problemen zu helfen oder in etwas zu unterstützen, was die Kunden nicht bewältigen können. Beispiele hierfür sind die Krankenpflege oder der Concierge im Hotel.

Wie bei Möller (2004) impliziert die Einteilung von Voswinkel (2005), dass verschiedene Interaktionstypen bzw. verschiedene Funktionen von Arbeit in einer Dienstleistung auftreten.

Dunkel und Mitarbeiter (2004, S. 14 f.) unterscheiden bei Dienstleistungen nach den drei Kriterien körperliche Ko-Präsenz, Körperbezogenheit, encounter oder relationship Beziehung.[58] Die Altenpflege ist eine Dienstleistung, die die körperliche Ko-Präsenz erfordert. Dienstleister und Patient sind in direktem Kontakt miteinander. Des Weiteren ist Altenpflege körperbezogen, weil der Arbeitsgegenstand der Körper des Patienten ist, z.B. beim Waschen. Und es handelt sich um eine relationship Beziehung, also eine langfristige Beziehung, in der ein persönlicher Kontakt aufgebaut wird. Im Gegensatz dazu ist im Call-Center keine körperliche Ko-Präsenz notwendig, Dienstleister und Kunde kommunizieren über das Telefon. Sie ist auch nicht körperbezogen. Und Dienstleister und Kunde sind sich fremd, die persönliche Beziehung spielt keine Rolle. Neu ist in diesem Ansatz der Aspekt der Körperbezogenheit.

Böhle (2006) weist darauf hin, dass die Interaktion keine rein soziale Beziehung ist, sondern arbeitsbezogen und damit zweckgerichtet und somit in „organisatorisch-institutionelle Zusammenhänge“ (ebd., S. 327; vgl. Teil B Kapitel 1.3) eingegliedert ist. Er konzentriert sich bei seiner Typologie auf die unterschiedlichen Beziehungen zwischen Dienstleister und Kunde in der sozialen Interaktion (ebd., S. 329 f.). Es werden drei Beziehungsarten unterschieden (ebd., S. 331 ff.):

- Tauschbeziehung: Das Ziel dieser Beziehung ist der Verkauf bzw. Kauf von Leistungen, die nicht selbst erbracht werden, wie z.B. ein Autoverkauf. Ein Gegenstand wechselt den Besitzer. Formal besteht Gleichheit zwischen Dienstleister und Kunde. Die Interaktion ist notwendig, damit Dienstleister und Kunde sich einigen. Das Verkaufte ändert sich also nicht, sondern die soziale Interaktion und Kooperation dienen dazu, den Interessenausgleich zu schaffen, indem die jeweiligen persönlichen Bedürfnisse berücksichtigt werden (ebd., S. 331 f.).
- Dispositionsbeziehung: In dieser Art der Beziehung wird ein materielles oder immaterielles Objekt bearbeitet oder der Mensch selbst ist Gegenstand der Arbeit. Hier herrscht ein asymmetrisches Verhältnis zwischen Dienstleister und Kunde, welches institutionell vorgegeben ist. Einer der beiden Akteure wird durch den anderen kontrolliert und ist dem anderen untergeordnet. Dies kann sowohl der Dienstleister als auch der Kunde sein. Damit eine Dienstleistung erbracht werden kann, muss ein „symmetrisch-horizontales Verhält-

---

58 Die Differenzierung nach encounter und relationship geschieht in Anlehnung an Gutek und Welsh (2000).

nis" (ebd., S. 334) der Akteure erzielt werden. Hierfür muss auch das jeweils abhängige Gegenüber unter Bezug auf den Gegenstand kooperieren (Beispiel: Lehrer-Schüler).

- Bearbeitungsbeziehung: Die Bearbeitungsbeziehung bezieht sich auf die ‚Arbeit am Menschen' (Beispiel: Pflege). Dabei wird hier hervorgehoben, dass die technisch-instrumentelle Handlung, beispielsweise eine Untersuchung im Krankenhaus, auch gleichzeitig soziale Interaktion ist. Es findet also eine soziale Interaktion und Kooperation mit dem Körper (Gegenstand der Arbeit) statt und eine mit der Person (ebd., S. 336 ff.).[59]

Diese verschiedenen Typologisierungen machen deutlich, dass, je nach Art der Interaktion, die Anforderungen an die Interaktion und damit die Kooperation unterschiedlich sind. Je weniger Einfluss man auf die Umstände und Bedingungen der Dienstleistung hat, umso entscheidender ist die Interaktion und damit die Kooperation für die Qualität der Dienstleistung (Böhle 2006, S. 342). Die Qualität der Dienstleistung ist nicht nur die durch den Kunden erfahrene Qualität, sondern involviert auch die Qualität des Arbeitserlebens der Dienstleister. Je nach Interaktionsbedingungen kann die Interaktionsarbeit unterschiedliche Folgen für die Dienstleister hervorrufen.

5.3 Folgen von Interaktionsarbeit

Die Untersuchungen zu den Folgen von Emotionsarbeit (vgl. Teil B Kapitel 2.2) sind auch für das Gesamtkonzept der Interaktionsarbeit gültig. Die Emotionsarbeit hat in Bezug auf ihre Folgen viel Beachtung erfahren. Speziell zu Interaktionsarbeit sind hingegen wenige Untersuchungen durchgeführt worden. Dies liegt unter anderem daran, dass die Interaktionsarbeit erst in den letzten Jahren verstärkt Aufmerksamkeit erlangt hat. Büssing und Mitarbeiter (1999, 2001, 2002) haben bei ihren Untersuchungen im Krankenhaus, in der Altenpflege und bei Lehrern die Folgen der Interaktionsarbeit untersucht. In der 1999 veröffentlichten Studie im Krankenhaus wurde dabei vor allem auf die Erforschung der Bedingungen der Interaktionsarbeit Wert gelegt, d.h. Häufigkeit, Intensität und Dauer der Interaktion zwischen Dienstleister und Kunde und die daraus resultierenden Folgen für den Dienstleister (Büssing & Glaser 1999, S. 171). Sie untersuchten die emotionale Erschöpfung und Arbeitszufriedenheit im Zusammenhang zu Interaktions- und Emotionsarbeit.

Die Ergebnisse werden im Folgenden kurz zusammengefasst (vgl. ebd., S. 169 ff.): Erstens beeinflussen die Interaktionsbedingungen emotionale Erschöpfung und Arbeitszufriedenheit stärker als die Bedingungen der Emotionsarbeit. Das bedeutet, Häufigkeit, Intensität und Dauer der Interaktion erklären emotionale Erschöpfung und Arbeitszufriedenheit deutlicher als emotionale Dissonanz, emotionale Harmonie und emotionale Devianz. Zweitens ist einzig

---

[59] Für einen komprimierten Überblick und eine beispielhafte Anwendung dieser Typologie vgl. Böhle (2006, S. 340, 342).

die emotionale Devianz bedeutend für die emotionale Erschöpfung bzw. die Arbeitszufriedenheit. Das bedeutet, wenn der Dienstleister die Regeln der Organisation missachtet und so handelt, wie er sich fühlt, fördert dies eher emotionale Erschöpfung. Drittens beeinflussen die Interaktionsbedingungen emotionale Erschöpfung stärker als die Arbeitszufriedenheit. Und viertens beeinflusst die Persönlichkeit des Patienten die emotionale Erschöpfung und Arbeitszufriedenheit stärker als die Gesundheitsprognose des Patienten. Ähnliche Untersuchungen wurden, wie bereits erwähnt, im Zusammenhang mit Emotionsarbeit vorgestellt, denn auch dort wurden Interaktionscharakteristika - Häufigkeit, Intensität und Dauer - im Zusammenhang zu Arbeitszufriedenheit und emotionaler Erschöpfung untersucht (vgl. Teil B Kapitel 2.2.1). Die jeweiligen Ergebnisse müssen vor dem Hintergrund der Untersuchungsgegebenheiten interpretiert werden. Wesentlich für die Interaktionsarbeit scheinen die berufsspezifische Gestaltung, die situativen Einflüsse wie auch die menschlichen Ressourcen der Dienstleister zu sein. Denn diese beeinflussen das Handeln und die Handlungsfähigkeit des Dienstleisters. Darauf weisen ebenfalls die Ergebnisse der Emotionsarbeit hin. Welche Ressourcen, Kompetenzen und persönliche Eigenschaften in der Interaktionsarbeit vorteilhaft und notwendig sind, wird im nächsten Kapitel betrachtet.

5.4 Anforderungen der Interaktionsarbeit an Dienstleister

Interaktionsarbeit umfasst die Konzepte der Emotionsarbeit, Gefühlsarbeit und des subjektivierenden Arbeitshandelns. Entsprechend gelten die jeweils dargestellten Kompetenzanforderungen auch für das Gesamtkonzept der Interaktionsarbeit (vgl. Teil B Kapitel 2.4, 4.2). Im Folgenden werden Erkenntnisse aufgeführt, die darüber hinaus für Interaktionsarbeit gelten.

Interaktionsarbeit konzentriert sich auf die Arbeit oder das Handeln von Menschen, wenn sie andere Menschen pflegen, untersuchen, erziehen, ihnen etwas beibringen. In der beruflichen Bildung ist es üblich, den Lernenden Handlungsweisen, die sich als erfolgreich herausgestellt haben, üben zu lassen. Dies erfolgt z.B. im Rahmen der Vier-Stufen-Methode: (1) ein Arbeitsschritt wird erklärt, (2) er wird vom Ausbilder vorgeführt, (3) vom Lernenden nachgemacht und (4) geübt. Der Arbeitsschritt wird zur Routine (Asmus, Bauer, Dunkel, Munz & Stiel 2004, S. 278; Brater & Rudolf 2004, S. 270).

Bei Interaktionsarbeit greift dieses Konzept nicht. Denn es geht nicht darum, bestimmte Handlungsschritte ausüben zu können, sondern in Interaktionen entsprechend den Gegebenheiten zu reagieren und das jeweilige Problem individuell lösen zu können. Interaktionsarbeit ist situationsspezifisch (vgl. Büssing 1992, S. 95). Die Kompetenz hierfür ist keine allgemein definierbare Kompetenz, sondern ist im fachlichen Kontext verankert (Böhle 2006, S. 344). Sie ist eingebettet in die jeweiligen Berufsanforderungen.

> „Was hier gelernt werden muss ist nicht ‚richtig interaktionszuarbeiten' …, sondern, wie man in Interaktionssituationen die für jeweilige konkrete Situationen jeweils richtige Handlungen herausfindet und durchführt“ (Brater & Rudolf 2006, S. 270).

Ein guter Interaktionsarbeiter ist demnach eine Person, die in einer Situation eine entsprechende Handlungsstrategie eigenständig entwickeln kann und diese auf ihr Gegenüber anpasst. Bisher gibt es allerdings noch kein konkretes Kompetenzkonzept, das in diesem Zusammenhang vermittelt werden kann (ebd., S. 271).[60] Die Kompetenzen in der Interaktionsarbeit werden somit vorwiegend durch die Arbeit an sich erlangt (ebd., S. 273 f.; vgl. auch Schön 2003).

Ausschlaggebend für die Interaktionsarbeit sind, neben geistiger und körperlicher Arbeit, die soziale Interaktion und die Kooperation. In dem schweizer System zur Arbeitsbewertung ABAKABA[61] wird neben intellektuellen Anforderungen, physischen Anforderungen und Verantwortung auf psychosoziale Anforderungen im Arbeitsleben hingewiesen. Letztere umfassen Anforderungen an die mündliche Kommunikationsfähigkeit mit Externen, an die Kooperationsfähigkeit mit Internen und an das Einfühlungsvermögen mit Externen (Katz & Baitsch 1996, S. 42).

Eine Untersuchung von Altenpflegekräften und Lehrern ergab, dass soziale und emotionale Fähigkeiten wichtig für die Interaktionsarbeit sind. Dabei stellte sich heraus, dass sich vor allem die Gruppe der Lehrer für die Interaktionsaufgaben zu gering qualifiziert fühlte. Es besteht hier ein höherer Kompetenzbedarf, dem in der Ausbildung nicht genügend Rechnung getragen wird (Büssing et al. 2002, S. 91 f.). Es wird allerdings nicht explizit dargestellt, was genau Büssing und Mitarbeiter unter sozialen und emotionalen Fähigkeiten verstehen.

Der Stellenwert des empathischen Handelns wird in der Interaktionsarbeit oft zu wenig berücksichtigt. Dies sei keine Kompetenz an sich, sondern einerseits eine persönliche Fähigkeit und andererseits auch die Bereitschaft dazu, sich auf das Gegenüber einzulassen (Anderson & Heinlein 2004, S. 38). Die Interaktion lässt sich durch empathisches Einfühlen leichter steuern (Korczynski et al. 1996, S. 77; Poppitz & Brückner 2004, S. 122 f.). Zusätzlich sind sozial-kommunikative Fähigkeiten wichtig in der Interaktion (Anderson & Heinlein 2004, S. 38; Gruber & Hartmann 2007), da Dienstleister durch ihr Verhalten in der Interaktion die Beziehung mit dem Kunden beeinflussen (Henning-Thurau & Thurau 1999, S. 298 ff.). So werden

[60] Brater und Rudolf (2006, S. 289 ff.) nennen verschiedene berufspädagogische Konzepte und Ansätze, die zum Erwerb von Interaktionskompetenzen in der Ausbildung genutzt werden können. Ein Beispiel für die Umsetzung ist die Modellschule für integrative Pflegeausbildung am Robert-Bosch-Krankenhaus, Baden-Württemberg. Hier wird das Erlernen von Interaktions- und Handlungskompetenz in der Pflegeausbildung gefördert. Interaktionskompetenz wird in diesem Zusammenhang unter anderem verstanden als: „nonverbale Ausdrucksformen wahrnehmen und angemessen reagieren, Regeln und Normen in der Interaktion mit Pflegeempfängern und deren Bezugspersonen kennen, aushandeln und beachten“ (Kotz & Riedel 2003, S. 15).

[61] ABAKABA bedeutet „analytische Bewertung von Arbeitstätigkeiten nach Katz und Baitsch“ (1996) und wurde in der Schweiz entwickelt.

beispielsweise Call-Center Mitarbeiter entsprechend geschult, um ihr Gesprächsverhalten zu verbessern und somit möglichst effizient arbeiten zu können (Kleemann, Matuschek & Rieder 2004, S. 136).

Warhurst, Nickson, Witz und Cullen (2000a, 2000b; Nickson, Warhurst, Cullen & Watt 2003; Nickson, Warhurst & Dutton 2005) verweisen auf einen zusätzlichen Aspekt in der Interaktionsarbeit, der nicht auf alle Bereiche der personenbezogenen Dienstleistungen anwendbar ist. Sie nennen ihn „aesthetic labour". Besonders in repräsentativen Bereichen, wie bei Rezeptionisten, Kellnern oder Call-Center Mitarbeitern, wird Wert auf das äußere Erscheinen gelegt oder auf den Klang der Stimme. Der Begriff aesthetic labour umfasst genau diese Aspekte. Menschen werden wegen gewissen Eigenschaften oder Charakteristika angestellt und in einer bestimmten Art und Weise im Stil des Unternehmens geformt, um dieses dann zu repräsentieren.

Für die Interaktion werden Kompetenzen wie Kommunikationsfähigkeit, Kooperationsfähigkeit, Einfühlungsvermögen und empathisches Handeln als wichtig angesehen. Bedeutsam scheint außerdem, dass die Arbeit in der Interaktion nicht das Erlangen von Routine erfordert, sondern im jeweiligen Kontext der Arbeit ist es erforderlich, sich situativ verhalten zu können und entsprechend den Gegebenheiten eigenständig Handlungsstrategien zu entwickeln.

6 Fazit

Die Interaktion stellt sich als Dreiecksbeziehung zwischen Dienstleister, Kunde und dessen Problem dar. Handelt es sich um Geschäftskunden werden Dienstleister und Kunde von ihren jeweiligen Organisationen beeinflusst. Neben der Tauschbeziehung Leistung gegen Geld kommt es zu einer sozialen Interaktion. Denn um den Tausch zu vollziehen, muss kommuniziert werden, es müssen Informationen ausgetauscht werden. Beide Beziehungen hängen folglich eng zusammen (Weihrich & Dunkel 2003). Für die Dienstleistungsbeziehung gilt, dass jeder der Akteure nur solange in der Beziehung bleibt, wie sein Nutzen die Kosten aufwiegt.

Konfliktpotential besteht in der Interaktion dadurch, dass das Verhalten der beiden Akteure wesentlich zur Dienstleistungsqualität beiträgt. Der Kunde evaluiert die Dienstleistung auch nach dem, ob das Verhalten des Dienstleisters seinen Erwartungen entsprochen hat. Gemäß der Rollentheorie sind mit jeder Rolle Erwartungen verbunden. Je stärker beispielsweise das Verhalten des Dienstleisters von den Erwartungen des Kunden abweicht, desto unzufriedener ist der Kunde mit der Dienstleistung (vgl. Solomon et al. 1985). Durch unklare, vage Rollenerwartungen können Konflikte in Dienstleistungen entstehen, aber genauso durch institutionell-organisatorisch vorgegebene Rollen, die erst in der Kooperation überwunden werden müssen. Die Interaktion wird nicht nur durch Rollenerwartungen beeinflusst, sondern auch durch Ressourcen von Dienstleister und Kunde, durch situative Einflüsse, das organisatorische, soziale und kulturelle Umfeld.

Um die Leistungserbringung zu vollziehen, müssen Dienstleister und Kunde miteinander kooperieren. Da es sich bei der Dienstleistung um einen unvollständigen Vertrag handelt, sind der Gegenstand, die Prozedur und das Ergebnis der Leistungserbringung vorab nicht genau bestimmbar. Der Gegenstand muss gemeinsam definiert werden. Jeder der beiden Akteure muss bereit sein, seinen Beitrag hierzu zu leisten (Ko-Produktion). Hält einer seinen Beitrag zurück, gefährdet er damit die Dienstleistungserbringung. Für beide Akteure herrscht Unsicherheit, ob das Gegenüber seine Pflichten erfüllt oder ob der eine den anderen übervorteilt. Dienstleister und Kunde versuchen, durch interaktive Kontrolle die Kooperation zu beeinflussen. Dies kann gelingen, kann aber auch ins Gegenteil umschlagen und die Kooperation erschweren. Ein Mittel, das Komplexität und Unsicherheit in Dienstleistungen reduziert, ist Vertrauen.

Der Dienstleister ist bemüht, die Interaktion so zu steuern, dass sie gelingt. Kooperation erlangt man unter anderem dadurch, dass Emotionsarbeit angewendet wird. Emotionsarbeit bezeichnet die Arbeit des Dienstleisters an seiner persönlichen Fassade und seinen Gefühlen im beruflichen Kontext, d.h. das Hervorrufen und Unterdrücken bestimmter Gefühle. Techniken, die in der Emotionsarbeit angewendet werden, sind das Oberflächen- und Tiefenhandeln. Neben den anfänglich vermuteten ausschließlich negativen Folgen der Emotionsarbeit, kann sie auch als Unterstützung im Beruf dienen und die Arbeit erleichtern. Dies hängt unter anderem von den Bedingungen der jeweiligen Arbeit und dem Spielraum ab, der den Mitarbeitern gewährt wird.

Während Emotionsarbeit den Blick vorwiegend auf den Dienstleister richtet, fokussiert Gefühlsarbeit auf die Interaktion zwischen Dienstleister und Kunde. Neben der instrumentellen Arbeit wird in der personenbezogenen Dienstleistung Gefühlsarbeit geleistet. Gefühlsarbeit dient dazu, den Kunden kooperationsfähig zu machen, z.B. durch Trösten und Ablenken. Das Vollziehen der eigentlichen Dienstleistung kann so überhaupt erst gelingen.

Neben der Arbeit „am" Gefühl wird auch „mit" Gefühl gearbeitet. Diese Dimension wird durch das subjektivierende Arbeitshandeln repräsentiert. Subjektivierendes Arbeitshandeln betont subjektive Faktoren in der Arbeit, wie die Arbeit mit Gefühl, Gespür, auf Erfahrungswissen beruhend und begreift den Kunden als Subjekt, auf den man sich einlassen muss. Vier Aspekte sind für das subjektivierende Arbeitshandeln charakteristisch: dialogisch-exploratives Vorgehen, assoziatives, bildliches Denken, sinnliche Wahrnehmung und eine empathische Beziehung zum Arbeitsgegenstand.

Die genannten Konzepte werden im Konzept der Interaktionsarbeit von Böhle und Mitarbeitern (2006) vereint, weil sie verschiedene Aspekte der Interaktion beleuchten und darstellen.

Somit ergibt sich eine ganzheitliche Sicht auf die Arbeit in der Interaktion zwischen Dienstleister und Kunde.

Konkrete Kompetenzkonzepte zur Interaktionsarbeit gibt es jedoch noch nicht. Die Ergebnisse der Literaturanalyse zu den einzelnen Konzepten Emotionsarbeit, Gefühlsarbeit und subjektivierendes Arbeitshandeln deuten darauf hin, dass ein hohes Maß an Sozial- und Selbstkompetenz notwendig ist. Dies allein genügt aber noch nicht, sondern es ist auch wichtig, situativ zu reagieren und eine individuelle Handlungsstrategie in Bezug auf das Gegenüber entwickeln zu können.

Im Teil C dieser Arbeit wird es darum gehen, die dargestellte Theorie der personenbezogenen Dienstleistungsarbeit auf produktbegleitende Dienstleistungen bzw. den technischen Service anzuwenden und damit zu überprüfen inwiefern soziale Interaktion stattfindet.

Teil C: Empirische Untersuchung

„Und da, .[62] das sage ich Ihnen, wenn Sie Ihre Arbeit schreiben, dass das als erster Punkt da steht, dass man einen Servicetechniker dahin schult, dass er einfach mit den Leuten umgehen kann, egal ob grantig, groß, klein, schwarz, grau oder sonst irgendwas“ (Servicetechniker D3, S. 2, 38).

Ziel dieses Teils ist es, Interaktionsarbeit im technischen Service zu untersuchen. Hierfür ist es notwendig zu beantworten, wie sich die Tätigkeit im technischen Service des Maschinenbaus gestaltet, inwiefern der Servicetechniker mit dem Kunden interagiert und welche Herausforderungen und Strategien durch die Arbeit mit dem Kunden entstehen. Daraus können Fähigkeiten und Kompetenzen der Servicetechniker im Umgang mit dem Kunden abgeleitet werden. Bevor die Ergebnisse der Untersuchung zur Interaktionsarbeit präsentiert werden (Teil C Kapitel 2 - 5), wird zunächst auf die Konzeption der Untersuchung und die Untersuchungsfragen eingegangen (Teil C Kapitel 1).

1 Untersuchungsdesign

1.1 Untersuchungsfragen

Neben der Sachgutherstellung werden im verarbeitenden Gewerbe zunehmend produktbegleitende Dienstleistungen angeboten. Dies stellt die Unternehmen und ihre Mitarbeiter vor Herausforderungen. Neben fachlichen Aspekten, die das Know-how über die Maschine betreffen, gilt es den Kunden zufriedenzustellen und eine qualitativ hochwertige Dienstleistung anzubieten. Hieraus ergeben sich folgende Thesen, die leitend für die Untersuchung sind:

- Produktbegleitende Dienstleistungen finden im Umgang mit dem Kunden statt. Sie können damit den personenbezogenen Dienstleistungen zugeordnet werden.
- Neben den fachlichen Kompetenzen der Sachgutherstellung werden bei produktbegleitenden Dienstleistungen Kompetenzen im Umgang mit dem Kunden notwendig.

Diese Thesen führen zu einer umfangreichen Untersuchung, da hierzu bisher erst wenige Ergebnisse im Bereich der produktbegleitenden Dienstleistungen vorliegen. Deshalb wurde das Forschungsfeld eingegrenzt, indem eine Branche und eine Tätigkeit zur Untersuchung ausgewählt wurden.

Als Branche wurde der Maschinenbau als Untersuchungsfeld gewählt. Der Maschinenbau scheint geeignet, da hier in den letzten Jahren bedeutende Entwicklungen hin zu produktbegleitenden Dienstleistungen erfolgt sind und er eine der Branchen repräsentiert, die wesentlich

[62] Zögern und Pausen werden durch Punkte transkribiert: pro Sekunde ein Punkt.

zum Umsatz von produktbegleitenden Dienstleistungen beiträgt (vgl. Teil A Kapitel 1.5).[63] Außerdem wurde die Studie auf den technischen Service als produktbegleitende Dienstleistung begrenzt. Beim technischen Service werden verschiedene produktbegleitende Dienstleistungen in einem Berufsbild vereint. Zudem ist es ein klar definierter Beruf im Maschinenbau. Der technische Service ist in relativ vielen Unternehmen zu finden und bietet sich deshalb für einen Vergleich zwischen den Unternehmen an. Des Weiteren sind in diesen zwei Bereichen bereits Erkenntnisse vorhanden, die als Basis für die Untersuchung verwendet werden können (vgl. Teil A Kapitel 2).

Anhand der vorliegenden empirischen Untersuchung sollen Erkenntnisse in Bezug auf Interaktionsarbeit bei produktbegleitenden Dienstleistungen gewonnen werden. Hierzu dienen die Konzepte der personenbezogenen Dienstleistungsarbeit, Emotionsarbeit, Gefühlsarbeit und subjektivierendes Arbeitshandeln, deren Anwendbarkeit im technischen Service untersucht wird. Bisher liegen kaum Forschungsergebnisse in diesem Bereich vor.[64] Die Studie hat damit explorativen Charakter.

Abbildung 32: Anwendung der bestehenden Modelle auf produktbegleitende Dienstleistungen

Folgende Untersuchungsfragen dienen als Ausgangspunkt für die empirische Studie:

- Was beinhaltet Servicetätigkeit?
  Zunächst ist von Interesse, welche Tätigkeiten der technische Service tatsächlich umfasst, wann er beim Kunden, vor Ort, stattfindet und inwiefern Servicetechniker und Kunde zusammenarbeiten.
- Wie gestaltet sich die Interaktion zwischen Servicetechniker und Kunde?
  Hier gilt es zu klären, inwiefern sich die Beziehung zwischen Servicetechniker und Kunde gestaltet, welche Rollenerwartungen hiermit verbunden sind, wer Macht und Kontrolle ausübt und damit die Interaktion dominieren kann. Dies hat Einfluss auf die Art der Arbeit in der Interaktion.

[63] Im Jahr 2007 waren über 1 Mio. Menschen im Maschinenbau beschäftigt. Die Branche erzielte einen Umsatz von 215 Mrd. Euro, damit war sie die zweitgrößte Industriebranche nach der Autoindustrie in Deutschland (Statistisches Bundesamt 2009, S. 24).

[64] Der Autorin ist keine Studie bekannt, die Interaktionsarbeit im Sinne von Emotionsarbeit, Gefühlsarbeit und subjektivierendem Arbeitshandeln (ganzheitlich) im Bereich produktbegleitender Dienstleistungen untersucht.

- Welche Strategien werden im Umgang mit dem Kunden angewendet?
  Wenn Interaktion stattfindet, inwiefern kommen dann Emotionsarbeit, Gefühlsarbeit und subjektivierendes Arbeitshandeln im technischen Service vor? Wie setzen die Servicetechniker dies ein und vor allem zu welchem Zweck?
- Welche Kompetenzen sind für einen erfolgreichen Umgang mit dem Kunden notwendig?
  Basierend auf der Theorie und der empirischen Untersuchung können hieraus Kompetenzen abgeleitet werden, die für die Servicetechniker notwendig sind im Umgang mit dem Kunden.

1.2 Methodenwahl

Die Methode der Studie soll ermöglichen, die Tätigkeit der Servicetechniker und insbesondere die Interaktion mit dem Kunden sowie die Strategien, die zum Einsatz kommen, zu untersuchen. In bisherigen Forschungsarbeiten zu personenbezogenen Dienstleistungen wurden folgende Methoden angewendet, um Emotions- und Gefühlsarbeit sowie subjektivierendes Arbeitshandeln zu untersuchen: Für das Gebiet der Emotionsarbeit und Gefühlsarbeit wurde sowohl qualitativ durch Interviews (z.B. Rafaeli 1989) und teilnehmende Beobachtungen (z.B. Strauss et al. 1982; Wolkomir & Powers 2007) als auch quantitativ mittels Fragebogen (Büssing & Glaser 1999; Zapf et al. 2000) geforscht. Qualitative Untersuchungen konzentrierten eher auf die Ausführung der Emotionsarbeit und Gefühlsarbeit und das Erleben dieser Arbeit. Quantitative Untersuchungen fokussierten auf die Folgen der Emotionsarbeit. Beim subjektivierenden Arbeitshandeln wurde ausschließlich qualitativ geforscht, da es um sehr schwer explizierbare, subjektive Elemente geht (vgl. Kleebaur 2007, S. 6).

Für die vorliegende Untersuchung wurde ein qualitativer Zugang gewählt. Erstens ermöglicht dieser, einen tiefen Einblick in individuelle Erfahrungen zu gewinnen (Coolican 2004, S. 565) und vielschichtige, detaillierte Informationen zu einem bestimmten Phänomen zu erhalten (Witt 2001, S. 3). Gerade bei produktbegleitenden Dienstleistungen, die hinsichtlich der Interaktion untersucht werden sollen - ein Feld, zu dem wenige Daten vorliegen - bietet sich entsprechend eine qualitative Untersuchung an. Zweitens ist das subjektivierende Arbeitshandeln, aus den oben genannten Gründen, bisher ausschließlich qualitativ untersucht worden. Drittens geht es in der Interaktion zwischen Dienstleister und Kunde um Kooperation und die Qualität der Leistung wie auch der Arbeit. Nach Klaus (1985, S. 23) werden insbesondere Konstrukte wie Kundenzufriedenheit gerade durch die individuellen Verhaltensweisen und Erfahrungen greifbar, die durch eine qualitative Methode gut zu erforschen sind.

Die Untersuchung erfolgte anhand leitfadengestützter Experteninterviews (Gläser & Laudel 2006). Bei Experteninterviews ist nicht die Person an sich und ihre Lebensgeschichte Gegenstand der Analyse, sondern es geht viel eher um den organisatorischen Kontext, in dem die Person agiert und eine Sichtweise deutlich machen kann (vgl. Meuser & Nagel 2005, S. 72 f.).

Experten sind nach Gläser und Laudel (2006, S. 10; Hervorhebung wie im Original) *„Menschen, die ein besonderes Wissen über soziale Sachverhalte haben"*. Der Expertenbegriff wird damit relativ weit gefasst. Das Forschungsinteresse und die Forschungsfrage sind folglich ausschlaggebend, ob jemand als Experte in diesem Feld gelten kann (Meuser & Nagel 2005, S. 73).

Zuerst wurden in einer Vorstudie drei Experteninterviews durchgeführt, um die strukturellen Rahmenbedingungen in den Betrieben des Maschinenbaus und des technischen Services kennenzulernen (vgl. Gläser & Laudel 2006, S. 104 f.). Die Voruntersuchung diente dazu, sich ein ganzheitliches Bild über das Untersuchungsfeld zu machen und festzustellen, ob und inwiefern Servicetechniker mit dem Kunden in Interaktion treten. Die Interviews wurden anhand eines Leitfadens durchgeführt, der als grobe Orientierung diente, offene Fragen beinhaltete und Raum für weitere Fragen ließ. Der Leitfaden wurde an der Literatur (vgl. Teil A und B) und den Untersuchungsfragen (vgl. Teil C Kapitel 1.1) ausgerichtet. Durch die Offenheit des Leitfadens wurden nicht immer dieselben Fragen in den Interviews gestellt, sondern individuelle Schwerpunkte gelegt. Das bedeutet, wenn ein Interviewpartner zu einem Thema berichtete, ergaben sich unter Umständen vertiefende Fragen. Die drei Interviews wurden in verschiedenen Unternehmen durchgeführt. Es wurden ein Personalverantwortlicher für Servicetechniker, ein Servicemanager und ein Kunde befragt, um möglichst verschiedene Sichtweisen zu erhalten.

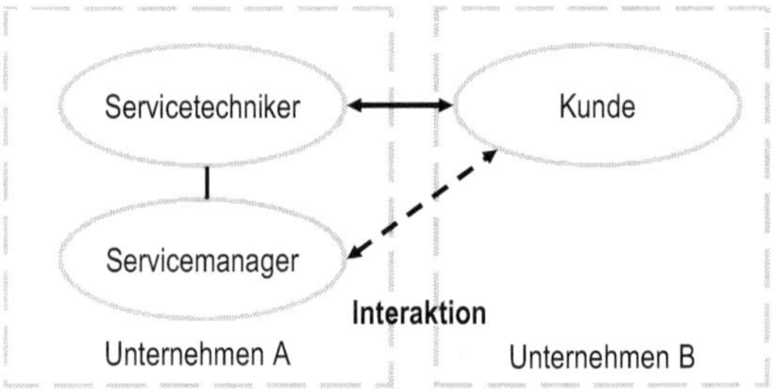

Abbildung 33: Interaktion zwischen Dienstleistungsunternehmen und Kunde

Die Hauptuntersuchung war so angelegt, dass nicht nur Servicetechniker in der Untersuchung befragt wurden, sondern es wurden auch Interviews mit Kunden und Servicemanagern geführt. Damit sollten alle drei Perspektiven untersucht werden und Berücksichtigung erhalten. Hierdurch besteht außerdem die Möglichkeit die einzelnen Interviewaussagen durch unterschiedliche Sichtweisen auf Widersprüche zu prüfen (vgl. Coolican 2004, S. 579 ff.). Neben den direkt interagierenden Personen in der Interaktion (Servicetechniker und Kunde) repräsentiert der Servicemanager das Unternehmen und kann damit über Anforderungen berichten, die das Unternehmen an die Servicetechniker stellt.

Der Leitfaden aus der Voruntersuchung wurde für die Interviews mit den Servicemanagern verwendet. Basierend auf den Ergebnissen der Voruntersuchung und der Literaturanalyse (vgl. Teil A und B) wurde dann ein Leitfaden für die Interviews mit den Servicetechnikern erarbeitet. Nach demselben Vorgehen wurde für die Kunden ein Leitfaden entwickelt. Diese Leitfäden dienten als eine grobe Orientierung in den Interviews und beinhalteten Stichpunkte, die als offene Fragen formuliert wurden. Die folgenden Tabellen fassen die Themen der Leitfäden für Servicetechniker beispielhaft zusammen. Die Themenblöcke der Leitfäden für Servicemanager und Kunden entsprechen dem dargestellten Leitfaden in den meisten Punkten, variieren jedoch in ihrer Gewichtung.

1. Thema	Beruflicher Hintergrund des Servicetechnikers
2. Thema	Tätigkeitsanalyse des Services
3. Thema	Anforderungen im Service
4. Thema	Art der Interaktion mit dem Kunden
5. Thema	Umgang in der Interaktion mit dem Kunden: - Subjektivierendes Arbeitshandeln - Gefühlsarbeit - Emotionsarbeit
6. Thema	Reflexion zu Servicekompetenz und Ausbildung im technischen Service

Tabelle 2: Leitfadengerüst Servicetechniker

Bei Servicemanagern zielte der erste Themenblock darauf ab, das Profil des Unternehmens abzufragen, sofern es nicht bereits über Dokumente recherchiert war. Hier wurde auch gefragt, welche verschiedenen produktbegleitenden Dienstleistungen vom Unternehmen angeboten werden und inwiefern diese vom technischen Service erbracht werden. Alle Leitfäden beinhalteten Fragen zum Hintergrund des Experten. Weitere gemeinsame Themenblöcke waren die Tätigkeiten der Servicetechniker in Zusammenarbeit mit den Kunden, die daraus resultierenden Anforderungen und Kompetenzen, die Servicetechniker benötigen und die Art der Interaktion (inwiefern ist das Verhältnis durch Kontrolle und Abhängigkeit in der Interaktion geprägt). Servicetechnikern wurden außerdem Fragen zum Umgang in der Interaktion gestellt. Inwiefern leisten Servicetechniker Emotionsarbeit, Gefühlsarbeit und wenden subjektivierendes Arbeitshandeln an? Der letzte Themenblock umfasste das Verständnis bzw. die Bedeutung von Servicekompetenz und die Verbesserungsmöglichkeiten in der Ausbildung der Servicetechniker.

Wie schon erwähnt, wurde der Leitfaden nicht strikt durchgearbeitet, sondern es wurde individuell auf den Gesprächspartner eingegangen und Offenheit gewahrt (Flick 1996, S. 63). Dadurch wurden in manchen Interviews Themenkomplexe stärker berücksichtigt. Der Gesprächspartner hatte die Möglichkeit, Themen einzubringen und verstärkt über Dinge zu berichten, die ihm persönlich wichtig erschienen.

1.3 Auswahl der Interviewpartner und Durchführung der Interviews

Zielgruppe der Studie waren kleine bis große Unternehmen des Maschinenbaus. Hierzu wurden Maschinenbauunternehmen in ganz Deutschland per Internet recherchiert. Dabei war wichtig zu überprüfen, inwiefern diese Unternehmen überhaupt produktbegleitende Dienstleistungen anboten. Es handelt sich also um absichtsvoll ausgewählte Unternehmen (Schreier 2007). Durch dieses Kriterium blieben schon viele, insbesondere kleinere, Unternehmen außer Betracht, weil sie wenige produktbegleitende Dienstleistungen anboten oder der technische Service sehr klein war.

Die Rekrutierung der Unternehmen (für Vor- und Hauptuntersuchung) gestaltete sich schwierig. In einem ersten Anlauf wurden insgesamt 30 Unternehmen angeschrieben. Es wurden Servicemanager und Personalleiter per E-Mail kontaktiert, um über den Rahmen der Untersuchung und das Erkenntnisinteresse zu informieren. Dabei wurde kurz auf das Thema der Untersuchung eingegangen und die relevanten Fragestellungen erläutert. Es wurde zugesichert, dass den Unternehmen ein Bericht über die Ergebnisse der Untersuchung zur Verfügung gestellt werden könnte und, dass alle Ergebnisse anonymisiert würden. Nach drei bis vier Tagen wurden alle Unternehmen, gegebenenfalls mehrmals, telefonisch kontaktiert. Lediglich ein Unternehmen sagte zu. Absagen waren vor allem durch Zeitmangel und generelle Überlastung im Unternehmen oder eine zu kleine Serviceabteilung begründet. Bei Unternehmen, die beispielsweise ausschließlich zwei Servicetechniker beschäftigen, sind diese nahezu rund um die Uhr im Einsatz. Dadurch ist es fast unmöglich, einen Interviewtermin zu vereinbaren. Manche Unternehmen zögerten die Entscheidung über mehrere Wochen hinaus. Ein weiteres Unternehmen war bereit, generelle Auskünfte zu geben, aber nicht an der Untersuchung teilzunehmen. Daraufhin wurden weitere Unternehmen recherchiert und direkt über telefonische Anfragen und über Kontakte angesprochen. Dieses Vorgehen war erfolgreicher, drei weitere Unternehmen sagten zu. Außerdem erklärte sich ein Servicetechniker bereit, privat an der Untersuchung teilzunehmen. Insgesamt (inklusive Voruntersuchung) wurden Interviews in sieben Unternehmen durchgeführt. Nach den ersten drei Interviews (Voruntersuchung) wurde die Interviewabfolge so organisiert, dass das erste Interview in einem Unternehmen jeweils mit dem Servicemanager geführt wurde, um einen Überblick über das Unternehmen und die Organisation zu gewinnen. Daraufhin bestimmten die Servicemanager Servicetechniker, die an den Interviews teilnehmen sollten. Die Servicemanager waren bemüht, möglichst unterschiedliche Servicetechniker auszuwählen, d.h. mit unterschiedlicher Erfahrung oder unterschiedlichen Arbeitsschwerpunkten. Der jeweilige Servicemanager wählte die Adressen von typischen Kunden aus, die dann telefonisch um ein Interview gebeten wurden. Alle kontaktierten Kunden erklärten sich zu einem Interview bereit.

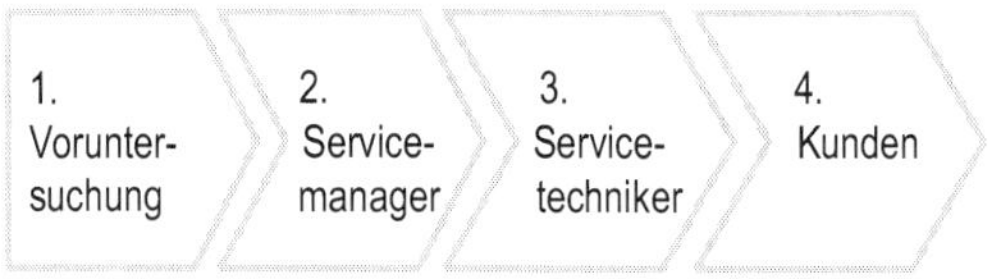

Abbildung 34: Design der Untersuchung

Insgesamt wurden 20 Interviews geführt.[65] Davon fanden vier mit Servicemanagern, zehn mit Servicetechnikern, fünf mit Kunden und eines mit einem Personalleiter statt. Die Auswahl zeigt, dass die Interviews mit Servicetechnikern im Vordergrund standen, da es vor allem um ihre Fähigkeiten und Kompetenzen ging und die komplexen Fragen zum Umgang in der Interaktionsarbeit deshalb auch vor allem ihnen gestellt wurden. Die Servicetechniker arbeiteten zum Zeitpunkt der Interviews zwischen einem halben Jahr und 17 Jahren in ihrem Beruf. Berufsanfänger erzählten über ihre Anfangsschwierigkeiten in der Zusammenarbeit mit dem Kunden. Langjährige Servicetechniker berichteten hingegen sehr ausführlich über ihre Strategien mit dem Kunden. Bis auf zwei Interviews wurden alle Interviews in den jeweiligen Unternehmen geführt. Die zwei Interviews wurden bei den Interviewten zu Hause geführt, da sie sich bereit erklärten, privat an der Studie teilzunehmen (ein Interview aus der Voruntersuchung sowie eines mit einem Servicetechniker). Bei einem Unternehmen konnten keine Kunden befragt werden, da diese vorwiegend international tätig waren. Schwierig war auch die Vereinbarung der Interviewtermine mit den Servicetechnikern, da diese sehr viel unterwegs sind und ständig auf Abruf bereit stehen. In einem Fall erfuhr die Autorin erst an der Pforte des Unternehmens, dass der vereinbarte Termin nicht wahrgenommen werden konnte, weil in dem Moment ein wichtiger Servicefall eingetreten war. Die Interviewdauer lag im Durchschnitt bei 45 Minuten. Zu den kürzeren Interviews gehörten vor allem die Gespräche mit den Kunden. Alle Interviews wurden mit einem Diktiergerät aufgenommen. Ein Interview konnte aus technischen Gründen nicht aufgenommen werden, deshalb wurde während des Gesprächs protokolliert (Interview J). Nach den Interviews wurden Notizen gemacht über den Gesamteindruck, den der Interviewte beim Interviewer erzeugt hatte und über Punkte, die dem Interviewer besonders aufgefallen waren. Alle Interviews wurden von der Autorin geführt und transkribiert. Die Interviews wurden wortwörtlich transkribiert, Pausen wurden in den Interviews (durch Punkte) vermerkt, flossen aber nicht in die Auswertung ein, der Dialekt blieb unberücksichtigt.

[65] Zur Anzahl der Personen bei den verschiedenen qualitativen Untersuchungsmethoden findet man kaum und wenn, dann vage Aussagen in der Methodenliteratur. So schreibt Coolican (2004, S. 566), man müsse die Anzahl entsprechend des Untersuchungskontextes auswählen, es könnten in manchen Fällen schon fünf Interviewpartner ausreichen. Die Anzahl der Personen ist abhängig von der Untersuchungsmethode, der Auswahl der Stichproben, dem Untersuchungsfeld, den Untersuchungsfragen wie auch der Auswertungsmethode etc. Kleining (2007, S. 200) ist der Ansicht, dass man mit 50 bis 60 Fällen an die Grenzen des Handhabbaren stößt und gibt folgende Regel für die Samplegröße: „Wenn man bei 20 gut variierten Fällen noch nicht weiß, wie das qualitative Ergebnis aussieht, hat man ein Problem und sollte die Anlage der Untersuchung überdenken (…).“

Den Interviewpartnern wurde Anonymität zugesichert. Die Namen der Interviewpartner und Unternehmen wurden entsprechend kodiert. Interessant war, dass über die Hälfte der Servicetechniker auf die schriftliche Anonymitätsvereinbarung verzichtete. Einige sagten sie hätten nichts zu verbergen, deshalb würden sie auch keine schriftliche Vereinbarung benötigen.

Ergänzend zu den Interviews wurde eine Dokumentenanalyse durchgeführt. Hierzu wurden Stellenanzeigen, Geschäftsberichte sowie Internetseiten und Prospekte der untersuchten Unternehmen analysiert. Sie dienten dazu, ein Profil der Unternehmen zu erstellen (vgl. Teil C Kapitel 1.5). Außerdem wurden die Informationen der Stellenanzeigen dazu genutzt, die Anforderungen der Unternehmen an Servicetechniker zu untersuchen.

Die folgende Tabelle gibt eine Übersicht über die Art des Unternehmens, die Verteilung der Interviews auf den einzelnen Unternehmensebenen und die Anzahl der geführten Interviews. Die Darstellung dieser Informationen sowie der Kontext in den die Interviews eingebettet sind wird als wichtig erachtet für die Interpretation der Ergebnisse. So kann Transparenz entstehen, um eine mögliche Übertragbarkeit der Forschungsergebnisse einschätzen zu können (Coolican 2004, S. 579 ff.). Die Tabelle umfasst Vor- und Hauptuntersuchung.

Unternehmensbereich	Personalleiter	Servicemanager	Servicetechniker	Kunde
Energieanlagen		1	2	1
Werkzeugmaschinenbau		1	3	2
Archivierungssysteme			1	
Motorenherstellung		1	2	
Automationsanlagen		1	2	1
Automationsanlagen				1
Getriebeherstellung	1			
Summe	**1**	**4**	**10**	**5**

Tabelle 3: Überblick über die geführten Interviews

1.4 Auswertung der Interviews

Alle geführten Interviews wurden für die Auswertung berücksichtigt. Es wurde ein Auswertungsverfahren in Anlehnung an Gläser und Laudel (2006; vgl. Bührmann 2005) angewendet. Das Verfahren basiert auf der qualitativen Inhaltsanalyse nach Mayring (1992, 1995; vgl. Schmidt 1997), wurde aber von Gläser und Laudel verändert und weiterentwickelt. Das Verfahren gliedert sich in vier Hauptschritte: Vorbereitung der Extraktion, Extraktion, Aufbereitung der Daten, Auswertung der Daten. Theoretische Vorüberlegungen gehen dem voraus.

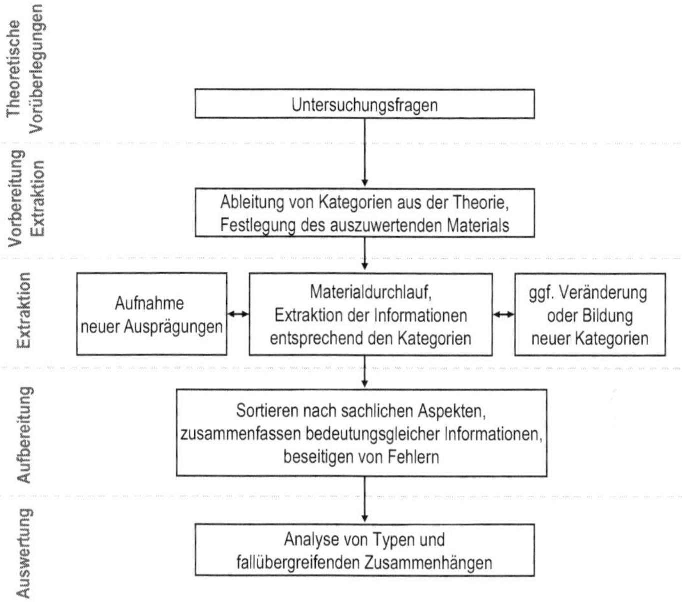

Abbildung 35: Ablauf der qualitativen Inhaltsanalyse
(in Anlehnung an Gläser & Laudel 2006, S. 197)

Für die Auswertung wurden aufbauend auf den theoretischen Überlegungen und den Untersuchungsfragen, die in den Leitfaden für die Interviews eingeflossen waren, Kategorien gebildet. Dieses Kategoriensystem diente sozusagen als Suchraster für den transkribierten Text und wurde für die Extraktion verwendet. Gleichzeitig war dieses Kategoriensystem offen, d.h. es konnte jederzeit verändert und ergänzt werden, wenn Informationen im Text enthalten waren, die nicht den vorher definierten Kategorien entsprachen. Somit wurde sichergestellt, dass neue Themen und Ausprägungen aufgenommen und berücksichtigt wurden (vgl. Gläser & Laudel 2006, S. 195).

Die transkribierten Interviews wurden gelesen und währenddessen Kommentare, Bemerkungen und neue Kategorien notiert. Danach wurden die Kategorien, die sich aus Theorie, Leitfaden und dem ersten Lesen ergaben, aufgestellt. Anhand dieses Kategorienrasters wurden die Texte erneut gelesen und durchsucht. Jede Interviewpassage, die einer Kategorie entsprach, wurde extrahiert und mit entsprechender Quelle notiert.

Im nächsten Schritt wurden die Interviewzitate generalisiert. Dies ist ein wichtiges Kriterium der qualitativen Inhaltsanalyse: sie trennt sich vom Ursprungstext, um „die Informationsfülle systematisch zu reduzieren“ (ebd., S. 194) und entsprechend den Untersuchungsfragen zu strukturieren.

Daran schließt sich der Schritt der Aufbereitung an. Hier wurden die extrahierten Daten auf Widersprüche und Redundanzen geprüft, um die extrahierten Daten qualitativ zu verbessern. Das Datenmaterial wurde inhaltlich strukturiert, indem Redundanzen beseitigt und Informationen sortiert wurden (vgl. ebd., S. 219 ff.).

Als vierter Schritt folgt nach Gläser und Laudel (ebd., S. 240 ff.) die Auswertung. Sie schlagen die Analyse von Fällen vor, Kausalmechanismen sollen geklärt und vergleichende Analysen durchgeführt werden. Ziel ist es letztendlich, die Forschungsfrage zu beantworten. Bei der Auswertung und Interpretation der Ergebnisse ist der Interviewkontext zu berücksichtigen (Froschauer & Lueger 1992, S. 42).

Im vorliegenden Fall wurde die Aufbereitung und Auswertung so vollzogen, dass entsprechende extrahierte Textstellen erst nach Kategorien (z.B. Kategorie: Kooperation) sortiert wurden. Danach wurden die Daten pro Kategorie aufbereitet, d.h. in jeder Kategorie wurden die Aussagen bzw. Paraphrasen nach sachlichen Aspekten sortiert und miteinander verglichen. Hierdurch konnten Merkmalsausprägungen bzw. Subkategorien (z.B. Kategorie: Kooperation, Subkategorien: Geben und Nehmen, Vertrauen) festgestellt werden. Diese Subkategorien wurden vorwiegend aus dem vorliegenden empirischen Material abgeleitet. Subkategorien, die aus der Theorie stammen sind hauptsächlich die Techniken der Emotionsarbeit, die Typen der Gefühlsarbeit und die Aspekte des subjektivierenden Arbeitshandelns.

Kategorie	**Subkategorien / Merkmalsausprägungen**
Formen der Servicetätigkeit	Wartung, Inbetriebnahme, Servicehotline, Störfall, Umbau, Teleservice, Beratungsarbeit, Schulung
Funktionen des Servicetechnikers in der Interaktion	Bindeglied zwischen Kunde und Dienstleistungsunternehmen, Vertriebsmitarbeiter, Informationsmedium, Repräsentant des Unternehmens, Prellbock, Detektiv
Kundenorientierung	
Interaktionsbeziehung Servicetechniker – Kunde	Servicetechniker als Experte, Kunde als Auftrag- und Geldgeber, Servicetechniker als Hilfsbedürftiger, Kunde als Störenfried
Kooperation	Geben und Nehmen, Vertrauen
Emotionsarbeit als Schutz- und Kooperationsstrategie	Tiefenhandeln, Oberflächenhandeln, Distanz durch Pelzigkeit oder Ablenkung, Faking in good und bad faith, Emotionale Devianz
Gefühlsarbeit	Vertrauensarbeit, Fassungsarbeit, Kontextbezogene Gefühlsarbeit, Erziehungsarbeit, weitere Gefühlsarbeitstypen
Subjektivierendes Arbeitshandeln	Unwägbarkeiten, dialogisch-exploratives Vorgehen, sinnliche Wahrnehmung, anschauliches Denken und Erfahrungswissen, Empathie als Mittel zur Kooperation

Tabelle 4: Kategorien und Subkategorien bzw. Merkmalsausprägungen der vorliegenden Arbeit

Bei der Auswertung der Interviews müssen die folgenden Punkte berücksichtigt werden. Bei qualitativen Interviews als Forschungsmethode besteht die Gefahr, dass Interpretationen erfolgen, die durch vorgefasste Meinungen beeinflusst sind. Auch wenn sich der jeweilige Interpret dessen bewusst ist, lässt sich dies kaum vermeiden (Rastetter 2008, S. 183). Um dem zu begegnen, ist es zum einen notwendig, die Auswertungsschritte darzulegen und das Vorgehen, wie eben geschehen, nachvollziehbar zu machen. Zum anderen ist es wichtig, die jeweiligen Aussagen, die in den nächsten Kapiteln dargelegt werden, durch Zitate aus den Interviews zu belegen (Gläser & Laudel 2006, S. 266; Rastetter 2008, S. 183).

Kritisch ist außerdem anzumerken, dass in qualitativen und quantitativen Untersuchungen soziale Erwünschtheit auftreten kann (vgl. Bortz & Döring 2005, S. 233). Das bedeutet, Ergebnisse werden dadurch verfälscht, dass Probanden bestimmte Eigenschaften hervorheben, weil sie denken, dies würde als besonders positives Verhalten gewertet werden. Andere Probanden nennen diese Eigenschaften nicht, weil sie glauben, es würde ihnen negativ ausgelegt werden.

Die vorliegende Studie untersucht lediglich eine begrenzte Anzahl von Unternehmen, die bewusst ausgewählt wurden.

1.5 Profil der untersuchten Unternehmen

Die folgende Tabelle gibt einen Überblick über die Anzahl der befragten Personen, den Unternehmensbereich, in dem sie tätig sind, die Anzahl der Mitarbeiter der Unternehmen sowie die Art der Fertigung.[66] Bei den aufgeführten Unternehmen handelt es sich um die fünf Unternehmen der Hauptuntersuchung.

Unternehmen	Befragte Personen	Unternehmens-bereich	Anzahl der Mitarbeiter	Art der Fertigung
Unternehmen 1	4	Werkzeugmaschinen	200	70% Sondermaschinen, 30% Serienfertigung
Unternehmen 2	3	Energieanlagen	130	Serienfertigung, spezielles Produkt
Unternehmen 3	3	Automationsanlagen	200	Sondermaschinen
Unternehmen 4	1	Archivierungssysteme	65	Serienfertigung, spezielles Produkt
Unternehmen 5	3	Motoren- und Turbinenhersteller	> 1000	Serienfertigung

Tabelle 5: Überblick über das Untersuchungssample

[66] Zur Verteilung der deutschen Maschinenbauer nach Serienfertigung und Sondermaschinen (Einzelfertigung) gibt es keine genauen Daten. Dies teilte der VDMA auf Anfrage im Frühjahr 2008 mit. Als Sondermaschinen werden Maschinen bezeichnet, die nach Wunsch des Kunden konstruiert und gefertigt werden. Im Gegensatz dazu wird bei der Serienfertigung eine bestimmte Anzahl eines Produktes gefertigt.

Die Unternehmen, die an der Untersuchung teilnahmen, waren sehr unterschiedlich. Gemeinsame und entscheidende Merkmale für die Studie waren, dass sie dem Maschinenbau zuzuordnen sind und technischen Service anbieten. Unternehmen 5 ist ein sehr großes Unternehmen, das zudem in eine internationale Konzernstruktur eingebunden ist. Unternehmen 2, das ebenfalls Teil eines Konzerns ist, ist im Vergleich dazu relativ klein (130 Mitarbeiter). Unternehmen 1 und 3 sind mittelständische Familienunternehmen, die beide vom Eigentümer geführt werden. Und das kleinste Unternehmen, Unternehmen 4, hat 65 Mitarbeiter.

1.5.1 Unternehmen 1: Werkzeugmaschinen

Unternehmen 1 wurde in den 1950er Jahren gegründet. Das Unternehmen ist ein Familienunternehmen mit ca. 200 Mitarbeitern. Das Unternehmen 1 produziert CNC-Werkzeugmaschinen und beliefert hauptsächlich Kunden in Europa, aber es liefert vereinzelt auch nach Asien und die Vereinigten Emirate. 70% der CNC-Werkzeugmaschinen von Unternehmen 1 sind Einzelanfertigungen (Sondermaschinen), die übrigen 30% sind Standardprodukte. Es werden folgende produktbegleitende Dienstleistungen angeboten:

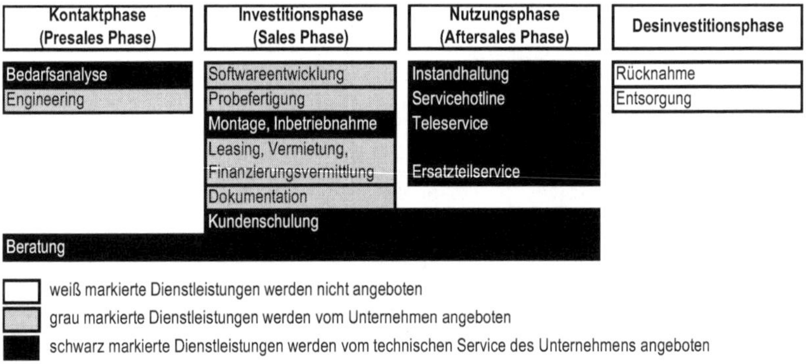

Tabelle 6: Angebot produktbegleitender Dienstleistungen des Unternehmens 1

Bei den produktbegleitenden Dienstleistungen, die nicht angeboten werden, handelt es sich um Rücknahme und Entsorgung von alten Maschinen. Diese werden von den Kunden nicht nachgefragt, da die Lebensdauer der Maschinen relativ lang ist und nicht mehr benötigte Anlagen häufig gebraucht weiter verkauft werden.

Die Serviceabteilung und ihre Mitarbeiter sind unter anderem für die Beratung und Bedarfsanalyse zuständig. Sie nehmen die Maschinen in Betrieb, nehmen Umbauten vor, wenn die Maschine innerhalb des Kundenunternehmens umgezogen wird, sind für die Wartung zuständig und vor allem für Störungen an der Maschine, die behoben werden müssen. Diese Arbeiten werden von den 25 Außendienstmitarbeitern des technischen Services erledigt. Die übrigen zehn Innendienstmitarbeiter der Serviceabteilung kümmern sich um die Servicehotline, die für die Beratung von Kunden montags bis freitags von 7.30 Uhr bis 22.00 Uhr und samstags von 8.00 Uhr bis 16.00 Uhr erreichbar ist. Außerdem sind sie für Ersatzteile und die Administration der Serviceabteilung zuständig. Per Teleservice können Mitarbeiter auf die Steuerung von Maschinen beim Kunden zugreifen, um Ferndiagnosen bei Störungen zu erstellen. Die Serviceabteilung des Unternehmens 1 untersteht direkt der Geschäftsleitung. Sie wird als eigenständiges Profitcenter geführt.

1.5.2 Unternehmen 2: Energieanlagen

Unternehmen 2 wurde in den 1970er Jahren gegründet und ist ebenfalls ein mittelständisches Unternehmen. Das Unternehmen ist eingebunden in eine Konzernstruktur, beschäftigt ca. 130 Mitarbeiter. Die Kunden kommen verstärkt aus Deutschland, die Anlagen von Unternehmen 2 werden aber auch international eingesetzt. Bei den Anlagen handelt es sich um Nischenprodukte, die seriengefertigt werden. Unternehmen 2 bietet zu den Sachgütern folgende produktbegleitende Dienstleistungen an:

Tabelle 7: Angebot produktbegleitender Dienstleistungen des Unternehmens 2

Die produktbegleitenden Dienstleistungen Probefertigung, Softwareentwicklung, Rücknahme und Entsorgung machen im Zusammenhang zu den Anlagen des Unternehmens keinen Sinn, deshalb werden diese Dienstleistungen nicht angeboten. Außerdem bietet das Unternehmen kein Leasing, Vermietung oder Finanzierungsvermittlung.

Die Serviceabteilung von Unternehmen 2 ist dem Bereich Aftersales zugeordnet. Dieser untersteht direkt der Geschäftsleitung und wird als Profitcenter geführt. Der Aftersales Bereich gliedert sich in die Abteilungen: Innendienst, Ersatzteilverkauf, Service (Außendienst) sowie kaufmännische Abwicklung. Der Innendienst ist für die telefonische Betreuung der Kunden verantwortlich und stellt Ferndiagnosen über Teleservice und Telefon. Hier werden die Anfragen der Kunden von Montag bis Freitag von 7.00 Uhr bis 22.00 Uhr und an Samstagen, Sonn- und Feiertagen von 9.00 bis 18.00 Uhr bearbeitet. Der technische Service, d.h. der

Außendienst, besteht aus 30 Servicetechnikern, die aufgeteilt im Norden, Osten, Süden und Westen Deutschlands ihre Büros haben. Der technische Service ist folglich dezentral organisiert, um keine langen Anfahrtswege zum Kunden zu haben. Er kümmert sich neben Beratung und Bedarfsanalyse um die Inbetriebnahme, übernimmt Schulungen und Beratungen des Kunden und die Instandhaltung der Anlagen. Im Ausland sind keine eigenen Außenbüros angesiedelt, da die Konzernmutter Außenbüros betreibt, auf die Unternehmen 2 im Servicefall zurückgreifen kann. Tatsächlich besitzen die Mitarbeiter dort aber oft nicht das spezifische Know-how, so dass das Unternehmen 2 im Servicefall die deutschen Servicekräfte ins Ausland sendet. Für Anfragen aus dem Ausland soll zukünftig ein Call-Center eingerichtet werden, damit sie trotz Zeitverschiebung jederzeit bearbeitet werden können.

1.5.3 Unternehmen 3: Automationsanlagen

Das Unternehmen 3 ist ein mittelständisches Familienunternehmen, das seit Ende der 1970er Jahre Automatisierungssysteme herstellt. Es beschäftigt ca. 200 Mitarbeiter. Das Unternehmen ist im Sondermaschinenbau tätig, d.h. alle Maschinen sind Sonderanfertigungen. Außer in Deutschland hat das Unternehmen Standorte in den USA, China und Japan. Es werden folgende produktbegleitende Dienstleistungen angeboten:

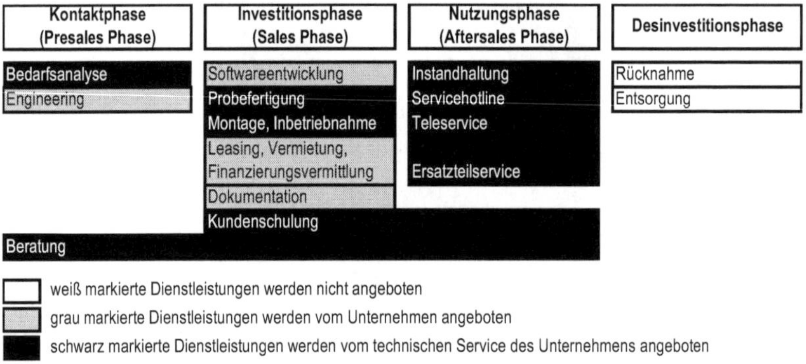

Tabelle 8: Angebot produktbegleitender Dienstleistungen des Unternehmens 3

Unternehmen 3 bietet seinen Kunden nahezu alle Dienstleistungen an, außer Rücknahme und Entsorgung. Letztere lohnen sich nicht durchzuführen, da die Maschinen sehr lang im Einsatz sind und danach verschrottet werden.

Die Serviceabteilung des Unternehmens ist eine autonome Abteilung, die wie eine Stabsstelle geführt wird. Hier kümmert man sich um die Beratung und Bedarfsanalyse, die Inbetriebnahme und Instandhaltung der Anlagen. Außerdem werden vom technischen Service Kundenschulungen und Probefertigungen durchgeführt. Es gibt keine strikte Trennung zwischen Außen- und Innendienst. Insgesamt sind sieben Mitarbeiter hierfür vorgesehen. Zwei weitere

Mitarbeiter kümmern sich um das Ersatzteilmanagement und Kleinprojekte. Neben den sieben Servicekräften in Deutschland gibt es noch eine weitere Servicestelle in Europa, in der zwei Mitarbeiter arbeiten und einen Mitarbeiter in China, der den asiatischen Raum betreut. Trotzdem werden die Servicekräfte des Standortes Deutschland weltweit eingesetzt. Die Servicehotline ist telefonisch von Montag bis Freitag von 8.00 bis 17.00 Uhr erreichbar. Darüber hinaus bietet das Unternehmen spezielle Verträge für seine Kunden an, wie z.B. die Wochenendbereitschaft. Ursprünglich hatte das Unternehmen geplant, einen 24-Stunden-Service anzubieten, allerdings waren die Kunde nicht bereit, die Mehrkosten für diesen Service zu bezahlen.

1.5.4 Unternehmen 4: Archivierungssysteme

Das Unternehmen 4 ist ein kleiner Spezialanbieter von Archivierungssystemen, der seit ca. 40 Jahren tätig ist. Insgesamt sind dort 65 Mitarbeiter beschäftigt. Das Unternehmen ist weltweit tätig und bietet seinen Kunden folgende produktbegleitende Dienstleistungen an:

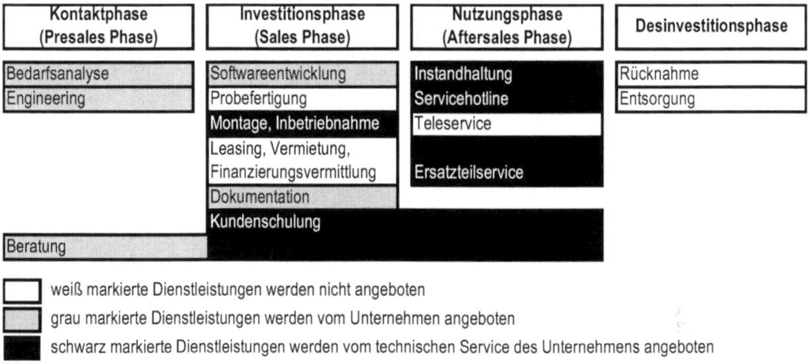

Tabelle 9: Angebot produktbegleitender Dienstleistungen des Unternehmens 4

Die produktbegleitende Dienstleistung Probefertigung trifft auf diese Maschinen nicht zu. Dienstleistungen wie Leasing, Vermietung, Finanzierungsvermittlung, Teleservice, Rücknahme und Entsorgung werden ebenfalls nicht angeboten.

Die Serviceabteilung des Unternehmens besteht aus fünf Mitarbeitern. Sie ist eine eigenständige Abteilung. Serviceanfragen erfolgen direkt an diese Mitarbeiter, die somit Innen- und Außendienst übernehmen. Sie sind zuständig für die Beratung, Bedarfsanalyse und Inbetriebnahme der Geräte beim Kunden. Außerdem nehmen sie Umbauten vor, warten die Geräte und reparieren sie bei Störungen. Wichtige Aufgabe ist auch die Schulung des Kundenpersonals nach Aufstellen der Geräte.

1.5.5 Unternehmen 5: Motoren- und Turbinenhersteller

Das Unternehmen 5 beschäftigt mehr als 1000 Mitarbeiter weltweit und ist Tochtergesellschaft eines weltweit operierenden Konzerns. Es hat mehrere internationale Niederlassungen. Unternehmen 5 stellt Motoren und Turbinen her. Dabei werden folgende produktbegleitenden Dienstleistungen angeboten:

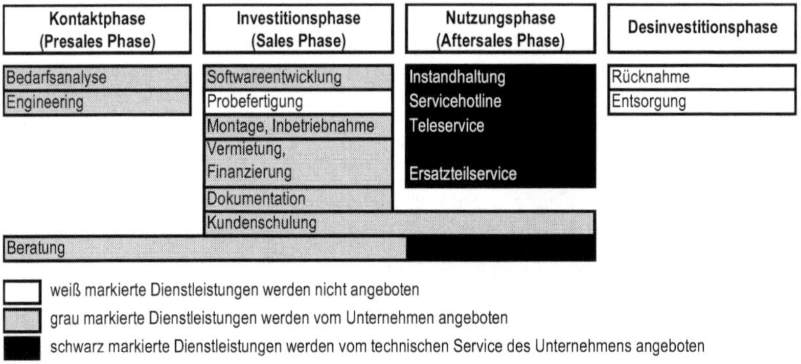

Tabelle 10: Angebot produktbegleitender Dienstleistungen des Unternehmens 5

Probefertigungen machen keinen Sinn für diese Anlagen. Rücknahme und Entsorgung werden nicht angeboten, weil die Anlagen entweder auf dem Gebrauchtmarkt verkauft oder vom Kunden selbst entsorgt werden.

Die Serviceabteilung besteht aus sechs Bereichen: technischer Service, Controlling, IT, kaufmännische Abwicklung, Weiterbildung und Customer Relation. Der technische Service ist zuständig für die Instandhaltung, Servicehotline, Teleservice und Ersatzteilmanagement, d.h. alle Dienstleistungen aus dem Bereich der Nutzungsphase. Der technische Service bildet die Brücke zwischen Kunde und Unternehmen 5. Dementsprechend beraten die Mitarbeiter auch Kunden oder analysieren deren Bedarf. Insgesamt sind im technischen Service ca. 60 Ingenieure beschäftigt, die weltweit eingesetzt werden. Die Servicehotline des Unternehmens ist 24 Stunden am Tag erreichbar. Das Unternehmen hat ein weltweites Netz an Servicebüros sowie Händler, die die Serviceingenieure in Deutschland unterstützen. Regelmäßig findet ein Austausch der verschiedenen Abteilungen des Unternehmens mit dem technischen Service statt, um die Erkenntnisse der Serviceingenieure an Konstruktion und Produktion im Unternehmen weiterzugeben und die Produkte zu verbessern bzw. an Markterfordernisse anzupassen.

2 Servicetätigkeit

Nach der Darstellung des Untersuchungsdesigns, wird in den nächsten Kapiteln auf die Ergebnisse der empirischen Studie eingegangen. Mit der Ergebnisdarstellung erfolgt gleichzeitig auch die Diskussion der Ergebnisse. Zuerst werden in diesem Kapitel die einzelnen Arbeitstätigkeiten des technischen Services vorgestellt, um einen Überblick über die Servicetätigkeit zu bekommen und diese näher zu analysieren. Damit kann eine Typologie in Anlehnung an die Theorie (vgl. Teil B Kapitel 5.2) abgeleitet werden. Danach wird die Beziehung zwischen Servicetechniker und Kunde in der Interaktion näher betrachtet (Teil C Kapitel 3) und die erforderlichen Verhaltensstrategien dargestellt (Teil C Kapitel 4), die in der Interaktionsarbeit nützlich und erfolgreich sind.

Im Folgenden wird Bezug genommen auf „den Kunden". Dies umfasst Mitarbeiter des gesamten Kundenunternehmens. Servicetechniker begegnen Facharbeitern, die die Maschine bedienen sowie Entscheidungsträgern im Kundenunternehmen, wie beispielsweise Werks- oder Produktionsleitern. Facharbeiter haben keine Entscheidungsbefugnis darüber (1) welche Maschinen gekauft werden und (2) welche Servicetechniker beauftragt werden. Sie beeinflussen allerdings die Meinung der Entscheidungsträger, indem letztere Informationen zum Servicetechniker einholen, z.B. wie der Servicetechniker seine Arbeit gemacht hat, welchen Eindruck er hinterlassen hat (vgl. Interview D2, S. 6, 34).

2.1 Formen der Servicetätigkeit

Der technische Service wird in der Literatur vorwiegend als Aftersales Dienstleistung bezeichnet. Leistungen würden sich auf „Zusatz-, Folge- und Nebenleistungen nach dem Kauf" (Meffert 1987, S. 94) begrenzen. Weiterhin wird festgestellt, dass er vorwiegend für die Instandhaltung zuständig ist (vgl. Teil A Kapitel 2.3.2). In der vorliegenden Untersuchung greifen Servicetechniker jedoch häufig schon vorher, in der Presales- und Salesphase, in den Prozess ein. Bei kleineren Unternehmen übernehmen beispielsweise Servicetechniker die Inbetriebnahme der Maschinen und Anlagen. Servicetechniker sind allerdings tatsächlich überwiegend mit der Behebung von Störfällen beschäftigt, d.h. Fehlersuche, -diagnose, anschließende Reparatur und Dokumentation gehören zur Hauptarbeitstätigkeit (vgl. Teil A Kapitel 2.3.2). Weitere Arbeiten sind Inbetriebnahme inklusive der nachfolgenden Einweisung der Facharbeiter, Wartungen, Umbauten, Arbeit an der Servicehotline, Teleservice und vereinzelt Schulungen. Im Folgenden werden die verschiedenen Arbeitstätigkeiten der Servicetechniker dargestellt, mit dem Ziel, diese anschließend zu klassifizieren.

2.1.1 Wartung

Wartungen werden durchgeführt, um den Betriebszustand der Maschine oder Anlage aufrechtzuerhalten. Es handelt sich um Präventionsmaßnahmen, die verhindern sollen, dass Anlagen auf Grund von Verschleißerscheinungen unerwartet ausfallen. Bei Wartungen werden Zündkerzen gewechselt oder Ölwechsel vorgenommen. Die Dienstleistung unterscheidet sich unwesentlich von Maschine zu Maschine. Bei einigen Unternehmen (vgl. Interview D3,

S. 10, 10) werden Zeiten vorgegeben, innerhalb derer ein Servicetechniker eine bestimmte Wartung beim Unternehmen beendet haben muss.

Für Wartungen werden zumeist Verträge abgeschlossen, die die Wartungsintervalle definieren (z.B. Häufigkeit pro Jahr, Anzahl der Motorstunden). Oft ist es so, dass die Kunden hier unterstützen und helfen, weil der Servicetechniker jemanden braucht, der etwas festhält oder weil die Anlagen so groß sind, dass ein Servicetechniker allein gewisse Montagearbeiten nicht ausführen kann. Ob Servicetechniker Wartungen durchführen oder nicht, hängt davon ab, ob der Kunde in seinem Unternehmen über eigenes kompetentes Personal verfügt. Viele Kunden nehmen kleinere Wartungen selbständig vor, bei größeren Wartungen wird jedoch auf Servicetechniker zurückgegriffen. Ob Kunden Wartungen selbständig durchführen, ist unter anderem vom Markt abhängig. Wenn wenige Fachkräfte verfügbar sind, weil die Wirtschaft boomt, fehlen die nötigen Fachkräfte im Unternehmen, um die Wartungen selbständig durchzuführen.

Bei Unternehmen 5, dem größten untersuchten Unternehmen, werden Wartungsarbeiten fast immer im Team bearbeitet, weil die Anlagen komplexer und größer sind als die der anderen untersuchten Dienstleistungsunternehmen. Auf Grund der Komplexität der Maschinen werden hier fast ausschließlich Ingenieure im technischen Service beschäftigt. Serviceingenieure haben, im Gegensatz zur technischen Ausbildung der Servicetechniker, ein Ingenieurstudium absolviert. Bei Unternehmen 5 führen Monteure die eigentliche handwerkliche Arbeit aus. Sie werden von einem Serviceingenieur angeleitet, der die Planung der Arbeiten übernimmt und die Mitarbeiter koordiniert. Häufig arbeitet ein ganzes Team von Monteuren am Austausch von bestimmten Teilen an der Maschine. Je nach Komplexität der Arbeiten reicht es in einigen Fällen, auf Hilfskräfte des Kunden zurückzugreifen. Die Wartungsarbeiten erstrecken sich in der Regel nicht über Stunden und Tage, sondern können durchaus einige Wochen in Anspruch nehmen. Bei Unternehmen 5 gab es in der Vergangenheit auch vereinzelt Verträge mit Kunden, in denen ein Serviceingenieur in Vollzeit beim Kunden mit der Wartung der Anlage betraut war, so genannte Vollwartungsverträge. Bei den anderen Dienstleistungsunternehmen werden Verträge mit den Unternehmen abgeschlossen, die die Durchführung von Wartungsarbeiten in bestimmten Intervallen beim Kunden regeln.

2.1.2 Inbetriebnahme

Die Inbetriebnahme wird nur bei den Unternehmen 1, 3 und 4 von den Servicetechnikern durchgeführt und erst seit kurzem bei Unternehmen 2. Bei Unternehmen 5 ist eine eigene Abteilung für das Aufstellen und das Inbetriebnehmen der Anlagen zuständig. Je nach Komplexität und Größe der Anlage können Inbetriebnahmen zwei Wochen bis sechs Monate dauern. Allerdings sind die Servicetechniker hier nicht die ganze Zeit vor Ort, sondern sie wechseln sich untereinander ab. Auch hier ist der Kunde manchmal wichtig als Unterstützung. In einigen Fällen sind Hilfskräfte des Kunden notwendig, die die Arbeit unterstützen. Der Servicetechniker übernimmt dann eine Koordinationsfunktion und leitet Hilfskräfte an.

2.1.3 Servicehotline

Der Kunde ruft die Servicehotline des jeweiligen Unternehmens an, um beraten zu werden oder einen Fehler zu melden, bei dem der Kunde Unterstützung benötigt. An der Servicehotline sind Experten damit beschäftigt, den Kunden weiterzuhelfen. Bei Unternehmen 5 und 2 sind hauptsächlich Ingenieure sowie sehr erfahrene Servicetechniker mit dem Innendienst an der Servicehotline betraut. Bei Unternehmen 1 arbeiten hier die sehr erfahrenen Servicetechniker. Und bei Unternehmen 3 und 4 gibt es keine strikte Trennung nach Innendienst (Servicehotline) und Außendienst (Service vor Ort), die Servicetechniker arbeiten abwechselnd im Innen- und Außendienst.

Die Mitarbeiter an der Servicehotline sind nach Spezialgebieten aufgeteilt, beispielsweise ist eine Person eher für Elektrotechnik zuständig. Trotzdem brauchen sie ein breites Verständnis über die Anlagen. Und besonders im Sondermaschinenbau kommt es immer wieder vor, dass der jeweilige Servicetechniker nicht jede Anlage kennt und sich entsprechend einarbeiten muss, um Anfragen bearbeiten zu können. Viele Anfragen werden von den Kunden erst über E-Mail an den technischen Service gesendet und werden dann an der Servicehotline weiterverfolgt.

Je nach Kompetenz und Erfahrungshintergrund des Kunden, können Störungen auch teilweise über das Telefon analysiert und unter Anweisung des Servicetechnikers behoben werden. Zumindest ist es sehr wichtig, an der Servicehotline den Fehler so gut wie möglich einzugrenzen und eine Fehlerdiagnose zu erstellen, damit (1) der richtige Servicetechniker vor Ort zum Kunden geschickt werden kann und (2) geklärt werden kann, welche Ersatzteile benötigt werden, um eine Reparatur vor Ort durchzuführen. Manchmal reicht es, die Ersatzteile zum Kunden zu senden und dieser baut sie dann selbständig ein. Bei der Fehlerdiagnose oder der Lösung des Problems ist es ausschlaggebend, wie sachverständig der Facharbeiter des Kundenunternehmens ist und wie gut er sich mit der Maschine auskennt.

2.1.4 Störfall

Der Kunde meldet sich bei Störfällen an der Maschine bei den Servicetechnikern an der Servicehotline, per E-Mail oder Fax. Wie oben beschrieben werden dann Fehler eingegrenzt und analysiert. Wenn Fehler und Störungen nicht über die Servicehotline gelöst oder Ersatzteile vom Kunden nicht selbständig eingebaut werden können, fährt ein Servicetechniker zum Kunden. Vorher wird abgeklärt, welcher Servicetechniker zum Kunden fährt und welche Ersatzteile notwendig sind. In einigen Fällen müssen Ersatzteile erst von Zuliefererbetrieben bestellt werden.

Wenn der Servicetechniker vor Ort ist, wird er noch einmal über die Vorgeschichte informiert, damit der Fehler schneller analysiert werden kann und der Servicetechniker eine Vorstellung hat, welche Teile der Maschine vom Fehler betroffen sein könnten.

Bei einem Störfall kann die Maschine vollständig ausgefallen sein, es können aber auch nur einzelne Teile der Maschine defekt sein, während eine Teilproduktion noch möglich ist oder es treten sporadisch Fehler auf. Sporadische Fehler sind sehr schwer zu beheben, da diese schwer nachvollziehbar sind. Je nachdem wie die Maschine in den Produktionsbetrieb eingebunden ist, ist der Druck für den Kunden groß, die Maschine schnell wieder zum Laufen zu bringen. Nach der Eingrenzung des Fehlers ist der Servicetechniker auf sich allein gestellt und arbeitet selbständig an der Maschine. Erst bei Montagearbeiten kann der Kunde wieder unterstützen. Bei der Abnahme werden dann Fehler und Behebung erläutert. Bei größeren Anlagen arbeiten die Servicetechniker gemeinsam an der Störbehebung und bei Unternehmen 5 arbeiten die Serviceingenieure fast immer mit Monteuren zusammen an der Behebung des Fehlers. Bei Unternehmen 5, das sehr komplexe Anlagen an den Kunden liefert, nimmt der Störfall eine andere Dimension ein. Hier sind die Kunden an den verschiedensten Orten der Welt ansässig und die Einsätze dauern länger als bei den kleineren Unternehmen. Wenn ein Bauteil kaputt ist oder der Kunde die Anlage falsch bedient hat und in Folge dessen ein Fehler aufgetreten ist, muss zunächst der Schaden begutachtet werden. Daraus werden dann Maßnahmen abgeleitet, um den Schaden zu beheben. Da der Schaden, den der Kunde bezahlt, in Millionenhöhe sein kann, nimmt die Dokumentation einen wichtigen Stellenwert ein, denn es muss belegt werden, was in welcher Art und Weise ausgeführt wurde.

2.1.5 Umbau

Unter Umbauten ist bei den Unternehmen 1 und 4 zu verstehen, dass Anlagen umgezogen werden, d.h. ihr Standort wird verändert. Bei Unternehmen 3, das stark softwarebasierte Anlagen fertigt, versteht man hierunter die Änderung der Software oder Änderungen im Ablauf der Maschinen. Werden Maschinen örtlich umgezogen, so benötigen die Servicetechniker teilweise die Unterstützung des Kunden. Werden Softwareänderungen vorgenommen, so ist eine exakte Koordination mit dem Kunden wichtig. Er muss die konkreten Änderungswünsche des Ablaufs beschreiben.

2.1.6 Teleservice

Bis auf Unternehmen 4 verfügen alle untersuchten Unternehmen über die Möglichkeit, über Teleservice die Betriebswerte der Maschinen beim Kunden zu überprüfen. Die Servicetechniker können sich in die Steuerung der jeweiligen Maschine einwählen, um Probleme zu analysieren, ohne zum Kunden zu fahren. In vielen Fällen kann so ein Einsatz beim Kunden vermieden werden, weil Fehler aus der Ferne analysiert und unter Anleitung des Servicetechnikers vom Kunden selbständig behoben werden. In anderen Fällen können Störungen zumindest analysiert werden, um das Fehlerbild einzugrenzen und dann den richtigen Servicetechniker vor Ort zu schicken.

2.1.7 Beratungsarbeit

Für alle Kunden ist die Beratung ein wichtiges Element der Arbeit der Servicetechniker. Beratungsleistungen begleiten nahezu in jedem Fall die Arbeit. Bei Wartungen ist es für die Kunden wichtig, von einer neutralen, externen Person darüber informiert zu werden, in welchem Zustand die Maschine ist oder welche Verbesserungsmöglichkeiten an der Maschine vorgenommen werden könnten. Hintergrund ist, dass die Maschine perfektioniert werden soll, damit ein reibungsloses Funktionieren mit möglichst wenigen Ausfällen ermöglicht wird. Dies ist auch der Grund für Wartungsarbeiten. Denn wenn die Maschine unerwartet ausfällt, vor allem dann, wenn sie auf Hochtouren laufen soll, ist der Schaden für den Kunden am größten. Präventiv gilt es, die Maschine zu rüsten, damit im besten Fall kein Notfallservice in Anspruch genommen werden muss. Wenn es zum Störfall kommt, sind die Kunden daran interessiert zu wissen, was besser gemacht werden kann, welche Alternativen es gibt und wie die Einschätzung des Servicetechnikers über die Maschine ist. Hier übernimmt der Servicetechniker den Beruf eines Verkäufers, indem er bestimmte Alternativen vorschlägt und Empfehlungen ausspricht.

2.1.8 Schulung

Alle Unternehmen bieten nach der Inbetriebnahme eine Einweisung in die Anlage ein, damit die richtige Bedienung gegeben ist. Diese wird von den Servicetechnikern durchgeführt, wenn sie die Anlage aufgestellt haben. Zusätzlich werden weitere Bedienerschulungen angeboten, wie auch optionale Schulungen, die den Kunden darin anleiten, die Wartungen teilweise selbständig durchzuführen und Störfälle zu beheben. Außer diesen Schulungen werden auch maßgeschneiderte Schulungen angeboten, die individuell auf die Bedürfnisse des Kunden zugeschnitten werden. Diese weiterführenden Schulungen werden je nach Thema und Größe des Dienstleistungsunternehmens von eigens dafür beauftragten Mitarbeitern (keine Servicetechniker) durchgeführt.

2.2 Ableitung einer Typologie von Servicetätigkeit

Um eine Typologie von Servicetätigkeit im Hinblick auf die Interaktion abzuleiten und damit das Ausmaß der Interaktion in den einzelnen Dienstleistungen zu definieren, werden die Merkmale der bereits bestehenden Typologien aus Teil B Kapitel 5.2 und die Merkmale aus der Darstellung der einzelnen Dienstleistungen im vorigen Kapitel berücksichtigt.

Fünf wesentliche Merkmale, die aus Teil B Kapitel 5.2 aufgegriffen werden und entscheidend für die Klassifizierung der Interaktion und der Bestimmung des Kooperationsbedarfes scheinen, sind (1) Intensität, Dauer und Häufigkeit der Interaktion, (2) Bearbeitungsobjekt, (3)

Standardisierung, (4) Informationsasymmetrie und (5) Prozessevidenz und Kompetenz der beiden Akteure.

In vielen Typologien spielt der zeitliche Aspekt der Interaktion eine Rolle (vgl. Grund 1998; Wemmerlöv 1990) und auch in Untersuchungen zur Emotionsarbeit und Interaktionsarbeit ist die Dauer, Häufigkeit und Intensität der Interaktion ein viel genanntes Merkmal einer Interaktion (vgl. Teil B Kapitel 5.1). Es gilt allerdings zu berücksichtigen, dass diese Kriterien schwer zu beurteilen sind. Was ist oft? Und was bedeutet lange? Im Hinblick auf produktbegleitende Dienstleistungen ist dies schwer zu differenzieren. Entsprechend scheint Wemmerlövs (1990, S. 29) Klassifizierung bedeutsam, der zwischen direktem, indirektem und keinem Kundenkontakt unterscheidet, wobei in dieser Arbeit nur der direkte und indirekte Kundenkontakt ausschlaggebend sind. Wenn der Dienstleister in direktem Kontakt zum Kunden steht, ist er ihm stärker ausgesetzt als wenn beispielsweise indirekt, per Telefon, kommuniziert wird.

Des Weiteren ist es ein Unterschied, ob die Maschine bearbeitet wird und „über" die Maschine zwischen Kunde und Servicetechniker kommuniziert wird oder ob die Person des Kunden das Bearbeitungsobjekt darstellt. Wemmerlöv (1990, S. 34) führt als dritte Möglichkeit die Information als Objekt der Dienstleistung an. Diese ist aber vor allem dann von Relevanz, wenn es z.B. um Verwaltungstätigkeiten geht, also Back-Office Dienstleistungen. Da Verwaltungstätigkeiten nicht in Anwesenheit des Kunden geschehen, werden sie hier nicht berücksichtigt.

Wie schon in Teil B Kapitel 5.2 argumentiert wurde, lassen sich viele Merkmale, anhand derer Mills und Margulies (1980) eine Typologisierung vornehmen, durch den Routinisierungsgrad (starre versus flexible Dienstleistung) beschreiben. Starre Prozesse sind standardisiert, hier benötigt der Dienstleister wenig Entscheidungsmacht und Improvisationsvermögen. Der Kontakt mit dem Kunden ist dadurch eher kurz. Die Arbeit variiert hinsichtlich der Aufgaben wenig. In flexiblen Prozessen sind Dienstleistungen individualisiert, dementsprechend hat der Dienstleister eine große Entscheidungsverantwortung und es werden viele Informationen zwischen Dienstleister und Kunde ausgetauscht bzw. abgestimmt. Die Dienstleistungserstellung variiert stark, dementsprechend kann der Kontakt mit dem Kunden jedes Mal anders aussehen. Der Prozess ist nicht klar vorgegeben und definiert, sondern wird durch die individuellen Entscheidungsmöglichkeiten und entsprechend der jeweiligen Situation angepasst (Wemmerlöv 1990, S. 31 ff.).

Die Informationsasymmetrie[67] wird in verschiedenen Typologien genannt. Dies bedeutet, ein Partner verfügt in der Interaktion über mehr Informationen und Wissen als der andere. In ei-

[67] Spremann (1990, S. 566) unterscheidet zwischen drei Arten von Informationen auf Grund derer Unsicherheit resultiert: der Dienstleister hat mehr Informationen über die Merkmale der Dienstleistung (hidden characteris-

ner Arzt-Patienten-Interaktion ist der Arzt der Experte und überwiegender Informationssender, während der Patient Informationsempfänger ist. Die Informationsasymmetrie liegt in umgekehrter Richtung vor, wenn der Dienstleister von den Informationen des Kunden abhängig ist, wie bei einer Beratung bezüglich einer individuellen Innenarchitektur (vgl. Teil B Kapitel 5.2). Es kann auch eine beidseitige Asymmetrie herrschen, wenn beide von den Informationen des Partners abhängig sind (vgl. Möller 2004, S. 179 ff.). Der Partner, der über mehr Informationen verfügt, kann den Prozess wesentlich steuern.

Zusätzlich wird die Dienstleistung von situativen Merkmalen beeinflusst. Diese sind nicht von der Art der Dienstleistung abhängig, sondern von den jeweiligen Personen, die an der Dienstleistungserstellung mitwirken. Je nach dem, wie gut sich der Kunde mit der jeweiligen Dienstleistung, dem Kontext etc. auskennt, desto geringer ist die Unsicherheit bei der Dienstleistungserstellung und desto reibungsloser ist der Ablauf. Je nach Kompetenz des Kunden und des Dienstleisters variiert die Interaktion (vgl. Teil B Kapitel 1.2). Genauso ist die von Fließ (1996) eingeführte Prozessevidenz ausschlaggebend für den Kooperationsbedarf und die Effizienz der Dienstleistungserstellung. Wenn Erfahrungen durch langjährige Geschäftsbeziehungen bestehen, wissen die Akteure welche Informationen wann geliefert werden müssen und wie ihr Beitrag den Prozess der Dienstleistungserstellung beschleunigen kann. Liegen hingegen neuartige Dienstleistungsprozesse vor, die Dienstleister und Kunde nicht kennen, so steigt der Kooperationsbedarf.

Die Abbildung fasst die beschriebenen Merkmale zusammen. Es sind ausgewählte Merkmale aus den Typologien in Teil B Kapitel 5.2, die für den technischen Service wichtig scheinen.

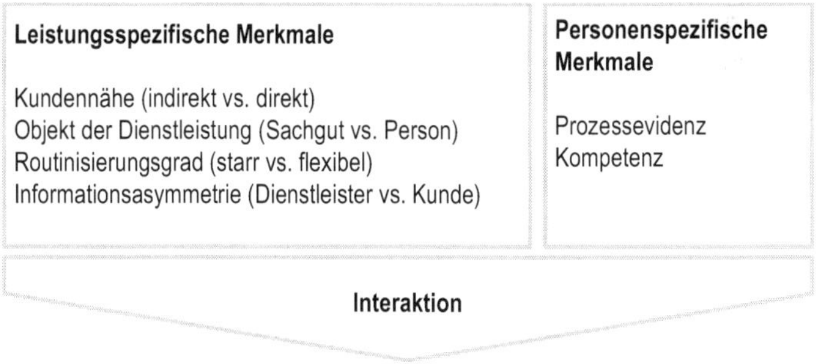

Abbildung 36: Leistungs- und personenspezifische Merkmale bei Dienstleistungen

Im Folgenden werden die abgeleiteten Merkmale aus den verschiedenen Typologien auf die einzelnen Dienstleistungen Wartung, Inbetriebnahme, Servicehotline, Störfall, Umbau, Teleservice, Beratung und Schulung angewendet.

tics), er könnte durch bestimmte Handlungen (hidden actions) den Kunden übervorteilen und der Kunde kennt nicht die Absichten (hidden intentions) des Dienstleisters.

2.2.1 Wartung

Wartungen werden vor Ort beim Kunden durchgeführt. Der Servicetechniker tritt also direkt in Kontakt mit dem Kunden. Es handelt sich um die Bearbeitung der Maschine. Zur Prävention werden bestimmte Teile der Maschine ausgewechselt bzw. Mängel behoben. Der Kunde fordert die Dienstleistung an und begleitet, je nach Interesse und Zuständigkeiten, den Prozess. Teilweise leistet er Hilfsarbeiten. Der Kunde hat keinen wesentlichen Einfluss auf das Ergebnis. Wenn beispielsweise die Zündkerzen ausgewechselt werden, handelt es sich lediglich um den Austausch von bestimmten Materialien an der Maschine. Es findet keine materielle oder immaterielle Veränderung im eigentlichen Sinne statt (vgl. Böhle 2006, S. 333). Der Routinisierungsgrad ist bei Wartungsarbeiten eher hoch. Zudem unterscheidet sich das Wechseln der Zündkerzen kaum zwischen Kunde A und B. Zusätzlich liegt eine Informationsasymmetrie zu Gunsten des Dienstleisters vor. Er ist der Fachmann, der über das nötige Know-how bezüglich der Wartung verfügt. Andererseits erledigt er die Arbeiten beim Kunden und ist deshalb angewiesen auf den Kunden, der ihn zur Maschine führt und seine Arbeiten kontrolliert:

> „Der Kunde, da geht es schon los, dass, wenn ich zur Anlage ankomme, muss der Kunde den Türöffner spielen, dass wir zur Anlage überhaupt kommen. Der Kunde muss auch die Anlage abstellen. Also, muss sagen zu dem Zeitpunkt geht es, weil die erzeugt Strom und Strom kann man ja auch nicht immer abstellen. Dazu brauchen wir den Kunden. Wir . die normale Arbeit an der Maschine selber machen wir selbstständig ohne Kunden, aber es gibt natürlich immer Tätigkeiten, die auch mal eine zweite Hand benötigen und dafür helfen uns dann die Kunden ab und zu" (Servicemanager D1, S. 4, 8).

2.2.2 Inbetriebnahme

Bei der Inbetriebnahme arbeiten die Servicetechniker ebenfalls vor Ort. Sie stellen die Maschine so auf, wie sie im Werk konstruiert wurde. Die Servicetechniker haben folglich direkten Kontakt mit dem Kunden. Der Kontakt zum Kunden ist intensiver, wenn es sich um große Maschinen handelt, bei denen mehrere Hilfskräfte des Kunden den Servicetechniker unterstützen. Objekt der Dienstleistung ist die Maschine. Bei der Inbetriebnahme liegt kein reiner Austausch zwischen Kunde und Dienstleister vor. Sie wird nicht wie ein Auto an den Kunden übergeben, sondern die Maschine muss erst vor Ort installiert werden und wird dann von den Servicetechnikern in Betrieb genommen. Es handelt sich nicht um einen starren Prozess, sondern je nach Situation beim Kunden oder je nach Kompetenz der Hilfskräfte, die den Servicetechniker unterstützen, muss der Servicetechniker Entscheidungen treffen und Lösungen finden bzw. sich an die Gegebenheiten anpassen. Allerdings ist zu bedenken, dass die Inbetriebnahme bei sehr einfachen Maschinen, die in Serienfertigung produziert werden und ohne die Hilfe des Kunden installiert werden können, einem starren Prozess gleicht. In den untersuchten Fällen ist dies nicht der Fall, es handelt sich um komplexe Maschinen. Es herrscht eine Informationsasymmetrie zu Gunsten des Servicetechnikers. Der Kunde liefert kaum Informationsinput, er ist eher Hilfskraft:

> „Die, die Aufstellung, das ist eine (..) Tätigkeit, wo ein Mann allein gar nicht machen kann. Wir aber gemäß Auftragsbestätigung (...) einen schicken, der die Chefrolle übernimmt und das koordiniert und der Kunde dann noch Hilfskräfte zur Verfügung stellt" (C1, S. 5, 20).

2.2.3 Servicehotline

Ein indirekter Kontakt liegt bei der Arbeit an der Servicehotline vor. Der Kunde interagiert mit dem Servicetechniker über das Telefon. Die Maschine ist Objekt der Dienstleistung. Bei der Beratungs- und Unterstützungsarbeit am Telefon geht es um die Eingrenzung eines Fehlers, die Unterstützung bei Unklarheiten und Fragen zur Maschine. Häufigster Fall ist die Störung an der Maschine. Hier geht es also um die immaterielle Bearbeitung eines Problems. Dieser Prozess ist flexibel. Es handelt sich nicht um Standardabfragen am Telefon, sondern es wird individuell geklärt, welches Problem an der Maschine vorliegt und wie dies vom Kunden eventuell selbst behoben werden kann. Dabei kann es um Fehler oder Probleme gehen, die dem Servicetechniker bisher noch nicht untergekommen sind. Er muss sich zudem auf den Kunden einstellen und die richtigen Fragen stellen, um notwendige Informationen zu erhalten:

> „Ich mein am Telefon ist es noch schwieriger, weil da sind Sie ja nicht vor Ort. Wenn Sie die Anlage gar nicht kennen - das passiert ja auch häufig - und dann erzählt er [der Kunde] was, und dann versucht man den irgendwo auszufragen . an was er gar nicht gedacht hat. Einfach irgendwo anfangen. Und dann versucht man das einzukreisen" (Servicetechniker D3, S. 6, 30).

Die Informationsasymmetrie ist hier erheblich größer als bei Wartungsarbeit und Inbetriebnahme, nur sehr erfahrene Servicetechniker arbeiten an der Servicehotline. Der Kunde verfügt jedoch über die Informationen vor Ort, die der Servicetechniker dringend benötigt, um den Kunden überhaupt beraten zu können. Der Servicetechniker muss den Kunden anleiten, ihm die richtigen Fragen stellen, damit er ihn überhaupt beraten und unterstützen kann. Im Gegensatz zur Inbetriebnahme, bei der der Servicetechniker die Kundenarbeit koordiniert, ist der Servicetechniker bei der Arbeit an der Servicehotline auf den Informationsinput des Kunden angewiesen. Es herrschen Informationsasymmetrien auf beiden Seiten. Der Kunde greift tiefer in den Prozess ein, damit hängt das Ergebnis stärker vom Kunden ab.

2.2.4 Störfall

Wenn die Probleme des Kunden über das Telefon nicht gelöst werden können, fährt der Servicetechniker vor Ort. Damit ist er in direktem Kontakt mit dem Kunden. Beim Störfall geht es um die Behebung des Problems an der Maschine. Wie beim Störfall an der Servicehotline findet kein Austausch, sondern eine konkrete Bearbeitung der Maschine statt. Wichtig ist hier die Mitarbeit des Kunden. Um die Dienstleistung effizient zu erbringen, unterstützt der

Kunde, indem er die Vorgeschichte des Fehlers erläutert und damit wesentliche Hinweise zur Eingrenzung des Fehlers geben kann. Es handelt sich ebenfalls um einen flexiblen Prozess. Das Ziel, die Fehlerbehebung, ist klar definiert, jedoch ist der Weg zum Ziel unklar. Der Servicetechniker muss sich Schritt für Schritt vorarbeiten. Der Prozess der Dienstleistung variiert entsprechend von Maschine zu Maschine, von Störfall zu Störfall. Genau wie bei der Arbeit an der Servicehotline, herrscht eine beidseitige Informationsasymmetrie. Einerseits ist der Servicetechniker Experte auf dem Gebiet, der Kunde kennt sich kaum aus. Andererseits gestaltet der Kunde die Dienstleistung durch seinen Informationsinput wesentlich mit. Gibt er keine Informationen, so dauert der Prozess der Fehlersuche wesentlich länger und ist schwieriger für den Servicetechniker:

> „Ja, bei der Fehlersuche ist es z.B. ganz, wenn der Kunde nicht dabei ist, dann kann man einmal fragen ‚Wann ist das passiert?' ‚Was ist da passiert?' und so weiter. Das sind halt die Fragen, die man sich stellt, wenn man alleine ist. Aber man kriegt keine Antwort" (Servicetechniker D3, S. 5, 27).

2.2.5 Umbau

Bei Umbauten und Änderungen an den Maschinen haben die Servicetechniker direkten Kontakt mit dem Kunden. Objekt der Dienstleistung ist die Maschine, an der eine Änderung vorgenommen werden soll oder die an einen anderen Standort umgezogen werden soll:

> „(...) wir machen eigentlich sehr viele Änderungen. Heißt der Kunde hat die Anlage bekommen und eine Weile produziert und dann hat man gemerkt, ah das ist nicht so geschickt für uns, das, das, das, wir wollen das lieber so" (Servicetechniker G1, S. 9, 19).

Es handelt sich demnach um eine materielle bzw. immaterielle Veränderung an der Maschine. Zwischen Servicetechniker und Kunde müssen die konkreten Veränderungen abgesprochen werden. Vor diesem Hintergrund handelt es sich um einen flexiblen Prozess. Es wird individuell mit dem Kunden geklärt, welche Veränderungen vorgenommen werden sollen. Da bestimmte Dinge im Voraus nicht planbar sind oder Informationslücken bestehen, muss der Servicetechniker Entscheidungen treffen und improvisieren und die Änderung entsprechend den Kundenwünschen anpassen:

> „(...) während dann solche Aktionen liefen, waren wir eigentlich immer vor Ort. Also wir als Kunde dann eben auch, um da mit zu unterstützen, um mit auszuprobieren, wenn dann ein Ablauf dann drin war. Zu sagen: ‚Jawohl, so ist es okay.' Oder zu sagen: ‚Mh, das ist jetzt aber ein bisschen schlecht.' " (Kunde F1, S. 3, 39).

Hier handelt es sich ebenfalls um eine beidseitige Informationsasymmetrie, denn der Kunde hat mehr oder weniger konkrete Änderungsvorstellungen. Diese gilt es zu kommunizieren. Auf der anderen Seite steht der Experte, der die Umsetzung der Änderungswünsche realisieren kann. Es findet ein flexibler Anpassungsprozess zwischen Dienstleister und Kunde statt.

2.2.6 Teleservice

Beim Teleservice wählt sich der Servicetechniker über einen Computer auf die Maschine des Kunden ein, um z.B. die Betriebswerte zu prüfen. Streng genommen hat der Servicetechniker allein durch den Teleservice keinen Kontakt mit dem Kunden. Jedoch wird der Teleservice dann eingesetzt, wenn es um die Diagnose eines Fehlers geht, der nicht sofort am Telefon geklärt werden kann. Er ist ein Begleitinstrument, um parallel zur Beratung am Telefon oder nach einem Telefonat mit dem Kunden, die betriebstechnischen Daten zu prüfen. Damit können dem Kunden hohe Kosten für einen Einsatz des Servicetechnikers vor Ort erspart bleiben:

> „[Der Kunde] Ist auch froh über das Thema Onlineservice, z.B., dass man ihm sagen kann, weißt du was, die 6000 Dollar, die du gerade ausgegeben hast für mein Businessclassflug, hättest du dir sparen können. Hätte ich von zu Hause aus machen können, auf meinem Laptop. Hätte mich hingesetzt und hätte dir gesagt: ‚Du, pass auf, auf den Knopf musst du drücken, dann ist die Sache erledigt'." (Servicemanager K1, S. 13, 39)

Wenn der Servicetechniker parallel dazu am Telefon mit dem Kunden im Austausch steht, liegt ein indirekter Kontakt mit dem Kunden vor. Es geht wieder um die Fehlerbehebung an der Maschine, dem Objekt der Dienstleistung. Dabei ist der Kunde zuständig für die Ausführung der Anweisungen des Servicetechnikers.

Der Prozess ist eher standardisiert, denn es können bestimmte Funktionen durch den Servicetechniker am Computer abgerufen werden, das Spektrum bewegt sich jedoch innerhalb dieser Funktionen. Hierfür ist keine große Entscheidungsverantwortung von Nöten, wie bei der Arbeit vor Ort. Denn es sind auch nur gewisse Informationen abruf- und verarbeitbar. Es liegt eine Informationsasymmetrie zu Gunsten des Servicetechnikers vor, der als Experte Einsicht in die Betriebswerte hat und sich diese Informationen selbständig einholt.

2.2.7 Beratungsarbeit

Die Beratung wird oft „nebenher" geleistet bzw. begleitet die oben beschriebenen Dienstleistungen. Trotzdem ist sie, wie in Teil A Kapitel 1.2 definiert, als eine eigenständige Dienstleistung zu betrachten. Die Beratung findet sowohl im indirekten Kontakt, beispielsweise am Telefon, als auch im direkten Kontakt, vor Ort, statt. Das Objekt der Dienstleistung unterscheidet sich in diesem Fall erstmals im Vergleich zu den oben aufgeführten Dienstleistungen. Es geht bei der Beratung zwar um technische Probleme und Veränderungen an der Maschine, jedoch wird die Dienstleistung „am Menschen" ausgeübt, die Person des Kunden ist Objekt der Beratung. Denn die Beratungsleistungen in Form von Verbesserungsvorschlägen, Empfehlungen und Tipps verändern den Wissens- und Informationsstand des Kunden, sie verändern nicht die Maschine. Weiter handelt es sich nicht lediglich um einen Austausch von Informationen, sondern es wird individuell am Problem bzw. an der Maschine beraten. Der Prozess der Beratung ist flexibel und angepasst auf das individuelle Problem der Maschine.

Als Externer wird der Servicetechniker zu vielen verschiedenen Möglichkeiten und Fragestellungen um Rat gefragt, er hat deshalb eine hohe Entscheidungsverantwortung und stark variierende Aufgaben. Eine Informationsasymmetrie liegt auf beiden Seiten insofern vor, als dass der Servicetechniker individueller Problemlöseexperte ist und der Kunde Informationsinput geben muss zu welchen Problemstellungen er Lösungen wünscht. Je komplexer die Fragestellung, desto größer ist der Informationsbedarf des Servicetechnikers.

2.2.8 Schulung

Die Schulung findet in direktem Kontakt zwischen Servicetechniker und Kunde statt. Ähnlich wie die Beratung ist die Schulung eine Dienstleistung, deren Objekt der Bearbeitung der Kunde ist. Hier wird die Qualität des Wissens über die Maschine verändert. Es handelt sich eher um einen flexiblen Prozess, denn der Servicetechniker oder Schulungsleiter geht individuell auf die Teilnehmenden ein. Ein Servicetechniker schildert, wie er bei Einweisungen Rückfragen an die jeweiligen Bediener stellt, um zu wissen, ob alle Teilnehmer verstanden haben (Interview J[68]). Es gibt aber auch eher starre Prozesse, bei denen der Servicetechniker sein Routineprogramm absolviert, ohne auf die Anwesenden einzugehen. Generell liegt eine Informationsasymmetrie zu Gunsten des Servicetechnikers vor, der den teilnehmenden Kunden sein Wissen vermittelt. Werden Rückfragen gestellt oder individuelle, maßgeschneiderte Schulungen angeboten, so herrscht ein Austausch zwischen Schulendem und Teilnehmern. Hier liegt dann eine Informationsasymmetrie auf beiden Seiten vor, da der Kunde wichtige Informationsinputs liefert.

2.2.9 Fazit: Anwendung der Typologie im technischen Service

Bei der Gesamtbetrachtung der Dienstleistungen des technischen Services lassen sich diese zunächst nach dem Bearbeitungsobjekt unterscheiden: Es werden Dienstleistungen angeboten, die die Maschine als Bearbeitungsobjekt betreffen, z.B. Störfall, und Dienstleistungen, die die Person des Kunden als Objekt der Bearbeitung betreffen, z.B. Schulung.

Die Dienstleistungen, die als gemeinsames Merkmal die Bearbeitung einer Maschine aufweisen, lassen sich folgendermaßen einordnen.

	starr	flexibel
direkt	Wartung Inbetriebnahme	Störfall Umbau
indirekt	Teleservice	Servicehotline

Abbildung 37: Leistungsmerkmale von Dienstleistungen; Bearbeitungsobjekt: Maschine

68 Bei Interview J können keine Seiten- und Zeilennummern angegeben werden, da es sich um ein Protokoll handelt.

Alle Dienstleistungen, die als starr bezeichnet wurden, weisen eine Informationsasymmetrie zu Gunsten des Servicetechnikers auf. Grund hierfür ist, dass der Kunde in starre Prozesse kaum eingreifen kann, weil diese in hohem Maße standardisiert sind. Weiter kann unterschieden werden zwischen direktem und indirektem Kontakt bei Servicetechniker und Kunde. Bei einer Betrachtung der Gemeinsamkeiten und Unterschiede der Dienstleistungen mit direktem Kontakt zwischen Dienstleister und Servicetechniker fallen weitere Punkte auf. Die direkten Dienstleistungen Wartung und Störfall haben beide die Erhaltung der Funktionsfähigkeit der Maschine zur Aufgabe. Die Wartung wurde als starrer Prozess charakterisiert, der Störfall als flexibler. Darüber hinaus fällt auf, dass die Wartung präventiv stattfindet, sie soll also Störungen vorbeugen, im Gegensatz dazu findet die andere Serviceleistung im Störfall, im Nachhinein, statt. Die Störung ist eingetreten und der Notfall muss behoben werden. Die zeitliche Komponente tritt hier in den Vordergrund.

Weitere Dienstleistungen in direktem Kontakt sind Inbetriebnahme und Umbau. Hier gibt es keine Gegensätze oder Gemeinsamkeiten mit dem Störfall oder der Wartung. Die Inbetriebnahme ist eher starr und setzt die Maschine in Gang, der Umbau ist eher flexibel ausgerichtet und dient der Verbesserung der Maschine oder der lokalen Umlagerung.

Vergleicht man Teleservice und Servicehotline als Dienstleistung gegenüber dem Störfall vor Ort, so ist der wesentliche Unterschied, dass bei Teleservice und Servicehotline indirekt Kontakt mit dem Kunden besteht und beim Störfall vor Ort agiert wird. Durch die physische Präsenz könnte der Servicetechniker angreifbarer sein.

Die beiden indirekten Dienstleistungen Teleservice und Servicehotline lassen sich durch den Routinisierungsgrad unterscheiden. Bei der Einteilung in die Abbildung oben wurde davon ausgegangen, dass während des Teleservices keine Beratung, sondern nur ein kurzer Austausch von Informationen am Telefon stattfindet.

Beide Dienstleistungen, die als Bearbeitungsobjekt die Person betreffen - Schulung und Beratung - weisen folgende Merkmale auf: direkt, flexibel, beidseitige Informationsasymmetrie. Sie lassen sich wie folgt einordnen.

	starr	flexibel
direkt		Beratung Schulung
indirekt		

Abbildung 38: Leistungsmerkmale von Dienstleistungen; Bearbeitungsobjekt: Person

Die Einteilung der Dienstleistungen zu bestimmten Merkmalen und der Vergleich untereinander dienen als Basis für die weitere Auswertung. Hiermit kann die Frage nach der Tätigkeit der Servicetechniker differenziert beantwortet werden. Außerdem bestätigen die bisherigen

Ausführungen, dass Interaktion im technischen Service stattfindet. Dabei variiert der Interaktionsgrad der einzelnen Dienstleistungen (vgl. Teil B Kapitel 5.2). In indirekten, starren Dienstleistungen findet Interaktion am geringfügigsten statt. Der Kooperationsbedarf ist entsprechend niedrig. In direkten, starren Dienstleistungen steigt das Ausmaß der Interaktion, durch den direkten Kontakt ist der Servicetechniker physisch präsent, er nimmt den Kunden mit allen Sinnen (z.B. visuell, auditiv, haptisch) wahr (Wemmerlöv 1990, S. 28) und wird dadurch vermutlich angreifbarer. Indirekte, flexible Dienstleistungen weisen ein noch höheres Ausmaß an Interaktion auf, da hier nicht standardisiert, sondern flexibel gehandelt wird. Es handelt sich also um einen stärkeren Austausch- und Abstimmungsprozess zwischen Kunde und Dienstleister. Direkte, flexible Dienstleistungen sind schließlich die Dienstleistungen mit dem höchsten Ausmaß an Interaktion, der Austausch- und Abstimmungsprozess wird hier noch einmal gesteigert. Durch die physische Präsenz von Servicetechniker und Kunde wird die Interaktion intensiver. Außerdem ist das Bearbeitungsobjekt zu berücksichtigen. Da bei der Bearbeitung einer Person direkt an und mit der Person gearbeitet wird, ist hier die Interaktion vermutlich intensiver und stetiger als wenn das Bearbeitungsobjekt eine Maschine ist.

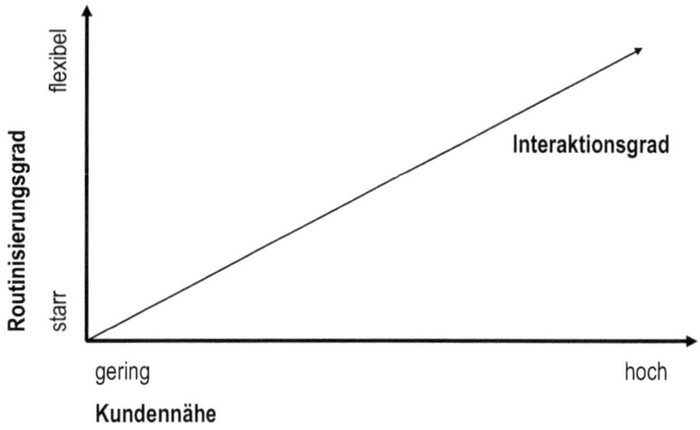

Abbildung 39: Interaktionsgrad

Neben diesen Betrachtungen gilt es jedoch zu berücksichtigen: Je stärker Dienstleistungen die Interaktion mit dem Kunden einschließen, umso stärker können sie durch den Kunden gestört werden (vgl. Möller 2004). Dies findet insbesondere in Teil C Kapitel 4 Berücksichtigung.

3 Servicetätigkeit als Interaktion

Basierend auf der Untersuchung der Servicetätigkeit in den vorigen Abschnitten werden in diesem Kapitel zuerst die Bedingungen der Interaktion im technischen Service untersucht. Diese beeinflussen die Interaktionsarbeit wesentlich. Es werden sowohl Funktionen der Servicetechniker in der Interaktion, als auch Einstellungen der Unternehmen und Servicetechniker hinsichtlich der Kunden dargestellt. Danach werden die verschiedenen Rollen des Servicetechnikers und des Kunden reflektiert, um zu bestimmen, welche Art der Beziehung die Interaktion im technischen Service dominiert.

3.1 Funktionen des Servicetechnikers in der Interaktion

Neben der Betrachtung des Interaktionsgrades zeigt das folgende Kapitel die Interaktion aus einem weiteren Blickwinkel. Aus den verschiedenen Aspekten der Interaktion zwischen Servicetechniker und Kunde leiten sich bestimmte Funktionen des Servicetechnikers ab. Diese beschränken sich nicht auf die Lösung des technischen Problems, sondern der Servicetechniker übernimmt weitreichendere Funktionen. Er ist Bindeglied zwischen Kunde und Dienstleistungsunternehmen, Repräsentant des Dienstleistungsunternehmens, Informationsmedium, Vertriebsmitarbeiter, Prellbock und Detektiv.

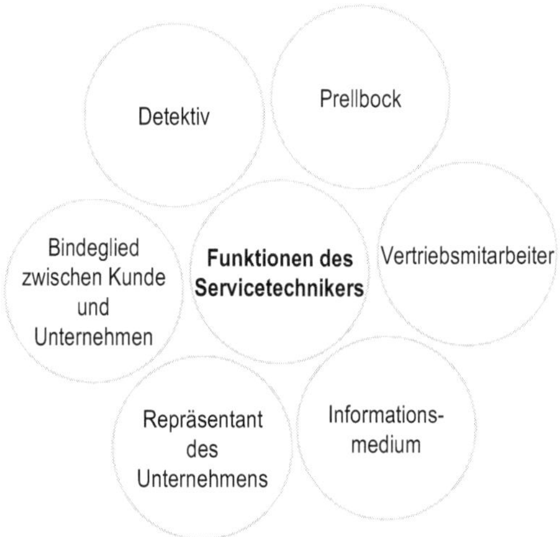

Abbildung 40: Funktionen des Servicetechnikers

3.1.1 Der Servicetechniker als Bindeglied zwischen Kunde und Dienstleistungsunternehmen

Wenn der Kunde in Kontakt zum Dienstleistungsunternehmen tritt, ist sein erster Ansprechpartner die Abteilung des technischen Services:

> „Wir sind eigentlich die Ansprechpartner für die Kunden. Auch gegenüber den anderen Abteilungen und Bereichen im Haus, d.h. wir bekommen eigentlich die erste Information" (Servicetechniker K3, S. 2, 7).

Der Servicetechniker nimmt die Anliegen der Kunden entgegen und leitet sie weiter, damit ist er Sprachrohr des Kunden. Er unterstützt den Kunden am Telefon und vor Ort als Berater und Problemlöser. Durch diese Stellung wird der Servicetechniker zum Bindeglied zwischen Dienstleistungsunternehmen und Kunde (Interview J1). Er managt den Kontakt.

Die Bindung zum Kunden, das Management der Geschäftsbeziehung, wird als positiv beschrieben, wenn anerkennende Rückmeldungen des Kunden gegeben werden und Geschäftsbeziehungen aufgebaut werden können, die auf Vertrauen basieren. Außerdem motiviert die Servicetechniker das Wissen mit ihren Lösungen jemandem geholfen zu haben (Interview K1, S. 9, 26; J1; vgl. Teil B Kapitel 2.2.2). Bleibt dieser Erfolg aus und treten Überforderung und Stress an dessen Stelle, kann der technische Service schnell zur Belastung werden (vgl. z.B. Interview C2, S. 6, 39; G1, S. 7, 3; K2, S. 7, 21).

3.1.2 Der Servicetechniker als Vertriebsmitarbeiter

Selten kennen Vertriebsmitarbeiter die Anlagen so gut wie die technischen Servicetechniker. Vertriebsmitarbeiter arbeiten nicht an der Diagnose von Fehlern oder warten Maschinen. Entsprechend benötigen sie auch weniger technisches Wissen als die Servicetechniker (vgl. Teil A Kapitel 2.3.2). Der Servicetechniker weiß jedoch nach einer Reparatur, wo die Maschine Defizite hat und kennt Lösungsmöglichkeiten aus seiner Erfahrung bei anderen Kunden. Deshalb kann er auch sehr genau auf Missstände hinweisen und Alternativen vorschlagen oder hinsichtlich Erweiterungen beraten. Er nimmt damit eine Vertriebsposition ein:

> „Es geht darum speziell den Zustand der Maschinen zu beurteilen. Wie ist sie? Was könnte noch kommen? Hat er noch was gesehen? Sieht er was, was wir schlecht gemacht haben oder was man besser machen kann?" (Kunde I1, S. 4, 1).

> „Ja, es ist vielfach so, wenn der Monteur einfach beim Kunden ist, weil er gerade eine Wartungsarbeit macht, dann empfiehlt unser Monteur dem Kunden: ‚Mmh, pass mal auf, wir haben das jetzt lösen können, aber Beschaffungsmarkt für Ersatzteile wird eng, du könntest vielleicht mal ein paar Ersatzteile bestellen, (…)'. Und für uns sind im Grunde die Monteure, die rausfahren, die besten Verkäufer. Umso besser der Monteur, umso eher wird auch der Kunde wieder bei uns bestellen" (Personalleiter B1, S. 5, 11).

Die Kunden fragen gezielt nach Verbesserungsmöglichkeiten, da sie daran interessiert sind, Schäden an der Maschine zu vermeiden und diesen vorzubeugen. Wenn etwas ersetzt werden muss ist es besser für die Kunden, dies zu planen, als dass die Maschine unerwartet, mitten in der Produktion, ausfällt. Voraussetzung für die Kunden ist, dass der Servicetechniker ihnen den Eindruck vermittelt, ehrlich zu beraten und sich an ihren Belangen zu orientieren.

3.1.3 Der Servicetechniker als Informationsmedium

Der Servicetechniker ist auch ein wichtiges Informationsmedium, indem er Wünsche der Kunden an die Marketing- und Vertriebsabteilungen des Dienstleistungsunternehmens weiterleitet (vgl. Teil A Kapitel 2.1). So kann das Produktspektrum kundenorientiert weiterentwickelt werden. Dies bedeutet eine stärkere Kundenorientierung und die Erschließung neuer Geschäftsfelder. Beispielsweise sehen 95,7 % der befragten Maschinenbauer der Studie des Fraunhofer ISI den Kunden als Auslöser dafür, ihre Sachgüter um Dienstleistungen zu ergänzen (Rainfurth 2003, S. 45; vgl. Teil A Kapitel 1.5.1). Außerdem kann der Service strategisch genutzt werden, indem die Dokumentation des Servicetechnikers, sein Wissen und seine Erfahrung beim Kunden genutzt werden, um Fehler in der Konstruktion der Maschinen zu beseitigen oder Serienschäden zu beheben:

> „Nicht nur für mich ganz persönlich [der Servicebericht], sondern grundsätzlich für unsere Dokumentation, für alle anderen Stellen hier im Hause, für unsere Konstruktion, für unsere Qualitätsabteilung, für unseren Einkauf, für unsere Produktion, damit jeder darüber informiert ist, was die Jungs da draußen gemacht haben und was da festgestellt wurde und dass man sich gleich darauf einstellen kann: ‚Achtung da gab es ein Qualitätsproblem.‘ ‚Achtung da gab es ein Fertigungsproblem.‘ ‚Achtung da gab es ein Problem mit einem Bauteil, welches wir zugekauft haben, zum 27. Mal.‘ Und den Lieferanten wechseln. (...) So dass man den permanenten Beschlussprozess innerhalb der Firma weiter vorantreiben kann“ (Servicemanager K1, S. 6, 33).

Der Servicetechniker bringt wichtige Informationen von außen ins Dienstleistungsunternehmen, um die Entwicklung der Maschinen voranzutreiben, generelle Probleme zu lösen und die Maschine zu verbessern, aber auch um neue Kundenwünsche an die zuständigen Abteilungen weiterzuleiten, um neue kundenorientierte Sachgüter und Dienstleistungen zu entwickeln.

3.1.4 Der Servicetechniker als Repräsentant des Unternehmens

Eine der zentralen Funktionen von Servicetechnikern vollziehen sie als Repräsentanten ihres Unternehmens (vgl. Jung Erceg 2005; Teil A Kapitel 2.3.2). Der Servicetechniker ist die Verbindung zwischen Dienstleistungsunternehmen, das die Maschine geliefert hat und Kundenunternehmen, das die Maschine nutzt. Er symbolisiert „das Gesicht des Unternehmens“ (vgl. Adams 1976, S. 1177; Übersetzung V.K.). Der Servicetechniker ist somit Repräsentant seines Unternehmens, über ihn wird das Dienstleistungsunternehmen evaluiert:

> „(...) da kann ich sofort einschätzen, ob der Servicetechniker was drauf hat und der repräsentiert die Firma. Wenn ich ein Problem habe, dann kommt der Servicetechniker und repariert es und nicht die Firma in dem Sinn. Nicht der Vertriebler oder sonst irgendjemand. Darum ist es sehr wichtig, gerade in der Nachbetreuung, dass es kompetente Leute sind, die Servicetechniker“ (Kunde A1, S. 7, 3).

Vollbringt er die Leistung zur Zufriedenheit des Kunden, so wirft dies ein positives Licht auf das Unternehmen des Servicetechnikers, machen die Kunden negative Erfahrungen, ist dies unter Umständen das Ende einer Geschäftsbeziehung. Aber nicht nur die Leistung, sondern

Auftreten, Höflichkeit, Ausrüstung und Erscheinungsbild vermitteln Professionalität (Interview D2, S. 2, 35) - oder eben nicht - und werfen ein entsprechendes Bild auf das Dienstleistungsunternehmen.

Wenn die Kunden ein negatives Bild gewonnen haben, so kann dies dem Dienstleistungsunternehmen sehr lange anhängen, „auch 20 Jahre später" (Interview F1, S. 5, 23), denn negative Dienstleistungserlebnisse sind einprägsamer als positive (vgl. Kiely und Armistead 2004, S. 28; vgl. Teil A Kapitel 2.1). Im Gegensatz dazu können sehr positive Dinge, die die Erwartungen des Kunden übertroffen haben, langfristig zu einem guten Image beitragen. Hier werden Begeisterungsfaktoren erfüllt (Bailom et al. 1996, S. 117 ff.), mit denen der Kunde nicht gerechnet hat. Der Kunde E1 schildert einen Zwischenfall in seinem Unternehmen. Er hat eine sehr namhafte, teure Maschine gekauft, kurz danach geht sie kaputt. Der technische Service des Dienstleistungsunternehmens zögert nicht, sondern schickt sofort ein Ersatzteil, das allerdings nicht passt. Es muss noch zwei Mal ein neues Ersatzteil zugestellt werden, bevor die Maschine wieder funktioniert. Der Kund ist trotz allem zufrieden, da der technische Service binnen eines Tages die Maschine, trotz fehlerhafter Lieferungen, wieder in Gang gebracht hat.

Das Auftreten, Verhalten und die Problemlösefähigkeit des Servicetechnikers stehen stellvertretend für die Leistungen des Dienstleistungsunternehmens. Der Service ist das Aushängeschild (Interview J1). Die subjektive Einschätzung des Kunden entscheidet über positive und negative Wahrnehmung und den weiteren Gang der Geschäftsbeziehung. Der Servicetechniker ist damit ein wichtiger Repräsentant seines Unternehmens.

3.1.5 Der Servicetechniker als Prellbock

Der technische Service ist in den untersuchten Unternehmen der Ansprechpartner für die Kunden. Wenn der Kunde über den Service hinaus Wünsche hat, so wendet er sich an den technischen Service. Letzterer leitet die Anfragen dann an die anderen Abteilungen weiter. In einigen Fällen, z.B. dann, wenn der Kunde unzufrieden mit den Leistungen der Maschine ist, ist dies keine dankbare Aufgabe. Denn der Servicetechniker bekommt unter Umständen den ganzen Unmut ab, der sich beim Kunden aufgestaut hat:

> „Also wir sind sozusagen der erste Ansprechpartner. Das entspricht oft der Funktion des Prellbocks, d.h. wir fangen einfach mal die Launen, die Stimmungen, die, ja, Aggressionen, die berechtigten Aggressionen des Kunden ab. Und versuchen das dann in eine rationale, in eine (...) verwertbare Information umzuwandeln und weiter zu bearbeiten" (Servicetechniker K3, S. 2, 11).

Die Aggressionen des Kunden müssen aufgefangen werden. Der Servicetechniker gleicht hier die Fehler der Maschine aus und ist verantwortlich, die Stimmung aufzuhellen. Kunde E1 schildert dies:

> „Natürlich ist es immer der Mann, der an der Front ist und wenn mit der Maschine häufiger irgendwas schief geht, dann sicher ist es so, dass er natürlich schauen muss, dass er einfach die, die Stimmung da relativ positiv hält da beim Kunden. (...) Das ist ja bei uns an der Baustelle genauso, (...) wenn ein Termin zu spät dran ist, dann ist der Erste, der das hört, ist einfach der Monteur, der vor Ort ist (...) Der kriegt es erstmal ab, die anderen sind ja alle erst einmal weit weg und so ist es natürlich für den Servicetechniker natürlich auch, ja" (Kunde E1, S. 11, 28).

Der Servicetechniker ist Ansprechpartner des Kunden. Damit ist er auch derjenige, der Ärger und Aggressionen auffängt, wenn der Kunde ein Problem an der Maschine hat. Er muss mit dieser Situation umgehen können, sich nicht abschrecken lassen und versuchen, kooperativ zu reagieren.

3.1.6 Der Servicetechniker als Detektiv

Vor allem wenn es um die Klärung der Ursache eines Schadens geht und damit um die Fehlersuche, wird von den Servicetechnikern die Wichtigkeit betont, dass der Kunde Informationen beisteuert. Dadurch kann der Fehler meist eingegrenzt werden. Umso schwieriger ist es, wenn hierzu keine Informationen gegeben werden. Informationen werden wissentlich zurückgehalten, weil der Facharbeiter befürchtet, er habe den Schaden durch eine Fehlbedienung ausgelöst (Interview G1, S. 13, 32). Oder der Kunde hofft, dass das Dienstleistungsunternehmen für den Schaden aufkommt, weil der Schaden durch einen Konstruktionsfehler ausgelöst worden sein könnte. Um an die wichtigen Informationen zu kommen, vollzieht der Servicetechniker detektivische Arbeit, um den Vorgang zu rekonstruieren. Dabei nutzt er alle möglichen Informationsquellen und vergleicht sie:

> „Man kennt in der Regel den Kunden auch nicht, also man muss auch wissen, (...) stimmt das was er erzählt oder ist das irgendeine Geschichte. Das kann man dann anhand, also versucht man, man versucht eben so viel wie möglich Information von vornherein zu bekommen. Um das dann auch gegeneinander abzuwägen, also das kann dann sein, dass (...) der Philippino der an Bord da eben für die Putzarbeit zuständig ist, ganz andere Dinge erzählt als einem der Chefingenieur erzählt. Und dann muss nicht alles stimmen, aber man hat halt Anhaltspunkte" (Servicetechniker K2, S. 4, 8).

Informationen über die Maschine oder ihre Bediener sind für die effiziente Arbeit eines Servicetechnikers wichtig. Diese erzielen sie durch eine geschickte Befragung der einzelnen Mitarbeiter des Kundenunternehmens.

3.2 Kundenorientierung im technischen Service

Alle fünf untersuchten Unternehmen bezeichnen sich als Unternehmen mit einer hohen Kundenorientierung. Sie stellen den Kunden in den Mittelpunkt, er ist „Dreh- und Angelpunkt"

(Interview D1, S. 4, 7) in der Arbeit. Voswinkel (2005) definiert in einer qualitativen Untersuchung von acht Unternehmen im Dienstleistungssektor zwei Kundenorientierungen: die subjektivierende und die bürokratische (vgl. Korczynski 2003). Erstere zeichnet sich dadurch aus, dass die Mitarbeiter sich in den Kunden hineinversetzen und ihn als Subjekt behandeln. Damit geht einher, dass die Mitarbeiter selbst auch mit ihren Kompetenzen und Fähigkeiten als Subjekte anerkannt werden (Voswinkel 2005, S. 106 ff.). Die bürokratische Kundenorientierung ist darauf ausgerichtet, den Mitarbeitern strikte Regeln und Handlungsanweisungen an die Hand zu geben, nach denen sie sich richten sollen. Im Zentrum der Regeln steht der Kunde. Über die Routine sollen die Mitarbeiter dem Kunden ein ausgeprägtes kundenfreundliches Verhalten zukommen lassen. Die Mitarbeiter werden jedoch durch die vielen Regularien in ihrer Entscheidungskompetenz beschnitten (ebd., S. 129 ff).

In der Studie von Voswinkel (ebd., S. 132 f.) nimmt die Kundenorientierung bei den untersuchten Unternehmen keinen ausgeprägten Stellenwert ein. Es handelt sich eher um eine pragmatische Herangehensweise. Wenig Regelwerk und Prozesse unterstützen das Verhalten der Mitarbeiter gegenüber den Kunden. Ähnlich lässt sich auch die Situation in den Unternehmen der vorliegenden Studie beschreiben. Es finden sich keine niedergeschriebenen Gefühlsregeln, wie sich die Mitarbeiter verhalten sollen. Zumindest sind diese den Mitarbeitern nicht bekannt. In einem Unternehmen wird ein Code of Conduct, ein Verhaltenskodex, erwähnt. Allerdings wussten die Mitarbeiter nicht, was dieser Verhaltenskodex beinhaltet. Ein Servicetechniker eines weiteren Unternehmens berichtet, es gäbe gewisse Regeln zum Verhalten gegenüber dem Kunden, die jedem der Servicetechniker klar seien. Niedergeschrieben seien sie jedoch nicht.

Interessant ist, wie kundenorientiert das Verständnis einiger Servicetechniker trotz dessen zu sein scheint. In einigen Fällen kann man von einer subjektivierenden Kundenorientierung sprechen, die sich die Mitarbeiter angeeignet haben. Dies wird sicherlich durch das Verhalten der jeweiligen Servicemanager verstärkt. Alle Servicemanager beschreiben die Wichtigkeit, Hand in Hand mit dem Kunden zu arbeiten. Sie haben das Verständnis, man löse das jeweilige Problem gemeinsam:

> „Also der Kunde ist ja Dreh- und Angelpunkt in unserem Geschäft. Wir [das Unternehmen], aber auch der Techniker braucht den Kunden. (…) Also der Kunde ist für uns was ganz Wichtiges, ohne Kunde geht es nicht“ (Servicemanager D1, S. 4, 7).

An dieser Stelle muss kritisch hinzugefügt werden, dass insbesondere hinsichtlich der Kundenorientierung eine Diskrepanz zwischen Selbst- und Fremdbild herrschen könnte und sich die Servicetechniker damit positiver darstellen als sie in realen Situation handeln. In den folgenden Abschnitten wird außerdem deutlich, dass es trotz hoher Kundenorientierung auch zu Konfliktsituationen zwischen Servicetechnikern und Kunden kommen kann.

Um der Kundenorientierung gerecht zu werden, wird viel von den Servicetechnikern verlangt. Unternehmen 5 kommt dem z.B. mit einer 24-Stunden-Servicehotline entgegen. Andere, kleinere Unternehmen, können sich das nicht leisten. Trotzdem fordern die Unternehmen von ihren Servicetechnikern, dass Einsätze erst dann beendet werden, wenn die Aufgaben im Kundenunternehmen abgeschlossen sind. Auch sind längere Einsätze im Ausland keine Seltenheit. Ein Einsatz kann von zwei Wochen bis zu drei Monaten dauern, auf Weihnachten oder Ostern fallen.

> „Also unsere Anforderung an den Techniker ist natürlich die Einsatzbereitschaft, den Willen, den muss er haben, auch die Bereitschaft nicht um Schlag 16.00 Uhr den Schraubenschlüssel liegen zu lassen, sondern auch dann zu gehen, wenn die Anlage läuft“ (Servicemanager D1, S. 8, 17).

> „Er muss leidensfähig sein. (…) mit einer Regelarbeitszeit kommt man im Service nicht hin. Dann muss er sehr flexibel sein, das ist ganz klar. Wenn er von heute auf morgen los muss, oder vielleicht von jetzt auf gleich, kann es natürlich auch sein, dass jetzt, ja, jetzt das Telefon klingelt und der Flieger um 19.00 Uhr geht, und [er] die nächsten drei Monate weg ist“ (Servicemanager K1, S. 10, 14).

Die Aussagen lassen darauf schließen, dass der technische Service im Maschinenbau organisatorisch schon eine extreme Kundenorientierung impliziert. Der Kunde fordert ständige Einsatzbereitschaft, weil er seine Maschinen rund um die Uhr benötigt. Der technische Service muss entsprechend ausgerichtet sein. Was aber nicht automatisch durch die Anforderungen des Kunden an den technischen Service vorhanden ist, ist die starke Kundenorientierung der Servicetechniker. Diese scheint insbesondere von erfahrenen Servicetechnikern gelebt zu werden. Homburg und Mitarbeiter (2000) berichten in einer empirischen Studie zu Kundenorientierung bei industriellen Dienstleistungen, dass die Mitarbeiter das Selbstverständnis des Unternehmens häufig nicht übernehmen. Die Mitarbeiter bleiben hinter den hohen Ansprüchen zurück. Sie verkennen damit die strategische Bedeutung der Dienstleistung und betrachten den Dienst am Kunden als notwendiges Übel (Mütze 1999b, S. 49). Einige Servicetechniker in der vorliegenden Studie haben teilweise sehr hohe Ansprüche an sich selbst, die sie in der Praxis versuchen umzusetzen. Sie gehen davon aus, dass die Arbeit erst fertig ist, wenn alles wieder funktioniert, sie den Kunden über das Problem hinaus kompetent beraten, der Kunde sich auf sie verlassen kann usw. Sie scheinen damit eine große Verantwortung zu übernehmen. Ihnen obliegt das Management des gesamten Kundeneinsatzes und damit der Interaktion mit dem Kunden (vgl. Teil A Kapitel 2.2). Sie erscheinen als Intrapreneure im Unternehmen, d.h. sie verhalten sich wie eigenständige Unternehmer im Dienstleistungsunternehmen (vgl. Vahs 2005, S. 153):

> „(…) wir müssen ja schauen, dass wir hier auch unsere Kosten decken und wir müssen ja auch, wir müssen ja auch bezahlt werden und irgendwo hänge ich, das ist eigentlich der

Kunde, der wo mich bezahlt und nicht mein Chef. Also muss ich auch versuchen mit ihm dementsprechend klar zu kommen und auch schauen, dass das Geld langfristig, . also dass es, dass er jetzt bei uns bleibt, dass der Kunde das, das Geld in unsere Firma investiert und nicht in andere (Servicetechniker D2, S. 4, 39).

Die Servicetechniker scheinen sich bewusst zu sein, dass die subjektive Zufriedenheit der Kunden ausschlaggebend für den Erfolg ihres Unternehmens ist:

> „(…) am Freitag ruft mein Kollege an, Freitagabend um halb acht, also da hatte ich das Geschäftshandy ausgeschaltet, ruft mich privat an, steht an einer Anlage, hat etwas gemacht und jetzt geht es nicht mehr. Vorher lief sie und jetzt läuft sie nicht mehr. Dann bin ich halt um halb acht noch raus gefahren, bin jetzt, ich habe gesagt, komm ich helfe dir, ich schaue, ob wir das hin bringen. Und dann war ich bis abends um dreiviertel zwölf war ich halt . an der Anlage. Das weiß ich heute noch nicht wie wir das abrechnen, normal bekommen wir das nicht gezahlt, aber. Ich sage mal, ich verstehe da meinen Kollegen, ich verstehe da den Betreiber [Kunde], (…) wenn das Motorle steht, für den sind da jeden Tag rund 1000 Euro rund kaputt (…)“ (Servicetechniker D2, S. 10, 29).

Die Servicetechniker, die diese ausgeprägte Orientierung am Kunden leben, sind auch diejenigen, die ein hohes Maß an Empathie gegenüber dem Kunden aufweisen. Sie versetzen sich in den Kunden und in dessen Lage und versuchen so zu handeln, dass sich der Kunde unterstützt fühlt. Dies schildert ein sehr erfahrener Servicetechniker, der zuvor im KFZ Bereich arbeitete und dort den Kundenumgang erlernt hat:

> „(…) im KFZ Bereich und die Kunden da, da musst du ja bald mehr Psychiater sein wie [lacht] wie technisches Verständnis, ja. Also technisches Verständnis ist da nicht so groß, da musst du dich mehr auf die Kunden konzentrieren. Wie packst du den an? Wie gehst du mit dem um? Und hast ja jeden Tag was weiß ich, zehn, 20 Leute. Und da musst du dich auf jeden ein bisschen einstellen, also da gehört dann eine gewisse Menschenkenntnis (.) dazu (…) und die kommt auch mit der Zeit, also das, das lernst du irgendwie. Der läuft da rein, da kannst du genau sagen, also ob der zahlt da habe ich meine Bedenken. (…) Und aus der Erfahrung was ich da gemacht habe, kann ich eigentlich schon schöpfen. Und darum glaube ich kann ich eigentlich mit den Leuten [Kunden] da draußen [im Maschinenbau] schon einigermaßen umgehen“ (Servicetechniker D2, S. 12, 1).

Gegenseite dieser pragmatischen Herangehensweise, die ohne Regeln, Firmenschulungen und Vorgaben auskommt, ist, dass die Servicetechniker individuell und nach ihrem Selbstverständnis handeln. Jeder wendet das Verhalten an, das er für erfolgreich oder notwendig erachtet. Dies kann unter Umständen auch weniger kundenfreundlich sein. In der vorliegenden Untersuchung betont die Mehrzahl der Servicetechniker, dass es um eine gemeinsame Arbeit mit dem Kunden und eine langfristige Kundenbindung geht.

3.3 Interaktionsbeziehung Servicetechniker - Kunde

Abgesehen von den Einstellungen von Unternehmen und Servicetechnikern wird die Interaktionsbeziehung durch Statusstrukturen bzw. Rollen und Positionen geprägt (vgl. Teil B Kapitel 1.3). Um diese institutionell-organisatorisch vorgegebene Rollen im technischen Service zu identifizieren, wird auf die Typologie von Böhle (2006) zurückgegriffen (vgl. Teil B Kapitel 5.2), der in diesem Zusammenhang auf die Asymmetrie in der Beziehung Dienstleister - Kunde hinweist. Es geht dabei nicht ausschließlich um die bereits erwähnte Informationsasymmetrie zwischen den Akteuren, sondern er setzt sich weitreichender, mit institutionell-organisatorisch vorgegebenen Rollenasymmetrien bei Dienstleistungen auseinander. Er unterscheidet Tauschbeziehungen, Dispositionsbeziehungen und Bearbeitungsbeziehungen (vgl. Teil B Kapitel 1.3, 5.2).

Die Interaktion wird also nicht nur von leistungsspezifischen Merkmalen und personenspezifischen Merkmalen beeinflusst, sondern auch von institutionell-organisatorischen. Diesen Zusammenhang stellt die folgende Abbildung dar.

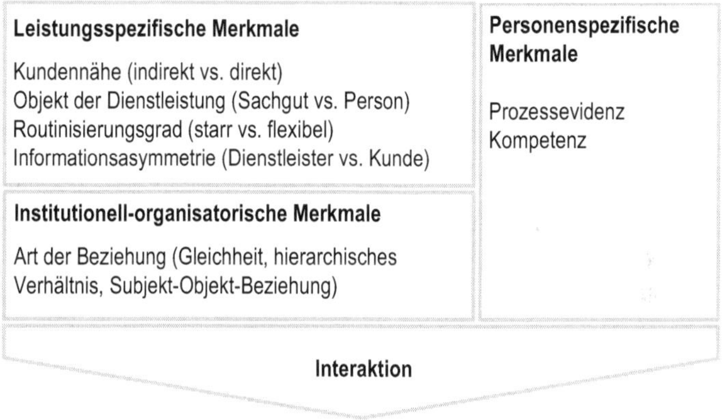

Abbildung 41: Beeinflussende Merkmale bei Dienstleistungen

3.3.1 Der Servicetechniker als Experte

Nerdinger (1994, S. 96) legt dar, dass Expertentum eines der wichtigsten Mittel in Dienstleistungen ist, um Macht auszuüben (vgl. Teil B Kapitel 1.3). Durch Expertentum zeichnet sich auch die Dienstleistung des technischen Services aus. Der Kunde fordert einen Servicetechniker an, weil er einen Spezialisten benötigt, der die Maschine repariert. Die Servicetechniker sind als Mechatroniker, Elektriker, Mechaniker und in manchen Fällen auch als Ingenieure ausgebildet. Insbesondere zeichnen sie sich dadurch aus, dass sie Spezialisten für bestimmte Maschinen sind, die die Zusammenhänge der Maschine verstehen, um in möglichst kurzer Zeit Fehler zu lokalisieren und diese zu beheben. Oft sind die Situationen, in denen

Servicetechniker gerufen werden, von Druck geprägt, hier muss schnell und professionell gehandelt werden, um ein stehendes Produktionsband wieder in Gang zu bringen und Verzögerungen der Produktion zu vermeiden:

> „Da ist es meistens so, sage ich mal, da steht eine Anlage von uns die irgendein Autozubehörteil produziert und da gibt es dann Probleme. (…) Wenn, sagen wir, der Kunde mit dem Problem leben kann und kann noch einigermaßen produzieren, hat einen kleinen Produktionsausfall, bekommt man normalerweise genügend Zeit, um eine Lösung zu entwickeln. Wenn ein Gerät ausfällt oder sonst was, muss man sofort vor Ort. Im Zweifelsfall auch in einer (…) Hauruckaktion, Nachtaktion. (…) Und da drängt halt der Schuh, wenn dann die Anlage steht. Wenn die Produktion steht, steht dahinter das nächste Band auch, d.h. kostet viel Geld“ (Servicetechniker G1, S. 1, 17).

Der Kunde hat nicht das Know-how, um in diesen Prozess eingreifen zu können. Er ist auf den Experten angewiesen. Somit kann keine fachliche Kontrolle durch den Kunden erfolgen, denn er kann den technischen Zustand der Maschine nicht beurteilen. Daraus folgt, dass er die Arbeit des Servicetechnikers ebenfalls nicht bewerten kann. Ein Kunde, der schon seit vielen Jahren mit den Maschinen des Unternehmens 1 arbeitet, erläutert dies:

> „(…) weil ich kann ihn ja fachlich nicht beurteilen, wenn ich ihn fachlich beurteilen möchte, dann muss ich wissen, dann muss ich genau das Wissen haben wie er oder zumindest wissen wohin es geht“ (Kunde I1, S. 6, 11).
>
> I[69]: „Würden Sie sagen, fühlen Sie sich abhängig vom Servicetechniker?“
>
> I1: „In gewisser Weise ja. Weil . so ist es mir am Anfang gegangen, wie ich das Ganze vorher übernommen habe. Wenn man nicht weiß, wie lange dauert so etwas [den Fehler zu finden und zu reparieren]. Man hat ja den Druck als Kunde liefern zu müssen. Es steht ja für uns auch was dahinter. Ich kann eine Maschine nicht einfach stehen lassen und sagen: ‚Ja, okay, irgendwann langt das schon, wenn man es repariert, irgendwann einmal‘ “ (Kunde I1, S. 8, 32).

Wenn der Kunde nicht weiß was ihn erwartet, fühlt er sich abhängig. Erst wenn grobe Erfahrungswerte beim Kunden bestehen kann er den Servicetechniker beurteilen. Selbst dann können jedoch schwierige Fehler auftreten, bei denen der Kunde sich vollständig in die Hand des Servicetechnikers begibt. Letztendlich beurteilt der Kunde den Servicetechniker anhand dessen, ob die Maschine wieder funktionstüchtig ist. Kontrolle kann deshalb nur in geringem Ausmaß durch den Kunden erfolgen.

Durch das fachspezifische Wissen des Servicetechnikers herrscht eine Asymmetrie zwischen Servicetechniker und Kunde, die beiden bewusst ist. Der Kunde hat sich für eine bestimmte Maschine entschieden. Oft handelt es sich um spezifische Maschinen, die nicht als Massen-

---

[69] Interviewer

produkt angeboten werden und von Unternehmen zu Unternehmen variieren. Deshalb ist der Kunde in vielen Fällen an die Servicetechniker dieses bestimmten Unternehmens gebunden. Außerdem benötigt er eine schnelle Lösung. Wenn sich allerdings langfristig herausstellt, dass der Service eines Dienstleistungsunternehmens nicht den Vorstellungen des Kunden entspricht, hat der Kunde die Möglichkeit dies zu sanktionieren. Die Asymmetrie kehrt sich um:

> „Langfristig ist es wahrscheinlich eher anders herum, das ist ganz klar. Weil wenn (.) in dem Augenblick der Service irgendwo schlecht ist, dann wird man sich bei Folgeaufträgen überlegen, ob man diese Firma noch einmal nimmt. Kurzfristig ist man allerdings als Kunde teilweise bei solchen Angelegenheiten sehr stark auf den, auf den Service angewiesen. Weil in dem Augenblick, wenn man selbst nicht das Know-how hat von den Anlagen, und das hat man häufig nicht mehr selbst in der Firma, sondern das ist eben beim Anlagenbauer, dann . hast du keine Chance“ (Kunde F1, S. 4, 40).

Kurzfristig fühlt sich der Kunde abhängig vom Servicetechniker. Durch den Expertenstatus, den der Servicetechniker einnimmt, ist er dem Kunden überlegen. Der Kunde muss sich zumindest teilweise auf den Servicetechniker einlassen und Kontrolle abgeben.

3.3.2 Der Kunde als Auftrag- und Geldgeber

Neben Expertentum hält Nerdinger (1994, S. 96) Belohnung für eines der wichtigsten Mittel der Macht. Belohnung erfolgt beispielsweise durch Geld. Kurzfristig hat sich der Kunde auf ein Unternehmen festgelegt und ist auf die Zusammenarbeit angewiesen. Langfristig kann er jedoch nach anderen Möglichkeiten und Alternativen suchen was (1) die Beschaffung einer Maschine und (2) den technischen Service anbelangt. Der Servicetechniker fühlt sich abhängig vom Kunden, weil dieser sein Auftraggeber ist und ihn für den Service bezahlt. Für den Servicetechniker und sein Unternehmen ist es Ziel, langfristig mit dem Kunden zusammenzuarbeiten und somit die Existenz des Unternehmens zu sichern. Egal wie fähig der Kunde ist, die Dienstleistung zu beurteilen: „(...) der Kunde zahlt. Der kann sagen wo es langgeht“ (Kunde A1, S. 6, 31). Das bedeutet, wenn der Kunde unzufrieden ist, aus welchem Grund auch immer, kann er die Zusammenarbeit beenden.

Außerdem hat der Kunde die Möglichkeit, den Servicetechniker zu sanktionieren. Er kann Druck aufbauen, indem seine Angestellten den Servicetechniker während der Reparatur oder der Wartung beaufsichtigen. Wenn ihm etwas nicht gut genug ist oder der Servicetechniker sich nicht seinen Vorstellungen entsprechend verhalten hat, beschwert sich der Kunde direkt beim Vorgesetzten des Servicetechnikers. Der Vorgesetzte kann den Einsatz des Servicetechnikers nur über die Meinung des Kunden beurteilen:

> „Mein Vorgesetzter der weiß wohl, ich bin beim Kunden X und habe dort . diese Aufgabe, aber er kann das nicht kontrollieren in dem Sinn, ob das jetzt von mir richtig erledigt wurde. Das kann er nur wieder über, mehr oder weniger über den Kunden (…)“ (G2, S. 9, 29).

Gibt es kein Feedback des Kunden, so ist der Serviceeinsatz meist zur Zufriedenheit des Kunden ausgefüllt. Gibt es Feedback, so sind noch Mängel vorhanden oder der Kunde ist unzufrieden:

> „Weil, weil wenn vom Kunden nichts mehr zurückkommt, kann man davon ausgehen, dass es gut gewesen ist. Und wenn dann halt noch irgendwelche Mängel danach noch anliegen, ja gut, dann stellt das auch der Kunde wieder fest und meldet das dann auch wieder rück. Also im Prinzip wird die Arbeit durch den Kunden kontrolliert“ (Servicetechniker G2, S. 4, 35).

Schlimmste Sanktion für das Dienstleistungsunternehmen ist der Abbruch der Geschäftsbeziehung durch den Kunden. Dadurch kann der Kunde Macht ausüben:

> „Grundsätzlich sind wir natürlich vom Kunden abhängig. Ohne Kunden können wir nicht überleben. Das ist so. Andererseits sieht es ähnlich aus, wobei der Kunde sich auf seinem Markt in seinem Gebiet natürlich auch umgucken kann, weil wir ja eine Menge Mitbewerber, Wettbewerber haben. Aber wir sind auf jeden Fall vom Kunden abhängig, weil wenn der sich irgendwann, der globale Kunde, von uns verabschiedet, weil wir schlechten Service machen, nicht weil wir schlechte Motoren liefern, sondern weil wir einen schlechten Service machen, dann haben wir was falsch gemacht, und stehen ganz blöd da, weil dann bricht unser Geschäftsfeld als solches zusammen. So einfach ist das“ (Servicemanager K1, S. 8, 6).

Der Kunde ist Auftrag- und Geldgeber. Er hat sich für eine Maschine entschieden. Die Aufgabe der Servicetechniker ist es, die Zufriedenheit mit dieser Maschine über den Service zu erhalten und damit eine dauerhafte Beziehung zum Kunden aufzubauen. Treten Fehler auf, hat der Kunde langfristig die Möglichkeit, sich nach anderen Lösungen, d.h. Maschinen und entsprechendem Service, umzusehen:

> „Und wenn du da schlechte Erfahrung gemacht hast mit der Firma XY, dann wirst du die gar nicht erst nach dem Angebot anfragen. Wenn du gute Erfahrung mit denen, mit den gut zusammengearbeitet hast, dann wirst du auch später, auch 20 Jahre später, wenn du mit diesem gezielten Bereich gar nichts mehr zu tun hast mit denen, wieder an die denken und fragen: ‚Habt ihr da was?‘. Insofern ist diese Abhängigkeit langfristig - die des Zulieferers von uns - auf alle Fälle da“ (Kunde F1, S. 5, 20).

Als Auftrag- und Geldgeber hat der Kunde eine sehr dominante Position inne, die es ihm ermöglicht, den Servicetechniker durch den Abbruch der Geschäftsbeziehung zu sanktionieren.

3.3.3 Der Servicetechniker als Hilfsbedürftiger

Bei der Arbeit an der Maschine ist der Servicetechniker oft auf den Kunden angewiesen, der ihn in vielen Situationen unterstützen kann. Der Kunde kann ihm Informationen zur Verfügung stellen, ihn physisch, bei schweren Montagearbeiten und durch infrastrukturelle Arbeiten unterstützen. Außerdem macht die Arbeit in einigen Fällen mehr Spaß, wenn der Kunde mithilft (Interview D3, S. 5, 25). Durch die gemeinsame Arbeit am Problem wird die Arbeit erleichtert und zudem ist es in vielen Fällen auch sicherheitstechnisch notwendig. Manchmal sind die Servicetechniker jedoch auf sich allein gestellt, weil der Kunde kein Interesse oder keine Zeit hat, den Servicetechniker zu unterstützen.

Wenn der Servicetechniker zum Kunden kommt, um Reparaturen durchzuführen oder Unregelmäßigkeiten zu überprüfen, erleichtern die Informationen, die der Kunde zur Verfügung stellt, die Arbeit des Servicetechnikers enorm. Denn meist kennt der Facharbeiter im Kundenunternehmen die Vorgeschichte und kann beschreiben, was den Fehler ausgelöst hat:

> „Und ich muss sagen, das erwarte ich eigentlich schon, wenn ich rauf fahre an die Anlage, gerade wenn es ein größeres Problem ist, dass er [der Kunde] mir das schon erklärt und ich werde den auch löchern so gut es geht. Je mehr Informationen ich von ihm bekomme, umso leichter tue ich mir bei der Fehlersuche. Umso genauer kann ich den Fehler lokalisieren“ (Servicetechniker D2, S. 7, 31).

Insbesondere sporadische Fehler sind äußerst schwer zu lokalisieren und treten oft nicht dann auf, wenn der Servicetechniker zur Begutachtung kommt. Hier können die Informationen des Kunden wesentlich zur Fehlereingrenzung beitragen:

> „Also, es gibt Fälle wo man weiß, ja, da liegt eindeutig der Fehler, also man weiß schon vom Telefongespräch her, da liegt eindeutig der Fehler vor, da braucht man nicht groß reden. Wenn es jetzt aber gerade so Richtung sporadische Fälle geht, da kann man dann aus dem Gespräch schon viel rausholen“ (Servicetechniker C4, S. 5, 9).

Aber auch bei anderen Leistungen, wie beispielsweise der Inbetriebnahme, sind präzise Informationen und eine eindeutige Kommunikation zwischen Servicetechniker und Kunde ausschlaggebend für die erfolgreiche Arbeit:

> „Zum einen ist es natürlich so, also von Kundenseite muss natürlich sehr genau gesagt werden was gebraucht wird, also wie genau stelle ich mir jetzt (...) den Ablauf vor. Was genau soll da optimiert werden. Wie genau muss da was abgesichert werden. Und so weiter und so fort. Das ist das eine, was von Kundenseite kommen muss“ (Kunde F1, S. 3, 32).

Die Servicetechniker sind auch körperlich auf die Hilfe des Kunden angewiesen. Der Servicetechniker braucht keine Unterstützung was das Fachliche angeht, sondern es muss etwas gehalten werden oder angehoben werden, wie beispielsweise bei der Wartung einer großen Maschine, bei der ein Ölwechsel ansteht:

> „Und dann halt um dem [Servicetechniker] mit zur Hand zu gehen. Also es sind gerade beim Ölwechsel oder solche Sachen, immer mit den schweren Fässern wo der [Servicetechniker] dabei hat, das sind ja nicht bloß zehn Liter oder was, da geht ja einiges rein, ist ganz gut wenn immer jemand mit dabei ist" (Kunde H1, S. 2, 20).

Je nach Größe der Maschine werden bei Inbetriebnahmen Hilfskräfte des Kunden direkt angefordert, die bei der Montage unterstützen. Bei Unternehmen 5 arbeitet der Serviceingenieur nahezu immer mit Hilfskräften und Monteuren aus der eigenen Firma, denn die Anlagen sind viel zu groß als dass er alleine arbeiten könnte. Hier übernimmt der Serviceingenieur dann eher Koordinationsaufgaben. Bei den anderen Unternehmen handelt es sich lediglich um zeitweise Unterstützung, deshalb wird auf den Kunden zurückgegriffen. Auch geringfügig erscheinende Unterstützung des Kunden wird von den Servicetechnikern als wichtig eingestuft. Dies fängt bei der Bereitstellung von Getränken an und geht bis zur schnellen Beschaffung von Hilfsmitteln, wie Kabeln. Durch die jeweilige Unterstützung im Kundenunternehmen können Prozesse schneller und reibungsloser ablaufen und der Servicetechniker kann sich auf seine Hauptaufgabe konzentrieren.

Allgemein sind die Kunden eher bereit zu helfen, wenn sie dadurch finanzielle Einsparungen erzielen. Wenn der Einsatz des Servicetechnikers schneller abläuft wird weniger Arbeitszeit an den Kunden berechnet. Wurden hingegen Pauschalverträge mit dem Kundenunternehmen abgeschlossen, die für eine bestimmte Geldsumme genau definierte Wartungsleistungen und Reparaturen beinhalten, beschränken sich die Kunden eher auf das Kontrollieren und Beobachten, anstatt zu helfen (Interview D3, S. 5, 9; K2, S. 2, 4).

Der Servicetechniker ist abhängig vom Kunden, wenn es um Unterstützungs- und Hilfsarbeiten geht. Erfolgt eine Unterstützung des Kunden, können Prozesse reibungsloser und schneller durchgeführt werden. Der Kunde kann diese Arbeiten jedoch auch verweigern, obwohl er sich damit schlechter stellt.

3.3.4 Der Kunde als Störenfried

Der Kunde ist zum einen wichtige Unterstützung bei der Erbringung der Dienstleistung, zum anderen kann er aber auch störend sein. Der Kunde mischt sich in die Arbeit des Servicetechnikers ein, indem er versucht, die Richtung anzugeben und den Servicetechniker zu kontrollieren. Dies empfinden die Servicetechniker als lästig:

> „Das ist auch schwierig. Ich mein, wenn du einen Kunden dran hast und der steht da andauernd auf der Pelle, da bist du natürlich auch, bist aufgeregt, hast natürlich auch ganz klar, wenn du nicht ganz sicher bist in der Sache, oder die wo sich nicht ganz sicher sind, die werden natürlich total fickrig dann und da werden also dann, kommen also viele raus. Eher wie wenn jemand weg ist und du kannst dich wirklich auf deine Arbeit konzentrieren.

Musst nicht überlegen, dass [du] dem jetzt alles richtig machst wo dahinter steht“ (Servicetechniker D2, S. 11, 17).

Vor allem wenn Zeitdruck herrscht versucht der Kunde in den Prozess des Servicetechnikers einzugreifen. Für den Kunden ist jede Minute bares Geld, denn zum einen bezahlt er den Servicetechniker für die Zeit, die er an der Maschine gearbeitet hat und zum anderen kostet jede Minute Produktionsausfall Geld. Für die Servicetechniker ist die ständige Kontrolle störend, sie fühlen sich zusätzlich unter Druck gesetzt und von ihrer eigentlichen Arbeit abgelenkt.

3.3.5 Fazit: technischer Service als Dispositionsbeziehung

Zwischen Servicetechniker und Kunde herrschen verschiedene Rollen und Positionen, die bei der Bearbeitung der Maschine aufeinander treffen. Die Dienstleistungsbeziehung zwischen beiden ist nicht klar durch ein Dispositions- und Direktionsrecht gekennzeichnet, das von einer bestimmten Seite beansprucht werden kann. Je nach Situation können vier verschiedene Positionen bei Servicetechnikern und Kunden beobachtet werden.

Zum einen tritt der Servicetechniker als Experte auf. Hier wird eine fachkundige Person vom Kunden angefordert. Der Kunde ist von diesem Experten abhängig. Seine Maschine läuft beispielsweise nicht mehr und damit steht die Produktion. Die Asymmetrie besteht zu Gunsten des Servicetechnikers. Diese Asymmetrie ist in einigen Fällen extrem stark ausgeprägt, weil eine starke Spezialisierung im Maschinenbau vorliegt. Wenn der Kunde eine spezifische Anlage benötigt oder schon gekauft hat, ist er sehr stark auf diesen einen Zulieferer angewiesen.

Gleichzeitig ist der Servicetechniker vom Kunden abhängig, weil der Kunde ihm wichtige Informationen und Unterstützung verwehren kann, von denen eine schnelle und reibungslose Lösungsfindung abhängt. Hier liegt eine Asymmetrie zu Gunsten des Kunden vor.

Der Kunde ist außerdem Auftrag- und Geldgeber des Servicetechnikers. Die Kontrolle der Arbeit des Servicetechnikers findet durch den Kunden statt. Letzterer entscheidet, ob der Auftrag zu seiner Zufriedenheit oder Unzufriedenheit ausgeführt wurde. Je nach Urteil des Kunden kann eine Geschäftsbeziehung fortgeführt oder beendet werden. Damit wird die Asymmetrie zu Gunsten des Kunden verstärkt.

Auch wenn der Servicetechniker abhängig von seinem Auftraggeber ist, empfindet er ihn als Störenfried und zwar dann, wenn er sich in die Arbeit des Servicetechnikers einmischt. Der Kunde wird zum überflüssigen Störfaktor deklariert (vgl. Böhle 2006, S. 334), der den Servicetechniker davon abhält, sich voll auf seine Arbeit zu konzentrieren. Die Asymmetrie liegt zu Gunsten des Servicetechnikers vor.

Obwohl der Servicetechniker Fachexperte ist, auf den der Kunde angewiesen ist, überwiegt die Asymmetrie zu Gunsten des Kunden, der mehr Macht als der Servicetechniker ausüben kann, weil er Auftraggeber ist. Er kann den Auftrag beenden und sich einen neuen Servicetechniker suchen, zumindest langfristig gesehen. Verharren die beiden Akteure in dieser Asymmetrie, kann die Dienstleistung nicht oder nur sehr schwer erbracht werden. Deshalb müssen Servicetechniker und Kunde kooperieren (vgl. Teil B 1.3), d.h. beide müssen sich kooperativ auf das Handeln des Gegenübers einstellen und entsprechend ihren Beitrag zur Dienstleistungserbringung leisten.

3.4 Kooperation

Die Kooperation impliziert „gemeinsame Ziele, abgestimmtes Handeln, [und] vereinbarte Ergebnisaufteilung" (Neuberger 1998, S. 37). Sie kann nur stattfinden, wenn beide Akteure es schaffen, sich auf einer Ebene zu begegnen. Das bedeutet, sie müssen die institutionell-organisatorische Asymmetrie überwinden. Dies kann auch involvieren, sich passiv zu verhalten oder sich zu unterwerfen, um Regeln und Vorgaben auszuführen. Selbst diese Unterwerfung bedarf der Eigenleistung des Kooperationspartners (Böhle 2006, S. 334). Wenn sich ein Partner weigert zu kooperieren, kann keine Dienstleistung erbracht werden.

3.4.1 Geben und Nehmen

Sowohl Servicetechniker als auch Kunden beschreiben die gegenseitige Abhängigkeit voneinander (vgl. Teil C Kapitel 3.3). Der Kunde ist sich bewusst, dass er kurzfristig auf den Servicetechniker angewiesen ist. Das Unternehmen des Servicetechnikers betont, dass es sich ebenfalls abhängig fühlt. Es scheint, dass schon allein die Kundenorientierung verlangt, sich als abhängig einzustufen. Ein Manager aus der mittleren Führungsebene eines Unternehmens, das produktbegleitende Dienstleistungen anbietet, äußert sich dazu:

> „Das ist eine gegenseitige Abhängigkeit. .. Also, ich kann natürlich jetzt leicht sagen, auf Grund der Wirtschaftslage momentan ist der Kunde natürlich in erster Linie von uns abhängig. Aber das ist nicht unser Ziel, das ist nicht die Philosophie von [Unternehmen] B. Sondern man versucht, .. ja ich sage mal auf ein partnerschaftliches Verhältnis zu kommen" (Personalleiter B1, S. 4, 40).

Ziel ist es, Partner des Kunden zu sein. Dafür ist es wichtig, die Asymmetrien zu überwinden und ein gemeinschaftliches Verhältnis aufzubauen:

> „Aber es findet eigentlich ständig eine Zusammenarbeit mit dem Kunden statt. Was auch immer kommt, ein Kunde meldet sich im Allgemeinen nicht, um sich selbst zu bereichern. Weil er meldet sich nur, weil er ernsthaft ein Problem hat. Und das gilt es auszumerzen, schnellstmöglich, so unkompliziert wie möglich. Aber auch fair, d.h. nicht, dass wir grundsätzlich alles bezahlen oder der Kunde grundsätzlich immer neue Teile kriegt, sondern dass

> schon eruiert werden muss: ‚Woran hat es denn gelegen?‘ ‚Und wie können wir es abstellen?‘ Und zwar gemeinsam. Wie in einer guten Ehe (Servicemanager K1, S. 7, 15).

Dazu gehört, dass jeder seinen Beitrag leistet und nicht der eine den anderen dirigiert. Der Kunde kann nicht nur fordern und Ansprüche stellen, sondern er muss beispielsweise auch bereit sein, wichtige Informationen zu liefern oder den Servicetechniker anderweitig zu unterstützen. Ein Serviceingenieur beschreibt anschaulich wie er sich dieses partnerschaftliche Verhältnis vorstellt, um einen Auftrag gemeinsam zu erledigen. Dabei versucht er den Kunden bewusst in diese partnerschaftliche Richtung zu lenken, um ein Gleichgewicht zwischen Geben und Nehmen herzustellen:

> „Also, man muss ein bisschen schauen, dass, dass man so ein bisschen, wie soll ich sagen, so eine Geben-und-Nehmen Situation schafft. Also, dabei natürlich immer die, die Form wahren und den Umgang vollkommen korrekt wahren, aber der Kunde darf nicht nur verlangen, sondern er muss auch ein bisschen was bringen. Er muss für eine vernünftige Dokumentation vor dem Schaden sorgen und, und, und. Und, wenn man das so jetzt noch nicht so weiß, dann hilft einem da einfach jeder weitere Kontakt mit dem Kunden, um da ein bisschen, einmal sich selbst auszuprobieren wie der Kunde denn so reagiert, wenn man ein bisschen pampig wird“ (Servicetechniker K2, S. 12, 19).

Dieses Gleichgewicht zwischen Geben und Nehmen erfordert manchmal Fehler einzugestehen. Nicht nur der Servicetechniker, sondern auch der Kunde muss hierzu bereit sein:

> „Aber man muss auch mal bereit sein Fehler selber anzuerkennen. Und das ist einfach dieses gegenseitige Nehmen und Geben (...) Wir wollen niemanden verärgern, wir wollen aber auch nicht immer den Buhmann spielen“ (Servicemanager D1, S. 8, 35).

Für ein ausgewogenes Verhältnis zwischen Servicetechniker und Kunde ist folglich gegenseitiger Respekt notwendig. Dies fordern sowohl Kunden (Interview I1, S. 5, 35) als auch Servicetechniker (Interview K2, S. 19, 11).

In einigen Fällen ist die Kooperation schwierig, weil unterschiedliche Erwartungen vorhanden sind. Wenn es nicht gelingt, eine Geben-und-Nehmen Situation herzustellen und beispielsweise Schuldzuweisungen nicht enden, so kann die Zusammenarbeit durchaus scheitern. Dies wird im Folgenden noch zu zeigen sein.

3.4.2 Vertrauen als Basis für Kooperation

Ein wichtiges Mittel für die Kooperation ist Vertrauen. Vertrauen reduziert die Komplexität in Beziehungen (vgl. Teil B Kapitel 1.5) und erleichtert damit die Gestaltung der Beziehung. Verhalten wird durch Vertrauen berechenbarer. Ausschlaggebend für ein vertrauensvolles Verhältnis zwischen Servicetechniker und Kunde ist, ehrlich miteinander umzugehen:

> „Also wirklich in der Hinsicht, also für mich war immer wichtig sauber zu arbeiten und ehrlich zum Kunden zu sein. (...) Ja, ehrlich, die Arbeit so abliefern, dass sie gemacht ist,

das sage ich damit. Wenn jetzt vom Kunden, steht jetzt drauf, das und das machen, dann wird das auch gemacht. Und nicht einfach, ja das mach ich das nächste Mal oder das braucht ihr jetzt nicht, sondern (…) für sein Geld, das er uns teuer bezahlen muss, soll er auch ehrliche Leistung haben und das meine ich" (Servicetechniker D3, S. 3, 34).

Ehrlichkeit wird auch gerade dann vom Kunden erwartet, wenn es zu Zwischenfällen kommt oder Aufgaben nicht auf Anhieb gelöst werden können. Es gilt, Probleme und unvorgesehene Ereignisse offen anzusprechen, den Kunden einzubeziehen und transparent zu handeln. Kunden wollen sich darauf verlassen können, dass der Servicetechniker nicht geht, bevor das Problem gelöst ist:

„Vertrauen, . muss da sein, wenn ich in den, wenn ich das Vertrauen nicht hätte, dass das Problem heute Abend gelöst wird, wenn er kommt. Zumindest das Wollen, das Bestreben. Und das habe ich bei eigentlich allen Servicetechnikern. Also weil ich denke, er möchte das Problem auch beheben. Er will ja, dass seine Maschine, so sehe ich das halt bei einem Servicetechniker, seine Maschine wieder läuft. Außer der Schaden ist so stark, dass es halt nicht anders geht, aber dann ist auch vieles, Schlimmeres passiert als nur vielleicht ein leichter Auffahrunfall oder irgendein Relais kaputt gegangen" (Kunde I1, S. 8, 24).

Neben der akkuraten Erfüllung der Leistung spielt das Auftreten des Servicetechnikers eine große Rolle. Ein offenes und selbstsicheres Auftreten macht es dem Kunden leichter, Vertrauen zu fassen. Und so sind Auftreten und Verhalten wiederum ausschlaggebend dafür, wie der Kunde auf den Servicetechniker reagiert. Man bezeichnet dies auch als Reziprozität in sozialen Interaktionen: Wie du mir, so ich dir (Bierhoff 2006, S. 445).[70] „Persönliche Beziehungen gründen unter anderem auf der Reziprozitätsnorm: wer einem geholfen hat, den belügt oder (ent-)täuscht man nicht" (Neuberger 1998, S. 50).

Auf der Basis dieses Verhaltens entwickelt sich gegenseitiges Vertrauen. Für den Kunden bedeutet dies, er weiß, dass er sein Geld richtig investiert hat. Er ist zu der Überzeugung gekommen, dass das ausgewählte Dienstleistungsunternehmen das richtige für die Lösung seines Problems ist. Wie in Teil C Kapitel 3.3.1 beschrieben, besitzt der Kunde nicht das nötige Wissen und die Fachkenntnis, um zu beurteilen was der Servicetechniker macht und wie lange er dafür benötigen darf. Wenn der Kunde jedoch Vertrauen entwickelt hat, kann er seinen Druck abbauen, kann aufhören, den Servicetechniker zu kontrollieren und den Auftrag an den Fachmann abgeben:

„Der Mensch [Kunde] steht ja unter Druck. Er steht eigentlich unter größerem Druck wie ich. Aber er kann sein Problem nicht lösen. Er braucht mich, um das Problem zu lösen. Wenn er mir jetzt vertraut, dass ich das Problem lösen kann, . mir, mir bestmögliche Infor-

[70] Diese Strategie wird in der Spieltheorie als Tit-for-Tat Strategie bezeichnet (vgl. Axelrod 1987). Sie geht davon aus, dass Akteure sich auf eine kooperative Handlung ebenfalls kooperativ verhalten, nach dem Motto „wie du mir, so ich dir".

> mationen gibt was das Problem ist, und darauf vertraut, na, oder vertrauen kann, kann er seinen Druck abbauen und ich kann in Ruhe arbeiten" (Servicetechniker G1, S. 12, 16).

Dadurch erleichtert der Kunde vor allem dem Servicetechniker die Arbeit, denn er mischt sich nicht mehr ein und überlässt dem Servicetechniker die Lösung des Problems. Der Kunde stellt den Servicetechniker nicht in Frage, dadurch vermindert sich ebenfalls der Druck auf den Servicetechniker. Mit der Zeit können sich persönliche Beziehungen zwischen Servicetechniker und Kunde entwickeln. Problemfälle können entsprechend unkompliziert beseitigt werden:

> „Selbstverständlich je besser die Beziehung wird, umso besser ist dann auch, oder umso vertrauensvoller ist dann auch das Verhältnis in einem (...) Problemfall. Wenn .. Planer, zu denen ich schon jahrelang ein Verhältnis habe, sage ich mal, weil wir immer wieder miteinander arbeiten, der weiß natürlich, ich ruf bei dem an, dann funktioniert das. Das gibt dem . einen kurzen Inhalt, was nicht funktioniert oder was ich erwarte und lass den machen. Sage ich mal. Da ist das gegenseitige Vertrauen schon da und dieses Vertrauen zu schaffen, das ist eigentlich, wie gesagt sehr, sehr wichtig" (Servicetechniker G1, S. 11, 43).

Dies führt dazu, dass Kunden immer wieder einen bestimmten Servicetechniker direkt anfordern, weil sie mit ihm sehr gute Erfahrungen gemacht haben und sich in guten Händen wissen. Einige Dienstleistungsunternehmen bauen hierauf auf und unterstützen diese engen persönlichen Beziehungen, weil sie die langfristige Geschäftsbeziehung stärken. Bei anderen Unternehmen ist es logistisch nicht möglich, immer den einen Servicetechniker zu schicken.

Neben der Tatsache, dass Kunden Vertrauen in die technischen Fähigkeiten des Servicetechnikers aufbauen und somit Kontrolle abgeben, im Sinne von Verlässlichkeit (der Kunde verlässt sich auf den Servicetechniker und seine technisches Wissen), hat Vertrauen noch eine andere Komponente. Dies wird mit dem Begriff Vertrauenswürdigkeit beschrieben (vgl. Teil B Kapitel 1.5).

> „(…) jemanden wie dem Herrn G3, dem konnte man sagen: ‚Hier das und das hätte ich gerne.' Und er hat es dann mal eingespielt und probiert und, . Also da hatte ich dann nicht unbedingt das Bedürfnis die ganze Zeit daneben zu stehen, haargenau jedes einzelne, kleine Fitzelchen mir von ihm hinterher wieder vorführen zu lassen (…), wenn das jetzt jemand wäre, (...) dem ich fachlich nicht traue, denen ich aber auch menschlich nicht traue, weil (…) in solchen Bereichen, wo du wirklich Fertigung hast auch das Thema Industriespionage immer so ein kleines bisschen mit im Raum ist (...) und das erleichtert die Sache natürlich, wenn du weißt, okay, der geht jetzt nicht zum Konkurrenten und erzählt da noch irgendwie was da rum" (Kunde F1, S. 7, 2).

Vertrauen bedeutet in diesem Zusammenhang, der Servicetechniker ist vertrauenswürdig und geht verschwiegen mit den vertraulichen Daten um.

4 Interaktionsarbeit: Herausforderung und Strategien in der Kooperation

In den vorigen Abschnitten wurde festgestellt, dass Servicetechniker und Kunde miteinander interagieren. Interaktion findet statt, wenn auch in unterschiedlichem Ausmaß (vgl. Teil C Kapitel 2). Um die Dispositionsbeziehung zwischen Servicetechniker und Kunde zu überwinden, ist Kooperation notwendig (vgl. Teil C Kapitel 3.3, 3.4). Damit stellt sich die Frage nach dem Verhalten der Servicetechniker in der Kooperation mit dem Kunden: Inwiefern arbeiten sie an ihrer Gefühlsdarstellung, um zu kooperieren (Emotionsarbeit)? Welche Strategien der Emotionsarbeit sind hier feststellbar? Inwiefern ist es notwendig, den Kunden kooperationswillig zu machen (Gefühlsarbeit)? Welche Typen der Gefühlsarbeit werden angewendet? Inwiefern nutzen die Servicetechniker in der Interaktion subjektive Faktoren, wie z.B. Gefühl und Gespür?

4.1 Emotionsarbeit als Schutz- und Kooperationsstrategie

Emotionsarbeit ist die Arbeit an den eigenen Gefühlen im Arbeitskontext. Eigene Gefühle werden überspielt und es werden Gefühle dargestellt, die der Dienstleister eigentlich gar nicht empfindet. Dies geschieht in Einklang mit den Erwartungen der Organisation und des Kunden. Bisher wurde Emotionsarbeit vorwiegend bei „reinen“ Dienstleistungsberufen betrachtet. Umso interessanter ist es, Emotionsarbeit in einem eher technischen Beruf zu untersuchen: Dienstleister, denen eher wenig Gefühl nachgesagt wird. Im Folgenden wird insbesondere die Strategie, die die Dienstleister mit Emotionsarbeit verfolgen, in den Vordergrund gestellt.

Oft trifft der Servicetechniker auf eine sehr angespannte Situation im Kundenunternehmen. Ein Kunde ruft ihn, weil eine Maschine ausgefallen ist. Das Unternehmen fertigt unter Umständen nicht auf Lager, sondern die gefertigten Teile werden direkt von der Produktion zum Kunden geliefert (Just-in-time Produktion). Damit sind wichtige Liefertermine einzuhalten. Genau dann fällt die Maschine aus. Die Fertigung steht. Der Kunde gerät unter enormen Druck, denn jede Stunde, die er nicht produzieren und liefern kann, kostet Geld. Auch das Dienstleistungsunternehmen ist unter Druck, denn es ist unter Umständen Verpflichtungen eingegangen, die Reparatur in einer bestimmten Zeit zu beheben. In diese Situation gerät der Servicetechniker. Wenn der Servicetechniker diesem Druck nicht standhält und seine Arbeit nicht konzentriert erledigen kann, verlängert sich der Maschinenstillstand weiter. Als Konsequenz kann dies die Geschäftsbeziehung zwischen Dienstleistungsunternehmen und Kundenunternehmen gefährden. Ein Servicemanager berichtet von solch einer Situation, die sich kürzlich in seinem Unternehmen zugetragen hat:

> „Der Kunde, der Kunde will natürlich in erster Linie ein gute Leistung, ganz klar, wenn ich aber diese gute Leistung beim Kunden verkenne, dann kann ich sie durch zwei kurze Worte kaputt machen, sofort. (...) Paradebeispiel: Ein Techniker war beim Kunden und hat eine super Leistung erbracht, (...). Der Kunde war aber emotional sehr erregt, (...), sehr unge-

duldig und permanent sind die Mitarbeiter des Kunden gekommen und haben gefragt: ‚Wie lange dauert es noch?‘ Und unser Techniker - am Schluss dann etwas erregt. Und der Letzte, der kam und fragte: ‚Wie lange dauert es noch?‘, war zufällig der Chef. Er hat sich aber nicht als Chef zu erkennen gegeben. Also er [der Servicetechniker] hat das Technische alles fertig gemacht, hat aber dem Chef auf seine Frage geantwortet: ‚Wenn ich nicht ständig gestört werden würde, wäre ich schon längst fertig.‘ (…) Der Kunde war mit der Leistung zufrieden, hat das aber nicht mehr gesehen am Schluss“ (Servicemanager C1, S. 7, 17).

Der letzte Kommentar des Servicetechnikers gegenüber dem Chef des Kundenunternehmens hat Folgen. Denn der Servicetechniker antwortet auf dieselbe Art und Weise wie der Kunde. Damit verhält er sich nicht entsprechend den Erwartungen des Kunden und seines Arbeitgebers, sondern er handelt symmetrisch. Sein Verhalten scheint als unverschämt und respektlos vom Kunden wahrgenommen zu werden, denn er nimmt die gute Leistung des Servicetechnikers nicht mehr wahr. Er ist nicht in der Lage, Leistung und Verhalten des Servicetechnikers zu trennen. Aufgrund der Unzufriedenheit des Kunden könnte der nächste Auftrag deshalb an ein anderes Dienstleistungsunternehmen vergeben werden.

Das obige Zitat macht deutlich, wozu Emotionsarbeit im technischen Service eingesetzt werden könnte: Der Dienstleister könnte sich entsprechend den Regeln der Kundenorientierung verhalten, indem er seine Wut über den störenden Kunden zurückhält und neutral bleibt.

4.1.1 Tiefenhandeln

In der Literatur werden die Techniken des Tiefen- und Oberflächenhandelns unterschieden, um die Gefühlsdarstellung zu ändern und den äußeren Erwartungen anzupassen. Das Tiefenhandeln wird auf unterschiedliche Weise vollzogen. Erstens versucht man Gefühle nicht an sich heranzulassen und durch Konzentration zu verändern, zweitens seine Gefühle durch körperliche Entspannung zu verändern, drittens sich einzufühlen und viertens die Stanislawski-Methode anzuwenden (vgl. Teil B Kapitel 2.1). Es gilt zu berücksichtigen, dass sich diese Methoden des Tiefenhandelns überschneiden können oder gemeinsam zur Anwendung kommen. In der vorliegenden Untersuchung wurde deutlich, dass Tiefenhandeln von den Servicetechnikern in Situationen geleistet wird, in denen die Kunden verärgert, wütend oder nervös sind und damit Druck auf die Servicetechniker ausüben.

In der Arbeit des technischen Services setzen sich die Servicetechniker häufig mit heiklen Situationen beim Kunden auseinander. Letzterer ist unter Umständen wütend, weil die Maschine nicht läuft und schiebt die Schuld auf die Maschine und das Unternehmen des Servicetechnikers. Dies bekommt der Servicetechniker zu spüren. Wenn solche Situationen auftreten ist es sinnvoll, sich als Servicetechniker nicht provozieren zu lassen:

„Ja gut. Ich bleibe da halt ruhig, ich lass das, . das muss man einfach an sich abprallen lassen, das funktioniert nicht, der [Kunde] ist immer verärgert, egal ob er grinst oder weniger

> grinst, der ist immer, der ist immer, ist er sauer, und, immer wenn wir zum Kunden kommen, ist er erstmal sauer, weil die Maschine natürlich Scheiße ist. Und *das darf man nicht an sich rankommen lassen!* Da bleibt man einfach ruhig, freundlich, bestimmend und dann passt das schon" (Servicetechniker C3, S. 6, 27; Hervorhebung V.K.).

Der Servicetechniker C3 scheint aktiv Emotionsarbeit zu betreiben. Er versucht sich von der Situation und dem Kunden zu distanzieren, indem er den Ärger des Kunden nicht an sich herankommen lässt. Er bleibt freundlich, obwohl der Kunde verärgert und sauer ist. Würde der Servicetechniker symmetrisch handeln, würde er die Kooperation gefährden (vgl. Teil C Kapitel 3.4.1). Wenn er sich vom Druck und der Wut des Kunden distanziert und den Erwartungen des Kunden gerecht wird, kann er dies umgehen. Er muss sich also asymmetrisch verhalten, wenn der Kunde wütend ist.

Die automatische Reaktion der Dienstleister in einer solchen Situation beschreibt der Servicetechniker G2 beispielhaft:

> „Das kommt öfters vor sogar. Dass man ihn [den Kunden] am liebsten nehmen würde und vielleicht in den nächsten Schrank reinstecken und Türe zu, und wenn man fertig ist wieder rausholen. Aber gut, ich denke, da muss man sich einfach im Klaren sein, dass (..) das vorkommt (…)" (Servicetechniker G2, S. 9, 28).

Hier stellt sich die Frage, wie Servicetechniker tatsächlich vorgehen, um die oben beschriebenen Gefühle nicht zu zeigen. Ein erfahrener Servicetechniker gerät in eine angespannte Atmosphäre beim Kunden. Letzterer übt Druck auf den Servicetechniker aus, weil er die Maschine sofort repariert haben möchte. Erst muss allerdings der Fehler lokalisiert werden und dies benötigt unter Umständen einige Zeit. Hier schildert er die Möglichkeit durch Konzentration seine Gefühle zu ändern:

> „Es, es ist einfach so, man darf sich dadurch, davon nicht, wie soll ich sagen, beeinflussen lassen oder sonst was. Wenn ich mich selber verrückt mache, wenn ich, wenn ich die ganze Zeit denke: ‚Oh, oh, oh in der Stunde verrecken hier 100 000 Euro.' Wegen dem werde ich nicht schneller, wegen dem kann ich meine Arbeit nicht besser machen. Ich muss mich auf meine Arbeit konzentrieren und muss sagen, mehr oder weniger so für mich, ich mache das Bestmögliche zur schnellstmöglichen Zeit" (Servicetechniker G2, S. 4, 18).

Das Ziel des Servicetechnikers G2 besteht darin, sich nicht nervös machen zu lassen. Er wendet dabei die Strategie des Tiefenhandelns an, denn er beschreibt, wie er sich auf seine Arbeit konzentriert, um das Gefühl der Nervosität auszublenden. Es scheint ihm dadurch möglich, sich vom Druck nicht beeinflussen zu lassen. Indem der Servicetechniker neutral weiterarbeitet, kann er die Kooperation weiterführen.

Etwas anders ist dies von Medizinern und Pflegern bekannt. Detached concern (vgl. Teil B Kapitel 2.3) hilft den Medizinern und Pflegern, die soziale Situation aus der Distanz, ohne

Gefühle, zu betrachten und so ihre Professionalität beizubehalten, d.h. sie distanzieren sich vom Leid und Schicksal des Patienten, um unbeeinflusst weiterarbeiten zu können. Bei Inkassoangestellten ist bekannt, dass sie die Gefühle des Gegenübers ausblenden müssen, um ihr Ziel verfolgen zu können. Sie konzentrieren sich dabei auf das Ziel ihrer Arbeit (vgl. Teil B Kapitel 2.3). Dies ist auch im zuletzt aufgeführten Beispiel der Fall.

Neben der Vorgehensweise, durch Konzentration die Gefühle auf Distanz zu halten und alles an sich abprallen zu lassen, wenden die Servicetechniker die Strategie an, sich körperlich zu entspannen. Man atmet tief durch und holt Luft, um sich zu beruhigen, um nicht genervt oder ärgerlich gegenüber dem Kunden zu reagieren. Dies wird dem Servicetechniker erst im Interview bewusst:

> „Also mir ist es noch nicht passiert. Denn, ja ich bin vielleicht nicht so der Typ der, der, der dann wirklich auch sich so aufregen lässt. Also ich weiß nicht, ich bin da . ich geh' da eigentlich relativ, relativ cool in Anführungszeichen jetzt mit der Sache um, denke ich. Also (…) mir ist es noch nicht passiert, dass ich wirklich denke: . ‚Jetzt aber mal gut!'. Das denkt man schon! Das stimmt nicht. Das denkt man schon manchmal, manchmal da, . da schnauft man vielleicht schon mal tief durch (..)" (Servicetechniker K2, S. 17, 20).

Der Servicetechniker K2 hat genug vom Verhalten des Kunden oder seinen Einwänden. Um seinen Ärger abzuleiten, atmet er tief durch.

Eine weitere Möglichkeit des Tiefenhandelns, sich einzufühlen, wird relativ oft von den Servicetechnikern erwähnt. Sie beschreiben, wie sie sich in die Situation, die der Kunde erlebt, hineinversetzen und dadurch nachempfinden können, wie er sich fühlt. Ein sehr erfahrener Servicetechniker berichtet:

> „Also ich versuche mich immer in den Kunden reinzuversetzen. Was hat der für Probleme? Wie würdest du reagieren? Und, ah ja okay! Würde mir wahrscheinlich genauso gehen, ja. Ich mein genau, ich wäre da wahrscheinlich genauso sauer, sauer werden oder aufbrausen. (…) und dann, ja, versuchst du das, ja, rauszufiltern. Was hat der eigentlich für ein Problem? Wie kannst du das denn menschlich das am besten, ah, wie soll ich sagen, wie kannst du den am besten anfassen, dass du den, das du den wieder runter bringst, dass der wieder, dass der doch wieder sachlich bleibt" (Servicetechniker D2, S. 10, 14).

Indem der Servicetechniker D2 Verständnis für die Situation des Kunden entwickelt, scheint er die wütende Reaktion des Kunden nachvollziehen zu können. Der Servicetechniker bezieht die Wut des Kunden nicht auf sich, sondern auf die Situation. Dies ermöglicht ihm, die Situation frei von Gefühlen zu analysieren und nach einer Lösung zu suchen.

Die Stanislawski-Methode wurde von den Servicetechnikern wenig erwähnt. In Hochschilds Beispiel schildert die Flugbegleiterin wie sie sich einen bekannten Menschen vorstellt, dem der Fluggast ähnelt. Dies ruft bei der Flugbegleiterin den Wunsch hervor, diesen Menschen freundlich zu behandeln (vgl. Teil B Kapitel 2.1). Ähnliches vollzieht sich bei Servicetechniker G1. Er vergleicht den Kunden mit einem Kind:

> „(...) man muss den [Kunden] auch beruhigen können, wenn der jetzt nervös und aufgeregt ist. Man muss, ganz wichtig ist eigentlich, man muss dem Menschen vor Ort meistens (...), wenn man [am Telefon] mit dem verbunden ist, der die Anlage bedient, haben viele Leute bisschen ein Problem, die wollen ganz sicherstellen, dass sie nachher nicht der Schuldige sind. (...) Das ist ein bisschen wie bei einem kleinen Kind. Der, und dadurch dass er Ihnen nicht die Wahrheit sagt, wie es zu der Situation gekommen ist, suchen Sie bestimmt an der ganz falschen Stelle“ (Servicetechniker G1, S. 13, 32).

Der Kunde ist nervös und will nicht als der Schuldige angesehen werden. Der Vergleich mit einem Kind macht es für den Servicetechniker vermutlich einfacher, sehr behutsam mit dem Kunden umzugehen und Verständnis für ihn aufzubringen, obwohl der Kunde ihm eigentlich wichtige Informationen vorenthält und der Servicetechniker darauf ungehalten reagieren könnte. Der Servicetechniker kommt durch Verständnis weiter, als wenn er den Kunden unter Druck setzen würde.

Allgemein betonen die Servicetechniker, dass sie generell sehr ruhig seien. Sie gerieten selten in Situationen, in denen sie ihre Gefühle steuern müssten. Erst auf genaueres Nachfragen erläutern sie die Anwendung von Emotionsarbeit. Vermutlich ist ihnen oft nicht bewusst, dass sie aktiv Emotionsarbeit betreiben. Beispielhaft ist der junge Servicetechniker K2, der tief ausatmet als ihm der Kunde auf die Nerven geht. Zuvor betont er, ihm sei keine Situationen bekannt, in der man anders reagiere als man eigentlich fühle. Später erzählt eben dieser Servicetechniker von einem Einsatz in Japan. Dort sei er unter Druck geraten, weil man ihn ständig mit Fragen konfrontiert hätte. Der Kunde wollte alles detailliert wissen, jeder Schritt sollte begründet werden. Vor lauter Fragen kam er nicht zu seiner Arbeit. In solchen Situationen kommt ebenfalls Emotionsarbeit zum Einsatz. Allerdings wurde nicht das Tiefenhandeln angewendet, sondern das Oberflächenhandeln. Auf Letzteres wird im folgenden Kapitel eingegangen.

Werden die verschiedenen Formen des Tiefenhandelns gesamt betrachtet, so fällt auf, dass diese vorwiegend eingesetzt werden, um die Kooperation nicht zu gefährden. Der Servicetechniker passt sich dem Kunden und dessen Erwartungen an. Hier wird die Dispositionsbeziehung zwischen Servicetechniker und Kunde deutlich. Die Asymmetrie liegt zu Gunsten des Kunden vor. Der Servicetechniker reagiert nicht auf dieselbe Art und Weise wie der Kunde, sondern erfüllt die Erwartungen des Auftrag- und Geldgebers, indem er sich zurücknimmt und asymmetrisch reagiert. So wirkt sein Verhalten regulierend auf die Wut, den Ärger oder den Druck des Kunden: Tiefenhandeln als Kooperationsstrategie. Die Formen, die dafür eingesetzt werden, sind vor allem die Konzentration und die dadurch erlangte Distanz sowie das Hineinversetzen in den Kunden, d.h. Empathie, und die Stanislawski-Methode (vgl.

Interview G2, S. 4, 18; D2, S. 10, 14; G1, S. 13, 32). Neben der Kooperation wird Tiefenhandeln außerdem eingesetzt, um sich vor dem Druck des Kunden zu schützen (vgl. Interview K2, S. 17, 20; G2, S. 4, 18). Hier entspannt sich der Servicetechniker körperlich oder er versucht, sich mental in einen guten Zustand zu versetzen, damit die Stresssituation ferngehalten werden kann. Letztendlich verfolgt er damit auch das übergeordnete Ziel, seine Arbeit gut und effizient ausführen zu können.

4.1.2 Oberflächenhandeln

Beim Oberflächenhandeln wird ohne innere Beteiligung die Mimik, der Ton oder die Gestik verändert, um den Erwartungen der Organisation zu entsprechen. Auch dies wird angewendet, wenn die Servicetechniker sich über den Kunden aus verschiedenen Gründen ärgern. Hier versucht der Emotionsarbeiter sich nicht innerlich zu beruhigen, sondern er verändert nur das Äußere. Der Servicetechniker G2 drückt dies folgendermaßen aus:

> „Ja gut, manchmal muss man sich eine Maske aufsetzen, weil eigentlich innerlich brodelt man schon vielleicht" (Servicetechniker G2, S. 9, 36).

Mit der Veränderung des Gesichtsausdrucks versucht er, seine tatsächlichen Gefühle zu verbergen, um die Situation nicht eskalieren zu lassen. Er setzt sich eine Maske auf (vgl. auch Interview D3, S. 15, 1). Wie in der Einführung zu Emotionsarbeit erwähnt, ist es notwendig, dem Kunden nicht den eigenen Ärger zu offenbaren. Denn der Kunde und das Dienstleistungsunternehmen erwarten, dass der Servicetechniker sich höflich und kooperativ verhält.

Oberflächenhandeln dient dazu, die Arbeit erledigen zu können, ohne vom Kunden gestört zu werden. Durch den Gesichtsausdruck und die Gestik des Körpers kann signalisiert werden, wie beschäftigt der Servicetechniker ist:

> „Also ich kann auch, sage ich mal in Anführungsstrichen, wenn Sie irgendwo in einer Industriehalle sitzen, da ist es so, jeder, jeder Einsteller, jeder Bediener für irgendeine Anlage kommt und erklärt, will irgendein Wehwehchen erzählen, wo die Anlage mal gehabt hat, ja. Oft kann ich da überhaupt gar nichts machen, man kann da eine Weile zuhören, aber man ist ja eigentlich da, um irgendein Problem zu lösen. Also muss ich irgendwann, muss ich so in meinen PC rein gucken, dass mich schon gar keiner mehr ansprechen möchte" (Servicetechniker G1, S.14, 34).

Die Veränderung des Gesichtsausdrucks und die vermutlich abweisende Haltung des Servicetechnikers wirken offensichtlich wie eine Barriere zwischen den Mitarbeitern des Kunden und dem Servicetechniker. Der Servicetechniker erreicht, dass er ungestört weiterarbeiten kann.

In den Interviews wird deutlich, dass Emotionsarbeit vorwiegend eingesetzt wird, um die eigenen negativen Gefühle (Wut, Ärger) zu überspielen oder nicht zu zeigen. Selten berichten die Servicetechniker von der Unterdrückung positiver Gefühle. Diese sind vermutlich vom

Dienstleistungsunternehmen erwünscht, weil sie förderlich für die Geschäftsbeziehung sind. Trotz dessen kommt es dazu, dass hier nicht authentisch gehandelt wird, sondern ein „genormtes Verhalten“ (K3, S. 10, 18) gezeigt wird:

> „Und sicherlich hat man (...) eine gewisse Polung, eine gewisse (...) genormte Verhaltensweise gegenüber dem Kunden, ganz klar. Also selbst wenn ich den jetzt extrem gern habe, diesen Kunden, und der mir freudestrahlend mit einem riesigen Grinsen im Gesicht einen Zettel unter die Nase hält, den ich dann unterschreiben soll, dann muss ich eben trotz der (...) doch sehr positiven Stimmung mich selber im Griff haben und lesen was steht auf dem Zettel und da nicht unterschreiben können“ (Servicetechniker K3, S. 10, 17).

Der Servicetechniker K3 beschreibt eine Situation, in der er sich sehr gut mit dem Kunden versteht und diesem vielleicht auch vertraut. Jedoch hält er es für wichtig, seine Gefühle zu kontrollieren. Er scheint hier Emotionsarbeit zu betreiben, um seine Professionalität zu wahren, denn der Kunde könnte ihn übervorteilen wollen.

Das Oberflächenhandeln wird in den Interviews nur sehr wenig angesprochen. Es wird eingesetzt, um negative und positive Gefühle gegenüber dem Kunden durch Gestik, Mimik oder Tonfall zu verbergen. Es gilt, etwas zur Schau zu stellen, was innerlich so nicht gefühlt wird. In anderen Dienstleistungsberufen ist dies anders. Bei den Servicekräften von Fast-Food-Restaurants oder den Flugbegleitern einer Fluggesellschaft kommt es zunächst darauf an freundlich zu sein, damit sich die Gäste willkommen fühlen. Im technischen Service des Maschinenbaus spielt dies eine geringfügigere Rolle, dies veranschaulichen die Interviews. Hier geht es hinsichtlich der Emotionsarbeit primär darum, mit Situationen umzugehen, die die eigentliche Arbeit, wie Reparatur und Wartung, gefährden. Diese Situationen stellen hohe Ansprüche und Herausforderungen an die Servicetechniker. Es könnte sein, dass es in solchen Situationen nicht ausreicht, auf der Oberfläche zu handeln. Denn um in einer äußerst anstrengenden Situation und extremem Druck standzuhalten, genügt es unter Umständen nicht, nur das Äußere anzupassen. Vielmehr muss man sich scheinbar innerlich darauf einlassen und einstellen, wie dies die Zitate in Teil C Kapitel 4.1.1 belegen. An dieser Stelle muss eingeschränkt werden, dass es relativ schwer ist, Oberflächen- und Tiefenhandeln zu unterscheiden. Obwohl Worte wie „eine Maske aufsetzen“ (Interview G2, S. 9, 37) suggerieren, hier würde an der Oberfläche gehandelt, könnten Strategien des Tiefenhandelns zum Einsatz kommen, die in den Interviews nicht offensichtlich werden.

4.1.3 Distanz durch „Pelzigkeit“ oder Ablenkung

In den Interviews wurden zwei Strategien erwähnt, die sich nicht dem Oberflächen- und Tiefenhandeln zuordnen lassen. Diese Strategien haben mit Gefühlen zu tun, es erfolgt allerdings keine aktive Emotionsregulation. Immer wieder erwähnten die Servicetechniker und auch

Manager, dass man im Laufe der Zeit ein gewisse „Pelzigkeit“ bzw. ein „dickes Fell“ bei der Arbeit erlangen würde:

> „Ja, ich denke, wir sagen immer so mit der Zeit kriegt man so ein bisschen einen dicken Pelz. Es, es ist einfach so, man darf sich dadurch [vom Druck des Kunden], davon nicht, wie soll ich sagen, beeinflussen lassen oder sonst was“ (Servicetechniker G1, S. 4, 17).

> „So richtig unangenehm war in den letzten paar Jahren [kein Kunde], ich sage mal, man wird auch immer abgebrühter, dass je länger man den Job macht, umso dicker wird das Fell“ (Servicetechniker C4, S. 7, 8).

Ein Servicemanager bezeichnet diese Eigenschaft sogar als Qualifikationskriterium für Mitarbeiter des technischen Services:

> „Und wie man im Schwäbischen so schön sagt, eine gewisse Pelzigkeit (…), also er darf sich nicht von dem kleinsten Kundenansturm überrennen lassen“ (Servicemanager G3, S. 5, 39).

Dieses „Abgebrühtsein“ verhindert, dass man sich durch schwierige Situationen aus der Ruhe bringen lässt, z.B. bei aggressiven Bemerkungen des Kunden. Es ermöglicht den Servicetechnikern Distanz zu wahren, um die Gefühle erst einmal außen vorzulassen bzw. eine gewisse Toleranz gegenüber schwierigen Kunden aufzubringen. Eine Emotionsregulation scheint deshalb in diesen Situationen nicht notwendig zu sein. Hochschild (1990a) betont bei ihren Untersuchungsergebnissen die negativen Konsequenzen von Emotionsarbeit. Würde man den Prozess „ein dickes Fell bekommen“ negativ bewerten, so könnte man von einer Abstumpfung der Servicetechniker sprechen. Aus den Interviewpassagen geht dies jedoch nicht hervor. Das dicke Fell scheint für die Servicetechniker nicht störend oder negativ belegt zu sein, sondern viel eher hilfreich im Umgang mit dem Kunden und vielleicht sogar eine Art Schutz, um sich zu distanzieren. Der Servicetechniker C4, der von Abgebrühtheit spricht, erwähnt z.B. kurz vor dieser Aussage, dass er Verständnis für den Kunden habe. Er verurteilt den Kunden nicht für sein Verhalten. Auch die anderen Aussagen legen nahe, dass dies eher neutral, als Mittel zum Zweck, eingestuft wird.

Die zweite Strategie beinhaltet das Vermeiden der Konfrontation mit dem Kunden. Insbesondere ein sehr erfahrener Servicetechniker beschreibt diese Strategie:

> „(…) man geht einfach, sagt: ‚Ich habe jetzt einen Durst, ich brauch jetzt was zum Trinken, ich hole mir schnell was zum Trinken‘. Gehe ans Auto hin und wenn ich nichts drin habe, dann sage ich halt: ‚Da, wo kann ich mir da was holen zum Trinken?‘. Das man einfach einmal Abstand gewinnt. Früher war ich auch so, als ich das noch nicht beherrscht habe, da habe ich, wenn irgendetwas war dem sofort . Kontra gegeben, sofort. Das ist dann schlecht“ (Servicetechniker D3, S. 12, 23).

Der Servicetechniker verlässt die Situation mit dem Kunden, um sich und seine Gefühle unter Kontrolle zu bekommen. Dadurch kann er sich ablenken und Distanz zur aktuellen Situation gewinnen, die negative Gefühle bei ihm auslöst.

Ein Servicetechniker beschreibt eine weitere Situation:

> „Es gibt einige, es gibt die Situationen wenn man etwas erklärt . und der hört nicht zu. . Man versucht das dann das zweite Mal, sei es technische Dinge, sei es kommunikative Dinge und wenn derjenige, welcher da das nicht hören will - er hat sich was vorgestellt und will auf alle Fälle das hören - dann kriegt man Probleme. . Und das, da kocht es dann. Und wenn man dann mit der Nadel angestupst wird, kann es platzen, und das ist manchmal nicht so gut. Da wäre es gescheiter man setzt sich ins Auto und fährt eine Runde oder macht Brotzeit oder raucht eine (…)" (Servicetechniker D3, S. 11, 17).

Der Servicetechniker D3 nimmt sich Zeit, dem Kunden etwas zu erklären. Der Kunde hört aber gar nicht zu, weil er von etwas anderem überzeugt ist. Der Servicetechniker (vgl. Teil C Kapitel 3.3.1) fühlt sich als Experte, er ist derjenige, der sich mit der Maschine am besten auskennt. Trotz dessen ignoriert der Kunde ihn. Um die Wut darüber nicht auszulassen und nicht zu „platzen", verlässt der Servicetechniker den Arbeitsplatz. Er sucht einen Vorwand, um „abzukühlen". Dunkel (1988, S. 77) beschreibt, wie Pflegekräfte Situationen im Vorfeld vermeiden, weil sie wissen was auf sie zukommt. Dies ist hier nicht der Fall. Der Servicetechniker gerät in Konflikt mit dem Kunden und versucht, seine Emotionen abzubauen, indem er geht und sich durch eine andere Tätigkeit ablenkt oder entspannt. Resultat ist, dass die Arbeit beim Kunden nicht gefährdet wird, sondern die Kooperation weitergeführt werden kann.

Bei den zwei aufgeführten Strategien, genauso wie beim Oberflächen- und Tiefenhandeln, wird deutlich, dass der Servicetechniker als Dienstleister die Arbeit beim Kunden lenkt. Er managt und organisiert die Interaktion, denn obwohl der Kunde in den beschriebenen Situationen die Zusammenarbeit gefährdet, reagiert der Servicetechniker so, dass die Situation in Balance gehalten werden kann. Der Servicetechniker ist zwar eher „Dienender" (vgl. Teil C Kapitel 3.3), gleichzeitig ist er aber unterschwellig leitend aktiv, um die Kooperation weiterzuführen.

4.1.4 Faking in good und bad faith

Rafaeli und Sutton (1987; vgl. auch Teil B Kapitel 2.2.1) bezeichnen Emotionsarbeit als faking in good faith, wenn die Dienstleister die Emotionsarbeit als hilfreich ansehen und damit einverstanden sind, diese entsprechend den Gefühlsregeln oder Erwartungen des Unternehmens auszuüben. Das Gegenteil ist bei faking in bad faith der Fall. Hier sind die Dienstleister gegen diese Regeln und Erwartungen bzw. sie halten sie für nicht richtig oder sinnvoll, verhalten sich aber trotzdem entsprechend den Regeln. Faking in good faith ist bei den Servicetechnikern in vielen Fällen anzutreffen. Die Aussagen der Servicetechniker in Teil C

Kapitel 4.1.1 weisen darauf hin: Die Servicetechniker bedienen sich des Tiefenhandelns, um die Kooperation aufrechtzuerhalten (vgl. Interview D2, S. 10, 14; G2, S. 4, 18). Die Emotionsarbeit dient hier dazu, mit potentiellen Belastungen umzugehen und sich vom Kunden nicht einschüchtern zu lassen. Dies sind Situationen, die die Servicetechniker als schwierig empfinden. Emotionsarbeit hilft, hiermit umgehen zu können. Die Servicetechniker scheinen kundenorientiert handeln zu wollen (vgl. Teil C Kapitel 3.2). Die Mittel, die ihnen zur Verfügung stehen (Emotionsarbeit), nehmen sie in guter Absicht an.

Neben der Emotionsarbeit mit den Zielen Schutz und Distanz zu wahren oder die Kooperation weiterzuführen, wird Emotionsarbeit als List eingesetzt (vgl. Dunkel 1988, S. 76):

> „Am Anfang und danach, zum Einfahren von der Maschine jetzt z.B. wieder. Ja. Da brauch, ich brauch ihn [den Kunden], und sag: ‚So du fräst mir jetzt was.'; zum Messen, zum Schauen ob alles passt, ob er zufrieden ist, so wie es ist. Oftmals hat es irgendwelche Knöpfe oder da weiß ich, oder ich möchte was mit der Maschine machen und *ich weiß nicht wie ich das machen muss*, oder. Genau. Und dann hol ich den halt her und der macht mir das. . Dann muss ich halt zu ihm sagen: ‚Mach mal!'. So sagen, dass *er nicht weiß, dass ich es nicht weiß*" (Servicetechniker C3, S. 4, 30; Hervorhebung V.K.).

Der Servicetechniker C3 scheint ganz selbstbewusst als er den Kunden, zur Kontrolle der erledigten Reparatur an der Maschine, etwas fräsen lässt. Der Servicetechniker ist Experte. Der Kunde geht davon aus, dass der Servicetechniker sich auch in der Bedienung der Maschine auskennt. Insbesondere im Sondermaschinenbau können die Maschinen jedoch stark variieren, die Servicetechniker kennen nicht jede Maschine. Um das Bild des Experten aufrechtzuerhalten, fräst der Servicetechniker nicht selbst, sondern lässt den Kunden fräsen. Der Servicetechniker wendet diese Strategie scheinbar bewusst an, weil sie ihm ermöglicht, seine Arbeit reibungsloser zu erfüllen. Er vollzieht die Emotionsarbeit durch faking in good faith, denn er wendet die Strategie mit einer gewissen List an, die darauf schließen lässt, dass er sie als hilfreich und positiv ansieht.

Es gilt festzuhalten: (1) In vielen Situationen erachten die Servicetechniker Emotionsarbeit als sinnvoll. Sie fühlen sich unter Umständen unwohl durch das Verhalten des Kunden. Im Sinne eines kundenorientierten Service wenden sie Emotionsarbeit an, damit sich die Interaktion reibungsloser gestalten lässt. Damit reagieren sie auch im Sinne ihrer Unternehmen, die von ihnen ein kooperatives Verhalten erwarten. (2) Die Servicetechniker sind relativ autonom in ihrem Handeln. Sie haben zwar grundlegende Regeln zu berücksichtigen, wie z.B. kundenorientiertes Handeln, die vom Unternehmen vorgegeben werden. Gleichzeitig können sie diese Vorgaben relativ flexibel, sozusagen als Intrapreneure leben (vgl. Teil C Kapitel 3.2). Sie haben folglich die Möglichkeit zu entscheiden, wie sie sich verhalten, um die Kooperation fortzuführen und sind selbst für das Ergebnis der jeweiligen Situation verantwortlich. Dieser Aspekt wird in der Emotionsarbeit als wichtig erachtet, da Emotionsarbeiter, die über relativ viel Autonomie verfügen, ihre Arbeit als weniger belastend einstufen und tendenziell zufriedener sind (vgl. Teil B Kapitel 2.2.3). Autonomie kann allerdings auch zu Überforderung führen, wenn sich die Dienstleister den Anforderungen nicht gewachsen fühlen. Hier kann das Unternehmen die Servicetechniker unterstützen, indem es sie gezielt auf die Anforderungen in der Emotionsarbeit vorbereitet und beim Erlangen der notwendigen Kompetenzen hilft.

Dennoch gibt es Situationen, in denen den Servicetechnikern Emotionsarbeit widerstrebt. Sie verhalten sich trotz dessen gemäß den Erwartungen ihrer Unternehmen: faking in bad faith. Sie vertreten das Unternehmen nach außen und sind entsprechend „ehrlich“ (Interview C1, S. 8, 45) und „loyal“ (Interview C1, S. 7, 7) gegenüber dem Dienstleistungsunternehmen:

> „Ja zum Beispiel, wenn er [der Kunde] jetzt mitbekommen hat, da ist, liegt eindeutig halt ein Konstruktionsfehler . mehr oder weniger vor. Und man sieht im Prinzip welche finanziellen Mittel der Kunde hat und wie dann halt der Weg zwischen eigener Firma und dem Kunden. Ich sage mal, ich werde von meiner Firma bezahlt und dementsprechend muss ich auch handeln und ich sehe aber auch [die] Problematik beim Kunden, dass er sich vielleicht sogar mit der Anschaffung von der Maschine übernommen hat oder *man würde ja auch gerne helfen, aber* . da ist stellenweise, liegen halt die *Hürden*“ (Servicetechniker C4, S. 6, 26; Hervorhebung V.K.).

Für den Servicetechniker scheint diese Situation äußerst unangenehm. Einerseits muss er die Interessen des Unternehmens vertreten, für das er arbeitet. Andererseits würde er dem Kunden gerne helfen, indem er eine Reparatur z.B. nicht berechnet oder ihm Hinweise gibt. Dies könnte dem Dienstleistungsunternehmen, für das er arbeitet - zumindest kurzfristig - schaden. In dieser Zwickmühle spielt er die vom Dienstleistungsunternehmen erwarteten Gefühle bzw. unterdrückt seine tatsächlichen Gefühle, indem er neutral bleibt, um sich nichts anmerken zu lassen. Hier liegen vermutlich zwei Rollenkonflikte vor (vgl. Teil B Kapitel 1.1). Erstens liegt ein Intra-Rollenkonflikt vor: Der Kunde und das Unternehmen des Servicetechnikers stellen gegensätzliche Anforderungen an den Servicetechniker. Zweitens liegt ein Person-Rollenkonflikt vor, denn der Servicetechniker „würde ja auch gerne helfen“, aber die Regeln des Dienstleistungsunternehmens verbieten dies. Die persönlichen Vorstellungen des Servicetechnikers widersprechen hier den Regeln des Unternehmens.

In einer anderen Situation empfindet der Servicetechniker das Kundenunternehmen als „Ausbeuterfirma“. Im folgenden Interviewausschnitt beschreibt er, wie er seine Gefühle zu verbergen versucht:

C4: „(...) Oder wenn ich z.B. mitbekomme beim Kunden, wie z.B. eine Firma mit den Mitarbeitern umgeht, da fühle ich mich dann auch stellenweise, ja seelisch eine Ausbeuterfirma, dann fühle ich mich auch nicht wohl. Fühl mich, das ist ein Unbehagen halt.“

I: „Aber Sie zeigen es nicht nach außen?“

C4: „Nee. Gut, teilweise man, wird man es vielleicht spüren, aber ich versuche es nicht zu zeigen“ (Servicetechniker C4, S. 7, 27).

Der Servicetechniker C4 verurteilt das Kundenunternehmen. Trotzdem ist er sich bewusst, dass der Kunde ihn letztendlich bezahlt. Er fühlt sich unwohl. Er würde gerne entsprechend seinen Vorstellungen handeln und z.B. dem Kundenunternehmen seine Meinung sagen, gibt sich aber dennoch als neutraler Servicetechniker. Diese Situation kann als faking in bad faith bezeichnet werden. Der Servicetechniker verhält sich zwar entsprechend den Erwartungen seines Unternehmens, jedoch ist er nicht einverstanden mit den Regeln, die er befolgt. Er befindet sich in einem Person-Rollenkonflikt zwischen beruflichen Vorgaben und persönlichen Vorstellungen.

Die Ergebnisse der vorliegenden Untersuchung bestätigen nicht vollständig die Literatur (insbesondere Grandey 2003) hinsichtlich faking in good und bad faith. Grandey setzt Tiefenhandeln mit faking in good faith und Oberflächenhandeln mit faking in bad faith gleich (vgl. Teil B Kapitel 2.2.1). Annahme hierfür ist, dass sich der Emotionsarbeiter an der Emotionsarbeit innerlich beteiligt (Tiefenhandeln), wenn er mit den Gefühlsregeln und dargestellten Gefühlen einverstanden ist (faking in good faith). Hingegen wird Oberflächenhandeln, nach Grandey, nur dann vollzogen, wenn man sich nicht mit den jeweiligen Regeln identifizieren kann (faking in bad faith). Der Servicetechniker fühlt sich unbehaglich (vgl. Interview C4, S. 7, 27). Er will sich in diesem Fall gar nicht anders fühlen und versucht, gleichzeitig seine „echten“ Gefühle zu verbergen. Er handelt dabei „nur“ an der Oberfläche. Für den Fall faking in bad faith kann Grandeys Annahme somit bestätigt werden. Es scheint plausibel, dass beim faking in bad faith Tiefenhandeln nicht möglich ist, weil man sich innerlich dissonant fühlt. Scheinbar kann nicht in der Tiefe gehandelt werden, wenn die Servicetechniker nicht einverstanden sind mit den Gefühlen, die sie darstellen (faking in bad faith: Oberflächenhandeln).

Die zitierten Aussagen weisen allerdings darauf hin, dass bei faking in good faith sowohl Oberflächen- als auch Tiefenhandeln angewendet werden kann. Die Zitate in Teil C Kapitel 4.1.1 und 4.1.2 machen deutlich, dass die Servicetechniker sich bemühen, etwas darzustellen, weil es hilfreich für sie ist, sie scheinen die Gefühlsregeln in diesen Fällen zu akzeptieren. Es wird dabei sowohl Oberflächen- als auch Tiefenhandeln angewendet. Grandeys Schlussfolgerung, faking in good faith impliziere immer Oberflächenhandeln, scheint deshalb bei der vorliegenden Studie nicht korrekt. Denn in einigen Fällen genügt es, an der Oberfläche zu handeln, auch wenn die Servicetechniker einverstanden sind mit den Gefühlen, die dargestellt werden sollen (faking in good faith: Oberflächen- und Tiefenhandeln). Hier gilt einzuschränken, dass es relativ schwierig ist, Oberflächenhandeln mit Bestimmtheit zu identifizieren.

4.1.5 Emotionale Devianz - wenn Grenzen überschritten werden

In den vorigen Abschnitten wurde deutlich, dass die Servicetechniker Emotionsarbeit einsetzen, um den Erwartungen des Kunden und ihres Unternehmens zu entsprechen. Doch es gibt Situationen, in denen die Servicetechniker und damit das Verhältnis zwischen Servicetechniker und Kunde an seine Grenzen kommt. Wenn eben diese Grenzen überschritten werden, verhält der Servicetechniker sich emotional deviant. Er handelt nicht mehr nach den Gefühlsregeln und Erwartungen der Organisation, sondern so wie er sich tatsächlich fühlt. Ein sehr erfahrener Servicetechniker schildert solch eine Situation:

> „Ja, da hilft ruhig bleiben, aber das geht bis zu einem gewissen Punkt (räuspert sich), wie gesagt, wenn der nicht, da lässt du dich natürlich schon irgendwie eine gewisse Weile lang prügeln, aber wenn es zu viel wird, dann musst du auch sagen: ‚Ja. Stop! Jetzt reicht es! Bis hierher und.‘ Ja“ (Servicetechniker D2, S. 10, 7)

Der Servicetechniker orientiert sich nicht mehr am Kunden und der Kooperation. Da der Kunde zwar eine Dienstleistung fordert, aber in keiner Weise kooperationsbereit scheint, handelt der Servicetechniker symmetrisch, wie der Kunde. Es ist dabei nicht nur die Geduld des Servicetechnikers, die strapaziert wird, sondern oft fühlt sich der Servicetechniker in dieser Situation persönlich angegriffen. Die Servicetechniker sind sich in diesem Fall einig: Sie sind bereit, auf den Kunden einzugehen und sich entsprechend den Erwartungen zu verhalten. Sie sind auch bereit, sich eine Weile „prügeln“ zu lassen und asymmetrisch zu handeln, aber der Kunde hat nicht das Recht persönlich zu werden. Einen gewissen Respekt fordern die Servicetechniker auch für sich (vgl. Interview D2, S. 10, 7).

Es scheint hier zwei Reaktionsmöglichkeiten zu geben. Eine Möglichkeit ist, dass man auch persönlich wird, wie das im „Paradebeispiel“ zur Einführung von Emotionsarbeit (vgl. Teil C Kapitel 4.1) beschrieben wurde. Der Servicetechniker blafft den Chef des Kundenunternehmens an und riskiert damit den Abbruch der Geschäftsbeziehung. Im Folgenden wird eine ähnliche Situation vom Servicetechniker beschrieben:

> „Hm, das, ich sage mal, ich lasse auch eine gewisse Weise zu wo er persönlich wird, weil ich sage mal, ich bin der Erste, er muss jetzt erstmal auch seinen Druck abbauen, er muss sich erstmal auskotzen und das lasse ich auch bis zu einer gewissen Weise zu. Aber wenn es dann zu persönlich wird, dann werde ich auch persönlich“ (Servicetechniker C4, S. 6, 36).

Der Servicetechniker reagiert nicht sofort emotional deviant, sondern er versucht, den Kunden zur Kooperation zu bewegen und versetzt sich in den Kunden. Dies ermöglicht ihm, Verständnis für den Kunden aufzubringen. Er wendet die Technik des Tiefenhandelns an, bis eine Grenze überschritten ist. Dann handelt er authentisch und wird selbst persönlich.

Eine alternative Reaktionsmöglichkeit wird von einem sehr erfahrenen Servicetechniker geschildert, der vor Ort bei einem Kunden ist. Der Kunde schraubt selbständig immer wieder an der Maschine, obwohl der Servicetechniker vor Ort ist und den Schaden zu beheben versucht.

> „Dann ist mir der Kragen geplatzt. Dann habe ich gesagt. ‚So nicht! Entweder mache ich das oder machen Sie [der Kunde] das, wenn Sie mir da oben noch mal hinlangen, während ich das einstelle, dann fahr ich, dann setze ich mich in das Auto rein und fahre heim. Sofort!' Dann hat sich der Kunde - das hab ich in einem scharfen Ton gesagt. Dann (...) der Kunde (..): ‚Sie, [er macht die schweren Atemgeräusche des Kunden nach] das hat mir jetzt noch keiner gesagt, das hat mir jetzt noch.' Dann sage ich zu ihm: ‚Dann ist es Zeit geworden, lassen Sie die Finger weg, machen Sie sonst irgendwas, wenn ich fertig bin, dann können Sie kommen, dann können wir schauen was ich gemacht habe, ich erkläre Ihnen das sogar. Und schrauben Sie da drinnen noch einmal solange ich da bin: nichts mehr.' Der hat nichts mehr gesagt. Ist gegangen, kurz vor Feierabend ist er dann gekommen. (…) ist einwandfrei gelaufen. Und seitdem waren wir die besten Freunde." (Servicetechniker D3, S. 13, 27).

Eine Kooperation ist nicht möglich, wenn der Kunde ständig entgegenwirkt. Der Servicetechniker gibt dem Kunden nicht mehr Recht, sondern weist ihn zurecht (dies entspricht schon der Gefühlsarbeit; vgl. Teil C Kapitel 4.2.4). Die institutionell-organisatorische Asymmetrie kehrt sich um. Der Servicetechniker konfrontiert ihn mit seinem Verhalten, zeigt ihm jedoch einen Weg und ist bereit, ihm alles zu erklären. Das bedeutet, er versucht weiterhin zu kooperieren. Während andere in solchen Situationen die Kooperation aufgeben, versucht er sie fortzuführen. Resultat ist, dass die Geschäftsbeziehung sich ins Positive wandelt. Der Kunde versteht, dass er falsch gehandelt hat. Durch das positive Ergebnis kann er Vertrauen entwickeln. In diesem Fall hat das emotional deviante Verhalten erst zur Lösung geführt.

Wenn Kunden eine Dienstleistung in Anspruch nehmen wollen, aber nicht bereit sind, in irgendeiner Art und Weise zu kooperieren, wird irgendwann eine Grenze überschritten: Der Servicetechniker stellt die Kooperation ein. Diese Grenze ist z.B. dann erreicht, wenn der Kunde den Servicetechniker persönlich angreift oder unwillig ist zu kooperieren, indem er beispielsweise Vereinbarungen missachtet und sich den Empfehlungen des Servicetechnikers widersetzt, wie im obigen Zitat. Der Servicetechniker reagiert symmetrisch. Dies kann entweder zum Abbruch der Kooperation führen, weil die Situation eskaliert oder, wenn der Servicetechniker die Möglichkeit hat die Kooperation fortzuführen und durch seine Leistung zu überzeugen, kann daraus Vertrauen entstehen.

4.2 Gefühlsarbeit

Das Konzept der Gefühlsarbeit wurde von Strauss und Mitarbeitern (1980) im Krankenhaus entwickelt. Gefühlsarbeit bezeichnet die Beeinflussung der Patienten bzw. Kunden, um „die eigentliche Arbeit“, wie Behandlungen und Untersuchungen, erst ausführen zu können. Dieses Konzept wurde insgesamt wenig untersucht und es fanden vorwiegend Untersuchungen im Gesundheits- und Bildungsbereich statt (vgl. Teil B Kapitel 3.2). Die Anwendung im technischen Service kann Erkenntnisse bringen, inwiefern Strategien der Gefühlsarbeit angewendet werden, um den Kunden zu beeinflussen. Außerdem ist von Interesse, welchen Stellenwert diese zweite Arbeitslinie neben der instrumentellen Handlung einnimmt. Während Emotionsarbeit vorwiegend den Dienstleister selbst und seine Emotionsregulation betrachtet, liegt der Fokus der Gefühlsarbeit darauf, den Patienten aktiv kooperationsfähig zu machen. Mit seinen Gefühlen beeinflusst der Dienstleister den Patienten so, dass Letzterer im Idealfall die Kooperation unterstützt.

Strauss und Mitarbeiter (1982) unterscheiden sieben Typen von Gefühlsarbeit. Später wurden diese Typen in den Arbeiten von Büssing und Mitarbeitern (2001, 2002) ergänzt und zu drei Typen zusammengefasst (vgl. Teil B Kapitel 3.2). In der vorliegenden Untersuchung wird die Anwendbarkeit der sieben Typen von Strauss und Mitarbeitern geprüft sowie der Typ Erziehungsarbeit, den Büssing und Mitarbeiter (ebd.) definierten.

4.2.1 Vertrauensarbeit

In Teil C Kapitel 3.4.2 wurde dargestellt, dass Vertrauen die Arbeit erleichtert, indem Komplexität in der Beziehung reduziert wird. Vertrauen nimmt einen hohen Stellenwert in der Arbeit des technischen Services ein. Vertrauen kann unter anderem ein wichtiger Garant für eine langfristige Geschäftsbeziehung zum Kunden sein. Denn je besser das Verhältnis zwischen Servicetechniker und Kunde, desto eher greift der Kunde auf diesen Servicetechniker zurück (vgl. Teil C Kapitel 3.1.4). Das Konzept der Gefühlsarbeit fokussiert darauf, wie solch ein Vertrauen erworben werden kann. Neben der instrumentellen Arbeitslinie stellt die Vertrauensarbeit die zweite Arbeitslinie dar. Vertrauensarbeit bedeutet, dem Gegenüber ein Gefühl der Sicherheit und Berechenbarkeit zu geben.

Vertrauensarbeit fängt im technischen Service mit der Arbeit an der Maschine an. In Teil C Kapitel 3.3.1 beschreibt ein Kunde (Interview I1, S. 8, 32) die Unsicherheit, die er anfangs verspürte, als er noch nicht wusste wie lange eine Reparatur dauern würde. Er war besorgt, dass der Servicetechniker ihn übervorteilt, indem er zu lange an der Maschine arbeitet und eine zu hohe Rechnung stellt oder, dass der Servicetechniker nicht gut ausgebildet ist und viel Zeit benötigt, um den vorliegenden Fehler zu finden. Lange Ausfälle einer kaputten Maschine bedeuten, dass Geld verloren geht. Um dem vorzubeugen, kann der Servicetechniker beruhigend auf den Kunden einwirken. Gleich zu Beginn kann der Servicetechniker dem Kunden die Unsicherheit nehmen, indem er ihm erklärt, was alles zu erledigen ist und welchen Zeitraum dies einnimmt. Offenheit wird in diesem Zusammenhang als hilfreich erachtet:

„Ja, also ich versuche es wirklich dann immer so, indem ich einfach offen die ganzen Sachen sage, auch was ich als nächstes vorhabe und, so, dass der Kunde auch ein bisschen einen Anhaltspunkt hat, was ha, was will ich eigentlich machen. Und dass er nicht so in der Luft hängt und nicht richtig weiß, der hängt jetzt schon seit zwei Stunden in der Maschine drin und irgendwie geht immer noch nicht mehr‘. (…) Also das ist, denke ich, schon sehr wichtig, dass man da einfach dem auch so ein paar Meilensteine gibt, dass er sieht, dass das so nacheinander kommt und dann ist es meistens auch so, dass die Kunden auch ein bisschen beruhigter sind, wenn sie dann auch sehen, dass [das] dann auch so schrittweite, schrittweise vorwärts geht“ (Servicetechniker G2, S. 8, 33).

Schafft der Servicetechniker hier Klarheit und nimmt den Kunden „an die Hand“, hat der Kunde eine ungefähre Vorstellung was auf ihn zukommt und ist beruhigter. Hierzu gehört allerdings, „Vertrauen“ zu suggerieren. Wenn der Servicetechniker selbst beunruhigt ist, nervös oder unsicher, wird es schwer, den Kunden zu überzeugen. Die Voraussetzung, den Kunden zu überzeugen, ist, dass der Servicetechniker Selbstbewusstsein ausstrahlt (Emotionsarbeit).

In einer anderen Situation ist der Kunde ebenfalls aufgeregt. Er mischt sich in die Arbeit des Servicetechnikers ein. Die Strategie des Servicetechnikers ist es in diesem Fall, den Kunden abzulenken:

„Teilweise versucht man dann den Kunden zu beschäftigen . (...) Zum Beispiel: ‚Ja ich müsste nachher noch da hinten an der Maschine ran und da ist es total schmutzig. Könnte man da sauber machen?‘ Oder mit solchen Sachen. Aber das tritt eher selten auf. Also, meist, meist die Kunden sind dann, sage ich mal, beim zweiten Besuch dann spätestens, wenn sie dann einen auch so schon selber einschätzen können, dann sagen die: ‚Ja, den lassen wir am besten alleine arbeiten, geht eh am schnellsten wie [wenn] jemand ihm zwischen den Füßen rum tanzt.‘ “ (C4, S. 6, 1)

Kurzfristig lenkt der Servicetechniker den Kunden ab, indem er ihm Aufgaben gibt, um in Ruhe weiterarbeiten zu können. Langfristiges Ziel ist, damit zu demonstrieren, dass die Arbeit am besten abläuft, wenn der Kunde sich nicht einmischt. Diese Art der Gefühlsarbeit lässt sich deshalb der Vertrauensarbeit zuordnen, weil die Kunden langfristig Vertrauen gewinnen. Wenn der Servicetechniker seine Arbeit erfolgreich abschließen kann, kann er demonstrieren, dass die Arbeit reibungslos vollzogen werden kann. Damit wird der Serviceeinsatz für den Kunden berechenbar, er erlangt Vertrauen und lässt den Servicetechniker beim nächsten Mal vielleicht selbständig arbeiten.

Im technischen Service ist es nicht nur so, dass Kunden ferngehalten oder vom Einmischen abgehalten werden müssen. In einigen Fällen ist die Unterstützung des Kunden und seine Hilfe sehr wichtig für die Arbeit des Servicetechnikers. Der Servicetechniker D2 wendet eine weitere Strategie an:

> „Bei anderen [Kunden] ist das ein Problem, da musst du oft jemanden suchen, bis du den findest und dann ah, er hat jetzt keine Zeit und ah, da ist das schon ein bisschen schwieriger, ja. Da musst du dann auch (...) versuchen, (...) dann ein einigermaßen gutes Verhältnis mit dem aufzubauen. Da sagst du dann okay komm, wenn dann alles geklappt hast, gibst du ihm ein kleines Werbegeschenkchen oder so was, einfach den bei Laune zu halten, weil du brauchst ihn vielleicht doch wieder das nächste Mal" (Servicetechniker D2, S. 7, 2).

Der Servicetechniker D2 belohnt die Kooperation des Kunden und hellt damit vermutlich die Stimmung des Kunden auf. In Teil B Kapitel 1.5 wird beschrieben wie der Kunde den Dienstleister bestrafen kann. Im Restaurant übt er als Gast Macht aus, indem er das Trinkgeld verweigert oder im anderen Fall besonders hoch ansetzt. Hier setzt der Servicetechniker als Dienstleister eine Art Trinkgeld ein, um den Kunden positiv zu stimmen. Damit kann er die Gunst des Kunden erlangen, so dass er ihn beim nächsten Mal vielleicht bereitwilliger unterstützt.

Vertrauensarbeit als Gefühlsarbeit zielt darauf ab, ein positives Verhältnis zwischen Servicetechniker und Kunde zu schaffen, um bei weiteren Einsätzen darauf aufbauen zu können. Während die Arbeit im Krankenhaus vorwiegend daraus besteht, den Patienten die Angst zu nehmen (vgl. Teil B Kapitel 3.2), ist im Service vorwiegend die Maschine das Objekt der Bearbeitung. Angst herrscht hier nicht im selben Ausmaß. Im technischen Service geht es darum, beruhigend auf den Kooperationspartner einzuwirken, den Druck, den der Kunde schafft, abzubauen, den Kunden abzulenken und sich seine Unterstützung zu sichern. Hintergrund dieser Arbeitshandlungen ist, das Vertrauen des Kunden zu erwerben, um die Kooperation langfristig zu ermöglichen.

4.2.2 Fassungsarbeit

Büssing und Mitarbeiter (2002) fassen Vertrauensarbeit und Fassungsarbeit zusammen, da die beiden Typen sich in ihrer Befragung kaum differenzieren lassen (vgl. Teil B Kapitel 3.2). In der vorliegenden Studie sind die zwei Typen ebenfalls schwer zu unterscheiden, denn beide zielen letztlich darauf ab, das Vertrauen des Gegenübers zu erlangen. Strauss und Mitarbeiter (1980, S. 638) fokussieren bei der Fassungsarbeit darauf, die Verfassung des Kunden aufrechtzuerhalten, damit die Hauptarbeit so reibungslos wie möglich abgeschlossen werden kann. Beispiel ist eine äußerst schmerzhafte Behandlung, bei der die Arbeit der Krankenpfleger darin besteht, den Patienten zum Durchhalten zu bewegen. Im Kontext des technischen Services liegt die Besonderheit der Vertrauensarbeit darin, langfristig eine Beziehung aufzubauen. Die Bemühungen des Servicetechnikers gehen dahin, den Kunden abzulenken, ihm den Grund zur Sorge zu nehmen, ihn zur Unterstützung zu bewegen. Die Fassungsarbeit zielt hingegen darauf ab, kurzfristig an der Verfassung und am Zustand des Kunden zu arbeiten, damit Kooperation möglich wird. Vertrauen ist sozusagen ein Nebenprodukt dieser Arbeit.

Ein zentraler Punkt bei der Arbeit im Schadensfall ist die Fehleranalyse. Hierzu ist es häufig sehr wichtig zu wissen, wie der Fehler passiert ist, damit rekonstruiert werden kann, welche Teile der Maschine betroffen oder defekt sein könnten. Dies erspart dem Servicetechniker unter Umständen unnötige Sucharbeiten und ermöglicht es, den Fehler relativ schnell eingrenzen zu können. Diese Informationen kann der Servicetechniker nur durch den Kunden erfahren. Im folgenden Zitat versucht der Servicetechniker deshalb die Verfassung des Kunden zu ändern:

> „(…) man muss den [Kunden] auch beruhigen können, wenn der jetzt nervös und aufgeregt ist. (…) Aber das ist relativ wichtig, weil derjenige hat oft, wenn er irgendwas gemacht hat, was er jetzt denkt, was er nicht machen sollen hätte, dann würde er Ihnen das nie sagen. Das ist ein bisschen wie bei einem kleinen Kind. Der, und dadurch dass er Ihnen nicht die Wahrheit sagt, wie es zu der Situation gekommen ist, suchen Sie bestimmt an der ganz falschen Stelle“ (Servicetechniker G1, S. 13, 32).

Der Mitarbeiter des Kundenunternehmens will nur ungern einen Fehler eingestehen. Er ist nervös. Wenn der Servicetechniker erreicht, dass der Kunde nicht mehr denkt, er könne Schuld am Fehler sein, wird der Kunde vielleicht die wichtigen Informationen beisteuern. Deshalb suggeriert er dem Kunden, dass er alles richtig gemacht habe. Er versucht ihn zu beruhigen und arbeitet damit an der Verfassung des Kunden. In diesem Zitat von G1 wird außerdem das Zusammenspiel von Emotions- und Gefühlsarbeit deutlich, denn der Servicetechniker arbeitet zusätzlich an seinen eigenen Gefühlen. Er vergleicht den Kunden mit einem Kind (Stanislawski-Methode, vgl. Teil C Kapitel 4.1.1).

In einer anderen Situation, ebenfalls am Telefon, beschreibt ein Servicetechniker wie er den Kunden an der Maschine anleitet, damit der Kunde aus der Ferne wichtige Informationen weitergeben kann. Dazu ist es nötig, dem Kunden erst die Nervosität zu nehmen:

> „Indem ich ihm den Eindruck gebe, dass er das richtig macht was er macht. (…) Ich selber muss ruhig sein (…) auch wenn er jetzt was falsch macht, (…), wenn ich zu dem gleich sage, das bringt doch jedes kleine Kind hin (…) in dem Augenblick wird er natürlich noch aufgeregter. Also muss ich ihn beruhigen, (…), probieren zu loben und ihm das Gefühl (..) geben, dass man mit seiner Leistung zufrieden ist. Wenn es auch nicht so ist" (Servicetechniker G1, 14, 24).

Der Servicetechniker erzielt eine Veränderung der Verfassung dadurch, dass er dem Kunden den Eindruck gibt, er mache alles richtig, auch wenn dies nicht der Fall ist. Wenn der Kunde seine Nervosität verloren hat und ihm vertraut, hat der Servicetechniker die Möglichkeit, ihn über das Telefon zu leiten.

Ziel der Fassungsarbeit ist es, den Zustand des Kunden zu verändern, um ihn zur Kooperation zu gewinnen. In den vorliegenden Fällen gibt der Servicetechniker dem Kunden Sicherheit, er beruhigt ihn und suggeriert ihm, er habe alles richtig gemacht, damit der Servicetechniker mit dem Kunden arbeiten kann, d.h. er kommt an wichtige Informationen, die sonst verschwiegen werden würden. Durch die Fassungsarbeit überwindet der Kunde sein Misstrauen oder seine Nervosität und gewinnt Vertrauen.

4.2.3 Kontextbezogene Gefühlsarbeit

Nach Strauss und Mitarbeitern kommt es dazu, dass Ärzte und Pfleger Informationen zurückhalten, um Patienten nicht unnötig zu beunruhigen (vgl. Teil B Kapitel 3.2). Dies bezeichnen sie als kontextbezogene Gefühlsarbeit. Im technischen Service wird dieser Typ der Gefühlsarbeit ebenfalls angewendet. Hier werden Informationen aus drei Gründen nicht angesprochen: Erstens zum Schutz/Vorteil des Kunden, zweitens zum Schutz/Vorteil der Dienstleistungsunternehmens und drittens zum Schutz/Vorteil des Servicetechnikers. Diese Gründe werden im Folgenden näher erläutert.

Generell sind sich die Servicetechniker in der vorliegenden Studie einig, guter Service schließt ein, ehrlich und offen zu handeln und zu kommunizieren. Bei einer Wartung oder Reparatur werden dennoch Informationen teilweise vom Servicetechniker verschwiegen. Er schützt damit den Kunden, der sich sonst unnötig ärgert oder besorgt ist, wenn er die Bedeutung missversteht:

> „Es gibt Dinge, die sollte man ihm [dem Kunden] nicht auf die Nase binden. Aus dem einfachen Grund, wenn man jetzt z.B. irgendwo (…) ein technisches Problem [hat] z.B.: ‚Oh, das könnte vielleicht schon wieder das sein?!'. Man ist knapp davor das abzustellen, aber warum soll ich die Pferde scheu machen, wenn es vielleicht gar, vielleicht im Endeffekt doch nicht ist. Und man macht dann den Kunden verrückt, und das sind dann so Situationen da wo man dann sagt, das hat mit der Ehrlichkeit nichts zu tun. Bloß manche Kunden verstehen das dann nicht, kriegen das in den falschen Hals rein und das ist schlecht" (Servicetechniker D3, S. 10, 38).

Nicht jede Fehlervermutung wird während einer Wartung oder Reparatur an den Kunden weitergegeben. Denn unter Umständen lösen sich solche Vermutungen sofort auf oder sind einfach zu beheben, ohne dass der Kunde davon erfährt. Letztlich schützt der Servicetechniker damit auch sich selbst. Wenn er dem Kunden von einer weiteren anfallenden Reparatur erzählt, reagiert dieser womöglich ungehalten oder besorgt und der Servicetechniker müsste wieder Vertrauensarbeit leisten.

Wird kontextbezogene Gefühlsarbeit zum Vorteil des Kundenunternehmens ausgeübt, so werden beispielsweise kleine Fehler der Maschine verschwiegen und ohne das Wissen des Kunden behoben:

> „Niemand ist perfekt, sage ich mal und es gibt auch, sage ich mal, Maschinen werden ja, es sind ja keine Standardmaschinen und da gibt es Fehler wo von der Firma aus, man kennt die Fehler und dann muss man den Kunden nicht noch lupfen, dass er da unter Umständen Ga-

rantie oder sonst was, irgendwelche Regressansprüche machen könnte, sondern man versucht es dann eher unter den Tisch zu kehren" (Servicetechniker C4, S. 6, 15).

Durch das Verschweigen von Informationen wird vermieden, dass der Kunde Ansprüche auf Grund der Fehler geltend macht. Ein zusätzlicher Effekt ist, dass das Image des Dienstleistungsunternehmens gewahrt bleibt.

Kontextbezogene Gefühlsarbeit wird in den Untersuchungen von Giesenbauer und Glaser (2006, S. 77) als „weniger funktional und zweckmäßig" von den Befragten eingestuft. Grund hierfür könnte sein, dass sie es entweder nur ungern oder mit Schuldgefühlen anwenden. In der vorliegenden Untersuchung betonen die Servicetechniker zumindest, dass es manchmal nicht anders gehe als Dinge zu verschweigen. Generell sei es jedoch besser, ehrlich und offen mit dem Kunden umzugehen (vgl. Interview D3, S. 3, 24).

Ein dritter Fall der kontextbezogenen Gefühlsarbeit liegt dann vor, wenn der Servicetechniker sich schützt, indem er seine Unwissenheit als Experte verbirgt. In Teil C Kapitel 4.1.4 (hier überschneiden sich Gefühls- und Emotionsarbeit) wurde ein Zitat (C3, S. 4, 30) aufgeführt, das diese Art der Gefühlsarbeit beschreibt. Besonders im Sondermaschinenbau ist es fast unmöglich, jede Maschine bis ins Detail zu kennen. Um dies zu überspielen, lässt der Servicetechniker den Kunden die Maschine bedienen, damit der Servicetechniker nichts falsch macht und sein Unwissen nicht preisgibt.

Kontextbezogene Gefühlsarbeit, d.h. das bewusste Zurückhalten von Informationen, wird ausgeübt, weil es als besser für den Kunden angesehen wird, weil es in einigen Fällen aber auch das Image des Dienstleistungsunternehmens schützt oder der Servicetechniker sich selbst schützt. Alle drei Funktionen der kontextbezogenen Gefühlsarbeit dienen dazu, die Kooperation nicht durch Zwischenfälle zu gefährden.

4.2.4 Erziehungsarbeit

Erziehungsarbeit ist ein von Büssing und Mitarbeitern neu eingeführter Typ der Gefühlsarbeit (vgl. Teil B Kapitel 3.2). Erziehungsarbeit bezeichnet das Zurechtweisen durch den Dienstleister. Man versucht auf der rationalen Ebene, die Gefühle des Kunden zu beeinflussen (vgl. Paseka 1991, S. 189).

Auf die Servicetechniker angewendet bedeutet Erziehungsarbeit, den Kunden sachlich anzusprechen, wenn er stört oder sich einmischt. Der Kunde wird dann „zurechtgewiesen", im Sinne von aufgeklärt. Ein anschauliches Beispiel hierzu wurde in Teil C Kapitel 4.1.5 (Interview D3, S. 13, 27) dargestellt. Eine weitere Situation erläutert der Servicetechniker K2:

> „ (...) gut, es ist schon manchmal so gewesen, dass ein Kunde, wenn . er immer rum gestanden ist, um eben zu beobachten, was man jetzt tut. Und wenn man dann selber sucht oder den Fehler diagnostiziert, dann ist es so, dass eine, eine zweite Person dann eigentlich

nicht hilfreich ist. Dann muss man eben, man kann ja den nicht wegjagen in dem Fall oder so, aber da . man . ja, man macht ihm das dann plausibel, dass man jetzt erstmal selber noch mal den Fehler suchen sollte und er, wenn ich soweit bin, ihn dann dazuhole, um ihm zu zeigen was jetzt ist“ (Servicetechniker C2, S. 9, 37).

Es wird kein harscher Ton angewendet, sondern der Servicetechniker versucht möglichst sachlich dem Kunden zu erklären was gerade gemacht werden soll und warum es sinnvoll ist, dass der Kunde sich einer anderen Arbeit widmet.

Genauso vollzieht es sich, wenn der Kunde sich einmischt und meint, er könnte die Arbeit besser erledigen als der Servicetechniker. Der Servicetechniker versucht dann auf rationale Weise zu argumentieren, um den Kunden dazu zu bringen, sich ruhig zu verhalten und den Servicetechniker ungestört arbeiten zu lassen:

> „Ja das ist oft schwer, also, man muss ihn da versuchen zu . also ich nehme da jetzt mal ein Beispiel, (…) wenn jetzt sein Vorschlag letztendlich vielleicht schneller gehen würde, aber fachlich absolut nicht korrekt ist, dann sage ich zunächst mal: ‚Nee, nee, das ist ja nicht gemäß unseren Richtlinien, das können wir nicht machen.‘ Und dann fragt er natürlich: ‚Warum denn?‘. Und dann muss man versuchen, die Richtlinie zu kennen und warum das so ist und auch wiederum den fachlichen Hintergrund haben, um (.) ihm [das] dann vernünftig erklären zu können“ (Servicetechniker K2, S. 17, 1).

Erziehungsarbeit ist Gefühlsarbeit, indem die rationale, sachliche Ebene angesprochen wird. Der Kunde als Kooperationspartner verhält sich nicht kooperativ, er gefährdet mit seinem Verhalten die Dienstleistung. Der Servicetechniker appelliert an die Einhaltung von Regeln, um den Kunden dazu zu bringen, die Dienstleistungserbringung fortführen zu können.

4.2.5 Weitere Gefühlsarbeitstypen

Der erste Typ der Gefühlsarbeit, Interaktionsarbeit und moralische Regeln, wurde in der vorliegenden Untersuchung nicht berücksichtigt, da es bei diesem Typ nicht um die Beeinflussung von Gefühlen geht (vgl. Giesenbauer & Glaser 2006, S. 76).

Weitere Typen der Gefühlsarbeit sind Biografie- und Identitätsarbeit. Bei diesen Typen geht es darum, die Patienten zu motivieren oder zu ermuntern, indem soziale und psychische Aspekte des Patienten angesprochen werden. Diese scheinen im technischen Service nicht von Relevanz zu sein, denn die Beziehungen im technischen Service sind kaum auf Intimität ausgerichtet. Im Krankenhaus ist dies völlig anders. Hier kommen Besucher zu den Patienten, die mit den Ärzten und Pflegern sprechen, Patient und Arzt/Pfleger sehen sich täglich, wodurch die familiäre Situation und teilweise auch die Biografie bekannt werden. Hierauf kann Bezug genommen werden, wenn Patienten aufgemuntert werden sollen.

Ein weiterer Typ ist die Berichtigungsarbeit. Es geht darum, Interaktionen, die für den Patienten unbefriedigend abliefen, zu berichtigen. Im Falle des Krankenhauses bedeutet dies, dass ein Patient schlecht oder wenig respektvoll behandelt wurde. Diese Interaktion wird dann durch einen anderen Arzt oder Pfleger berichtigt, indem der Patient z.B. getröstet wird. Berichtigungsarbeit ist im technischen Service durchaus denkbar. Wenn ein Kunde eine sehr schlechte Erfahrung im Umgang mit einem Servicetechniker gemacht hat, muss der nächste Servicetechniker diese durch seine Leistung revidieren. Empirische Belege hierzu wurden in den Interviews nicht gefunden. Grund hierfür könnte sein, dass die Berichtigungsarbeit eine geringfügige Rolle einnimmt. Die Arbeit im technischen Service findet nicht direkt am Objekt Mensch statt, sondern Objekt der Bearbeitung ist die Maschine. Das bedeutet, die Person „Kunde“ ist dem Dienstleister nicht in dem Maß ausgesetzt wie der Patient, an dem direkt gearbeitet wird. Der Servicetechniker muss vermutlich trotz dessen bei Kunden, die schlechte Erfahrungen gemacht haben, seine Energie darauf konzentrieren, das Vertrauen wieder aufzubauen. Denkbar ist auch, dass Berichtigungsarbeit nicht erwähnt wurde, weil die Servicetechniker nicht über „Fehler“ sprechen wollten.

4.3 Subjektivierendes Arbeitshandeln

Beim subjektivierenden Arbeitshandeln geht es insbesondere um die subjektiven Aspekte der Arbeit wie Gefühl, Gespür, Empfinden und die Berücksichtigung des Interaktionspartners als Subjekt. Das subjektivierende Arbeitshandeln kommt vor allem dann zur Geltung, wenn unvorhergesehene, nicht planbare Situationen auftreten (vgl. Böhle 2004). Das Konzept wird in vier Aspekte unterteilt: ein dialogisch-exploratives Vorgehen, eine komplexe sinnliche Wahrnehmung, ein anschauliches Denken und eine empathische Beziehung zum Arbeitsgegenstand. In der Praxis sind diese vier Aspekte ineinander verwoben. Bisher wurde subjektivierendes Arbeitshandeln in der industriellen Produktion, der Informationsarbeit, neuen Arbeitsformen, wie der Projektdurchführung, und personenbezogenen Dienstleistungen untersucht. Pfeiffer (2000, 2004) hat das subjektivierende Arbeitshandeln auch im technischen Service untersucht. Sie weist darauf hin, dass es sich in diesem Feld um einen doppelten Arbeitsgegenstand handelt: (1) den Kunden und (2) dessen technisches Problem (Pfeiffer 2004, S. 229). Während Pfeiffer den Schwerpunkt auf den Umgang mit der Maschine legt, wird der technische Service in der vorliegenden Arbeit insbesondere unter dem Aspekt der personenbezogenen Dienstleistung untersucht. Das bedeutet, der Servicetechniker arbeitet nicht nur an der Maschine als Arbeitsgegenstand, sondern, wie in den vorigen Abschnitten zur Emotions- und Gefühlsarbeit gezeigt werden konnte, auch an sich und insbesondere an seinem Gegenüber. Im Folgenden werden die Ausführungen zu Gefühls- und Emotionsarbeit, bei denen bisher in der Literatur eher ein kontrolliert rationaler Umgang mit Gefühl und Emotionen untersucht wurde, durch einen eher gefühlsmäßig, intuitiven Umgang ergänzt. Wie agiert der Servicetechniker mit der Maschine und dem Kunden im Sinne eines subjektivierenden Arbeitshandelns? Und inwiefern wendet er das subjektivierende Arbeitshandeln in der Interaktion mit dem Kunden an?

4.3.1 Unwägbarkeiten

Untersuchungen haben deutlich gemacht, dass qualifizierte Fachkräfte insbesondere Unwägbarkeiten in der Arbeit durch subjektivierendes Arbeitshandeln bewältigen (Böhle 2004, S. 45). Der technische Service ist eine Tätigkeit, die stark von Noteinsätzen dominiert wird. Grundsätzlich werden zwar feste Termine vereinbart, um z.B. eine Maschine aufzustellen oder eine vereinbarte Wartung durchzuführen. Im Wesentlichen gestaltet sich die Arbeit aber so, dass ein Kunde einen Störfall meldet und der Servicetechniker darauf reagiert. Die Arbeit ist in hohem Maß ereignisabhängig. Folgendes Beispiel verdeutlicht dies. Ein Servicetechniker schildert, dass er seinen elektronischen Kalender am Ende der Woche ausdruckt und mit nach Hause nimmt, damit seine Freundin Bescheid weiß, wo er sich aufhält und wie lange er weg sein wird:

> „(…) sie [die Freundin] guckt schon gar nicht mehr rein, weil das, was heute drin steht, stimmt morgen so oder so nicht mehr. Also, (..) man muss sehr flexibel sein“ (Servicetechniker G1, S. 8, 5).

Die Freundin des Servicetechnikers kann sich nicht auf den Terminkalender des Servicetechnikers G1 verlassen. Durch die vielen Noteinsätze wird der Terminkalender des Servicetechnikers täglich verändert, er muss auf die vielen ungeplanten Einsätze reagieren. Service wird häufig ad hoc erbracht.

Wenn der Servicetechniker zum Kunden kommt, hat er im Idealfall eine ungefähre Vorstellung davon, was ihn erwartet. Konnte das Problem am Telefon z.B. schon weitgehend eingegrenzt werden, so hat er die nötigen Ersatzteile auch dabei, um die Maschine möglichst schnell reparieren zu können. Trotzdem ist es möglich, dass sich weitere Probleme ergeben, die vorher nicht ersichtlich waren. Es bleibt eine Restunsicherheit:

> „Der Servicetechniker selber weiß ja auch nicht was, nicht unbedingt was erwartet mich. Kann ich das Problem überhaupt, überhaupt lösen?“ (Servicetechniker G1, S. 12, 37).

Oft herrscht großer Druck, denn der Kunde erwartet, dass der Servicetechniker schnell vor Ort ist, um ihm auszuhelfen. Trotzdem muss sich der Servicetechniker Zeit nehmen, um sich bestmöglich auf die Situation vorzubereiten. Er informiert sich über mögliche Fehler, schaut sich Bilder und Schaltpläne der Anlage an (Interview K2, S. 2, 28; G2, S. 7, 22). Insbesondere im Sondermaschinenbau gibt es jedoch so viele verschiedene Sonderlösungen, dass der Servicetechniker gar nicht jede Maschine bis ins Detail kennen kann. Trotz guter Vorbereitung macht der Servicetechniker sich auf Unwägbarkeiten gefasst:

> „Aber wenn man gut vorbereitet ist und sich auch, bevor man z.B. auf einen Einsatz geht, hier im Werk, im Haus noch mal mit allen Informationen über den Motor und über die bisher, die bisherige Historie des Motors, wenn man sich darauf noch mal ein bisschen ein-

lässt, also gewisse Vorbereitungen trifft, (...) ein gewisses Überraschungsmoment ist immer dabei“ (Servicetechniker K3, S. 8, 9).

Der technische Service scheint wenig von Routine beherrscht, es gilt immer wieder neue, unbekannte Probleme zu lösen oder mit ungeplanten Situationen umzugehen, der Tagesablauf ist nicht festlegbar. Darauf sind die Servicetechniker gefasst. Aber nicht nur die Maschine schafft Unwägbarkeiten, auch jeder Kunde verhält sich anders. Es gilt deshalb auch hier, sich immer wieder auf den neuen Kunden einzustellen, einzulassen, sich situativ anzupassen und auf Unerwartetes gefasst zu sein.

„Also, man muss sich im Grunde jedem Kunden irgendwo anpassen“ (Servicetechniker K2, S. 4, 24).

„Man merkt auch relativ schnell wie ist der Kunde selber, was kann ich mir bei dem erlauben oder was erlaubt der sich bei mir“ (Servicetechniker G2, S. 3, 39).

Zudem erfordern die Einsätze der Servicetechniker die Bewältigung einer hohen Komplexität. Teilweise werden während des laufenden Betriebes der Maschinen Reparaturen und Wartungen vorgenommen, dabei muss auf die Einhaltung der Sicherheitsbestimmungen geachtet werden. In vielen Fällen benötigen die Servicetechniker die Unterstützung des Kunden oder externe Arbeitskräfte arbeiten mit, so dass dem Servicetechniker als Experten die Leitung übertragen wird. Auf ihn kommen entsprechend Führungsaufgaben zu, in einem Team, das er noch nicht kennt (vgl. Interview K1, S. 12, 32).

4.3.2 Dialogisch-exploratives Vorgehen

Aus den oben genannten Spezifika des technischen Services hinsichtlich Unwägbarkeit und Unplanbarkeit resultieren bestimmte Anforderungen an den Servicetechniker. Der Service verlangt, sich anzupassen, zu „improvisieren, aus (..) fest gepressten Situationen wieder rauszukommen“ (Servicetechniker D2, S. 5, 12). Aus den Untersuchungen in der industriellen Produktion ist bekannt, wie sich Maschinenbetreiber (vgl. Teil B Kapitel 4.1) bei Problemen im Dialog mit der Maschine vorantasten. Ähnliches ist im technischen Service zu beobachten. Hier kann bei der Fehlereingrenzung nicht „nach Checkliste“ (Interview C1, S. 8, 12) vorgegangen werden, sondern der Servicetechniker tastet sich an den Fehler heran:

„(...) manchmal fängt man von vorne an, man macht die Schranktür auf oder dann schaut man da rein: Ja, was könnte das jetzt gewesen sein? Wieso ist der [Motor] stehen geblieben oder warum? Wann ist das passiert? Wie lange oder wie oft ist das schon vorgekommen?“ (Servicetechniker D3, S. 5, 33).

Die Servicetechniker betonen außerdem die Wichtigkeit der Improvisation. Wenn Dinge sich anders darstellen als erwartet, kann man nicht verharren, sondern muss aktiv nach Lösungen suchen und improvisieren:

> „Und . ja und wie gesagt man muss auch teilweise . viel improvisieren können, also, du kannst zwar in gewisser Weise vor, im Vorfeld das organisieren, dass du das und das hast, aber das ergibt sich dann erst beim Arbeiten selber. Also wenn (...) eine größere [Maschine] (...) ausgebaut wird, dann muss, kannst du das vorher schon mal anschauen, aber dann ist es oft so, ja jetzt passt die Halterung nicht, da hast du ein Problem, dass du über die Treppe kommst und da muss du dann halt improvisieren" (Servicetechniker D2, S. 3, 28).

Dieses Improvisieren ergibt sich teilweise aus der Erfahrung, man entwickelt ein Gefühl (vgl. Bauer et al. 2002, S. 39 f.). Allerdings muss diese Fähigkeit gefördert werden. Man muss sich darauf einstellen, dass solche unvorhergesehenen Dinge passieren können und den Willen haben, neue Lösungen zu finden.

Das dialogisch-explorative Vorgehen zeigt sich auch in der Kooperation mit dem Kunden. Wenn Kunden Fragen zu einer Maschine haben, die anders arbeitet als gewohnt oder die Maschine nicht richtig läuft, wird versucht, das Problem zunächst am Telefon schrittweise einzugrenzen und zu lösen:

> „Ich meine am Telefon ist es noch schwieriger, weil da sind Sie ja nicht vor Ort. Wenn Sie die Anlage gar nicht kennen - das passiert ja auch häufig - und dann erzählt er [der Kunde] was, und dann versucht man den irgendwo auszufragen . an was er gar nicht gedacht hat. Einfach irgendwo anfangen. Und dann versucht man das einzukreisen" (Servicetechniker D3, S. 6, 30).

Hier wird deutlich, dass der Servicetechniker die Maschine über den Kunden analysiert und untersucht. In der Kommunikation mit dem Kunden tastet sich der Servicetechniker voran. Dies ist notwendig, weil der Servicetechniker die Maschine nicht sehen kann. Der Kunde stellt hier sozusagen die Brücke zwischen Servicetechniker und Maschine dar (vgl. Bolte 2006). Der Servicetechniker lässt sich vermutlich durch sein Gespür lenken. Indem er den Kunden leitet, kann der Kunde ihm die Informationen für den nächsten Analyseschritt geben. Der Servicetechniker verfährt nicht nur dialogisch-explorativ mit der Maschine, sondern auch das Vorgehen mit dem Kunden, dem Interaktionspartner, scheint gekennzeichnet durch ein dialogisch-exploratives Vorgehen. Schritt für Schritt versucht er über den Kunden das Problem einzukreisen:

> „Wenn (..) derjenige [Kunde] aufgeregt ist, dann sagen Sie zu ihm er soll in einem Modul, (...) Aushebung eins, soll er gucken wie die Freigaben stehen. Das kann er dann anwählen in der Oberfläche, ich sehe aber dann nicht, ist er wirklich im Modul eins, er kann irgendein anderes Modul sich genommen haben (...). Auf Grund dessen muss ich ihn möglichst beruhigen und muss dann immer wieder zwischen fragen: ‚Sind Sie auch ja da Modul heißt so und so. Was steht jetzt so und so da?' Also ich kann auch von vielen Anlagen, kann ich die Oberfläche simulieren, das ist bei uns auf dem Netz so abgelegt, dann kann ich es herholen, dann kann ich ihn schon relativ weit führen" (G1, S. 14, 6).

Um den Kunden an der Maschine leiten zu können, beschreiben die Servicetechniker, wie sie zunächst versuchen den Kunden einzuschätzen. Sie passen sich kontextbezogen an ihn an:

> „Ja, man muss im Prinzip mit allen Sinnen dabei sein, weil man muss erstmal die Person, wo an der Maschine steht, wo das Problem mit der Maschine hat, die muss man in gewisser Weise einschätzen. Wie qualifiziert ist die Person? Das muss man ein bisschen rauskriegen" (C4, S. 4, 8).

Wenn der Servicetechniker weiß, wie qualifiziert der Kunde ist, mit wem er es auf der anderen Seite zu tun hat, kann er auf ihn eingehen und sich entsprechend anpassen. Er stellt sich sowohl auf die Maschine als auch auf den Kunden ein.

Der technische Service umfasst eine Arbeit, die situations- und kontextbezogen ist, denn sie erfordert, dass die Servicetechniker sich auf Unwägbarkeiten einstellen. Dies wird zum einen durch die Arbeit bedingt, die nicht vollständig plan- und voraussehbar ist. Zum anderen erledigen sie die Arbeit in Zusammenarbeit mit dem Kunden, der wichtige Unterstützungs- und Hilfsarbeiten erledigt. Entsprechend müssen sie auf den Kunden eingehen, sich mit ihm vorantasten und an ihn anpassen, um ihre Arbeit effizient erledigen zu können.

4.3.3 Sinnliche Wahrnehmung

Die sinnliche Wahrnehmung stellt die Intelligenz der Sinne in den Vordergrund. Hier wird das Zusammenwirken von auditiven, visuellen, olfaktorischen, haptischen und gustatorischen Reizen, d.h. subjektiven Faktoren, genutzt. Die sinnliche Wahrnehmung ruft Gefühle hervor, auf Grund derer das Wahrgenommene eingeschätzt und interpretiert wird. Pfeiffer (2004, S. 226) beschreibt dies bei Servicetechnikern im Umgang mit der Maschine. Insbesondere bei der Fehlersuche lassen sich komplexe Fehler schneller durch eine sinnliche Wahrnehmung, Gefühl und Intuition lokalisieren. Diese sinnliche Wahrnehmung wird nicht nur im Umgang mit der Maschine eingesetzt, sondern auch im Umgang mit dem Kunden.

Insbesondere am Telefon hat der Servicetechniker keinen direkten Zugang zur Maschine. Während er vor Ort die Maschine mit allen Sinnen analysieren kann, die Maschine sehen, die Geräusche hören und Vibrationen fühlen kann, um den Fehler einzugrenzen, werden die Sinneseindrücke am Telefon über den Kunden vermittelt. Auch beim Teleservice kann der Servicetechniker zwar die objektiven Daten, wie z.B. Messwerte, bei sich im Unternehmen analysieren, Sinneseindrücke erhält er jedoch nur durch den Kunden vermittelt:

> „Wir überwachen ja auch alles, aber wir haben keinen Teleservice in der Form, dass wir jetzt jede Maschine, wir sehen sie jetzt optisch nicht. Das muss der Kunde für uns machen. Die Augen muss, visuell muss der Kunde das für uns" (Servicemanager D1, S. 10, 20).

Die Verknüpfung von unterschiedlichen Sinnen erfolgt durch eine komplexe sinnliche Wahrnehmung (Weishaupt 2006, S. 92). Neben dem Visuellen muss der Servicetechniker genau zuhören können. Im folgenden Zitat schildert ein Servicetechniker die Verknüpfung von Hör- und Sehsinn:

> „Also erst muss ich zuhören was das Problem vom Kunden ist. Sagen wir mal Hörsinn. (…) Ich muss erst mal wissen was macht die Anlage oder was soll die machen (…). Und dann muss ich, sagen wir mal, dann muss ich versuchen, aus dem Anrufer die möglichst größte Informationsmenge rauszuziehen, d.h. er steht ja meistens vor der Anlage, dann kann ich ihn fragen was für eine Fehlernummer steht dran, steht nur diese eine dran, gibt es, wenn auf Grund von der Fehlernummer oder dem Stand der Anlage kann ich wieder vielleicht weiter analysieren, ist es ein Problem von der Software, ist es ein Problem von einem Gerät und dementsprechend muss ich weiter machen“ (Servicetechniker G1, S. 13, 9).

Indem er präzise Fragen stellt, tastet er sich voran und analysiert die Anlage aus der Ferne. Sein wichtigstes Mittel sind dabei die Sinne des Kunden. Er hört dem Kunden zu und bittet ihn zu beschreiben, wie etwas aussieht und verknüpft dies mit seiner Vorstellung.

Vor Ort ist es unter Umständen einfacher den Fehler einzugrenzen. Hier können die Kunden den Fehler erklären, zeigen wo er liegt. Eventuell kann der Fehler reproduziert werden, so dass der Servicetechniker direkt hören und sehen kann was mit der Maschine passiert:

> „Kurz, was das Problem ist, muss man sich eigentlich immer erklären lassen, also irgendwo muss man ja wissen was haben sie für Probleme und, aber da geht es dann eigentlich immer relativ einfach, weil man *sieht* es dann auch gleich, die können es *zeigen*, das geht halt alles über das Telefon, mit Zeigen und so ist da halt ein bisschen schwierig“ (G2, S. 7, 35; Hervorhebung V.K.).

Wenn die Servicetechniker vor Ort zum Kunden fahren, weil beispielsweise die Erläuterung am Telefon nicht ausreicht, herrscht Druck. Das Problem ist hier schon eskaliert und der Kunde entsprechend nervös. Insbesondere wenn der Kunde nervös oder aufgeregt ist, gilt abzuschätzen, wie man am besten mit ihm umgeht, was am wichtigsten ist. Wenn der Servicetechniker beurteilen kann, in welchem Zustand der Kunde gerade ist, wie wütend oder besorgt er ist, kann der Servicetechniker sich an diesen Zustand anpassen und beispielsweise beruhigend reagieren. Dies ist wichtig, weil eine Eskalation der Beziehung sonst zum Abbruch des Serviceeinsatzes führen könnte oder die langfristige Kooperation zwischen Dienstleistungs- und Kundenunternehmen beeinträchtigt werden würde (vgl. Teil C Kapitel 4.1). Ein Servicetechniker, der noch nicht so lange in diesem Feld arbeitet, betont, dass man sich dieses Gefühl für den Kunden langsam aneignet:

> „Also ein Gespür, . ein Gespür, wie sehr dieser Kunde jetzt schon sich über diesen Schaden aufgeregt hat (…) in diesem Moment, also, das entwickelt man, denke ich“ (K2, S. 15, 9).

In Situationen, in denen Kunde und Servicetechniker aufeinander treffen, z.B. bei einer Wartung, gilt es zu erspüren, was der Kunde braucht, an welchem Punkt er sich befindet.

„Das ist das Wichtigste. Das A und O. Das A und O. Also das, das sage ich immer wieder, man muss einfach das Gefühl haben: ‚Wie gewinne ich mit dem?!‘ “ (D3, S. 2, 1).

Dieses Gefühl des Servicetechnikers D3 kommt auch dann zum Tragen, wenn der Kunde „stört“ oder „nicht hilfreich“ ist. Es wird auch als „Fingerspitzengefühl“ im Umgang mit dem Kunden beschrieben:

I: „Was bedeutet Fingerspitzengefühl?“

D2: „Ja, wie gehst du jetzt, wie gehst du jetzt auf den Mann zu, wie packst du den am besten, z.B. dass der jetzt dir hilft, . ah, oder. Einfach ein bisschen auch aus der Bauchebene raus arbeiten. . Ah, das ist schwierig zu sagen. Ja“ (Servicetechniker D2, S. 7, 25).

Für die Servicetechniker ist es nicht einfach, diese Situation und ihre Wahrnehmung, die sie zu einem bestimmten Handeln veranlasst, zu beschreiben. Durch ihre Sinne nehmen die Servicetechniker scheinbar ganz unbewusst die Situation wahr. Aufgrund subjektiver Eindrücke und Faktoren interpretieren sie die Situation (vgl. Bauer et al. 2002, S. 42). Hier wirken vermutlich Körperhaltung, der Ausdruck des Kunden, der Tonfall wie auch die gesamte Atmosphäre im Kundenunternehmen. Ihr Gefühl leitet sie in solchen Situationen intuitiv, wie sie auf die komplexen Eindrücke am besten reagieren, um mit dem Kunden zu gewinnen.

Insbesondere bei der Analyse von Fehlern am Telefon wird deutlich, wie die Servicetechniker ihre Sinne zur Analyse einsetzen und sich gleichzeitig der Sinne der Kunden bedienen. Genauso setzen sie ihre Sinne jedoch nicht nur zur Analyse der Maschine ein, die über den Kunden erfolgt, sondern ihre Sinne dienen ihnen auch zur Wahrnehmung des Kunden, um im Kontakt mit dem Kunden auf ihn eingehen zu können.

4.3.4 Anschauliches Denken und Erfahrungswissen

Mentale Prozesse erfolgen beim anschaulichen Denken in Bildern, Bewegungsabläufen oder akustischen Vorgängen. Sinneseindrücke werden im Zusammenhang mit Erlebnissen und Erfahrungen abgespeichert, die in bestimmten Situationen Assoziationen auslösen und das Handeln beeinflussen. Es handelt sich dabei nicht um ein Reproduzieren bekannter Situationen, sondern aktuelle Situationen lösen Assoziationen früherer Ereignisse aus, die verdichtet werden und handlungsleitend sind (Bauer et al. 2002, S. 42).

Wenn der Kunde seine Sinneseindrücke an den Servicetechniker weitergibt, stellt der Servicetechniker sich dies vor seinem „inneren Auge“ bildlich vor, dazu ist es notwendig, die Anlage sehr gut zu kennen, man muss „einen Überblick haben über das Gesamtsystem“ (Interview D1, S. 10, 40):

„Also erst muss ich zuhören was das Problem vom Kunden ist. Sagen wir mal Hörsinn. Dann muss ich vor meinem inneren Auge das sehen können in Anführungsstrichen. Ich muss erst mal wissen was macht die Anlage oder was soll die machen (...)" (Servicetechniker G1, S. 13, 9).

Das bildliche Vorstellen ist nicht nur notwendig, wenn der Servicetechniker am Telefon ist und sich die Anlage vorstellt, um diese Bilder mit den Beschreibungen des Kunden in Einklang zu bringen und über die Ferne eine Diagnose zu erstellen. Das bildliche Vorstellen ist auch vor Ort notwendig, z.B. bei der Eingrenzung von sporadischen Fehlern. Diese sind nicht auf Befehl reproduzierbar und treten selten genau in dem Moment auf, wenn der Servicetechniker vor Ort ist (Interview C4, S. 2, 16). In diesem Fall stellt der Servicetechniker sich ebenfalls bildlich vor, was an der Maschine passieren könnte. Er übersetzt die Erzählungen des Kunden in Bilder:

„(...) wenn das natürlich nur ein Fehler ist, wo sporadisch auftritt, und er erklärt das, dann muss man sich einfach ein Bild machen können" (Servicetechniker D2, S. 8, 6).

In solchen Fällen wird auf Erfahrungswissen zurückgegriffen. Die Bilder, die vor dem inneren Auge des Servicetechnikers ablaufen, werden assoziiert mit ähnlichen Situationen, die der Servicetechniker erlebt hat. So kann er intuitiv reagieren und sich von seinem Gefühl leiten lassen (vgl. Weishaupt 2006, S. 93).

Im Umgang mit dem Kunden spielt Erfahrungswissen eine besondere Rolle. Im praktischen Probieren und Handeln wird Erfahrungswissen gebildet und angewendet (Sevsay-Tegethoff 2007, S. 66). Junge Servicetechniker werden mit erfahreneren Kollegen auf Kundeneinsätze geschickt, um zu lernen wie sie mit dem Kunden umgehen sollen (Interview B1, S. 6, 8; K1, S. 9, 41). Letztlich haben die Servicetechniker eine vorwiegend technische Ausbildung und greifen im Umgang mit dem Kunden ausschließlich auf ihr Alltagswissen zurück (Interview C2, S. 4, 33; D2, S. 11, 38). Ein junger Servicetechniker schildert hier den Stellenwert der Erfahrung mit den Kunden:

„Erfahrung (...) ist schon ziemlich wichtig. Also ich merke schon, (...) ich bin ja jetzt noch nicht so lange auf so einer Stelle tätig, aber ich behaupte schon, dass man ziemlich abschätzen kann . dass diese Erfahrung im Kundenumgang einem sehr hilft, um künftig mit Kunden umzugehen (...) jeder erneute persönliche Umgang mit dem Kunden - das ist wahrscheinlich wie eine Exponentialfunktion (...) dieser Punkt Menschenkenntnis, in dieser Branche speziell, mit dieser Branche hatte ich ja speziell vorher noch nie Kontakt. Und . (...) wusste nicht so richtig Bescheid wie die Uhren da ticken in der Branche und die ticken schon ein bisschen anders, die ticken in jeder Branche anders (...)" (Servicetechniker K2, S. 11, 35).

Der Servicetechniker K2 ist sich bewusst darüber, dass jede Branche anders funktioniert. Er beurteilt Menschenkenntnis, d.h. das Gefühl für den Kunden, als hilfreich, um mit ihm umzugehen. Dieses Gefühl scheint eingebettet in den Kontext der Branche (vgl. Weishaupt 2006, S. 95). Denn überall „ticken die Uhren" anders. Durch das Erfahrung-Machen lernt man, wie man den Kunden anpackt, ob klar und sachlich oder beruhigend reagiert werden soll. Hieraus resultiert Erfahrungswissen. Dieses beinhaltet, sich situativ anzupassen und auf die Bedürfnisse des Kunden eingehen zu können, kurz, ein „Händchen" (Interview G2, S. 3, 37) im Umgang mit dem Kunden zu haben.

In manchen Situationen wäre es vermutlich gar nicht möglich Fehler zu lösen, wenn nur die Maschine betrachtet würde. Der Kunde und die Erfahrung im Umgang mit ihm gehören mit zur Arbeit. Erfahrungswissen dient im folgenden Beispiel dazu, Fehler zu erahnen, die durch den Kunden verursacht sind:

> „Ja, teilweise ist es dann auch so, wenn in einem Betrieb selber das Betriebsklima schlecht ist. Also da gibt es ja auch so typische Fälle: Der Fehler tritt nur in der Nachtschicht auf. (...) und da weiß man dann im Vorhinein - wenn man da, . einer der wo da keine Erfahrung hat, der erleidet da Schiffbruch, weil der wird gar keinen Fehler finden! Und dann kann man gewisse Fehler, die gibt es gar nicht, sage ich mal, durch eine gewisse Menschenkenntnis, ja so ein bisschen hinterfragt: ‚Ja, wird bei euch der Lohn gerade nicht pünktlich überwiesen?' oder, und so mit den Leuten dann spricht und versucht mit denen ein Gespräch aufzubauen, dann sind die Personen meistens erstmal froh, dass sie jemanden haben, an dem wo sie sich auskotzen können. Und durch das erübrigt sich dann unter Umständen sogar das Problem von alleine" (Servicetechniker C4, S. 4, 15).

Es können Fehler an der Maschine auftreten, die durch die Mitarbeiter verursacht wurden. Im vorliegenden Beispiel deutet die Situation auf solche Umstände hin. Würde der Servicetechniker nur an der Maschine nach dem Fehler suchen, wäre es unmöglich, den Fehler aufzudecken. Erfahrungswissen, im Sinne eines Gespürs für die Situation, ist hier entscheidend, um dem Fehler auf den Grund zu gehen.

Wenn beide Parteien über einen ähnlichen Erfahrungshintergrund verfügen, wird Kooperation erleichtert. Das bedeutet, je eher der Kunde sich fachspezifisch auskennt, desto eher versteht er, was das jeweilige Gegenüber meint. Damit sind keine reinen Begrifflichkeiten gemeint, sondern dadurch, dass der eine das Arbeitsfeld des anderen kennt, weiß er um den Kontext Bescheid und versteht unter Umständen schon bloße Andeutungen. Von außen ist dies schwer nachvollziehbar (vgl. Böhle & Bolte 2002, S. 174):

> „(...) wenn er [der Kunde] jetzt rein von der kaufmännischen Seite aus kommt oder auch ein technisches Wissen hat, spielt eine große Rolle, weil wenn er nur, ich sage mal ein kaufmännisches Wissen hat, gibt es für den schwarz und weiß. Wenn er aber ein technisches Wissen hat, wenn er z.B. weiß, dass gewisse Dinge ja nicht 100%ig lösbar sind, (...) dass man halt eine gewisse Ausschussquote hat, sage ich mal, wenn man so ein Teil bearbeitet, dann ist das von Vorteil. Wenn jetzt einer rein kaufmännisches Wissen hat, der sieht dann halt, ja, das eine Teil ging doch, dann muss doch das nächste genauso gehen, und das

ist halt manchmal technisch durch gewisse äußere Einflüsse nicht möglich“ (Servicetechniker C4, S. 4, 34).

„Kaufmännisches“ und „technisches Wissen“ sind hier nicht ausschließlich als fachliches Wissen zu verstehen, die Begriffe deuten eher darauf hin, dass jemand über denselben oder einen ähnlichen Erfahrungshintergrund verfügt. Jemand, der in diesem Umfeld gearbeitet hat und sich auskennt, also technisches Wissen hat, weiß um die Bedeutung, die der Servicetechniker im Zitat schildert. Eine Person, die sich mit der Maschine nicht auskennt, die noch nie selbst in diesem Feld gearbeitet hat, stellt womöglich Anforderungen an die Maschine oder den Servicetechniker, die nicht erfüllbar sind. Die Kommunikation wird vereinfacht, wenn man „dieselbe Sprache“ spricht.

Anschauliches Denken und Erfahrungswissen sind wichtige Ergänzungen zum reinen Fachwissen über die Maschine und in der Interaktion mit dem Kunden. Um die Erzählungen des Kunden in sinnhafte Bilder zu übersetzen und Assoziationen zu bilden, ist anschauliches Denken und Erfahrungswissen im Umgang mit der Maschine notwendig. Genauso sind sie in der Interaktion mit dem Kunden wichtig, um sich auf den Kunden einzustellen und entsprechend handeln zu können. Gemeinsame Erfahrungshintergründe erleichtern dabei die Kooperation.

4.3.5 Empathie als Mittel zur Kooperation

Ein weiterer Aspekt des subjektivierenden Arbeitshandelns betrifft die Beziehung zum Arbeitsgegenstand. Beim subjektivierenden Arbeitshandeln ist die Beziehung zu diesem durch Empathie gekennzeichnet, der Arbeitsgegenstand wird als Subjekt wahrgenommen, dessen Eigenschaften oder Verhalten variieren und entsprechend nicht berechenbar sind. Deshalb ist es notwendig, sich auf den Arbeitsgegenstand (Maschine und Kunde) einzulassen und auf ihn einzugehen (vgl. Böhle 2003).

Je nach Unternehmensorganisation ist der Kundenkontakt im technischen Service anders: Entweder die Servicetechniker haben relativ oft mit unbekannten Kunden zu tun oder sie haben einen festen Kundenkreis, der von ihnen betreut wird. Das Verhalten der Kunden, ihre jeweilige Stimmung ist nicht vorhersehbar, deshalb ist es wichtig, sich auf die Kunden einzulassen, um herauszufinden wie man am besten im Augenblick reagieren sollte. Dies trifft auf unbekannte wie auf bekannte Kunden zu. Dieses „Hineinversetzen“ beschreibt z.B. der Servicetechniker D2 (Interview D2, S. 10, 14) in Teil C Kapitel 4.1.1.

Außerdem ist es notwendig sich einzufühlen, um zu verstehen, an welchem Punkt der Kunde gerade steht und welche Unterstützung er benötigt. So kann der Service erbracht werden, den der Kunde in diesem Moment erwartet:

> „Der Kunde hat kein Problem, wenn er mal ein Problem an seinem Motor hat und es kommt jemand und repariert es sofort oder sagt ihm: ‚Hör mal zu, da und daran hat es gelegen, das

machen wir in Zukunft wie folgt.‘ Er hat aber ein Problem damit, wenn er hängengelassen wird. Wenn man ihn im Stich lässt, wenn man sich nicht um ihn kümmert, (…) wenn er sich nicht verstanden fühlt, wenn er sich nicht abgeholt fühlt. Damit verlieren Sie Kunden, wenn Sie ihn so behandeln“ (Servicemanager K1, S. 8, 30).

Auf den Kunden einzugehen, mitzufühlen (Interview C4, S. 5, 33) wird von den Servicetechnikern und -managern als grundlegende Voraussetzung beschrieben. Die Person des Kunden muss erst einmal eingeschätzt werden, um zu verstehen, welche Kenntnisse, welchen Wissensstand sie hat oder ob sie vielleicht versucht, etwas zu verbergen. Nur so kann situativ „richtig“ reagiert werden:

> „Ja, man muss im Prinzip mit allen Sinnen dabei sein, weil man muss erstmal die Person wo an der Maschine steht, wo das Problem mit der Maschine hat, die muss man in gewisser Weise einschätzen, wie qualifiziert ist die Person, das muss man ein bisschen rauskriegen“ (Servicetechniker C4, S. 4, 8).

Wenn der Servicetechniker sich einfühlt und es gelingt, eine gemeinsame Ebene der Kommunikation zu finden, wird die Verständigung und Kooperation einfacher. Es wird ein partnerschaftliches Verhältnis geschaffen. Dies bestätigen die Eindrücke eines Kunden:

> „Leute, mit denen man sich versteht (…), die einem sympathisch sind, da hat man auch schneller die richtigen Formen der Verständigung gefunden. Also da hat man auch schneller das Gefühl ich verstehe was der will, was der kann, was der braucht und er versteht mich auch schneller, was ich kann, will, brauche. Und das ist einfach, ja, natürlich macht einem die Arbeit da mehr Spaß wo man sich mit den Leuten auch gut versteht und das klappt dann einfach auch besser im Allgemeinen, also es gibt nur wenige Ausnahmen wo es vielleicht nicht so wäre“ (Kunde F1, S. 6, 14).

Wenn beide Parteien verstehen was der andere von ihnen erwartet, geschieht die Arbeit schneller und macht Freude. Kunde F1 beschreibt wie sie sich gegenseitig aufeinander einlassen. Dies kann die Basis für eine vertrauensvolle Beziehung sein (vgl. Teil C Kapitel 3.4.2).

Die Wichtigkeit, individuell auf den Kunden einzugehen, ihn als Subjekt wahrzunehmen, um sich ein Bild über die Maschine zu machen, um Unterstützung zu erlangen und ein vertrauensvolles Verhältnis zu erlangen, wird durch die Gestaltung der Beziehung des Servicetechnikers zum Kunden deutlich. Hier ist Empathie hilfreich, um Kooperation zu erreichen. Nur so kann der Servicetechniker den Kunden an seinem aktuellen Punkt abholen und darauf aufbauen. Damit sind weder die völlige Selbstaufgabe des Standpunktes, den der Servicetechniker für sein Dienstleistungsunternehmen vertritt, noch der Aufbau einer emotionalen Beziehung zum Kunden gemeint (vgl. Weishaupt 2006, S. 95), viel mehr handelt es sich um eine respektvolle, partnerschaftliche Beziehung zum Gegenüber.

5 Fazit zur Interaktionsarbeit im technischen Service

Die Dienstleistungen im technischen Service sind gekennzeichnet durch die soziale Interaktion zwischen Servicetechniker und Kunden. Die Interaktion variiert dabei je nach Dienstleistung. Bei Wartungsarbeiten kann sie sich auf eine kurze Begrüßung am Anfang und auf eine Verabschiedung am Ende begrenzen. Auch wenn nur ein kurzer, standardisierter Kontakt stattfindet, kann das Auftreten des Servicetechnikers einen besonders negativen oder positiven Eindruck hinterlassen. Dieser Eindruck fließt in die Bewertung der Dienstleistung ein (Fließ 2006, S. 205). Interaktionsarbeit im eigentlichen Sinn (Emotions-, Gefühlsarbeit und subjektivierendes Arbeitshandeln zwischen Kunde und Servicetechniker) stellt in diesem Fall jedoch nur eine unbedeutende Rolle dar.

Sie spielt dagegen eine große Rolle, je flexibler die Dienstleistung gestaltet ist (z.B. Störfall), denn dann ist die Dauer, Häufigkeit und Intensität des Kontaktes zwischen Servicetechniker und Kunde höher und der Kunde ist verstärkt zur Kooperation aufgerufen. Der Kunde beeinflusst die Erbringung der Dienstleistung und greift wesentlich in den Dienstleistungsprozess ein. Damit wird der Ablauf der Dienstleistung für den Servicetechniker weniger kalkulierbar. Handelt es sich außerdem um eine direkte Beziehung, d.h. der Servicetechniker ist vor Ort, so ist der Servicetechniker physisch präsent und damit angreifbarer. Ein Servicetechniker schildert beispielsweise, dass er bei cholerischen Kunden, die ihn unberechtigt am Telefon angreifen, den Telefonhörer neben sich legt und wartet, bis sie sich beruhigen (Interview J). Diese Ausweichmöglichkeit hat der Servicetechniker nicht, wenn er direkt beim Kunden ist. Je flexibler die Dienstleistung, desto mehr Interaktionsarbeit wird geleistet. Der Servicetechniker muss sich auf den Kunden entsprechend einstellen.

Je weniger der Kunde sich außerdem mit dem Prozess der Dienstleistungserbringung auskennt, desto wichtiger ist die Führung des Servicetechnikers. Genauso verhält es sich mit der Kompetenz des Kunden. Je weniger kompetent der Kunde in Bezug auf das Fachliche ist, je weniger er sich mit der Maschine auskennt, desto mehr übernimmt der Servicetechniker die Anleitung. Der Servicetechniker muss sich an den Kunden anpassen, auf ihn eingehen und ihn lenken. Hierzu ist Interaktionsarbeit ebenfalls notwendig.

Auffällig ist, dass Interaktionsarbeit insbesondere dann eingesetzt wird, wenn der Kunde sich nicht so verhält, wie es erwartet werden würde. Das bedeutet, der Kunde ist nicht höflich und respektvoll, sondern er ist verärgert, übt Druck aus, mischt sich in die Arbeit des Servicetechnikers ein, gibt wissentlich falsche Informationen an den Servicetechniker oder hat Angst vor Übervorteilung. Dieses Verhalten des Kunden macht die Kooperation schwierig, denn er reagiert nicht kooperationswillig, obwohl er die Dienstleistung beauftragt hat. In diesen Situationen tritt die Asymmetrie, die der Beziehung Servicetechniker - Kunde zu Grunde liegt, deutlich zu Tage. Hier werden die Rollen des Kunden als Auftrag- und Geldgeber und Störenfried besonders offensichtlich. Diese Asymmetrien gilt es zu überwinden (vgl. Böhle 2006, S. 334).

Hinzu kommt, der Servicetechniker ist zwar Experte, aber auch Hilfsbedürftiger. Er ist angewiesen auf den Kunden als Türöffner, Hilfsarbeiter, Informant, Unterstützer. Der Servicetechniker muss folglich in flexiblen Dienstleistungen verstärkt Interaktionsarbeit leisten, um die Kooperation nicht abbrechen zu lassen. Wenn eine Geben-und-Nehmen Situation geschaffen wird, kann die Dienstleistung fortgeführt werden. Das Geben-und-Nehmen Verhältnis zeichnet sich durch ein partnerschaftliches Verhältnis, Fairness, Ehrlichkeit und Respekt aus, „wie in einer guten Ehe" (Interview K1, S. 7, 21). Denn Kooperation beinhaltet gemeinsam Ziele zu verfolgen.

Interaktionsarbeit stellt dabei die Grundlage dar, um Kooperation zu erlangen. Durch das subjektivierende Arbeitshandeln wird beschrieben, wie der Servicetechniker sich auf den Kunden einstellt, sich anpasst und dabei aus der Erfahrung schöpft. Er geht intuitiv auf den Kunden zu, er setzt sein Gefühl und Gespür ein, die ihn in der Interaktion mit dem Kunden leiten. Subjektivierendes Arbeitshandeln wird nicht nur in der gemeinsamen Analyse mit dem Kunden an der Maschine eingesetzt, sondern beschreibt auch wie der Servicetechniker den Kunden wahrnimmt, um situativ zu reagieren. Insbesondere bei Abweichungen vom Standardprozess fängt der Servicetechniker an zu improvisieren. In der Interaktion ist außerdem wichtig, sich selbst kooperationsfähig zu machen und das Gegenüber zur Kooperation zu bewegen. Um sich selbst kooperationsfähig zu machen, wird Emotionsarbeit eingesetzt: Gefühle werden zurückgehalten, z.B. arbeitet der Servicetechniker an sich, um den Druck, den der Kunde ausübt, an sich abprallen zu lassen oder es werden Gefühle vorgespielt, die zunächst nicht empfunden werden, z.B. reagiert der Servicetechniker freundlich und beherrscht, obwohl er wütend und ärgerlich ist. Um den Kunden zur Kooperation zu bewegen und ihn kooperationsfähig und -willig zu machen, wird Gefühlsarbeit eingesetzt: Durch sachliche Konfrontation, eine bewusste Auswahl von Informationen, durch List, z.B. sichert sich der Servicetechniker die Gunst des Kunden, indem er ihn belohnt, und Manipulation, z.B. suggeriert er dem Kunden, er wisse genau Bescheid, obwohl er sich in einer Arbeitstechnik nicht auskennt, werden die Gefühle des Gegenübers bearbeitet.

In der Interaktionsarbeit des technischen Services werden folglich alle drei Konzepte der personenbezogenen Dienstleistung von den Servicetechnikern angewendet. Sie ergänzen, überlagern und bedingen sich. Sie sind Mittel zur Kooperation. Kooperation dient schließlich dazu, Asymmetrien zu überwinden und die Geschäftsbeziehung fortzuführen, um eine Erbringung der Dienstleistung zu ermöglichen.

Teil D: Schluss

1 Interaktionskompetenz als Anforderung im technischen Service

> „Wünschenswert ist natürlich ein Ingenieur, der sage ich mal, ja, eierlegende Wollmilchsau - der alles kann - in Anführungsstrichen“ (Servicetechniker G1, S. 5, 34).

Mittlerweile konnten drei der leitenden Untersuchungsfragen der vorliegenden Arbeit beantwortet werden. Damit steht die Antwort auf die Kompetenzen aus, die Servicetechniker aufweisen sollten, um richtig „interaktionszuarbeiten“. Bevor die Antwort gegeben wird, lohnt es sich einen kurzen Blick auf die aktuelle Situation in der Praxis zu werfen.

1.1 Anforderungen der Unternehmen an Servicetechniker

> „Es ist in allen Berufen eine Situation entstanden, in der die Professionellen individuelle Wege finden müssen, solange ihnen neue berufliche Konzepte nicht zur Verfügung stehen“ (Brucks 1999, S. 33).

Dieses Zitat von Brucks, das im Rahmen des Gesundheitswesens formuliert wird, scheint exemplarisch für den Bereich der front line Dienstleistungen insgesamt. Da keine neuen Konzepte zur Verfügung stehen bzw. bestehende Forschungsergebnisse nur teilweise übertragen wurden, müssen die jeweiligen Dienstleister selbständig Methoden entwickeln, um ihren Beruf qualitativ hochwertig für den Kunden, aber auch für sich selbst, ausüben zu können.

Worin besteht nun das Geheimwissen der Servicetechniker, d.h. was benötigt ein Servicetechniker, um eine Dienstleistung im technischen Service erfolgreich zu erbringen? Die Evaluation der Dienstleistung ist subjektiv und damit vom Kunden abhängig (vgl. Teil A Kapitel 2.1). Wie oben gezeigt wurde, spielt deshalb Interaktionsarbeit eine große Rolle, insbesondere dann, wenn es um eine Abweichung vom Standardverhalten geht. Folglich benötigen Servicetechniker eine entsprechende Kompetenz, zusätzlich zu ihren fachlichen Kompetenzen, um in diesen Situationen adäquat zu handeln. Zwar herrscht teilweise die Meinung (bei Servicetechnikern und Kunden), dass die Interaktion eher nachrangig in diesem Beruf zu sehen ist:

> „Ja gut, man kann selten mit Geschwätz ein Thema reparieren, das ist das Problem. Es geht immer darum, (.) die Maschine in Gang zu bringen. Wenn man jetzt geschult ist und gut schwätzen kann, dann macht die Maschine immer noch nicht das, was man dann will, das ist das Problem“ (Servicetechniker C2, S. 8, 3).

Die Mehrheit betont jedoch, dass der zwischenmenschliche Umgang ganz entscheidend für die Dienstleistungserbringung sein kann. Dies mag Kunden weniger auffallen, Servicetechniker und -manager betonen dies jedoch mehrheitlich:

„(…) dass man einen Servicetechniker dahin schult, dass er einfach mit den Leuten umgehen kann, egal ob grantig, groß, klein, schwarz, grau oder sonst irgendwas. Wenn er wirklich mit jedem Typ umgehen kann, . das ist eine Sache (..), das wird ab und zu übersehen" (Servicetechniker D3, S. 2, 39).

„Und, .. man muss ein Mindestmaß an sozialer Kompetenz und Einfühlungsvermögen einfach mitbringen, denn damit repariert er [der Servicetechniker] oft am meisten. Es muss ihm ja auch gelingen, vielleicht den Ärger des Kunden erstmal einstecken zu können und auch abzukühlen" (Personalleiter B1, S. 7, 12).

In der unten aufgeführten Tabelle werden die Anforderungen dargestellt, die die untersuchten Unternehmen an potentielle, zukünftige Servicetechniker stellen. Sie stammen aus Stellenanzeigen der jeweiligen Unternehmen.

Anforderungen	Unternehmen 1	Unternehmen 2	Unternehmen 3	Unternehmen 4	Unternehmen 5
Ingenieur	+	+			+
Berufserfahrung	+	+			+
PC Kenntnisse	+	+	+	+	
Reisebereitschaft	+	+	+		+
Englisch und andere Sprachkenntnisse	+	+	+		+
flexible Arbeitszeit	+			+	
selbständig	+	+		+	
organisationsfähig	+	+			
belastbar	+		+		
engagiert				+	
präzise				+	
Teamgeist			+		
systematische Arbeitsweise		+			
Kommunikationstalent	+				
Schicht- und Wochenendbereitschaft	+				

+ = in Stellenanzeige aufgeführt

Tabelle 11: Anforderungen an Servicetechniker laut Stellenanzeigen der untersuchten Unternehmen

Auffällig ist, dass sich Unternehmen 5, ein großes, weltweit agierendes Unternehmen, auf vier Anforderungen bei der Suche eines Serviceingenieurs beschränkt: Diplom Ingenieur, Berufserfahrung, Reisebereitschaft, Englischkenntnisse, weitere Sprachkenntnisse von Vorteil. Wie bisher deutlich wurde, handelt es sich jedoch um ein sehr komplexes Aufgabengebiet im technischen Service. Bei Unternehmen 3 ist die Anzeige ausführlicher. Es wird zusätzlich Flexibilität, Selbständigkeit, Kommunikations- und Organisationstalent, Belastbarkeit und die Bereitschaft zu Schicht- und Wochenendarbeit verlangt. Vergleicht man die Anforderungen der Stellenanzeigen mit den Aussagen zu Emotionsarbeit, Gefühlsarbeit und subjektivierendem Arbeitshandeln, so scheinen die Stellenanzeigen eher wenig widerzuspiegeln, was die Servicetechniker tatsächlich leisten müssen. Und was kann man sich generell unter pauschalen Begriffen wie Organisations- oder Kommunikationsfähigkeit vorstellen?

1.2 Interaktionskompetenz im technischen Service

Kompetenzen wurden in der Einleitung, Kapitel 1.3.4, definiert. Nachteil der Definitionen ist die relativ pauschale Umschreibung von Fähigkeiten, unter denen man sich wenig vorstellen kann und die vermutlich je nach Beruf und Kontext andere Schwerpunkte umfassen. Bei der Darstellung der jeweiligen Konzepte der Interaktionsarbeit in dieser Arbeit, wurde die Literatur bezüglich der Arbeitsanforderungen analysiert: Es findet sich wenig Literatur in Bezug auf Interaktionsarbeit oder spezifisch zu Emotions-, Gefühlsarbeit und subjektivierendem Arbeitshandeln (vgl. Teil B Kapitel 2.4, 3.3, 4.2, 5.4) und wenn, dann werden Kompetenzen und Fähigkeiten relativ grob dargestellt. Ein Interaktionskompetenzkonzept liegt bislang nicht vor (vgl. Brater & Rudolf 2006, S. 271). Anhand der vorhergehenden Ergebnisdarstellung sollen im Folgenden Fähigkeiten abgeleitet werden, die die Servicetechniker für die erfolgreiche Interaktionsarbeit mit dem Kunden anwenden. Dies stellt noch kein allgemeingültiges Konzept der Interaktionsarbeit dar, ist aber ein erster systematischer Schritt dorthin.

Emotionsarbeit erfordert zunächst Emotionsregulation. Der Servicetechniker empfindet den Kunden beispielsweise als störend. Dadurch ist der Servicetechniker angespannt (vgl. Teil C Kapitel 4.1.1, 4.1.2). Um Oberflächen- oder Tiefenhandeln auszuüben und damit die eigenen Gefühle anzupassen, benötigt der Servicetechniker die Fähigkeit, seine eigenen Emotionen wahrzunehmen, sie einzuschätzen. Dies impliziert Selbstreflexionsbereitschaft, d.h. auf den Servicetechniker angewendet, er verfügt über die Fähigkeit, sich in seiner sozialen Umwelt wahrzunehmen und kann sein Verhalten realistisch einschätzen (vgl. Erpenbeck & Heyse 1999, S. 160; Goleman 2000, S. 80). Wenn jemand nicht weiß, wie er wirkt und in welchem Gefühlszustand er sich momentan befindet, kann er seine Gefühle nicht steuern. Gleichzeitig ist es wichtig, sich der Emotionen des Gegenübers bewusst zu sein, um der Situation entsprechend seinen Ausdruck (Oberflächenhandeln) oder sein Gefühl (Tiefenhandeln) anzupassen. Der Servicetechniker sollte die Fähigkeit besitzen, seine Gefühle zu kontrollieren und sich unterschiedlichen Situationen angleichen können. Außerdem ist es bedeutsam, über Empathie zu verfügen. Er nimmt die Gefühle der anderen wahr, kann sie einschätzen und kann sich in die Lage des anderen versetzen. Daran anknüpfend weiß er, in welchem Rahmen er dies in sein Verhalten integrieren kann. In der technischen Servicearbeit gilt es, sich kundenorientiert zu verhalten. Empathie ist auch im subjektivierenden Arbeitshandeln integriert. Die Fähigkeit zur Empathie ermöglicht es, den Kunden dort abzuholen, wo er sich gerade befindet, seine Wünsche wahrzunehmen und auf sie eingehen zu können.

Wie auch schon in Teil B Kapitel 4.2 aufgeführt, werden „ ‚Gespür', ‚Intuition', ‚Improvisieren', ‚subjektives Empfinden' usw. [als] wichtige Arbeitskompetenzen" dargestellt (Böhle & Weishaupt 2003, S. 151 f.). Böhle und Mitarbeiter sprechen im Zusammenhang von subjektivierendem Arbeitshandeln und Kompetenz von erfahrungsgeleiteter Kompetenz (vgl. Teil B Kapitel 4.2). Es geht, wie auch in den vorigen Kapiteln gezeigt, darum, diese Fähigkeiten in beispielsweise kommunikativen Prozessen oder bei der Konfliktbewältigung anzuwenden.

Um subjektivierend in Bezug auf die Interaktion mit dem Kunden zu handeln, geht der Servicetechniker dialogisch-explorativ in der Interaktion vor. Er ist fähig, auf den Kunden je nach Situation und Kontext einzugehen, sein Verhalten anzupassen und sich mit dem Kunden voranzutasten (vgl. Teil C Kapitel 4.3.2). Dabei zeichnet die Servicetechniker die Bereitschaft sich auf Unplanbares einzulassen, sowie ein hohes Improvisationsvermögen und Anpassungsfähigkeit an das Gegenüber aus. Der Servicetechniker nimmt mit allen Sinnen wahr, sein Gespür und Gefühl helfen ihm zu beurteilen, wie er den Kunden in der Interaktion anleitet oder was der Kunde benötigt. Er entwickelt ein Gefühl, wie er mit dem jeweiligen Kunden umgehen muss (vgl. Teil C Kapitel 4.3.3). Sein Vorstellungsvermögen, das assoziative Denken, ermöglicht es, in unbekannten Situationen wahrnehmungsgeleitet und erlebnisbezogen zu handeln, d.h. auf Grund eines Erfahrungswissens kann er erahnen was der Kunde beispielsweise im Moment benötigt oder welche Verhaltensweise hilfreich sein könnte (vgl. Teil C Kapitel 4.3.4).

Um letztendlich die Interaktion zu gestalten, wie dies bei der Gefühlsarbeit notwendig ist, werden weitere Fähigkeiten notwendig. Bei der Gefühlsarbeit nehmen die Servicetechniker den Kunden und seine Gefühle wahr und entwickeln eine Handlungsstrategie in Bezug auf das Gegenüber, beispielsweise um den Kunden abzulenken (vgl. Teil C Kapitel 4.2.1). Emotionsarbeit ist schwer von Gefühlsarbeit zu trennen, da sich beide Elemente der Arbeit überschneiden. Dies wird auch bei der Ableitung der Kompetenzen ersichtlich. Während es bei der Emotionsarbeit vorwiegend um Wahrnehmen und Kontrollieren von Gefühlen geht, wird bei der Gefühlsarbeit versucht, eine bestimmte Reaktion des Kunden hervorzurufen. Hier werden Mitteilungs- und Ausdrucksfähigkeit des Servicetechnikers wichtig (vgl. de Boer 2008, S. 21). Fähigkeiten, die in diesem Zusammenhang relevant werden, sind: Kommunikationsfähigkeit, Kooperationsbereitschaft, Teamfähigkeit und Koordinationsfähigkeit. Kommunikationsfähigkeit bedeutet aktiv zuzuhören und klare, überzeugende Botschaften senden zu können

(Goleman 2000, S. 80), um den Kunden und die Interaktion damit zu lenken. Dies impliziert, die Situation einschätzen und entsprechend mit Sprache, Stimme, Gestik und Mimik so reagieren zu können, dass die eigene Absicht zum Ausdruck kommt (Hartung 2004, S. 50). Anforderungen an Kommunikationsfähigkeit belegen beispielsweise die Aussagen, die den Servicetechniker als Detektiv darstellen (vgl. Teil C Kapitel 3.1.6). Mit viel Geschick geht der Servicetechniker hier vor, um an die richtigen Informationen zu gelangen. Dabei geht er formelle und informelle Wege. Zu Kommunikation gehört aber nicht nur die verbale, sondern auch die nonverbale Kommunikation (Gestik und Mimik).

Im Bestreben, eine partnerschaftliche Geschäftsbeziehung aufzubauen und eine Geben-und-Nehmen Situation (vgl. Teil C Kapitel 3.4.1) zu schaffen, wird die Kooperationsbereitschaft der Servicetechniker deutlich. Diese ist eng verknüpft mit einer kundenorientierten Haltung. Selbst wenn die Kunden kooperationsunwillig sind, ist Kooperationswillen seitens der Servicetechniker wichtig, d.h. die Servicetechniker weisen in Situationen, in denen der Kunde z.B. unangemessene Forderungen stellt, die Bereitschaft auf, nach einer Lösung zu suchen, die die Dienstleistungserbringung ermöglicht. Wenn der Kunde wütend, ärgerlich oder gestresst ist und die Situation eskaliert, bemühen sich die Servicetechniker, eine Lösung aus diesem Konflikt zu finden.

Die Teamfähigkeit stellt die Fähigkeit dar, gemeinsam mit anderen Teammitgliedern zusammenzuarbeiten und sich gegenseitig zu unterstützen (Goleman 2000, S. 80). Diese wird bei Servicetechnikern unterschätzt (Pfeiffer & Treske 2004, S. 245 beschreiben wie wenig Servicetechniker Gelegenheit zum Austausch mit Kollegen haben). Dennoch ist das Team ein wichtiger Rückhalt für Servicetechniker, wenn sie sich auf Einsätze beim Kunden vorbereiten, indem sie Kollegen zu fachlichen Themen befragen, Informationen über den Kunden einholen und wenn sie bei einem Einsatz die Unterstützung der Kollegen benötigen, weil sie fachlich nicht mehr weiter wissen. Der Zusammenhalt als Team (vgl. auch Interview D2, S. 10, 29; K2, S. 4, 24) ist in den beschriebenen Fällen enorm wichtig, denn ohne die Hilfe und Unterstützung der Kollegen wäre die Erbringung der Dienstleistung unter Umständen nur äußerst verzögert möglich. Erfahrenere Kollegen geben Wissen weiter, um gemeinsam an der Lösung für den Kunden zu arbeiten.

In den Interviews erwähnen die Servicetechniker und -manager, dass sie den Kunden leiten müssen, ohne dabei dominant zu wirken, d.h. sie sind zuständig für die Führung des Prozesses der Dienstleistungserbringung und damit das Lenken der Interaktion (vgl. Teil C Kapitel 4.1.3). Servicetechniker haben die Fähigkeit, den Kunden zu motivieren, vom richtigen Weg zu überzeugen, ihn zur Unterstützung zu bewegen und anzuleiten. Bei großen Arbeiten, an komplexen Anlagen, sind sie zudem für die Unterweisung und Koordination der Hilfsarbeiter zuständig.

1.3 Fazit zur Interaktionskompetenz

Das Anforderungsprofil im technischen Service erscheint keineswegs banal. Die vorliegende Untersuchung zeigt, dass Interaktionsarbeit ein komplexes Bündel an Kompetenzen erfordert. Dies umfasst Bewusstsein über eigene Gefühle, Kontrolle der eigenen Gefühle, subjektivierende Arbeitskompetenzen, Kommunikationsfähigkeit, Kooperationsbereitschaft, Teamfähigkeit, Koordinationsfähigkeit. Servicetechniker sind damit befähigt, in der Interaktion mit dem Kunden zu handeln, so dass Kooperation entstehen oder aufrechterhalten werden kann und eine Dienstleistung erbracht wird. Es kann kaum gefordert werden, dass Servicetechniker dies von Beginn an beherrschen. Vielmehr ist die Entwicklung dieser Fähigkeiten ein Prozess, der Unterstützung benötigt. Hier tritt die Organisation der Servicetechniker in den Vordergrund. Sie kann Entwicklungsmaßnahmen an die Hand geben, damit Servicetechniker ihr Potential ausschöpfen können, um erfolgreich Interaktionsarbeit zu leisten. Die Förderung des Potentials hat im gleichen Ausmaß Auswirkungen auf das Serviceerleben der Kunden wie auf das Arbeitserleben der Servicetechniker. Denn positives Feedback durch den Kunden oder das Erreichen einer Kooperation in schwierigen Situationen wirkt positiv auf das Arbeitserleben der Servicetechniker (Teil C Kapitel 4).

Neben fachlicher Kompetenz stellt die Arbeit in der Interaktion hohe Anforderungen. Interaktionskompetenz beschreibt die notwendigen Fähigkeiten für den Umgang mit dem Kunden. Genauso wie personenbezogene Dienstleistungen Front-Office und Back-Office Tätigkeiten beinhalten, umfasst Service- bzw. Dienstleistungskompetenz folglich Fach- und Interaktionskompetenz.

2 Resümee

Produktbegleitende Dienstleistungen stellen die Verbindung von Produktion und Dienstleistung dar. Sie sind bedeutsam für Wirtschaft und Gesellschaft und ihre Wichtigkeit wird insbesondere im globalen Wettbewerb vermutlich weiter steigen, da sie über ein wesentliches Differenzierungspotential verfügen. Der Stellenwert produktbegleitender Dienstleistungen wird ebenfalls deutlich, wenn man berücksichtigt, dass sie über den gesamten Produktlebenszyklus angeboten werden können und entsprechend Umsatz für den Sachguthersteller generieren. Zusätzliche Bedeutung gewinnt dieser Bereich durch die steigende Anzahl an Mitarbeitern, die für produktbegleitende Dienstleistungen zuständig sind. Welchen Anforderungen diese Mitarbeiter zwischen Produktion und Dienstleistung gegenüberstehen wurde bisher in der Forschung wenig thematisiert.

Hier setzt die vorliegende Untersuchung an. Sie zeigt, dass Mitarbeiter produktbegleitender Dienstleistungen hybride Arbeit leisten: Sie arbeiten an der Maschine und am Kunden. Die Arbeit am Kunden umfasst Interaktionsarbeit, d.h. Emotionsarbeit, Gefühlsarbeit und subjektivierendes Arbeitshandeln. Emotionsarbeit dient nicht nur dazu, sich selbst kooperationsfähig zu machen und damit den Regeln der Unternehmen zu entsprechen, sondern sie wird auch aktiv dazu eingesetzt, um die Ziele des Dienstleisters zu erreichen und damit die Interaktion reibungsloser zu gestalten. In der Forschung über Emotionsarbeit, die verstärkt die negativen Folgen dieser Art von Arbeit untersucht, wird dies vernachlässigt. Im technischen Service erfährt Emotionsarbeit ein positives Echo. Neben der Arbeit an den eigenen Gefühlen umfasst Gefühlsarbeit die aktive Beeinflussung des Kunden, indem Handlungsstrategien angewendet werden, um den Kunden kooperationsfähig zu machen. Ergänzt wird dies durch das subjektivierende Arbeitshandeln, das insbesondere bei den Unwägbarkeiten des technischen Services zu beobachten ist. Dies ermöglicht situativ und individuell auf den Kunden einzugehen und sich mit Gespür und Gefühl an ihn heranzutasten.

Die vorliegende Untersuchung der Konzepte personenbezogener Dienstleistungsarbeit (Emotionsarbeit, Gefühlsarbeit und subjektivierendes Arbeitshandeln) füllt eine Leerstelle in der Forschung. Bisher waren diese Konzepte vor allem in sozialen Dienstleistungen untersucht worden. Diese Arbeit zeigt, dass die Konzepte ebenfalls in einer technischen Dienstleistung Anwendung finden. Damit wird deutlich, dass der Begriff der personenbezogenen Dienstleistung weiter gefasst werden muss und nicht auf bestimmte Dienstleistungen beschränkbar ist. Technischer Service ist eine personenbezogene Dienstleistung, weil Interaktionsarbeit geleistet wird (vgl. Teil 1 Kapitel 1.3.3). Durch dieses Ergebnis findet die erste These dieser Arbeit Unterstützung.

Die Arbeit stellt außerdem fest, dass die Intensität der Interaktionsarbeit von mehreren Elementen abhängt. Es kommt auf den Interaktionsgrad, die institutionell-organisatorischen Rollen und Positionen der beiden Parteien, auf Prozessevidenz und Kompetenz der beiden Akteure an (vgl. Abbildung 41, Teil C Kapitel 3.3).

Für Sachguthersteller ist Interaktionsarbeit deshalb so bedeutsam, weil der Kunde an der Dienstleistungserstellung mitwirkt (Ko-Produktion). Die Qualität der Dienstleistung hängt von der subjektiven Einschätzung des Kunden und seiner Zufriedenheit ab und von der Integration des Kunden in den Dienstleistungsprozess. Je eher der Mitarbeiter die Erwartungen des Kunden kennt und diese zu bedienen weiß, desto eher wird die Dienstleistung als zufriedenstellend erlebt. Als wesentlich gilt damit festzuhalten, dass die Interaktion gestaltbar ist und die Qualität hiervon beeinflusst wird. Während in der Sachgutherstellung Qualität durch das Endprodukt Maschine verkörpert wird, hängt die Qualität der produktbegleitenden Dienstleistung unter anderem von den Leistungen des Mitarbeiters in der Interaktion ab. Die Leistungen der Mitarbeiter werden wesentlich durch ihre Kompetenzen beeinflusst (Varca 2004, S. 459). Abgesehen von fachlichen Kompetenzen an der Maschine, wächst folglich die Notwendigkeit einer Kompetenzentwicklung der Mitarbeiter im Bereich produktbegleitender Dienstleistungen hinsichtlich der Interaktion. Damit wird die zweite These dieser Arbeit gestützt, dass bei produktbegleitenden Dienstleistungen neben fachlichen Kompetenzen Kompetenzen im Umgang mit dem Kunden notwendig werden.

Zu Kompetenzen bei produktbegleitenden Dienstleistungen gab es bisher wenig konkrete Ergebnisse in der Forschung. Selbst bei den Konzepten, die Interaktionsarbeit beschreiben, finden sich teilweise nur vage und uneindeutige Aussagen zu Kompetenzen. Ergebnis der vorliegenden Arbeit ist die Ableitung eines spezifischen Kompetenzprofils bei Servicetechnikern für Interaktionsarbeit, das auch für weitere Forschungen in anderen Bereichen grundlegend verwendet werden kann. Interaktionskompetenz umfasst das Bewusstsein über eigene Gefühle, die Kontrolle der eigenen Gefühle, subjektivierende Arbeitskompetenzen, Kommunikationsfähigkeit, Kooperationsbereitschaft, Teamfähigkeit und Koordinationsfähigkeit.

Wenn Unternehmen sich über die Anforderungen an ihre Mitarbeiter im Umgang mit dem Kunden klar werden, kann hierdurch die Qualität der Dienstleistung aufgewertet werden, um damit im gleichen Zug die Arbeitsqualität zu verbessern. Denn die Gestaltung der Dienstleistung, insbesondere die Interaktion mit dem Kunden, beeinflusst nicht nur das Erleben des Kunden, sondern auch das des Dienstleisters. Von diesem Arbeitserleben hängen die Arbeitszufriedenheit und letztlich auch die psychophysische Gesundheit des Dienstleisters ab, da fehlende Ressourcen oder zu hohe Anforderungen in der Arbeit mit dem Kunden zu Stress führen können (Rastetter 2008, S. 283) und Absentismus bedingen (Cartwright & Cooper 1996, S. 51). Bei produktbegleitenden Dienstleistungen ist eine Kompetenzentwicklung hinsichtlich der Interaktion erforderlich, damit die Mitarbeiter notwendige Ressourcen aufbauen können.

Für Unternehmen ergeben sich hieraus konkrete Gestaltungshinweise. Es gilt zu verstehen, dass es bei produktbegleitenden Dienstleistungen (1) um die Sicherung der Qualität der Dienstleistungen geht und (2) den Erhalt der Arbeitskraft ihrer Mitarbeiter. Neben diesen zwei Faktoren haben produktbegleitende Dienstleistungen verschiedene strategische Bedeutungen, die durch die Mitarbeiter erfüllt werden können. Diese strategischen Möglichkeiten bleiben bisher bei den untersuchten Unternehmen weitgehend unbeachtet. Sollen Produktion und Dienstleistung jedoch erfolgreich miteinander gekoppelt werden, ist die Berücksichtigung der Interaktion fundamental.

Häufig werden Dienstleistungen von Sachgutherstellern „neben" dem eigentlichen Geschäft mit den Maschinen und Anlagen erbracht und als lästiges Übel empfunden. Den Unternehmen aus der vorliegenden Untersuchung ist in diesem Fall nur ansatzweise klar, dass die Beziehung zum Kunden bzw. die Pflege dieser Beziehung sehr bedeutsam für den wirtschaftlichen Erfolg des Unternehmens ist. Die direkte Profitabilität der Dienstleistung ist weniger wichtig, produktbegleitende Dienstleistungen sind vielmehr als strategisches Geschäftsfeld zu verstehen, das Folgeaufträge nach sich zieht (Homburg et al. 2000, S. 74 f.). Der Servicetechniker ist hier Ansprechpartner für den Kunden, er bindet diesen und ist für das Management der Geschäftsbeziehung zuständig.

Obwohl der Servicetechniker vor Ort ist und sich mit dem Kunden austauscht, wird von einer fehlenden systematischen Erfassung des Kundenbedarfs berichtet (vgl. Heidling, Meil & Böhle 2008, S. 97). Hierauf können Unternehmen aufbauen und neue Dienstleistungen gestalten, die das Geschäftsfeld erweitern, neuen Umsatz generieren und Kunden weiter binden. Der Servicetechniker kann hier Informationsmedium zwischen Dienstleistungsunternehmen und Kunde sein, der Auslöser und Katalysator für Innovationen im Unternehmen ist.

Die untersuchten Unternehmen weisen außerdem darauf hin, dass Servicetechniker als Vertriebsmitarbeiter agieren. In dieser Funktion obliegt es den Servicetechnikern, den Kunden über neue Dienstleistungen zu informieren und den Wert dieser zu kommunizieren (vgl. Homburg et al. 2000, S. 76), denn sie sind vor Ort beim Kunden und kennen seine Maschine. Die Ergebnisse der Untersuchung lassen darauf schließen, dass dies bisher nicht immer gelingt.

Bei Kundeneinsätzen treten Servicetechniker als Repräsentanten des Dienstleistungsunternehmens auf. Das Auftreten hat Einfluss auf die Geschäftsbeziehung zwischen Dienstleister und Kunde und damit auf das Folgegeschäft. Dies wird bisher nicht in allen Fällen bewusst gesteuert.

Des Weiteren fehlt es in einigen Fällen an Fingerspitzengefühl in der Zusammenarbeit mit dem Kunden. Servicetechniker werden in der Untersuchung als „Detektiv" und „Prellbock" beschrieben. Diese zwei Funktionen machen deutlich, welchen Aufgaben Servicetechniker tatsächlich in der Interaktion mit dem Kunden begegnen. Gelingt es ihnen nicht, ein Höchstmaß an Informationen zu sammeln, dauert die Behebung des Fehlers beispielsweise sehr lang. Ist der Kunde ungehalten, so liegt es an der Fähigkeit des Servicetechnikers, den Kooperationswillen des Kunden zu beeinflussen.

All diese Mängelzustände fordern konkrete organisatorische Maßnahmen der untersuchten Unternehmen. Dies betrifft die Rekrutierung, Aus- und Weiterbildung, Beurteilung und Vergütung, die an die oben genannten Anforderungen angepasst werden müssen, um diese strategischen Funktionen langfristig im Unternehmen zu garantieren und die Qualität der Dienstleistung und Arbeit zu sichern. Dazu gehört auch, den Prozess der Dienstleistungserbringung als Ganzes zu verstehen und dafür notwendige organisatorische Maßnahmen umzusetzen.

Um den Bedarf an Servicetechnikern adäquat zu decken, müssen Unternehmen eine klare Vorstellung des Anforderungsprofils der Servicetechniker haben. Wie in dieser Arbeit herausgestellt wurde, bedarf es im technischen Service einerseits einer hohen fachlichen Kompetenz, andererseits ist umfangreiche Interaktionskompetenz notwendig (vgl. Teil D Kapitel 1).

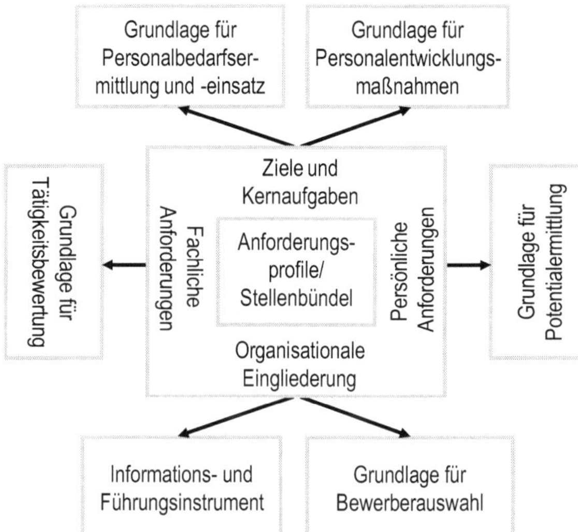

Abbildung 42: Leistungsfähigkeit der Anforderungsprofile/Stellenbündel (Becker 2001, S. 58)

In der Ausbildung der Mitarbeiter bei produktbegleitenden Dienstleistungen wird Interaktionskompetenz bisher vernachlässigt, weil den Unternehmen nicht bewusst zu sein scheint, welche zentralen und strategischen Aufgaben ihre Mitarbeiter erfüllen (können). In der vorliegenden Untersuchung besuchen einige Servicetechniker Ausbildungs- oder Fortbildungsmaßnahmen privat, weil kein adäquates Angebot des Unternehmens besteht (vgl. Interview D2, D3). In der Forschung zu Interaktionsarbeit finden sich Ausbildungs- und Weiterbildungsmaßnahmen, die Interaktionskompetenz unterstützen können: (1) Aktuell werden in den untersuchten Unternehmen neue Servicetechniker mit erfahrenen Servicetechnikern mitgeschickt, damit ein Lernen am Arbeitsplatz erfolgen kann. Es bietet sich an, diese Servicetechnikerpaare zu institutionalisieren, um einen gezielten und langfristigen Erfahrungsaustausch zwischen unerfahrenen und erfahrenen Servicetechnikern zu fördern. Erfahrene Servicetechniker sollten als Mentoren und Praxisbegleiter auftreten (vgl. Rudolf & Brater 2006, S. 294 ff.). Für unerfahrene Servicetechniker bietet sich dadurch die Möglichkeit, unter Beaufsichtigung direkt beim Kunden zu lernen und auf wichtige Zusammenhänge hingewiesen zu werden. Für erfahrene Servicetechniker kann dies motivierend wirken, denn ihre Expertise wird anerkannt (vgl. Rastetter et al. 2000, S. 159). Diese Konstellation ist auch sinnvoll, um subjektivierende Arbeitskompetenzen zu erlangen, denn sie vollzieht sich in realen Situationen (vgl. Rudolf & Brater 2006, S. 289). (2) Um mit den verschiedenen Rollenkonflikten in der Arbeit besser zurechtzukommen, d.h. flexibel zwischen verschiedenen Rollennormen zu reagieren, ist die Erlangung einer hohen Rollendistanz von Vorteil (Rastetter et al. 2000,

S. 163). (3) Darüber hinaus ist die Aufklärung über Emotionsarbeit und das Trainieren von Tiefenhandeln bedeutsam. (4) Entscheidend ist außerdem die Förderung der Kommunikationskompetenz. (5) Zur Unterstützung der Kooperationsbereitschaft werden ebenfalls Personalausbildungsmaßnahmen als wichtig erachtet. Es geht darum, das Selbstverständnis des Unternehmens in konkretes Verhalten umzusetzen (vgl. Homburg et al. 2000, S. 82). (6) Zudem sollte die Möglichkeit zur Teambildung gegeben werden (z.B. Veranstaltung von gemeinsamen Schulungen oder Workshops). Denn oft sind die Servicetechniker auf sich allein gestellt, es wird aber hervorgehoben, wie wichtig es ist, sich auf Kollegen im Unternehmen verlassen zu können, wenn Rat gebraucht wird. (7) Da einige Servicetechniker Teams leiten und koordinieren müssen, sind Ausbildungsmaßnahmen, die die entsprechenden Fähigkeiten trainieren, wichtig. (8) Werden Servicetechniker weltweit eingesetzt, empfiehlt es sich, über kulturelle Besonderheiten aufzuklären.

Da Servicetechniker sehr viel unterwegs sind, bietet es sich an die Schulungsmaßnahmen insbesondere in der Zeit zu veranstalten, wenn weniger zu tun ist, z.B. während der Betriebsferien der Kundenunternehmen. Ein Aufbau eines Schulungsprogramms bedeutet zunächst, die systematische Erfassung der Leistungen der einzelnen Mitarbeiter. Durch diese Analyse kann festgestellt werden, welche Mitarbeiter Schulungsbedarf in den verschiedenen Bereichen haben, um entsprechende Fortbildungen anzubieten. Es empfiehlt sich die Ausbildung im Unternehmen grundlegend zu überdenken und anhand der oben genannten Schulungsmaßnahmen ein festes Programm im Unternehmen zu implementieren.

Mit der Investition in Interaktionskompetenz sollte auch die Personalbeurteilung auf diese Anforderungen des Unternehmens zugeschnitten werden. Entsprechend sollten geeignete Anreizsysteme geschaffen werden, die die Mitarbeiter motivieren, kundenorientiert zu handeln (vgl. Homburg et al. 2000, S. 83), z.B. durch eine monetäre Bewertung der Kennzahl Kundenzufriedenheit bzw. Kundentreue. Nicht zu unterschätzen ist die „immaterielle" Anerkennung und Wertschätzung des Geleisteten durch die Führungskräfte (vgl. Interview D2).

Weitere Maßnahmenempfehlungen betreffen die Organisation des Dienstleistungsprozesses. Da produktbegleitende Dienstleistungen oft naturgewachsen sind, ist der Prozess häufig unübersichtlich organisiert. Insbesondere ist es hier bedeutsam, den Prozess als Ganzes zu verstehen und zu steuern. Wenn z.B. die Einsatzplanung getrennt von der Zeiterfassung der Mitarbeiter organisiert ist, müssen die Mitarbeiter neben ihrer eigentlichen Tätigkeit die Systeme separat pflegen. Für die Mitarbeiter kann eine ganzheitliche Prozessgestaltung entscheidend zur Reduktion administrativer Tätigkeiten führen und damit zur Entlastung beitragen.

Trotz der Grenzen dieser Untersuchung (bewusste Auswahl der Stichprobe, Begrenzung auf den technischen Service des Maschinenbaus) erweitert die vorliegende Arbeit das Konzept der Interaktionsarbeit im technischen Bereich. Produktbegleitende Dienstleistungen können als personenbezogene Dienstleistungen begriffen werden. Dies ist wesentliche Grundlage für zukünftige Forschungsvorhaben, denn es rückt die Wichtigkeit der Interaktion in den Vordergrund, wenn Produktion und Dienstleistung fusionieren. Durch die Darstellung der Aufgaben und Kompetenzen bei produktbegleitenden Dienstleistungen wird deutlich, dass Unternehmen organisatorische Maßnahmen einleiten müssen, um hybride Arbeit erfolgreich zu gestalten.

In der vorliegenden Untersuchung treten weiterführende Fragen auf, die in zukünftigen Forschungsvorhaben geklärt werden sollten. Neben der Aus- und Weiterbildung zeigt sich in den Unternehmen eine Unsicherheit hinsichtlich der zukünftigen Rekrutierung von Servicetechnikern. Die Unternehmen haben zunehmend Schwierigkeiten, neue Servicetechniker einzustellen. Galt es noch vor einigen Jahren als abenteuerlustig, drei oder mehr Monate im Ausland zu verbringen, so sind junge Menschen heute weniger bereit, diese Anforderung zu erfüllen. Hier stellt sich die Herausforderung, neue Modelle im Service zu entwickeln, damit die Bewerberzahlen wieder steigen und die Unternehmen die Aufrechterhaltung ihres Services garantieren können. Für Servicetechniker geht es nicht vorrangig um leistungsgerechte Bezahlung, sondern um die Möglichkeit, ihr soziales Leben und ihren Beruf miteinander zu vereinen.

Die untersuchten Unternehmen bieten das Betreibermodell nicht an. Damit stellt sich die Frage, welchen Anforderungen Mitarbeiter speziell beim Betreibermodell gegenüberstehen. Hier wäre interessant, die Tätigkeiten von Mitarbeitern hinsichtlich Interaktionsarbeit zu untersuchen und z.B. die Auswirkung der verschiedenen Rollen und Positionen zu beleuchten, wenn Mitarbeiter langfristig beim Kunden arbeiten. Stellen sich hier vielleicht gar keine Anforderungen, da Mitarbeiter dann als Mitarbeiter des Kundenunternehmens auftreten?

Die zunehmende Globalisierung macht sich bei den untersuchten Unternehmen bemerkbar. Viele Servicetechniker haben häufig internationale Einsätze in Asien, Südamerika oder Afrika. Dies bedeutet Belastung für die Mitarbeiter und Kosten für das Unternehmen. Untersuchungen hinsichtlich der Möglichkeiten und Anforderungen von Kooperationen mit ortsansässigen Unternehmen stellen somit ein weiteres zukünftiges Forschungsfeld dar.

Literaturverzeichnis

Abelson, Robert P. (1976): Script Processing in Attitude Formation and Decision Making. In: Carroll, J. S.; Payne, J. W. (Hrsg.): Cognition and Social Behavior. Hillsdale: Lawrence Erlbaum Associates. S. 33-45.

Abelson, Robert P. (1981): Psychological Status of the Script Concept. In: American Psychologist, Jg. 36, Heft 7. S. 715-729.

Abiala, Kristina (1999): Customer Orientation and Sales Situations: Variations in Interactive Service Work. In: Acta Sociologica, Jg. 42, Heft 3. S. 207-222.

Adams, Stacy J. (1976): The Structure and Dynamics of Behavior in Organizational Boundary Roles. In: Dunnette, M. D. (Hrsg.): Handbook of Industrial and Organizational Psychology. Chicago: Rand McNally College Publishing. S. 1175-1199.

Adelmann, Pamela (1995): Emotional Labor as a Potential Source of Stress. In: Sauter, S. L.; Murphy, L. R. (Hrsg.): Organizational Risk Factors for Job Stress. Washington: American Psychological Association. S. 371-381.

Albach, Horst (1989): Dienstleistungsunternehmen in Deutschland. In: Zeitschrift für Betriebswirtschaft, Jg. 59, Heft 4. S. 397-420.

Anderson, Philip und Heinlein, Michael (2004): Ein Blick in die Alltagspraxis im Pflegeheim: Über Möglichkeiten einer praxisnahen Form von Kundenorientierung. In: Dunkel, W.; Voß, G. G. (Hrsg.): Dienstleistung als Interaktion. Beiträge aus einem Forschungsprojekt. Altenpflege - Deutsche Bahn - Call Center. München und Mering: Hampp. S. 31-45

Argyle, Michael (1969): Social Interaction. London: Methuen.

Armistead, Colin G.; Kiely, Julia; Hole, Linda und Prescott, Jean (2002): An Exploration of Managerial Issues in Call Centres. In: Managing Service Quality, Jg. 12, Heft 4. S. 246-256.

Arnheim, Rudolf (1980): Anschauliches Denken. Zur Einheit von Bild und Begriff. 4. Auflage. Köln: DuMont.

Arvey, Richard D.; Renz, Gary L. und Watson, Thomas W. (1998): Emotionality and Job Performance: Implications for Personnel Selection. In: Research in Personnel and Human Resources Management, Jg. 16. S. 103-147.

Ashforth, Blake E. und Fried, Yitzhak (1988): The Mindlessness of Organizational Behaviors. In: Human Relations, Jg. 41, Heft 4. S. 305-329.

Ashforth, Blake E. und Humphrey, Ronald E. (1993): Emotional Labor in Service Roles: The Influence of Identity. In: Academy of Management Review. Jg. 18, Heft 1. S. 88-115.

Asmus, Arno; Bauer, Hans G.; Dunkel, Wolfgang; Munz, Claudia und Stiel, Marcus (2004): Entwicklungsmöglichkeiten durch qualifizierte Arbeit - Beispiele aus dem Friseur- und Kosmetikbereich. In: Kreibich, R.; Oertel, B. (Hrsg.): Erfolg mit Dienstleistungen. Innovationen, Märkte, Kunden, Arbeit. Stuttgart: Schäffer-Poeschel. S. 271-278.

Axelrod, Robert (1987): Die Evaluation der Kooperation. München: Oldenbourg.

Backhaus, Klaus und Kleikamp, Christian (2001): Marketing von investiven Dienstleistungen. In: Bruhn, M.; Meffert, H. (Hrsg.): Handbuch Dienstleistungsmanagement. Von der strategischen Konzeption zur praktischen Umsetzung. 2., überarbeitete und erweiterte Auflage. Wiesbaden: Gabler. S. 73-101.

Badura, Bernhard (1990): Interaktionsstress. Zum Problem der Gefühlsregulierung in der modernen Gesellschaft. In: Zeitschrift für Soziologie, Jg. 19, Heft 5. S. 317-328.

Badura, Bernhard (1995): Gesundheitsdienstleistungen im Wandel. In: Bullinger, H.-J. (Hrsg.): Dienstleistung der Zukunft. Märkte, Unternehmen und Infrastruktur im Wandel. Wiesbaden: Gabler. S. 183-190.

Baethge, Martin (2000): Der unendliche Abschied vom Industrialismus und die Zukunft der Dienstleistungsbeschäftigung. In: WSI Mitteilungen, Jg. 53, Heft 3. S. 149-156.

Bailom, Franz; Hinterhuber, Hans H.; Matzler, Kurt und Sauerwein, Elmar (1996): Das Kano-Modell der Kundenzufriedenheit. In: Marketing, Jg. 18, Heft 2. S. 117-126.

Bardzil, Philip und Slaski, Mark (2003): Emotional Intelligence: Fundamental Competencies for Enhanced Service Provision. In: Managing Service Quality, Jg. 13, Heft 2. S. 97-104.

Barger, Patricia B. und Grandey, Alicia A. (2006): Service with a Smile and Encounter Satisfaction: Emotional Contagion and Appraisal Mechanisms. In: Academy of Management Journal, Jg. 49, Heft 6. S. 1229-1238.

Baron, Steve; Harris, Kim und Davies, Barry J. (1996): Oral Participation in Retail Service Delivery: a Comparison of the Roles of Contact Personnel and Customers. In: Journal of European Marketing, Jg. 30, Heft 9. S. 75-90.

Bauer, Hans; Böhle, Fritz; Munz, Claudia; Pfeiffer, Sabine und Woicke, Peter (2002): Hightech-Gespür. Erfahrungsgeleitetes Arbeiten und Lernen in hoch technisierten Arbeitsbereichen. Ergebnisse eines Modellversuchs beruflicher Bildung in der Chemischen Industrie. Bielefeld: Bertelsmann.

Baumbach, Michael (1998): After-Sales-Management im Maschinen- und Anlagenbau. Diss. Regensburg: Transfer.

Beck, Ulrich; Brater, Michael und Daheim, Hansjürgen (1980): Soziologie der Arbeit und Berufe. Grundlagen, Problemfelder, Forschungsergebnisse. Reinbek: Rowohlt Taschenbuchverlag.

Becker, Manfred (2001): Aufbau und Bewertung von Intellektuellem Kapital. In: Thom, N.; Zaugg, R. J. (Hrsg.): Excellence durch Personal- und Organisationkompetenz. Bern: Haupt. S. 51-77.

Becker, Manfred (2005): Personalentwicklung: Bildung, Förderung und Organisationsentwicklung in Theorie und Praxis. 4., aktualisierte und überarbeitete Auflage. Stuttgart: Schäffer-Poeschel.

Behnen, Oliver G. (2004): Entwicklung eines Geschäftsmodells für Systemanbieter. Diss. Zürich.

Berekoven, Ludwig (1983): Der Dienstleistungsmarkt in der Bundesrepublik Deutschland. Band 1. Göttingen: Vandenhoek & Ruprecht.

Berger, Johannes und Offe, Claus (1984): Die Entwicklungsdynamik des Dienstleistungssektors. In: Offe, C. (Hrsg.): „Arbeitsgesellschaft“: Strukturprobleme und Zukunftsperspektiven. Frankfurt: Campus. S. 229-270.

Bergmann, Bärbel (2000): Kompetenzentwicklung im Arbeitsprozess. In: Zeitschrift für Arbeitswissenschaft, Jg. 54, Heft 2. S. 138-144.

Bierhoff, Hans Werner (2006): Sozialpsychologie. Ein Lehrbuch. 6., überarbeitete und erweiterte Auflage. Stuttgart: Kohlhammer.

Bitner, Mary Jo; Booms, Bernhard H. und Mohr, Lois A. (1994): Critical Service Encounters: The Employees Viewpoint. In: Journal of Marketing, Jg. 58, Heft 4. S. 95-106.

Bitner, Mary Jo; Booms, Bernhard H. und Tetreault, Mary Stanfield (1990): The Service Encounter: Diagnosing Favorable and Unfavorable Incidents. In: Journal of Marketing, Jg. 54, Heft 1. S. 71-84.

Bogner, Artur und Wouters, Cas (1990): Kolonialisierung der Herzen? Zu Arlie Hochschilds Grundlegung der Emotionssoziologie. In: Leviathan, Jg. 18, Heft 2. S. 255-279.

Böhle, Fritz (1999a): Arbeit - Subjektivität und Sinnlichkeit. Paradoxien des modernen Arbeitsbegriffs. In: Schmidt, G. (Hrsg.): Kein Ende der Arbeitsgesellschaft. Arbeit, Gesellschaft und Subjekt im Globalisierungsprozess. Berlin: edition sigma. S. 89-109.

Böhle, Fritz (1999b): Nicht nur mehr Qualität, sondern auch höhere Effizienz - Subjektivierendes Arbeitshandeln in der Altenpflege. In: Zeitschrift für Arbeitswissenschaft, Jg. 53, Heft 3. S. 174-181.

Böhle, Fritz (2003): Vom Objekt zum gespaltenen Subjekt. In: Moldaschl, M. ;Voß, G. G. (Hrsg.): Subjektivierung von Arbeit. 2. Auflage. München und Mering: Hampp. S. 115-147.

Böhle, Fritz (2004): Die Bewältigung des Unplanbaren als neue Herausforderung in der Arbeitswelt. Die Unplanbarkeit betrieblicher Prozesse und erfahrungsgeleitetes Arbeiten. In: Böhle, F.; Pfeiffer, S.; Sevsay-Tegethoff, N. (Hrsg.): Die Bewältigung des Unplanbaren. Wiesbaden: VS. S. 12-54.

Böhle, Fritz (2006): Typologie und strukturelle Probleme von Interaktionsarbeit. In: Böhle, F.; Glaser, J. (Hrsg.): Arbeit in der Interaktion - Interaktion in der Arbeit. Wiesbaden: VS. S. 325-347.

Böhle, Fritz und Bolte, Annegret (2002): Die Entdeckung des Informellen. Der schwierige Umgang mit Kooperation im Arbeitsalltag. Frankfurt: Campus.

Böhle, Fritz und Glaser, Jürgen (2006): Interaktion als Arbeit - Ausgangspunkt. In: Böhle, F.; Glaser, J. (Hrsg.): Arbeit in der Interaktion - Interaktion als Arbeit. Wiesbaden: VS. S. 11-15.

Böhle, Fritz und Milkau, Brigitte (1988): Vom Handrad zum Bildschirm - Eine Untersuchung zur sinnlichen Erfahrung im Arbeitsprozess. Frankfurt: Campus.

Böhle, Fritz und Rose, Helmuth (1992): Technik und Erfahrung. Arbeit in hochautomatisierten Systemen. Frankfurt: Campus.

Böhle, Fritz und Schulze, Hartmut (1997): Subjektivierendes Arbeitshandeln. Zur Überwindung einer gespaltenen Subjektivität. In: Schachtner, C. (Hrsg.): Technik und Subjektivität. Das Wechselverhältnis zwischen Mensch und Computer aus interdisziplinärer Sicht. Frankfurt: Suhrkamp. S. 26-46.

Böhle, Fritz und Sevsay-Tegethoff, Neşe (2005): Die Bewältigung des Unplanbaren. In: Personalwirtschaft, Heft 12. S. 14-16.

Böhle, Fritz und Weishaupt, Sabine (2003): Unwägbarkeiten als Normalität - die Bewältigung nichtstandardisierbarer Anforderungen in der Pflege durch subjektivierendes Handeln. In: Büssing, A.; Glaser, J. (Hrsg.): Dienstleistungsqualität und Qualität des Arbeitslebens im Krankenhaus. Göttingen: Hogrefe. S. 148-162.

Böhle, Fritz und Weishaupt, Sabine (im Druck): Kundenorientierung bei direkten personenbezogenen Dienstleistungen - die Besonderheit der Arbeit am Menschen. In: Moldaschl, M. (Hrsg.): Kundenorientierung und Dienstleistungsmentalität. München und Mering: Hampp.

Böhle, Fritz; Glaser, Jürgen und Büssing, André (2006): Interaktion als Arbeit - Ziele und Konzept des Forschungsverbundes. In: Böhle, F.; Glaser, J. (Hrsg.): Arbeit in der Interaktion - Interaktion als Arbeit. Wiesbaden: VS. S. 25-41.

Böhle, Fritz; Bolte, Annegret; Drexel, Ingrid; Dunkel, Wolfgang; Pfeiffer, Sabine und Porschen, Stephanie (2002): Umbrüche im gesellschaftlichen Umgang mit Erfahrungswissen. ISF München. Forschungsberichte. München.

Bolte, Annegret (2006a): Interaktionsarbeit in der Softwareentwicklung. Produktmanagement als Mittler zwischen Kunden und Entwickler. ISF München. Forschungsberichte. München.

Bolte, Annegret (2006b): Produktmanagement als Brückenfunktion zwischen Kundenanforderungen und Entwicklungsinteressen - arbeitsorganisatorische Rahmenbedingungen für Interaktionsarbeit in der Softwareentwicklung. In: Böhle, F.; Glaser, J. (Hrsg.): Arbeit in der Interaktion - Interaktion als Arbeit. Wiesbaden: VS. S. 153-175.

Bolton, Sharon C. (2005): Emotion Management in the Workplace. Basingstoke, New York: Palgrave Macmillan.

Bolton, Sharon C. und Houlihan, Maeve (2005): The (Mis-)Representation of Customer Service. In: Work, Employment and Society, Jg. 19, Heft 4. S. 685-703.

Born, Axel (1999): Beschäftigung und Tertiarisierung: Beschäftigungspotentiale im Bereich unternehmensbezogene Dienstleistungen. In: Bullinger, H.-J. (Hrsg.): Dienstleistungen - Innovation für Wachstum und Beschäftigung: Herausforderungen für den internationalen Wettbewerb. Wiesbaden: Gabler. S. 377-380.

Bortz, Jürgen und Döring, Nicola (2005): Forschungsmethoden und Evaluation für Human- und Sozialwissenschaftler. 3. Auflage. Heidelberg: Springer.

Bowen, David E. und Lawler III, Edward E. (1992): The Empowerment of Service Workers: What, Why, How, and When. In: Sloan Management Review, Jg. 33, Heft 3. S. 31-39.

Bowen, David E. und Lawler III, Edward E. (1995): Empowering Service Employees. In: Sloan Management Review, Jg. 36, Heft 4. S. 73-84.

Brater, Michael und Rudolf, Peter (2006): Qualifizierung für Interaktionsarbeit - ein Literaturbericht. In: Böhle, F.; Glaser, J. (Hrsg.): Arbeit in der Interaktion - Interaktion als Arbeit. Wiesbaden: VS. S. 261-308.

Brost, Norbert und Leins, Jürgen (2004): Chancen-/Risiken-Betrachtung beim Einstieg in Betreibermodelle. In: Meier, H. (Hrsg.) Dienstleistungsorientierte Geschäftsmodelle im Maschinen- und Anlagenbau: vom Basisangebot bis zum Betreibermodell. Berlin: Springer. S. 85-96.

Brucks, Ursula (1998): Arbeitspsychologie personenbezogener Dienstleistungen. Bern: Huber.

Brucks, Ursula (1999): Gefühlsarbeit - Versuch einer Begriffsklärung. In: Zeitschrift für Arbeitswissenschaft, Jg. 53, Heft 3. S.182-186.

Bruhn, Manfred und Murmann, Britta (1999): Perspektivenwechsel bei Dienstleistungsunternehmen mit multiplen Kundenkontakten. In: Marketing. Zeitschrift für Forschung und Praxis, Jg. 21, Heft 4. S. 284-296.

Buck, Ernst und Bierhoff, Hans-Werner (1986): Verlässlichkeit und Vertrauenswürdigkeit: Skalen zur Erfassung des Vertrauens in eine konkrete Person. In: Zeitschrift für Differentielle und Diagnostische Psychologie, Jg. 7, Heft 4. S. 205-233.

Buhman, Charles H. (2005): Oncoming Wave of Collaboration. In: Industrial Engineering, Jg. 35, Heft 8. S. 43-47.

Bührmann, Andrea D. (2005). Rezension zu: Jochen Gläser & Grit Laudel (2004). Experteninterviews und qualitative Inhaltsanalyse. In: Forum Qualitative Sozialforschung (Online Journal), Jg. 6, Heft 2. http://www.qualitative-research.net/fqs-texte/2-05/05-2-21-d.htm,. Abruf: 9.11.2007.

Bullinger, Hans-Jörg und Scheer, August-Wilhelm (2006): Service Engineering - Entwicklung und Gestaltung innovativer Dienstleistungen. In: Bullinger, H.-J.; Scheer, A.-W. (Hrsg.): Service Engineering. Entwicklung und Gestaltung innovativer Dienstleistungen. 2. Auflage. Berlin: Springer. S. 3-18.

Bullinger, Hans-Jörg; Spath, Dieter; Schuster, Erwin und Meiren, Thomas (2004): Operator Models - A More Advanced Form of Service Model. In: Economic Bulletin, Deutsches Institut für Wirtschaftsforschung, Institut für Konjunkturforschung. Heidelberg. Jg. 41, Heft 3. S. 103-106.

Burisch, Matthias (1989): Das Burnout-Syndrom. Theorie der inneren Erschöpfung. Berlin: Springer.

Burr, Wolfgang und Stephan, Michael (2006): Dienstleistungsmanagement. Innovative Wertschöpfungskonzepte für Dienstleistungsunternehmen. Stuttgart: Kohlhammer.

Büssing, André (1992): Organisationsstruktur, Tätigkeit und Individuum. Untersuchungen am Beispiel der Pflegetätigkeit. Bern: Huber.

Büssing, André und Glaser, Jürgen (1999): Interaktionsarbeit. Konzepte und Methode der Erfassung im Krankenhaus. In: Zeitschrift für Arbeitswissenschaft, Jg. 53, Heft 3. S. 164-173.

Büssing, André und Glaser, Jürgen (2001): Interaction Work. Concept, Measurement, and Results from Nursing. In: de Jonge, J.; Vlerick, P.; Büssing, A.; Schaufeli, W. B. (Hrsg.): Organizational Psychology and Health Care at the Start of a New Millenium. München und Mering: Hampp. S. 175-196.

Büssing, André und Glaser, Jürgen (2003): Interaktionsarbeit in der personenbezogenen Dienstleistung. In: Büssing, A.; Glaser, J. (Hrsg.): Dienstleistungsqualität und Qualität des Arbeitslebens im Krankenhaus. Göttingen: Hogrefe. S. 131-148.

Büssing, André; Herbig, Britta und Ewert, Thomas (2002): Implizites Wissen und erfahrungsgeleitetes Arbeitshandeln: Entwicklung einer Methode zur Explikation in der Krankenpflege. In: Zeitschrift für Arbeits- und Organisationspsychologie, Jg. 46, Heft 1. S. 2-21.

Büssing, André; Giesenbauer, Björn; Glaser, Jürgen und Höge, Thomas (2001): Erfassung von Interaktionsarbeit in der Altenpflege. Ergebnisse der Ist-Analyse einer Längsschnittstudie in einem Altenpflegeheim. Berichte aus dem Lehrstuhl für Psychologie der TU München. Bericht Nr. 60.

Büssing, André; Giesenbauer, Björn; Glaser, Jürgen und Höge, Thomas (2002): Interaktionsarbeit im Altenpflegeheim und in der Schule. Ergebnisse einer vergleichenden Untersuchung bei Altenpflegekräften und Referendaren in berufsbildenden Schulen. Berichte aus dem Lehrstuhl für Psychologie der TU München. Bericht Nr. 64.

Buttler, Günter und Stegner, Eberhard (1990): Industrielle Dienstleistungen. In: Schmalenbachs Zeitschrift für betriebswirtschaftliche Forschung, Jg. 42, Heft 11. S. 931-946.

Cartwright, Susan und Cooper, Cary L. (1996): Managing Mergers, Acquisitions and Strategic Alliances. Integrating People and Cultures. 2. Auflage. Oxford: Butterworth Heinemann.

Caruso, David R. und Salovey, Peter (2005): Managen mit emotionaler Kompetenz. Die vier zentralen Skills für Ihren Führungsalltag. Frankfurt: Campus.

Clark, Colin (1957): The Conditions of Economic Progress. 3. Auflage. London: Macmillan.

Clement, Ute (2002): Kernkompetenz und der Kern der Kompetenz. In: Clement, U. und Arnold, R. (Hrsg.): Kompetenzentwicklung in der beruflichen Bildung. Opladen: Leske + Budrich. S. 7-10.

Conte, Jeffrey M. (2005): A Review and Critique of Emotional Intelligence Measures. In: Journal of Organizational Behavior, Jg. 26. S. 433-440.

Coolican, Hugh (2004): Research Methods and Statistics in Psychology. 4. Auflage. London: Hodder.

Cooper, Philip D. und Jackson, Ralph W. (1988): Applying a Service Marketing Orientation to the Industrial. In: The Journal of Services Marketing, Jg. 2, Heft 4. S. 67-70.

Corsten, H. (1985): Die Produktion von Dienstleistungen. Grundzüge einer Produktionswirtschaftslehre des tertiären Sektors. Berlin: Schmid.

Corsten, Hans (1988): Betriebswirtschaftslehre der Dienstleistungsunternehmungen. Einführung. München, Wien: Oldenbourg.

Corsten, Hans (1997): Dienstleistungsmanagement. 3. Auflage. München, Wien: Oldenbourg.

Czepiel, John A. (1990): Competitive Marketing Strategy. Englewood Cliffs: Prentice Hall.

Czepiel, John A.; Solomon, Michael R. und Surprenant, Carol F. (1985): The Service Encounter. Managing Employee/Customer Interaction in Service Businesses. Lexington, Toronto: Lexington Books.

de Boer, Heike (2008): Bildung sozialer, emotionaler und kommunikativer Kompetenz: ein komplexer Prozess. In: Rohlfs, C.; Harring, M.; Palentien, C. (Hrsg.): Kompetenz-Bildung. Soziale, emotionale und kommunikative Kompetenzen von Kindern und Jugendlichen. VS. S. 19-34.

Deitz, Richard und Orr, James (2006): A Leaner, More Skilled U.S. Manufacturing Workforce. In: Current Issues in Economics and Finance, Jg. 12, Heft 2. S. 1-7.

Dickhardt, Rainer; Dickhardt, Romy und Jung Erceg, Petra (2005): Erhöhung der Verkaufskompetenz für produktbegleitende Dienstleistungen bei Vertriebsmitarbeitern. In: Lay, G.; Nippa, M. (Hrsg.) Management produktbegleitender Dienstleistungen. Konzepte und Praxisbeispiele für Technik, Organisation und Personal in serviceorientierten Industriebetrieben. Heidelberg: Physica. S. 193-201.

Dotzler, Hans-Jürgen und Schick, Siegfried (1995): Systematische Mitarbeiterkommunikation als Instrument der Qualitätssicherung. In: Bruhn, M.; Stauss, B. (Hrsg.): Dienstleistungsqualität. Konzepte - Methoden - Erfahrungen. 2., überarbeitete und erweiterte Auflage. Wiesbaden: Gabler. S. 277-293.

Dreyfus, Hubert L. und Dreyfus, Stuart E. (1987): Künstliche Intelligenz. Von den Grenzen der Denkmaschine und dem Wert der Intuition. Reinbek: Rowohlt Taschenbuchverlag.

Dunkel, Wolfgang (1988): Wenn Gefühle zum Arbeitsgegenstand werden. Gefühlsarbeit im Rahmen personenbezogener Dienstleistungen. In: Soziale Welt, Jg. 39, Heft 1. S. 66-85.

Dunkel, Wolfgang (2003): Interaktive Dienstleistungen: Entwicklungspotenziale und Arbeitsanforderungen. Vortrag soCa Symposium. Bremen. 01.10.2003.

Dunkel, Wolfgang (2005): Erfahrungswissen in der Pflege - Basis einer Professionalisierung jenseits von Verwissenschaftlichung? In: Bollinger, H.; Gerlach, A.; Pfadenhauer, M. (Hrsg.): Gesundheitsberufe im Wandel. Soziologische Beobachtungen und Interpretationen. Frankfurt: Mabuse. S. 161-175.

Dunkel, Wolfgang und Rieder, Kerstin (2003): Interaktionsarbeit zwischen Konflikt und Kooperation. In: Büssing, A.; Glaser, J. (Hrsg.): Dienstleistungsqualität und Qualität des Arbeitslebens im Krankenhaus. Göttingen: Hogrefe. S. 163-180.

Dunkel, Wolfgang und Rieder, Kerstin (2006): Interaktion und Koproduktion als Ressource für Innovationen. In: Streich, D.; Wahl, D. (Hrsg.) (2006): Moderne Dienstleistungen. Impulse für Innovation, Wachstum und Beschäftigung. Frankfurt: Campus. S. 279-285.

Dunkel, Wolfgang und Weihrich, Margit (2006): Interaktive Arbeit. Ein Konzept zur Entschlüsselung personenbezogener Dienstleistungsarbeit. In: Dunkel, W.; Sauer, D. (Hrsg.): Von der Allgegenwart der verschwindenden Arbeit. Neue Herausforderungen für die Arbeitsforschung. Berlin: edition Sigma. S. 67-82.

Dunkel, Wolfgang; Szymenderski, Peggy und Voß, G. Günter (2004): Dienstleistung als Interaktion. Ein Forschungsprojekt. In: Dunkel, W.; Voß, G.G. (Hrsg.): Dienstleistung als Interaktion. Beiträge aus einem Forschungsprojekt. Altenpflege - Deutsche Bahn - Call Center. München und Mering: Hampp. S. 11-27.

Eggers, Thorsten; Wallmeier, Werner und Lay, Gunter (2000): Dokumentation der Umfrage Innovation in der Produktion 1999 des Fraunhofer-Instituts für Systemtechnik und Innovationsforschung. Arbeitspapier des Fraunhofer ISI. Karlsruhe.

Ekman, Paul (1973): Cross-Cultural Studies of Facial Expression. In: Ekman, P. (Hrsg.): Darwin and Facial Expression. A Century of Research in Review. New York: Academic Press. S. 169-222.

Engel, Johanna (1997): Miete, Kauf, Leasing. 2. Auflage. Bonn: Stollfuß.

Engelhardt, Werner H. und Paul, Michael (1998): Dienstleistungen als Teil der Leistungsbündel von Investitionsgüter-Herstellern. In: Meyer, A. (Hrsg.): Handbuch Dienstleistungs-Marketing. Band 2. Stuttgart: Schäffer-Poeschel. S. 1323-1341.

Engelhardt, Werner H. und Reckenfelderbäumer, Martin (1993): Trägerschaft und organisatorische Gestaltung industrieller Dienstleistungen. In: Simon, H. (Hrsg.) Industrielle Dienstleistungen. Stuttgart: Schäffer-Poeschel. S. 263-293.

Engelhardt, Werner H.; Kleinaltenkamp, Michael und Reckenfelderbäumer, Martin (1992): Dienstleistungen als Absatzobjekt. Arbeitsbericht Nr. 52. Institut für Unternehmensführung und Unternehmensforschung Ruhr-Universität Bochum.

Engelhardt, Werner H.; Kleinaltenkamp, Michael und Reckenfelderbäumer, Martin (1993): Leistungsbündel als Absatzobjekte. Ein Ansatz zur Überwindung der Dichotomie von Sach- und Dienstleistungen. In: Zeitschrift für betriebswirtschaftliche Forschung, Jg. 45, Heft 5. S. 395-426.

Erpenbeck, John (2004): Vier unbewältigte Probleme bei der Bewältigung des Unplanbaren. In: Böhle, F.; Pfeiffer, S.; Sevsay-Tegethoff, N. (Hrsg.): Die Bewältigung des Unplanbaren. Wiesbaden: VS. S. 319-321.

Erpenbeck, John und Heyse, Volker (1999): Die Kompetenzbiographie. Strategien der Kompetenzentwicklung durch selbstorganisiertes Lernen und multimediale Kommunikation. Münster, New York, München: Waxmann.

Erpenbeck, John und Heyse, Volker (2007): Die Kompetenzbiographie. Wege zur Kompetenzentwicklung. 2. Auflage. Münster: Waxmann.

Erpenbeck, John und von Rosenstiel, Lutz (2003): Handbuch Kompetenzmessung. Stuttgart: Schäffer-Poeschel.

Falk, Rüdiger und Zedler, Reinhard (1995): Berufsperspektiven für die Facharbeit in der Metall- und Elektro-Industrie. In: Bunk, G. P.; Falk, R.; Zedler, R. (Hrsg.): Zukunft der Facharbeit. Köln: Deutscher Instituts-Verlag. S. 8-114.

Fath, Michaela und Schmitz, Dieter (2005): Nutzung von Vertriebstagungen zur Qualifizierung für produktbegleitende Dienstleistungen. In: Lay, G.; Nippa, M. (Hrsg.): Management produktbegleitender Dienstleistungen: Konzepte und Praxisbeispiele für Technik, Organisation und Personal in serviceorientierten Industriebetrieben. Heidelberg: Physica. S. 175-182.

Fineman, Stephen (2004): Understanding Emotion at Work. 2. Auflage. London: Sage.

Fingleton, Eamonn (2000): The Forgotten Merits of Manufacturing. In: Challenge, Jg. 43, Heft 2. S. 67-85.

Fischer, J. und Kallenberg, R. (1999): Einführung. In: Luczak, H. (Hrsg.): Servicemanagement mit System. Erfolgreiche Methoden für die Investitionsgüterindustrie. Berlin: Springer. S. 1-6.

Fischer, Martin (2000): Von der Arbeitserfahrung zum Arbeitsprozesswissen. Rechnergestützte Facharbeit im Kontext beruflichen Lernens. Opladen: Leske + Budrich.

Fischer, Martin (2006): Arbeitsprozesswissen. In: Rauner, F. (Hrsg.): Handbuch Berufsbildungsforschung. 2., aktualisierte Auflage. Bielefeld: Bertelsmann. S. 308-315.

Fischer, Martin; Boreham, Nicholas und Nyhan, Barry (2004): European Perspectives on Learning at Work: the Acquisition of Work Process Knowledge. Luxemburg: Office for Official Publications of the European Communities.

Flick, Uwe (1996): Qualitative Forschung. Theorie, Methoden, Anwendung in Psychologie und Sozialwissenschaften. 2. Auflage. Reinbek: Rowohlt Taschenbuchverlag.

Fließ, Sabine (1996): Prozessevidenz als Erfolgsfaktor der Kundenintegration. In: Kleinaltenkamp, M.; Fließ, S.; Jacob, F. (Hrsg.): Customer Integration. Von der Kundenorientierung zur Kundenintegration. Wiesbaden: Gabler. S. 91-103.

Fließ, Sabine (2001): Die Steuerung von Kundenintegrationsprozessen. Effizienz im Dienstleistungsunternehmen. Wiesbaden: DUV.

Fließ, Sabine (2006): Prozessorganisation in Dienstleistungsunternehmen. Stuttgart: Kohlhammer.

Fourastié, Jean (1954): Die große Hoffnung des zwanzigsten Jahrhunderts. Köln: Bund.

Fourastié, Jean (1969): Die große Hoffnung des zwanzigsten Jahrhunderts. 2. Auflage. Köln: Bund.

Frauendorf, Janine (2004): Die Nutzung kognitiver Skripte für eine systematische und globale Dienstleistungsentwicklung. In: Kreibich, R.; Oertel, B. (Hrsg.): Erfolg mit Dienstleistungen. Innovationen, Märkte, Kunden, Arbeit. Stuttgart: Schäffer-Poeschel. S. 55-64.

French, John R. P. und Raven, Bertram (1959): The Bases of Social Power. In: Cartwright, D. (Hrsg.): Studies in Social Power. Ann Arbor: The University of Michigan. S. 150-167.

Freudenberger, Herbert J. (1974): Staff Burn-Out. In: Journal of Social Issues, Jg. 30, Heft 1. S. 159-165.

Frieling, Ekkehart und Sonntag, Karlheinz (1999): Arbeitspsychologie. 2., vollständig überarbeitete und erweiterte Auflage. Bern, Göttingen, Toronto: Huber.

Froschauer, Ulrike und Lueger, Manfred (1992): Das qualitative Interview. Zur Analyse sozialer Systeme. Wien: WUV Universitätsverlag.

Gabler Wirtschaftslexikon (1997). 17. Auflage. Wiesbaden: Gabler.

Garavan, Thomas (1997): Interpersonal Skills Training for Quality Service Interactions. In: Industrial and Commercial Training, Jg. 29, Heft 3. S. 70-77.

Gerhardt, Axel und Schmied, Helwig (1996): Externes Simultanes Engineering. Der neue Dialog zwischen Kunde und Lieferant. Berlin: Springer.

Gerhardt, Uta (1991): Gesellschaft und Gesundheit. Begründung der Medizinsoziologie. Frankfurt: Suhrkamp Taschenbuch Wissenschaft.

Gershuny, Jonathan (1981): Die Ökonomie der nachindustriellen Gesellschaft: Produktion und Verbrauch von Dienstleistungen. Frankfurt: Campus.

Gershuny, Jonathan (1987): The Future of Employment. In: Giarini, O. (Hrsg.): The Emerging Service Economy. Oxford, New York, Beijing et al.: Pergamon Press. S. 105-124.

Geulen, Dieter (1982): Soziales Handeln und Perspektivenübernahme. In: Geulen, D. (Hrsg.): Perspektivenübernahmen und soziales Handeln. Texte zur sozial-kognitiven Entwicklung. Frankfurt: Suhrkamp. S. 24-71.

Giesenbauer, Björn und Glaser, Jürgen (2006): Emotionsarbeit und Gefühlsarbeit in der Pflege - Beeinflussung fremder und eigener Gefühle. In: Böhle, F.; Glaser, J. (Hrsg.): Arbeit in der Interaktion - Interaktion als Arbeit. Wiesbaden: VS. S. 60-83.

Glaser, Jürgen (2004): Interaktionsarbeit in der personenbezogenen Dienstleistung - Analyse und Gestaltungsansätze. In: Kreibich, R.; Oertel, B. (Hrsg.): Erfolg mit Dienstleistungen. Innovationen, Märkte, Kunden, Arbeit. Stuttgart: Schäffer-Poeschel. S. 249-255.

Gläser, Jochen und Laudel, Grit (2006): Experteninterviews und qualitative Inhaltsanalyse. 2., durchgesehene Auflage. Wiesbaden: VS.

Godwyn, Mary (2006): Using Emotional Labor to Create and Maintain Relationships in Service Interactions. In: Symbolic Interaction, Jg. 29, Heft 4. S. 487-506.

Goffman, Erving (1959): The Presentation of Self in Everyday Life. Garden City: Doubleday Anchor Books.

Goffman, Erving (1981): Asyle. Über die soziale Situation psychiatrischer Patienten und anderer Insassen. 4. Auflage. Frankfurt: Suhrkamp.

Goldberg, Philip (1985): Die Kraft der Intuition. Wie man lernt seiner Intuition zu vertrauen. Bern: Scherz.

Goleman, Daniel (1996): Emotionale Intelligenz. München: Hanser.

Goleman, Daniel (2000): Leadership that Gets Results. In: Harvard Business Review, Jg. 78, Heft 2. S. 78-90.

Göranzon, Bo und Josefson, Ingela (1988): Knowledge, Skill and Artificial Intelligence. London: Springer.

Gouthier, Matthias H. J. und Schmid, Stefan (2001): Kunden und Kundenbeziehung als Ressourcen von Dienstleistungsunternehmungen. In: Die Betriebswirtschaft, Jg. 61, Heft 2. S. 223-239.

Grandey, Alicia A. (2000): Emotion Regulation in the Workplace: A New Way to Conceptualize Emotion Labor. In: Journal of Occupational Health Psychology, Jg. 5, Heft 1. S. 95-110.

Grandey, Alicia A. (2003): When "the Show Must Go on": Surface Acting and Deep Acting as Determinants of Emotional Exhaustion and Peer-Rated Service Delivery. In: Academy of Management Journal, Jg. 46, Heft 1. S. 86-96.

Graßy, Oliver (1993): Industrielle Dienstleistungen. Diversifikationspotentiale für Industrieunternehmen. München: FGM.

Graßy, Oliver (1998): Ansätze zur Vermarktung industrieller Dienstleistungen: Diversifikation und Reduktion. In: Meyer, A. (Hrsg.): Handbuch Dienstleistungs-Marketing. Band 2. Stuttgart: Schäffer-Poeschel. S. 1342-1355.

Grewer, Hans-Günter und Reindl, Josef (2003): „Allein aufs Systemgeschäft und Dienstleistungen zu setzen, ist dummes Zeug.". In: Pohlmann, M.; Sauer, D.; Trautwein-Kalms, G.; Wagner, A. (Hrsg.): Dienstleistungsarbeit: Auf dem Boden der Tatsachen. Berlin: edition sigma. S. 113-186.

Gross, Peter (1983): Die Verheißung der Dienstleistungsgesellschaft. Soziale Befreiung oder Sozialherrschaft. Opladen: Westdeutscher Verlag.

Gross, Peter und Badura, Bernhard (1977): Sozialpolitik und soziale Dienste: Entwurf einer Theorie personenbezogener Dienstleistungen. In: von Ferber, C.; Kaufmann, F.-X. (Hrsg.): Soziologie und Sozialpolitik. Kölner Zeitschrift für Soziologie und Sozialpolitik. Sonderheft 19. Opladen: Westdeutscher Verlag. S. 361-385.

Gruber, Marcia und Hartman, Rosanne (2007): „Don't Overlook Communication Competence". In: Nursing Management, Jg. 38, Heft 3. S. 12-14.

Grund, Michael A. (1998): Interaktionsbeziehungen im Dienstleistungsmarketing. Zusammenhänge zwischen Zufriedenheit und Bindung von Kunden und Mitarbeitern. Wiesbaden: Gabler.

Günther, Christof A. (2001): Das Management industrieller Dienstleistungen: Determinanten, Gestaltung und Erfolgsauswirkungen. Wiesbaden: Gabler.

Gutek, Barbara A. und Welsh, Theresa (2000): The Brave New Service Strategy. Aligning Customer Relationships, Market Strategies, and Business Structures. New York: American Management Association.

Hacker, Winfried (1992): Expertenkönnen: Erkennen und Vermitteln. Göttingen: Verlag für Angewandte Psychologie.

Hacker, Winfried (1998): Allgemeine Arbeitspsychologie. Psychische Regulation von Arbeitstätigkeiten. Bern: Huber.

Hacker, Winfried (2006): Interaktive/dialogische Erwerbsarbeit - zehn Thesen zum Umgang mit einem hilfreichen Konzept. In: Böhle, F.; Glaser, J. (Hrsg.): Arbeit in der Interaktion - Interaktion in der Arbeit. Wiesbaden: VS. S. 17-24.

Hackman, J. Richard und Oldham, Greg R. (1980): Work Redesign. Reading: Addison-Wesley.

Harms, Volker (1999): Kundendienstmanagement. Herne, Berlin: Neue Wirtschafts-Briefe.

Harms, Volker (2003): Produktbegleitende Dienstleistungen/Kundendienst. In: Pepels, W. (Hrsg.): Betriebswirtschaft der Dienstleistungen. Handbuch für Studium und Praxis. Herne: Neue Wirtschafts-Briefe. S. 129-157.

Hart, Christopher W. L.; Heskett, James und Sasser, W. Earl (1993): Dienstleistungsfehler zur Kundennutzung nutzen. In: Simon, H. (Hrsg.): Industrielle Dienstleistungen. Stuttgart: Schäffer-Poeschel. S. 233-246.

Hartline, Michael D. und Ferrell O. C. (1996): The Management of Customer-Contact Service Employees: An Empirical Investigation. In: Journal of Marketing, Jg. 60, Heft 4. S. 52-70.

Hartung, Martin (2004): Wie lässt sich Gesprächskompetenz wirksam und nachhaltig vermitteln? Ein Erfahrungsbericht aus der Praxis. In: Becker-Mrotzek, M.; Brünner, G. (Hrsg.): Analyse und Vermittlung von Gesprächskompetenz. Frankfurt: Peter Lang. S. 47-66.

Haubl, Rolf und Rastetter, Daniela (2000): Zeigen ohne Lust. Über Emotionsarbeit. In: Haubl, R. (Hrsg.): Schau- und Zeigelust. Gießen: Psychosozial. S. 21-38.

Häußermann, Hartmut und Siebel, Walter (1995): Dienstleistungsgesellschaften. Frankfurt: Suhrkamp.

Heath, Rebecca Piirto (1998): The New Working Class. In: American Demographics, Jg. 20, Heft 1. S. 51-55.

Heet, Hans-Dieter; Langhoff, Thomas und Radermacher, Esther (2005): Qualifizierung von Vertriebsmitarbeitern und Vertriebspartnern in Haftungsfragen produktbegleitender Dienstleistungen. In: Lay, G.; Nippa, M. (Hrsg.) Management produktbegleitender Dienstleistungen. Konzepte und Praxisbeispiele für Technik, Organisation und Personal in serviceorientierten Industriebetrieben. Heidelberg: Physica. S. 183-191.

Heidling, Eckhard; Meil, Pamela und Rose, Helmuth (2004): Erfahrungsgeleitetes Lernen für verteilte Arbeit. In: Böhle, F.; Pfeiffer, S.; Sevsay-Tegethoff, N. (Hrsg.): Die Bewältigung des Unplanbaren. Wiesbaden: VS. S. 199-212.

Heidling, Eckhard; Meil, Pamela und Böhle, Fritz (2008): Das Management produktionsnaher Dienstleistungen. In: Gatermann, I; Fleck, M. (Hrsg.): Technologie und Dienstleistung. Innovation in Forschung, Wissenschaft und Unternehmen. Frankfurt: Campus. S. 95-104.

Heller, Waltraud (1994): Arbeitsgestaltung. Stuttgart: Enke.

Hennig-Thurau, Thorsten und Thurau, Claudia (1999): Sozialkompetenzen als vernachlässigter Untersuchungsgegenstand des (Dienstleistungs-)Marketings. Einsatzmöglichkeiten und Konzeptualisierung. In: Marketing. Zeitschrift für Forschung und Praxis, Jg. 21, Heft 4. S. 297-311.

Herbig, Britta und Büssing, André (2003): Implizites Wissen und erfahrungsgeleitetes Arbeitshandeln: Perspektiven für Arbeit und Organisation. In: Arbeit. Zeitschrift für Arbeitsforschung, Arbeitsgestaltung und Arbeitspolitik, Jg. 12, Heft 1. S. 36-53.

Herder-Dorneich, Philipp und Kötz, Werner (1972): Zur Dienstleistungsökonomik. Systemanalyse und Systempolitik der Krankenpflegedienste. Berlin: Duncker und Humblot.

Hinrichsen, Sven; Heßeler, Christiane und Luczak, Holger (2002): Frischer Wind. Dienstleistungsqualität nur durch ganzheitliches Qualitätsverständnis. In: Qualität und Zuverlässigkeit, Jg. 47, Heft 11. S. 1118-1119.

Hintze, Martin (1998): Betreibermodelle bei bautechnischen und maschinellen Anlagenprojekten - Beurteilung und Umsetzung aus Auftraggeber- und Projektträgersicht. Gießen: Verlag der Ferber'schen Universitäts-Buchhandlung.

Hochschild, Arlie Russell (1979): Emotion Work, Feeling Rules, and Social Structure. In: American Journal of Sociology, Jg. 85, Heft 3. S. 551-575

Hochschild, Arlie Russell (1983): The Managed Heart. Commercialization of Human Feeling. Berkeley, Los Angeles: University of California Press.

Hochschild, Arlie Russell (1990a): Das gekaufte Herz. Zur Kommerzialisierung der Gefühle. Frankfurt: Campus.

Hochschild, Arlie Russell (1990b): Ideology and Emotion Management: A Perspective and Path for Future Research. In: Kemper, T. D. (Hrsg.): Research Agendas in the Sociology of Emotions. Albany: State University of New York Press. S. 117-142.

Höge, Thomas (2006): Interaktionsarbeit im Klassenraum - eine Untersuchung bei Lehrern an beruflichen Schulen. In: Böhle, F.; Glaser, J. (Hrsg.): Arbeit in der Interaktion - Interaktion als Arbeit. Wiesbaden: VS. S. 205-217.

Holtgrewe, Ursula (2003): Gute und schöne Dienstleistung. Gestaltung der Grenzstellen und der Kunden. In: Jacobsen, H.; Voswinkel, S. (Hrsg.): Dienstleistungsarbeit - Dienstleistungskultur. Deutsche Vereinigung für Sozialwissenschaftliche Arbeitsmarktforschung e.V. (SAMF). Arbeitspapier 1/2003. S. 65-77. http://www.sfs-dortmund.de/institu/mitarb/jacobse.html. Abruf: 21.12.2006.

Holtgrewe, Ursula und Voswinkel, Stephan (2002): Kundenorientierung zwischen Mythos, Organisationsrationalität und Eigensinn der Beschäftigten. In: Sauer, D. (Hrsg.): Dienst - Leistung(s) - Arbeit. Kundenorientierung und Leistung in tertiären Organisationen. ISF München. Forschungsberichte. München. S. 99-118.

Holz, Melanie; Zapf, Dieter und Dormann, Christian (2004): Soziale Stressoren in der Arbeitswelt. In: Arbeit. Zeitschrift für Arbeitsforschung, Arbeitsgestaltung und Arbeitspolitik, Jg. 13, Heft 3. S. 273-291.

Homburg, Christian (1993): Industrielle Dienstleistungen und Kundennähe. In: Simon, H. (Hrsg.): Industrielle Dienstleistungen. Stuttgart: Schäffer-Poeschel. S. 161-174.

Homburg, Christian und Garbe, Bernd (1995): Das Management industrieller Dienstleistungen. Problemfelder und Erfolgsfaktoren. Arbeitspapier der Management Know-how Reihe Nr. M23. Institut für Marktorientierte Unternehmensführung. Mannheim.

Homburg, Christian und Garbe, Bernd (1996a): Industrielle Dienstleistungen. Bestandsaufnahme und Entwicklungsrichtungen. In: Zeitschrift für Betriebswirtschaft, Jg. 66, Heft 3. S. 253-282.

Homburg, Christian und Garbe, Bernd (1996b): Industrielle Dienstleistungen - lukrativ, aber schwer zu meistern. In: Harvard Business Manager, Jg. 18, Heft 1. S. 68-75.

Homburg, Christian; Günther, Christoph und Faßnacht, Martin (2000): Die Industrie muss ihren Service aktiv vermarkten. In: Absatzwirtschaft, Heft 10. S. 74-85.

Hornschild, Kurt; Kinkel, Steffen und Lay, Gunter (2003): Höhere Wettbewerbsfähigkeit durch produktbegleitende Dienstleistungen: Betreibermodell im deutschen Maschinenbau. In: Wochenbericht des DiW, Jg. 70, Heft 49. S. 775-779.

Hornschild, Kurt; Kinkel, Steffen und Lay, Gunter (2004): Produktbegleitende Dienstleistungen: Eine Antwort auf sich verändernde Marktanforderungen - Betreibermodelle im deutschen Maschinenbau. In: Kreibich, R.; Oertel, B. (Hrsg.): Erfolg mit Dienstleistungen. Innovationen, Märkte, Kunden, Arbeit. Stuttgart: Schäffer-Poeschel. S. 367-374.

Jacobsen, Heike und Voswinkel, Stephan (2003): Dienstleistungsarbeit und Dienstleistungskultur - zur Einführung. In: Jacobsen, H.; Voswinkel, S. (Hrsg.): Dienstleistungsarbeit - Dienstleistungskultur. Deutsche Vereinigung für Sozialwissenschaftliche Arbeitsmarktforschung e.V. (SAMF), Arbeitspapier 1/2003. http://www.sfs-dortmund.de/institu/mitarb/jacobse.html. Abruf: 21.12.2006.

Jones, Edward E. und Gerard, Harold B. (1967): Foundations of Social Psychology. New York, London, Sydney: John Wiley & Sons.

Josefson, Ingela (1988): The Nurse as Engineer - the Theory of Knowledge in Research in the Care Sector. In: Göranzon, B.; Josefson, I. (Hrsg.): Knowledge, Skill and Artificial Intelligence. London: Springer. S. 19-30.

Jung Erceg, Petra (2005): Qualifikation für produktbegleitende Dienstleistungen. In: Lay, G.; Nippa, M. (Hrsg.): Management produktbegleitender Dienstleistungen: Konzepte und Praxisbeispiele für Technik, Organisation und Personal in serviceorientierten Industriebetrieben. Heidelberg: Physica. S. 155-174

Kalmbach, Peter und Krämer, Hagen (2005): Die Industrie als Produzent und Nachfrager von Dienstleistungen. In: IAW-Report, Jg. 33, Heft 1. S. 33-62.

Kalmbach, Peter; Franke, Reiner; Knottenbauer, Karin; Krämer, Hagen und Schaefer, Heinz (2003): Die Bedeutung einer wettbewerbsfähigen Industrie für die Entwicklung des Dienstleistungssektors. Überarbeitete Fassung des Schlußberichts zum Projekt 22/2 des Bundesministeriums für Wirtschaft und Arbeit (BMWA). Bremen 12/2003. http://www.bmwi.de/BMWi/Redaktion/PDF/C-D/die-bedeutung-einer-wettbewerbsfaehigen-industrie-fuer-die-entwicklung-des-dienstleistungssektors,property=pdf,bereich=bmwi,sprache=de,rwb=true.pdf. Abruf: 03.01.2007.

Katz, Christian und Baitsch, Christof (1996): Lohngleichheit für die Praxis. Zwei Instrumente zur geschlechtsunabhängigen Arbeitsbewertung. Zürich: vdf Hochschulverlag.

Kauffeld, Simone (2006): Kompetenzen messen, bewerten, entwickeln. Ein prozessanalytischer Ansatz für Gruppen. Stuttgart: Schäffer-Poeschel.

Kelley, Harold H. und Thibaut, John W. (1978): Interpersonal Relations. A Theory of Interdependence. New York: John Wiley & Sons.

Kiely, Julia und Armistead, Colin G. (2004): Exploring the Future Roles and Capabilities of Customer Service Professionals. In: Managing Service Quality, Jg. 14, Heft 1. S. 26-39.

Kinkel, Steffen und Fath, Michaela (2004): Controlling produktbegleitender Dienstleistungen - Herausforderungen und innovative Lösungsansätze. In: Kreibich, R.; Oertel, B. (Hrsg.): Erfolg mit Dienstleistungen. Innovationen, Märkte, Kunden, Arbeit. Stuttgart: Schäffer-Poeschel. S. 385-394.

Kirsch, Bernd (2004): Entwicklung und kooperative Nutzung eines modernen Teleservice-Systems. In: Meier, H. (Hrsg.) Dienstleistungsorientierte Geschäftsmodelle im Maschinen- und Anlagenbau: vom Basisangebot bis zum Betreibermodell. Berlin: Springer. S. 303-323.

Klaus, Peter G. (1985): Quality Epiphenomenon: The Conceptual Understanding of Quality in Face-to-Face Service Encounters. In: Czepiel, J. A.; Solomon, M. R.; Surprenant, C. F. (Hrsg.): The Service Encounter. Managing Employee/Customer Interaction in Service Businesses. Lexington: Lexington Books. S. 17-33.

Kleebaur, Carolina (2007): Personalauswahl zwischen Anspruch und Wirklichkeit. München und Mering: Hampp.

Kleemann, Frank; Matuschek, Ingo und Rieder, Kerstin (2004): Service included - technisch-organisatorische Rahmungen der Dienstleistungsinteraktion in Call Centern. In: Dunkel, W.; Voß, G. G. (Hrsg.): Dienstleistung als Interaktion. Beiträge aus einem Forschungsprojekt. Altenpflege - Deutsche Bahn - Call Center. München und Mering: Hampp. S. 133-158.

Kleemann, Frank; Matuschek, Ingo und Voß, G. Günter (2003): Subjektivierung von Arbeit. Ein Überblick zum Stand der Diskussion. In: Moldaschl, M.; Voß, G. G. (Hrsg.): Subjektivierung von Arbeit. 2. Auflage. München und Mering: Hampp. S. 57-114.

Kleemann, Frank; Voß, G. Günter und Rieder, Kerstin (2008): Crowdsourcing und der Arbeitende Konsument. In: Arbeits- und Industriesoziologische Studien, Jg. 1, Heft 1. S. 29-44.

Kleining, Gerhard (2007): Der qualitative Forschungsprozess. In: Naderer, G.; Balzer, E. (Hrsg.): Qualitative Marktforschung in Theorie und Praxis. Grundlagen, Methoden und Anwendungen. Wiesbaden: Gabler. S. 187-230.

Klodt, Henning; Maurer, Rainer und Schimmelpfennig, Axel (1997): Tertiarisierung in der deutschen Wirtschaft. Tübingen: J. C. B. Mohr.

Korczynski, Marek (2002): Human Resource Management in Service Work. Basingstoke, New York: Palgrave.

Korczynski, Marek (2003): Communities of Coping: Collective Emotional Labour in Service Work. In: Organization, Jg. 10, Heft 1. S. 55-79.

Korczynski, Marek; Shire, Karen; Frenkel, Steve und Tam, Mary (1996): Front line work in the "new model service firm": Australian and Japanese comparisons. In: Human Resource Management Journal, Jg. 6, Heft 2. S. 72-87.

Kotz, Anna-Luisa und Riedel, Annette (2003): Integrative Pflegeausbildung: Das Stuttgarter Modell. Workshop-Reader: Ausbildung differenzieren, integrieren, generalisieren, oder? Nürnberg. 27.11.2003. S. 7-19. http://www.netzwerk-pflegeschulen.de/downloads/reader %20nuernberg27112003.pdf. Abruf: 24.05.2007.

Kotler, Philip und Bliemel, Friedhelm (2001): Marketing-Management. 10., überarbeitete und aktualisierte Auflage. Stuttgart: Schäffer-Poeschel.

Kowalewski, Heiko und Reckenfelderbäumer, Martin (1998): Prozeßmanagement für industrielle Services - ein Ansatz zur Erzielung von Wettbewerbsvorteilen. Arbeitsbericht Nr. 71. Institut für Unternehmensführung und Unternehmensforschung Ruhr-Universität Bochum.

Krämer, Hagen (2006): Wirkungszusammenhänge zwischen Industrie und Dienstleistung. In: Streich, D.; Wahl, D. (Hrsg.) : Moderne Dienstleistungen. Impulse für Innovation, Wachstum und Beschäftigung. Frankfurt: Campus. S. 373-385

Krell, Gertraude (2001): Zur Analyse und Bewertung von Dienstleistungsarbeit. Ein Diskussionsbeitrag. In: Industrielle Beziehungen, Jg. 8, Heft 1. S. 9-35.

Krell, Gertraude (2002): Welche Bedeutung haben emotionale Kompetenzen im Arbeitsleben? In: von Salisch, M. (Hrsg.): Emotionale Kompetenz entwickeln: Grundlagen der Kindheit und Jugend. Stuttgart: Kohlhammer. S. 73-89.

Krenn, Manfred (2000): Arbeiten mit Verstand und Gefühl - Zur Bedeutung von Erfahrungswissen in der automatisierten Produktion. In: Österreichische Zeitschrift für Soziologie, Jg. 25, Heft 2. S. 98-110.

Krenn, Manfred (2004): "... und dann fall ich über den Menschen her." Die Gefährdung des doppelten Subjektcharakters interaktiver Arbeit in der mobilen Pflege durch Ökonomisierung und Standardisierung. In: Österreichische Zeitschrift für Soziologie, Jg. 29, Heft 2. S. 60-76.

Krenn, Manfred und Flecker, Jörg (2000): Erfahrungsgeleitetes Arbeiten in der automatisierten Produktion: neue Anforderungen an die Personalpolitik, Ausbildung und Arbeitsgestaltung. FORBA-Forschungsbericht Nr. 3/2000. Wien. S. 1-91. http://www.forba.at/files/public/index.php?_mmc=czoxNDoiaWQ9NDU0JnR5cGU9ZmIiOw==. Abruf: 13.11.2006.

Krey, Hiltrud (2003): Ekel ist okay. Ein Lern- und Lehrbuch zum Umgang mit Emotionen in Pflegeausbildung und Pflegealltag. Hagen: Kunz.

Krömmelbein, Silvia (2004): Kommunikativer Stress in der Arbeitswelt. Zusammenhänge von Arbeit, Interaktion und Identität. Berlin: edition Sigma.

Kruml, Susan M. und Geddes, Deanna (2001): Catching Fire without Burning Out: Is There an Ideal Way to Perform Emotion Labor? In: Ashkanasy, N. M.; Härtel, C. E. J.; Zerbe,

W. J. (Hrsg.): Emotions in the Workplace. Research, Theory, and Practice. Westport, London: Quorum Books. S. 177-188.

Kruse, Wilfried (1986): Von der Notwendigkeit des Arbeitsprozeß-Wissens. In: Schweitzer, J. (Hrsg.): Bildung für eine menschliche Zukunft. Weinheim und München: Juventa. S. 188-193.

Kumbruck, Christel (2001): Was ist Kooperation? Kooperation im Lichte der Tätigkeitstheorie. In: Arbeit. Zeitschrift für Arbeitsforschung, Arbeitsgestaltung und Arbeitspolitik, Jg. 10, Heft 2. S. 149-166.

Lange, Klaus (2002): Produktbegleitende Dienstleistungen als strategische Option für Zulieferer. Rundumservice als Strategie gegenüber OEM und industriellen Endkunden. In: Lay, G.; Jung Erceg, P. (2002): Produktbegleitende Dienstleistungen. Konzepte und Beispiele erfolgreicher Strategieentwicklung. Berlin: Springer. S. 143-151.

Lasshoff, Britta (2006): Produktivität von Dienstleistungen. Mitwirkung und Einfluss des Kunden. Wiesbaden: Gabler.

Lay, Gunter (1998): Dienstleistungen in der Investitionsgüterindustrie: Konsequenzen für Betriebsorganisation und Personal. In: Arbeit: Zeitschrift für Arbeitsforschung, Arbeitsgestaltung und Arbeitspolitik, Jg. 7, Heft 4. S. 316-337.

Lay, Gunter (2002): Stand der Entwicklung der Integration von Produktions- und Dienstleistungsarbeit. Tagungsbeitrag. 18./19. April 2002.

Lay, Gunter (2003): Angebot von Betreibermodellen in der deutschen Investitionsgüterindustrie. In: ZWF Zeitschrift für wirtschaftlichen Fachbetrieb, Jg. 98, Heft 12. S. 676-680.

Lay, Gunter und Jung Erceg, Petra (2002): Elemente einer Strategieentwicklung für produktbegleitende Dienstleistungen in der Industrie. In: Lay, G.; Jung Erceg, P. (Hrsg.): Produktbegleitende Dienstleistungen. Konzepte und Beispiele erfolgreicher Strategieentwicklung. Berlin: Springer. S. 5-67.

Lay, Gunter und Schneider, Robert (2005): Technik für produktbegleitende Dienstleistungen. In: Lay, G.; Nippa, M. (Hrsg.): Management produktbegleitender Dienstleistungen: Konzepte und Praxisbeispiele für Technik, Organisation und Personal in serviceorientierten Industriebetrieben. Heidelberg: Physica. S. 19-34.

Lay, Gunter; Rainfurth, Claudia; Schneider, Robert und Wallmeier, Werner (2000): Beschäftigungschancen durch Integration von Produkt und Dienstleistung. Eschborn: RKW.

Lazarus, Richard S. und Lazarus, Bernice N. (1994): Passion and Reason. Making Sense of Our Emotions. New York: Oxford University Press.

Lehmann, Axel P. (1998): Qualität und Produktivität im Dienstleistungsmanagement. Strategische Handlungsfelder im Versicherungs- und Finanzdienstleistungswettbewerb. Wiesbaden: Gabler.

Leidner, Robin (1996): Rethinking Questions of Control: Lessons from McDonald's. In: Macdonald, C. L.; Sirianni, C. (Hrsg.): Working in the Service Society. Philadelphia: Temple University Press. S. 29-49.

Leidner, Robin (1999): Emotional Labor in Service Work. In: The Annals of the American Academy of Political and Social Science. Heft 561. S. 81-95.

Lief, Harold I. und Fox, Renée C. (1963): Training for "Detached Concern" in Medical Students. In: Lief, H. I.; Lief, V. F.; Lief, N. R. (Hrsg.): The Psychological Basis of Medical Practice. New York: Harper & Row. S. 12-35.

Liljander, Veronica und Strandvik, Tore (1997): Emotions in Service Satisfaction. In: International Journal of Service Industry Management, Jg. 8, Heft 2. S. 148-169.

Littek, Wolfgang (1991): Was ist Dienstleistungsarbeit? In: Littek, W.; Heisig, U.; Gondek, H.-D. (Hrsg.): Dienstleistungsarbeit. Strukturveränderungen, Beschäftigungsbedingungen und Interessenslagen. Berlin: edition Sigma. S. 265-282

Lovelock, Christopher und Wright, Lauren (2002): Principles of Service Marketing and Management. 2. Auflage. Upper Saddle River: Prentice Hall.

Luczak, Holger und Liestmann, Volker (2004): Service Engineering - eine Fachdisziplin. In: Kreibich, R.; Oertel, B. (Hrsg.): Erfolg mit Dienstleistungen. Innovationen, Märkte, Kunden, Arbeit. Stuttgart: Schäffer-Poeschel. S. 453-460.

Luczak, Holger; Liestmann, Volker; Winkelmann, Katrin und Gill, Christian (2006): Service Engineering industrieller Dienstleistungen. In: Bullinger, H.-J.; Scheer, A.-W. (Hrsg.): Service Engineering. Entwicklung und Gestaltung innovativer Dienstleistungen. 2. Auflage. Berlin: Springer. S. 443-462.

Lührmann, Thomas (2006): Führung, Interaktion und Identität. Die neuere Identitätstheorie als Beitrag zur Fundierung einer Interaktionstheorie der Führung. Wiesbaden: DUV.

Maleri, Rudolf (1991): Grundlagen der Dienstleistungsproduktion. 2., völlig neu bearbeitete und erweiterte Auflage. Berlin: Springer.

Maleri, Rudolf (1997): Grundlagen der Dienstleistungsproduktion. 4. Auflage. Berlin: Springer.

Mann, Andreas (2000): Die marketingstrategische Bedeutung industrieller Servicepolitik. Konzeptionelle Überlegungen und empirische Befunde. In: Wirtschaftswissenschaftliches Studium, Jg. 29, Heft 7. S. 375-380.

Maslach, Christina (1978): Clients and Burn-Out. In: Journal of Social Issues, Jg. 34, Heft 4. S. 111-124.

Maslach, Christina und Jackson, Susan E. (1984): Burnout in Organizational Settings. In: Applied Social Psychology Annual, Jg. 5, Heft 2. S. 133-153.

Mast, Wolfgang F. (2004): Pay on production am Beispiel eines Autoherstellers. In: Meier, H. (Hrsg.): Dienstleistungsorientierte Geschäftsmodelle im Maschinen- und Anlagenbau: vom Basisangebot bis zum Betreibermodell. Berlin: Springer. S. 15-29.

Mayer, John D. und Salovey, Peter (1997): What is Emotional Intelligence? In: Salovey, P.; Sluyter, D. (Hrsg.) Emotional Development and Emotional Intelligence. Educational Implications. New York: Basic Books. S. 3-31.

Mayring, Philipp (1992): Qualitative Inhaltsanalyse am PC. Augsburger Berichte zur Entwicklungspsychologie und Pädagogischen Psychologie. Bericht Nr. 59. Universität Augsburg.

Mayring, Philipp (1995): Qualitative Inhaltsanalyse. Grundlagen und Techniken. 5. Auflage. Weinheim: Deutscher Studien Verlag.

McCammon, Holly und Griffin, Larry (2000): Workers and Their Customers and Clients. In: Work and Occupation, Jg. 27, Heft 3. S. 278-293.

Meffert, Heribert (1987): Kundendienstpolitik. Eine Bestandsaufnahme zu einem komplexen Marketinginstrument. In: Marketing, Jg. 9, Heft 2. S. 93-102.

Meffert, Heribert und Bruhn, Manfred (1997): Dienstleistungsmarketing: Grundlagen - Konzepte - Methoden. 2. Auflage. Wiesbaden: Gabler.

Meffert, Heribert und Bruhn, Manfred (2000): Dienstleistungsmarketing: Grundlagen - Konzepte - Methoden. 3., vollständig überarbeitete und erweiterte Auflage. Wiesbaden: Gabler.

Meier, Horst (2004): Service im globalen Umfeld. Innovative Ansätze einer zukunftsorientierten Dienstleistungsgestaltung. In: Meier, H. (Hrsg.) Dienstleistungsorientierte Geschäftsmodelle im Maschinen- und Anlagenbau: vom Basisangebot bis zum Betreibermodell. Berlin: Springer. S. 3-13.

Meier, Horst und Werding, Arndt (2004): Betreibermodelle als Herausforderung für den Maschinenbau. In: Kreibich, R.; Oertel, B. (Hrsg.): Erfolg mit Dienstleistungen. Innovationen, Märkte, Kunden, Arbeit. Stuttgart: Schäffer-Poeschel. S. 395-401.

Merleau-Ponty, Maurice (1966): Phänomenologie der Wahrnehmung. Berlin: DeGruyter.

Mesow, Barbara (1999): Wachstum durch Wandlungsfähigkeit und Dienstleistungen. In: Qualität und Zuverlässigkeit, Jg. 44, Heft 11. S. 1364.

Meuser, Michael und Nagel, Ulrike (2005): ExpertInneninterviews - vielfach erprobt, wenig bedacht. Ein Beitrag zur qualitativen Methodendiskussion. In: Bogner, A.; Littig, B.; Menz, W. (Hrsg.): Das Experteninterview. Theorie, Methode, Anwendung. 2. Auflage. Wiesbaden: VS. S. 71-93.

Meyer, Anton (1983): Dienstleistungsmarketing. Erkenntnisse und praktische Beispiele. Augsburg: FGM.

Meyer, Anton und Westerbarkey, Peter (1995): Bedeutung der Kundenbeteiligung für die Qualitätspolitik von Dienstleistungsunternehmen. In: Bruhn, M.; Stauss, B. (Hrsg.): Dienstleistungsqualität. Konzepte - Methoden - Erfahrungen. 2., überarbeitete und erweiterte Auflage. Wiesbaden: Gabler. S. 82-103.

Meyer, Anton; Blümelhuber, Christian und Pfeiffer, Markus (2000): Der Kunde als Co-Produzent und Co-Designer - oder: die Bedeutung der Kundenintegration für die Qualitätspolitik von Dienstleistungsanbietern. In: Bruhn, M.; Stauss, B. (Hrsg.): Dienstleistungsqualität. Konzepte - Methoden - Erfahrungen. 3., vollständig überarbeitete und erweiterte Auflage. Wiesbaden: Gabler. S. 49-70.

Meyer-Krahmer, Frieder und Lay, Gunter (2001): Der Stellenwert innovativer Dienstleistungen der Modernisierungsdebatte. In: WSI Mitteilungen, Jg. 54, Heft 6. S. 396-400.

Miebach, Bernhard (2006): Soziologische Handlungstheorie. Eine Einführung. 2., grundlegend überarbeitete und aktualisierte Auflage. Wiesbaden: VS.

Mills, Peter K. und Margulies, Newton (1980): Toward a Core Typology of Service Organizations. In: Academy of Management Review, Jg. 5, Heft 2. S. 255-265.

Mills, Peter K. und Morris, James H. (1986): Clients as "Partial" Employees of Service Organizations: Role Development in Client Participation. In: Academy of Management Review, Jg. 11, Heft 4. S. 726-735.

Mills, Peter K.; Chase, Richard B. und Margulies, Newton (1983): Motivating the Client/Employee System as a Service Production Strategy. In: Academy of Management Review, Jg. 8, Heft 2. S. 301-310.

Mödinger, Patrizia und Redling, Brigitta (2004): Produktbegleitende Dienstleistungen im Industrie- und Dienstleistungssektor im Jahr 2002. In: Statistisches Bundesamt (Hrsg.): Wirtschaft und Statistik, Heft 12. S. 1408-1413.

Mohr, Lois A. und Bitner, Mary Jo (1991): Mutual Understanding between Customers and Employees in Service Encounters. In: Advances in Consumer Research, Jg. 18. S. 611-617.

Möller, Sabine (2004): Interaktion bei der Erstellung von Dienstleistungen. Die Koordination von Anbieter und Nachfrager. Wiesbaden: DUV.

Morris, J. Andrew und Feldman, Daniel C. (1996): The Dimensions, Antecedents, and Consequences of Emotional Labor. In: Academy of Management Review, Jg. 21, Heft 4. S. 986-1010.

Müller, Günter F. (1985): Prozesse sozialer Interaktion. Göttingen, Toronto, Zürich: Hogrefe.

Mütze, Susanne (1999a): Servicemitarbeiter. In: Luczak, H. (Hrsg.): Servicemanagement mit System. Erfolgreiche Methoden für die Investitionsgüterindustrie. Berlin: Springer. S. 104-144.

Mütze, Susanne (1999b): Servicekultur. In: Luczak, H. (Hrsg.): Servicemanagement mit System. Erfolgreiche Methoden für die Investitionsgüterindustrie. Berlin: Springer. S. 45-61.

Nedeß, Christian; Friedwald, Axel und Koch, Jens Bodo (2004): Tertiarisierung im Wandel? Von der Disrtributionsunterstützung zum ganzheitlichen Servicemanagement. In: Luczak, H. (Hrsg.): Betriebliche Tertiarisierung. Der ganzheitliche Wandel vom Produktionsbetrieb zum dienstleistenden Problemlöser. Wiesbaden: Gabler. S. 23-43.

Nerdinger, Friedemann W. (1994): Zur Psychologie der Dienstleistung. Stuttgart: Schäffer-Poeschel.

Nerdinger, Friedemann W. (1998a): Die Bedeutung empathischer Kooperation in Dienstleistungsbeziehungen. In: Spieß, E. (Hrsg.): Formen der Kooperation. Bedingungen und Perspektiven. Göttingen: Verlag für Angewandte Psychologie. S. 82-94.

Nerdinger, Friedemann W. (1998b): Interaktionsmanagement - Verbale und nonverbale Kommunikation als Erfolgsfaktoren in den Augenblicken der Wahrheit. In: Meyer. A. (Hrsg.): Dienstleistungs-Marketing. Stuttgart: Schäffer-Poeschel. S. 1177-1193.

Nerdinger, Friedemann W. (2001): Psychologische Aspekte der Tätigkeit im Dienstleistungsbereich. In: Bruhn, M.; Meffert, H. (Hrsg.): Handbuch Dienstleistungsmanagement. Von der strategischen Konzeption zur praktischen Umsetzung. 2., überarbeitete und erweiterte Auflage. Wiesbaden: Gabler. S. 243-261.

Nerdinger, Friedemann und Neumann, Christina (2007): Kundenzufriedenheit und Kundenbindung. In: Moser, K. (Hrsg.): Wirtschaftspsychologie. Heidelberg: Springer. S. 127-146.

Nerdinger, Friedemann W. und Röper, M. (1999): Emotionale Dissonanz und Burnout. Eine empirische Untersuchung im Pflegebereich eines Universitätskrankenhauses. In: Zeitschrift für Arbeitswissenschaft, Jg. 53, Heft 3. S. 187-193.

Neuberger, Oswald (1994): Führen und geführt werden. 4., verbesserte Auflage. Stuttgart: Enke.

Neuberger, Oswald (1998): Strategische Kooperation (Mikropolitik). In: Spieß, E. (Hrsg.): Formen der Kooperation. Göttingen: Verlag für Angewandte Psychologie. S. 37-52.

Nickson, Dennis; Warhurst, Chris und Dutton, Eli (2005): The Importance of Attitude and Appearance in the Service Encounter in Retail and Hospitality. In: Managing Service Quality, Jg. 15, Heft 2. S. 195-208.

Nickson, Dennis; Warhurst, Chris; Cullen, Anne Marie und Watt, Allan (2003): Bringing in the Excluded? Aesthetic Labour, Skills and Training in the “New” Economy. In: Journal of Education & Work, Jg. 16, Heft 2. S. 185-203.

Nippa, Michael (2005): Geschäftserfolg produktbegleitender Dienstleistungen durch ganzheitliche Gestaltung und Implementierung. In: Lay, G.; Nippa, M. (Hrsg.): Management produktbegleitender Dienstleistungen: Konzepte und Praxisbeispiele für Technik, Organisation und Personal in serviceorientierten Industriebetrieben. Heidelberg: Physica. S. 1-18.

Noch, Rainer (1995): Dienstleistungen im Investitionsgüter-Marketing. Strategien und Umsetzung. München: FGM.

Nolte, Heike und Leeser, Monique (2004): Personalentwicklung im Kundendienst - Praxis und Empfehlungen. In: Service Today, Heft 4 und 5. S. 5-11.

Nonaka, Ikujiro und Takeuchi, Hirotaka (1997): Die Organisation des Wissens. Wie japanische Unternehmen eine brachliegende Ressource nutzbar machen. Frankfurt: Campus.

Norman, A. Donald (1993): Things that Make Us Smart. Reading, Menlo Park: Addison-Wesley.

Opfermann, Rainer (2004): Produktbegleitende Dienstleistungen und ihre statistische Erfassung. In: Statistisches Bundesamt (Hrsg.): Wirtschaft und Statistik, Heft 3. S. 269-275.

O.V. (1999): Mitarbeiter müssen ein Gefühl für die Anlagen entwickeln. In: Personalführung, Heft 6. S. 48-53.

Parasuraman, A. (2002): Service Quality and Productivity: a Synergistic Perspective. In: Managing Service Quality, Jg. 12, Heft 1. S. 6-9.

Paseka, Angelika (1991): Gefühlsarbeit - eine neue Dimension für die Krankenpflegeforschung. In: Pflege, Band 4, Heft 3. S. 188-194.

Paules, Greta Foff (1996): Resisting the Symbolism of Service among Waitresses. In: Macdonald, C. L.; Sirianni, C. (Hrsg.): Working in the Service Society. Philadelphia: Temple University Press. S. 264-290.

Pepels, Werner (2003): Angebotsprogramm von Dienstleistungen. In: Pepels, W. (Hrsg.): Betriebswirtschaft der Dienstleistungen. Handbuch für Studium und Praxis. Herne: Verlag Neue Wirtschafts-Briefe. S. 63-83

Pepels, Werner (2004): Dienstleistungen. In: WISU, 33. Jg., Heft 7. S. 883-886.

Pepels, Werner (2005): Servicemanagement. Rinteln: Merkur.

Pettinger, Lynne (2006): On the Materiality of Service Work. In: Sociological Review, Jg. 54, Heft 1. S. 48-63.

Pfeiffer, Sabine (1999): Dem Spürsinn auf der Spur - Subjektivierendes Arbeitshandeln an Internet-Arbeitsplätzen am Beispiel Information-Broking. München und Mering: Hampp. http://www.isf-muenchen.de/pdf/spuersinn.pdf. Abruf: 24.04.2007.

Pfeiffer, Sabine (2000): Teleservice im Werkzeugmaschinenbau. Innovationsparadoxien und Negation von Erfahrungswissen. In: Arbeit. Zeitschrift für Arbeitsforschung, Arbeitsgestaltung und Arbeitspolitik, Jg. 9, Heft 4. S. 293-305.

Pfeiffer, Sabine (2004): Erfahrungsgeleitetes Arbeiten im (Tele-)Service. In: Böhle, F.; Pfeiffer, S.; Sevsay-Tegethoff, N. (Hrsg.): Die Bewältigung des Unplanbaren. Wiesbaden: VS. S. 214-244.

Pfeiffer, Sabine und Treske, Eric (2004): Erfahrungsgeleitetes Lernen - Gestaltungsperspektiven (nicht nur) für (Tele-)Service. In: Böhle, F.; Pfeiffer, S.; Sevsay-Tegethoff, N. (Hrsg.): Die Bewältigung des Unplanbaren. Wiesbaden: VS. S. 245-264.

Pierce, Jennifer L. (1996): Reproducing Gender Relations in Large Law Firms: The Role of Emotional Labor in Paralegal Work. In: Macdonald, C. L.; Sirianni, C. (Hrsg.): Working in the Service Society. Philadelphia: Temple University Press. S. 184-219.

Pierer, Heinrich von (1993): Dienstleistungen im Anlagengeschäft - Praktische Erfahrungen. In: Simon, H. (Hrsg.) Industrielle Dienstleistungen. Stuttgart: Schäffer-Poeschel. S. 85-98.

Piontkowski, Ursula (1976): Psychologie der Interaktion. Grundfragen der Psychologie. München: Juventa.

Pitt, Leyland F.; Foreman, Susan K. und Bromfield, Derek (1995): Organizational Commitment and Service Delivery: Evidence from an Industrial Setting in the UK. In: The International Journal of Human Resource Management, Jg. 6, Heft 1. S. 369-389.

Polanyi, Michael (1985): Implizites Wissen. Frankfurt: Suhrkamp Taschenbuch Wissenschaft.

Pongratz, Hans J. (2005): Interaktionsstrukturen von Dienstleistungsbeziehungen. Machtanalytische Differenzierungen zum Thema ‚Kundenorientierung'. In: Jacobsen, H.; Voswinkel, S. (Hrsg.): Der Kunde in der Dienstleistungsbeziehung. Wiesbaden: VS. S. 57-80.

Poppitz, Angela und Brückner, Eva (2004): „Aber die stehen halt vorne dran." Über Gefühlsarbeit im Zugbegleitdienst der Bahn. In: Dunkel, W.; Voß, G. G. (Hrsg.): Dienstleistung als Interaktion. Beiträge aus einem Forschungsprojekt. Altenpflege - Deutsche Bahn - Call Center. München und Mering: Hampp. S. 105-127.

Porschen, Stephanie (2005): Die Geschichtenerzähler. In: Personalwirtschaft, Heft 12. S. 18-20.

Porschen, Stephanie und Bolte, Annegret (2004): Erfahrungsgeleitete kooperative Arbeit. In: Böhle, F.; Pfeiffer, S.; Sevsay-Tegethoff, N. (Hrsg.): Die Bewältigung des Unplanbaren. Wiesbaden: VS. S. 78-98.

Prahalad, C. K. und Ramaswamy, Venkatram (2000): Co-opting Customer Competence. In: Harvard Business Review, Jg. 78, Heft 1. S. 79-87.

Rafaeli, Anat (1989): When Cashiers meet customers: An Analysis of the Role of Supermarket Cashiers. In: Academy of Management Journal, Jg. 32, Heft 2. S. 245-273.

Rafaeli, Anat und Sutton, Robert I. (1987): Expression of Emotion as Part of the Work Role. In: Academy of Management Review, Jg. 12, Heft 1. S. 23-37.

Rafaeli, Anat und Sutton, Robert I. (1991): Emotional Contrast Strategies as Means of Social Influence. In: Academy of Management Journal, Jg. 34, Heft 4. S. 749-775.

Rainfurth, Claudia (2003): Der Einfluss der Organisationsgestaltung produktbegleitender Dienstleistungen auf die Arbeitswelt der Dienstleistungsakteure - Am Beispiel von KMU des Maschinenbaus. Diss. Darmstadt.

Rainfurth, Claudia; Tegtmeyer, Saskia und Lay, Gunter (2005): Organisation produktbegleitender Dienstleistungen. In: Lay, G.; Nippa, M. (Hrsg.) Management produktbegleitender Dienstleistungen. Konzepte und Praxisbeispiele für Technik, Organisation und Personal in serviceorientierten Industriebetrieben. Heidelberg: Physica. S. 100-119.

Ramme, Iris (2003): Darstellung und Bedeutung von Dienstleistungen. In: Pepels, W. (Hrsg.): Betriebswirtschaft der Dienstleistung. Handbuch für Studium und Praxis. Herne: Verlag Neue Wirtschafts-Briefe. S. 3-22.

Rastetter, Daniela (1999): Emotionsarbeit. Stand der Forschung und offene Fragen. In: Arbeit. Zeitschrift für Arbeitsforschung, Arbeitsgestaltung und Arbeitspolitik, Jg. 8, Heft 4. S. 374-388.

Rastetter, Daniela (2001): Emotionsarbeit - Betriebliche Steuerungen und individuelles Erleben. In: Schreyögg, G.; Sydow, J. (Hrsg.): Emotionen und Management. Wiesbaden: Gabler. S. 111-134.

Rastetter, Daniela (2008): Zum Lächeln verpflichtet. Emotionsarbeit im Dienstleistungsbereich. Frankfurt: Campus.

Rastetter, Daniela; Kraus, Rafaela und Stengel, Martin (2000): Emotionsarbeit im Dienstleistungssektor. Unveröffentlichter Forschungsbericht. Augsburg.

Raven, Bertram H. und Kruglanski, Arie W. (1970): Conflict and Power. In: Swingle, P. (Hrsg.): The Structure of Conflict. New York, London: Academic Press. S. 69-109.

Reckenfelderbäumer, Martin und Busse, Daniel (2006): Kundenmitwirkung bei der Entwicklung von industriellen Dienstleistungen - eine phasenbezogene Analyse. In: Bullinger, H.-J.; Scheer, A.-W. (Hrsg.): Service Engineering. Entwicklung und Gestaltung innovativer Dienstleistungen. 2. Auflage. Berlin: Springer. S. 141-166.

Reindl, Josef (2002a): Das Wachstum industrieller Dienstleistungen - Dienst am Kunden oder „Amerikanisierung" der Produktion? In: WSI Mitteilungen, Jg. 55, Heft 9. S. 510-516.

Reindl, Josef (2002b): Vom Produzenten zum Dienstleister: Irrweg oder Perspektive? In: Leviathan, Jg. 30, Heft 1. S. 93-112.

Reinhold, Gerd; Lamnek, Siegfried und Recker, Helga (1992): Soziologielexikon. 2., überarbeitete Auflage. München: Oldenbourg.

Riddle, Dorothee I. (1987): The Role of the Service Sector in Economic Development: Similarities and Differences by Development Category. In: Giarini, O. (Hrsg.): The Emerging Service Economy. Oxford: Pergamon Press. S. 83-104.

Riedel, Wolfgang D. und Seinschedt, Frank (2004): Service erfolgreich ausbauen - Eine Fallstudie. In: Meier, H. (Hrsg.) Dienstleistungsorientierte Geschäftsmodelle im Maschinen- und Anlagenbau: vom Basisangebot bis zum Betreibermodell. Berlin: Springer. S. 351-365.

Rieder, Kerstin und Voß, G. Günter (2003): Interaktive Kontrolle und Interaktionskultur im Call-Center: Zur sozialen Einbindung von Kunden in ein Dienstleistungsunternehmen. In: Jacobsen, H.; Voswinkel, S. (Hrsg.): Dienstleistungsarbeit - Dienstleistungskultur. Deutsche Vereinigung für Sozialwissenschaftliche Arbeitsmarktforschung e.V. (SAMF). Arbeitspapier 1/2003. S. 55-64. http://www.sfs-dortmund.de/institu/mitarb/jacobse.html. Abruf: 21.12.2006.

Rieder, Kerstin; Poppitz, Angela und Dunkel, Wolfgang (2002): Kundenorientierung und Kundenkontrolle im Zugbegleitdienst. In: WSI-Mitteilungen, Jg. 55, Heft 9. S. 505-509.

Rose, Helmuth (1992): Erfahrungsgeleitete Arbeit als Fokus für Arbeitsgestaltung und Technikentwicklung. In: Zeitschrift für Arbeits- und Organisationspsychologie, Jg. 36, Heft 1. S. 22-29.

Ryle, Gilbert (1969): The Concept of Mind. 12. Auflage. London: Huchinson.

Salovey, Peter; Hsee, Christopher K. und Mayer, John H. (1993): Emotional Intelligence and the Self-Regulation of Affect. In: Wegner, D. M.; Pennebaker, J. W. (Hrsg.): Handbook of Mental Control. Englewood Cliffs: Prentice Hall. S. 258-277.

Schank, Roger und Abelson, Robert (1977): Scripts, Plans, Goals, and Understanding. An Inquiry into Human Knowledge Structures. Hillsdale: Lawrence Erlbaum Associates.

Schappacher, Hans-Georg (o.J.): Zertifikatslehrgang Servicetechniker. Power Point Präsentation. IHK Bildungshaus Grundbach. http://www.mmm-nrw.de/upload/news/ServTech Pr%E4s.ppt. Abruf: 18.06.2007.

Schaufeli, Wilmar und Enzmann, Dirk (1998): The Burnout Companion to Study & Practice. A Critical Analysis. London: Taylor & Francis.

Scheer, August-Wilhelm; Grieble, Oliver und Klein, Ralf (2006): Modellbasiertes Dienstleistungsmanagement. In: Bullinger, H.-J.; Scheer, A.-W. (Hrsg.): Service Engineering. Entwicklung und Gestaltung innovativer Dienstleistungen. 2. Auflage. Berlin: Springer. S. 19-51.

Schenk, Hans-Otto (1995): Handelspsychologie. Göttingen: Vandenhoeck & Ruprecht.

Scheuch, Fritz (1982): Dienstleistungsmarketing. München: Vahlen.

Schimmelpfennig, Axel (1999): Beschäftigung im Strukturwandel. In: Bullinger, H.-J. (Hrsg.): Dienstleistungen - Innovation für Wachstum und Beschäftigung: Herausforderungen für den internationalen Wettbewerb. Wiesbaden: Gabler. S. 364-369.

Schlesinger, Leonard A. und Heskett, James L. (1992): Dem Kunden dienen - das müssen viele Dienstleister erst noch lernen. In: Harvard Manager, Jg. 14, Heft 1. S. 106-116.

Schmidt, Christiane (1997): „Am Material“: Auswertungstechniken für Leitfadeninterviews. In: Friebertshäuser, B.; Prengel, A. (Hrsg.): Handbuch Qualitative Forschungsmethoden in der Erziehungswissenschaft. Weinheim: Juventa. S. 544-568.

Schmitz, Gertrud (1999): Kundenzufriedenheit. In: Luczak, H. (Hrsg.): Servicemanagement mit System. Erfolgreiche Methoden für die Investitionsgüterindustrie. Berlin: Springer. S. 235-253.

Schmitz, Gertrud (2000): Die Ermittlung der Kundenanforderungen an industrielle Dienstleistungen. In: Zeitschrift für Planung, Jg. 11, Heft 2. S. 195-215.

Schneider, Christoph (2001): Persönlichkeit und Selbst. Eine Annäherung zweier differentialpsychologischer Konstruktsysteme. Hamburg: Dr. Kovac.

Schneider, Robert und Mesow, Barbara (1999): Die Industrie als Dienstleister. Mit produktbegleitenden Dienstleistungen den Wettbewerb aktiv gestalten. In: Qualität und Zuverlässigkeit, Jg. 44, Heft 8. S. 970

Schön, Donald A. (2003): The Reflective Practitioner. How Professionals Think in Action. Aldershot: Ashgate Publishing.

Schreier, Margrit (2007): Qualitative Stichprobenkonzepte. In: Naderer, G.; Balzer, E. (Hrsg.): Qualitative Marktforschung in Theorie und Praxis. Grundlagen, Methoden und Anwendungen. Wiesbaden: Gabler. S. 231-245.

Schuler, Heinz (2002): Emotionale Intelligenz - ein irreführender und unnötiger Begriff. In: Zeitschrift für Personalpsychologie, Heft 3. S. 138-140.

Schulte-Zurhausen, Manfred (1995): Organisation. München: Vahlen.

Schulze, Hartmut (2000): Erfahrungsgeleitete Arbeit als Leitbild für die Entwicklung und Gestaltung von Produktionssystemen in der industriellen Fertigung. Diss. Hamburg.

Schulze, Hartmut und Carus, Ursula (1995): Leistungen und konstitutive Komponenten erfahrungsgeleiteter Arbeit. In: Martin, H. (Hrsg.): CeA - Computergestützte erfahrungsgeleitete Arbeit. Berlin: Springer. S. 48-82.

Schumann, Michael (2000): Industriearbeit zwischen Entfremdung und Entfaltung. SOFI-Mitteilungen Nr. 28. Göttingen. S. 103-112.http:webdoc.sub.gwdg.de/edoc/le/sofi/2000_28/schumann.pdf. Abruf: 15.11.2006.

Schwetje, Thomas (2000): Zum Einfluss der Mitarbeiterzufriedenheit auf die Kundenzufriedenheit im Handel. In: Woratschek, H. (Hrsg.): Neue Aspekte des Dienstleistungsmarketing. Konzepte für Forschung und Praxis. Wiesbaden: DUV. S. 173-200.

Sevsay-Tegethoff, Neşe (2004): Ein anderer Blick auf Kompetenzen. In: Böhle, F.; Pfeiffer, S.; Sevsay-Tegethoff, N. (Hrsg.): Die Bewältigung des Unplanbaren. Wiesbaden: VS. S. 267-286.

Sevsay-Tegethoff, Neşe (2007): Bildung und anderes Wissen. Zur „neuen" Thematisierung von Erfahrungswissen in der beruflichen Bildung. Wiesbaden: VS.

Seymour, Diane und Sandiford, Peter (2005): Learning Emotion Rules in Service Organizations: Socialization and Training in the UK Public-House Sector. In: Work, Employment and Society, Jg. 19, Heft 3. S. 547-564.

Sieben, Barbara (2001): Emotionale Intelligenz - Golemans Erfolgskonstrukt auf dem Prüfstand. In: Schreyögg, G.; Sydow, J. (Hrsg.): Emotionen und Management. Wiesbaden: Gabler. S. 135-170.

Simon, Hermann (1993a): Industrielle Dienstleistungen und Wettbewerbsstrategien. In: Simon, H. (Hrsg.): Industrielle Dienstleistungen. Stuttgart: Schäffer-Poeschel. S. 3-22.

Simon, Hermann (1993b): Preispolitik für industrielle Dienstleistungen. In: Simon, H. (Hrsg.): Industrielle Dienstleistungen. Stuttgart: Schäffer-Poeschel. S. 187-218.

Snyder, Mark (1987): Public Appearances. Private Realities. The Psychology of Self-Monitoring. New York: W. H. Freeman and Company.

Solomon, Michael R.; Surprenant, Carol; Czepiel, John A. und Gutman, Evelyn G. (1985): A Role Theory Perspective on Dyadic Interactions: The Service Encounter. In: Journal of Marketing, Jg. 49, Heft 1. S. 99-111.

Sonnentag, Sabine (2000): Expertise at Work: Experience and Excellent Performance. In: Cooper, C. L.; Robertson, I. T. (Hrsg.): International Review of Industrial and Organizational Psychology, Jg. 15. Chichester: John Wiley & Sons. S. 223-264.

Spath, Dieter und Demuß, Lutz (2006): Entwicklung hybrider Produkte - Gestaltung materieller und immaterieller Leistungsbündel. In: Bullinger, H.-J.; Scheer, A.-W. (Hrsg.):

Service Engineering. Entwicklung und Gestaltung innovativer Dienstleistungen. 2. Auflage. Berlin: Springer. S. 463-502.

Spöttl, Georg; Hecker, Oskar; Holm, Claus und Windelband, Lars (2003): Dienstleistungsaufgaben sind Facharbeit. Qualifikationsanforderungen für Dienstleistungen des produzierenden Gewerbes. Bielefeld: Bertelsmann.

Spremann, Klaus (1990): Asymmetrische Informationen. In: Zeitschrift für Betriebswirtschaft, Jg. 60, Heft 5/6. S. 561-586.

Statistisches Bundesamt (Hrsg.) (2004): Produktbegleitende Dienstleistungen 2002 bei Unternehmen des Verarbeitenden Gewerbes und des Dienstleistungssektors. Erhebung nach § 7 BStatG. Projektbericht. Wiesbaden.

Statistisches Bundesamt (Hrsg.) (2006): Datenreport 2006. Zahlen und Fakten über die Bundesrepublik Deutschland. http://www.destatis.de/jetspeed/portal/search/results.psml. Abruf: 19.09.2007.

Statistisches Bundesamt (Hrsg.) (2008): Inlandsproduktsberechnung - Detaillierte Jahresergebnisse, Fachserie 18, Reihe 1.4, 2007, Stand Mai 2008. https://www-ec.destatis.de/csp/shop/sfg/bpm.html.cms.cBroker.cls?cmspath=struktur,vollanzeige.csp&ID=1021718. Abruf: 05.08.2008.

Statistisches Bundesamt (Hrsg.) (2009): Beschäftigte,Umsatz und Investitionen der Unternehmen und Betriebe im Verarbeitenden Gewerbe, Fachserie 4, Reihe 4.2.1, 2007, 29. Januar 2009. https://www-ec.destatis.de/csp/shop/sfg/bpm.html.cms.cBroker.cls?cmspath=struktur,vollanzeige.csp&ID=1023143. Abruf: 20.02.2009.

Stauss, Bernd (1995a): „Augenblicke der Wahrheit" in der Dienstleistungserstellung - Ihre Relevanz und ihre Messung mit Hilfe der Kontaktpunkt-Analyse. In: Bruhn, M.; Stauss, B. (Hrsg.): Dienstleistungsqualität. Konzepte - Methoden - Erfahrungen. 2., überarbeitete und erweiterte Auflage. Wiesbaden: Gabler. S. 379-399.

Stauss, Bernd (1995b): Internes Marketing als personalorientierte Qualitätspolitik. In: Bruhn, M.; Stauss, B. (Hrsg.): Dienstleistungsqualität. Konzepte - Methoden - Erfahrungen. 2., überarbeitete und erweiterte Auflage. Wiesbaden: Gabler. S. 258-276.

Stauss, Bernd (1999): Kundenzufriedenheit. In: Marketing. Zeitschrift für Forschung und Praxis, Jg. 21, Heft 4. S. 5-24.

Stegner, Eberhard (1992): Industrielle Dienstleistungen in der Strategischen Unternehmensplanung. Diss. Nürnberg.

Stengel, Martin (1997): Psychologie der Arbeit. Weinheim: Beltz.

Steven, Marion und Große-Jäger, Sonja (2003): Industrielle Dienstleistungen in Theorie und Praxis. In: Wirtschaftswissenschaftliches Studium, Jg. 32, Heft 1. S. 27-33.

Steven, Marion und Schade, Sonja (2004): Produktionswirtschaftliche Analyse industrieller Dienstleistungen. In: Zeitschrift für Betriebswirtschaft, Jg. 74, Heft 6. S. 543-562.

Stille, Frank (2003): Produktbegleitende Dienstleistungen gewinnen weiter an Bedeutung. In: Wochenbericht des DIW, Jg. 70, Heft 21. S. 336-342.

Stock, Ruth (2001): Kundenorientierte Mitarbeiter als Schlüssel zur Kundenzufriedenheit. In: Homburg, C. (Hrsg.): Kundenzufriedenheit. 4. Auflage. Wiesbaden: Gabler. S. 211-233.

Stock, Ruth (2003): Der Zusammenhang zwischen Mitarbeiter- und Kundenzufriedenheit. Direkte, indirekte und moderierende Effekte. 2. Auflage. Wiesbaden: DUV.

Strauss, Anselm; Fagerhaugh, Shizuko; Suczek, Barbara und Wiener, Carolyn (1980): Gefühlsarbeit. Ein Beitrag zur Arbeits- und Berufssoziologie. In: Kölner Zeitschrift für Soziologie und Sozialpsychologie, Jg. 32. S. 629-651.

Strauss, Anselm; Fagerhaugh, Shizuko; Suczek, Barbara und Wiener, Carolyn (1982): Sentimental Work in the Technologized Hospital. In: Sociology of Health and Illness, Jg. 4, Heft 3. S. 254-278.

Strauss, Anselm; Fagerhaugh, Shizuko; Suczek, Barbara und Wiener, Carolyn (1985): Organizations of Medical Work. Chicago: The University of Chicago Press.

Sutton, Robert I. (1991): Maintaining Norms about Expressed Emotions: The Case of Bill Collectors. In: Administrative Science Quarterly, Jg. 36. S. 245-268.

Sutton, Robert I. und Rafaeli, Anat (1988): Untangling the Relationship between Displayed Emotions and Organizational Sales: the Case of Convenience Stores. In: Academy of Management Journal, Jg. 31, Heft 3. S. 461-487.

Tachsler, Stefan (1996): Verrechenbarkeit industrieller Dienstleistungen. Diss. St. Gallen: Thexis.

Tax, Stephen S.; Colgate, Mark und Bowen, David E. (2006): How to Prevent Your Customers From Failing. In: Sloan Management Review, Jg. 47, Heft 3. S. 29-38.

Tengler, Hermannn und Hennicke, M. (1987): Dienstleistungsmärkte in der Bundesrepublik Deutschland. Stuttgart: Poeschel.

Terhune, Kenneth W. (1970): The Effects of Personality in Cooperation and Conflict. In: Swingle, P. (Hrsg.): The Structure of Conflict. New York: Academic Press. S. 193-234.

Thoits, Peggy A. (1985): Self-labelling Processes in Mental Illnesses: The Role of Emotional Deviance. In: American Journal of Sociology, Jg. 91, Heft 2. S. 221-249.

Thoits, Peggy A. (1990): Emotional Deviance: Research Agendas. In: Kemper, T. D. (Hrsg.): Research Agendas in the Sociology of Emotions. Albany: State University of New York Press. S. 180-203.

Toffler, Alvin (1980): The Third Wave. New York: William Morrow and Company.

Tolich, Martin B. (1993): Alienating and Liberating Emotions at Work. Supermarket Clerks' Performance of Customer Service. In: Journal of Contemporary Ethnography, Jg. 21, Heft 3. S. 361-381.

Tschan, Franziska; Rochat, Sylvie und Zapf, Dieter (2005): It's Not Only Clients: Studying Emotion Work with Clients and Co-Workers with an Event-Sampling Approach. In: Journal of Occupational and Organizational Psychology, Jg. 78, Heft 2. S. 195-220.

Ulich, Dieter (2003): Gegenstandsbestimmung und Fragestellung der Emotionspsychologie. In: Ulich, D.; Mayring, P. (Hrsg.): Psychologie der Emotionen. Band 5. 2., überarbeitete und erweiterte Auflage. Stuttgart: Kohlhammer. S. 45-61.

Ulich, Eberhard (2005): Arbeitspsychologie. 6. Auflage. Stuttgart: Schäffer-Poeschel.

Vahs, Dietmar (2005): Organisation: Einführung in die Organisationstheorie und -praxis. 5. Auflage. Stuttgart: Schäffer-Poeschel.

Varca, Philip E. (2004): Service Skills for Service Workers: Emotional Intelligence and Beyond. In: Managing Service Quality, Jg. 14, Heft 6. S. 457-467.

Verein Deutscher Ingenieure (VDI) (2007): Servicetechniker im Umgang mit dem Kunden. http://www.fortbildung-bw.de/wb/kurse.php?section=kurse&zseite=show_kurs&kursid=03410243&source=AJaX. Abruf: 07.09.2007.

Verband Deutscher Maschinen- und Anlagenbau (VDMA) (Hrsg.) (2002): Produktbezogene Dienstleistungen im Maschinen- und Anlagenbau. Frankfurt.

Voeth, Markus und Gawantka, Axel (2005): Produktbegleitende Dienstleistungen auf Industriegütermärkten: Eine empiriegestützte Untersuchung. In: Amelingmeyer, J.; Harland, P. E. (Hrsg.): Technologiemanagement & Marketing. Herausforderungen eines integrierten Innovationsmanagements. Wiesbaden: Gabler. S. 469-486.

Voeth, Markus; Rabe, Christina und Gawantka, Axel (2004): Produktbegleitende Dienstleistungen. In: Die Betriebswirtschaft, Jg. 64, Heft 6. S. 773-780.

Volz, Thomas (1997): Management ergänzender Dienstleistungen für Sachgüter: Der schwierige Weg vom Sachgut-Hersteller zum Problemlöser. Göttingen: Vandenhoek & Ruprecht.

Voß, G. Günter und Rieder, Kerstin (2005): Der arbeitende Kunde. Wenn Konsumenten zu unbezahlten Mitarbeitern werden. Frankfurt: Campus.

Voswinkel, Stephan unter Mitarbeit von Korzekwa, Anna (2005): Welche Kundenorientierung. Annerkennung in der Dienstleistungsarbeit. Berlin: edition Sigma.

Voswinkel, Stephan (2006): Anerkennungsdefizite und -chancen der Dienstleistungsarbeit. In: Streich, D.; Wahl, D. (Hrsg.): Moderne Dienstleistungen. Impulse für Innovation, Wachstum und Beschäftigung. Frankfurt: Campus. S. 243-247.

Wagner, Alexandra (2003): Dienstleistungsbeschäftigung im europäischen Vergleich. In: Pohlmann, M.; Sauer, D.; Trautwein-Kalms, G.; Wagner, A. (Hrsg.): Dienstleistungsarbeit: Auf dem Boden der Tatsachen. Berlin: edition Sigma. S. 15-26.

Warhurst, Chris; Nickson, Dennis; Witz, Anne und Cullen, Anne Marie (2000a): Aesthetic Labour in Interactive Service Work: Some Case Study Evidence from the "New" Glasgow. In: The Service Industries Journal, Jg. 20, Heft 3. S. 1-18.

Warhurst, Chris; Nickson, Dennis; Witz, Anne und Cullen, Anne Marie (2000b): Aesthetic Labour: An Unforeseen Future of Work and Employment. In: Management Research News, Jg. 23, Heft 9-11. S. 154-155.

Weick, Karl E. (1985): Der Prozess des Organisierens. Frankfurt: Suhrkamp.

Weihrich, Margit und Dunkel, Wolfgang (2003): Abstimmungsprobleme in Dienstleistungsbeziehungen - Ein handlungstheoretischer Zugang. In: Kölner Zeitschrift für Soziologie und Sozialpsychologie, 55. Jg., Heft 4. S. 758-781.

Weinert, Franz E. (2001): Concept of Competence: A Conceptual Clarification. In: Rychen, D. S.; Salganik, L. H. (Hrsg.): Defining and Selecting Key Competencies. Seattle, Toronto, Bern: Hogrefe & Huber. S. 45-65.

Weishaupt, Sabine (2006): Subjektivierendes Arbeitshandeln in der Altenpflege - die Interaktion mit dem Körper. In: Böhle, F.; Glaser, J. (Hrsg.): Arbeit in der Interaktion - Interaktion als Arbeit. Wiesbaden: VS. S. 85-106.

Weishaupt, Sabine; Hösl, Gabriele; Bolte, Annegret und Iwer, Frank (2006): Subjektivierendes Arbeitshandeln des Produktmanagers - die Interaktion mit Kunden und Entwicklern. In: Böhle, F.; Glaser, J. (Hrsg.): Arbeit in der Interaktion - Interaktion als Arbeit. Wiesbaden: VS. S. 177-191.

Welsch, Johann (2000): Globalisierung, neue Technologien und regionale Qualifizierungspolitik. Welche Regionen sind die „Gewinner" der Informationsgesellschaft? Marburg: Metropolis.

Wemmerlöv, Urban (1990): A Taxonomy for Service Processes and its Implication for System Design. In: International Journal of Service Industry Management, Jg. 1, Heft 3. S. 20-40.

Wharton, Amy (1993): The Affective Consequences of Service Work. Managing Emotions on the Job. In: Work and Occupations, Jg. 20, Heft 2. S. 205-232.

Wharton, Amy (1996): Service with a Smile: Understanding the Consequences of Emotional Labour. In: Macdonald, C. L.; Sirianni, C. (Hrsg.): Working in the Service Society. Philadelphia: Temple University Press. S. 91-112.

Wichorski, Mary Ann (1994): The Secretary: Invisible Labor in the Workworld of Women. In: Human Organization, Jg. 53, Heft 1. S. 33-41.

Wildemann, Horst (2003): Betreibermodelle. Leitfaden zur Berechnung, Konzeption und Einführung von Betreibermodellen und Pay-on-Production-Konzepten. München: TCW.

Wildemann, Horst (2004): Betreibemodelle und Pay-on-Production-Konzepte: Modeerscheinung oder nachhaltiger Beitrag zur Gestaltung der Werschöpfungskette? In: Luczak, H. (Hrsg.): Betriebliche Tertiarisierung. Der ganzheitliche Wandel vom Produktionsbetrieb zum dienstleistenden Problemlöser. Wiesbaden: Gabler. S. 325-357.

Williams, Paul (2002): The Competent Boundary Spanner. In: Public Administration, Jg. 80, Heft 1. S. 103-124.

Wilson, Alan und Frimpong, Jacob (2004): A Reconceptualisation of the Satisfaction-Service Performance Thesis. In: The Journal of Services Marketing, Jg. 18, Heft 6. S. 471-481.

Winterstein, Hans (1998): Kooperative Kommunikation. In: Spieß, E.; Nerdinger, F. W. (Hrsg.): Kooperation in Unternehmen. München und Mering: Hampp. S. 143-164.

Wiswede, Günter (1977): Rollentheorie. Stuttgart: Kohlhammer.

Witt, Harald (2001): Forschungsstrategien bei quantitativer und qualitativer Sozialforschung. In: Forum Qualitative Sozialforschung (Online Journal), Jg. 2. Heft 1. http://qualitative-research.net/fqs/fqs.htm. Abruf: 03.04.2007.

Witte, Erich H. (1985): Theorien zur sozialen Macht. In: Frey, D.; Irle, M. (Hrsg.): Gruppen und Lerntheorien. Band 2. Bern, Stuttgart, Toronto: Huber. S. 123-156.

Woehe, Jens Marcus und Lang, Manfred (2003): Serviceorientierte Mitarbeiter. Mobilisierung zu exzellentem Service. Heidelberg: Sauer.

Wolkomir, Michelle und Powers, Jennifer (2007): Helping Women and Protecting the Self: The Challenge of Emotional Labour in an Abortion Clinic. In: Qualitative Sociology, Jg. 30, Heft 2. S. 153-169.

Wolkowitz, Carol (2002): The Social Relations of Body Work. In: Work, Employment and Society, Jg. 16, Heft 3. S. 497-510.

Wörwag, Sebastian (1996): Entwicklung und Umsetzung von Servicestrategien in Klein- und Mittelunternehmen. Diss. Bamberg: Difo-Druck GmbH.

Zapf, Dieter (2002): Emotion Work and Psychological Well-Being. A Review of the Literature and Some Conceptual Considerations. In: Human Resource Management Review, Jg. 12. S. 237-268.

Zapf, Dieter; Isic, Amela; Fischbach, Andrea und Dormann, Christian (2003): Emotionsarbeit in Dienstleistungsberufen. Das Konzept und seine Implikationen für die Personal- und Organisationsentwicklung. In: Hamborg, K.-C.; Holling, H. (Hrsg.): Innovative Personal- und Organisationsentwicklung. Göttingen: Hogrefe. S. 266-288.

Zapf, Dieter; Seifert, Claudia; Mertini, Heidrun; Vogt, Christoph; Holz, Melanie; Vondran, Elisabeth; Isic, Amela und Schmutte, Barbara (2000): Emotionsarbeit in Organisationen und psychische Gesundheit. http://web.uni-frankfurt.de/fb05/psychologie/Abteil/ABO/forschung/emoarbeit.htm. Abruf: 09.03.2007.

Zeidner, Moshe (2005): Emotional Intelligence and Coping with Occupational Stress. In: Antoniou, A.-S. G.; Cooper, C. L. (Hrsg.): Research Companion to Organizational Health Psychology. Cheltenham: Edward Elgar. S. 118-239.

Zeithaml, Valarie A.; Parasuraman, A. und Berry, Leonard L. (1990): Delivering Quality Service. Balancing Customer Perceptions and Expectations. New York: The Free Press.

Zeithaml, Valarie A.; Berry, Leonard L. und Parasuraman (1992): Communication and Control Processes in the Delivery of Service Quality. In: Bateson, J. E. G. (Hrsg.): Managing Services Marketing. 2. Auflage. Fort Worth, Philadelphia: The Dryden Press. S. 521-538.

Zentralverband Elektrotechnik- und Elektroindustrie e.V. (ZVEI) (Hrsg.) (2002): Die produktbezogenen Dienstleistungen in der Elektroindustrie. Frankfurt.